EXPOSITION UNIVERSELLE DE 1867

TRAVAUX PUBLICS

ET

CONSTRUCTIONS CIVILES

TRAVAUX PUBLICS ET CONSTRUCTIONS CIVILES

RAPPORTS

DU

JURY INTERNATIONAL

RÉUNIS PAR ORDRE

DE SON EXCELLENCE M. DE FORCADE LA ROQUETTE

Ministre de l'agriculture, du commerce et des travaux publics

PARIS

IMPRIMERIE ADMINISTRATIVE DE PAUL DUPONT

RUE DE GRENELLE-SAINT-HONORÉ, 45

1868

RAPPORT

MINISTRE DE L'AGRICULTURE, DU COMMERCE ET DES TRAVAUX PUBLICS.

MONSIEUR LE MINISTRE,

Les membres du Jury de l'Exposition Universelle qui ont été chargés de la rédaction des Rapports sur les ouvrages compris dans la classe 65 ont terminé leurs travaux, et chacun d'eux, après avoir pris connaissance de ceux de ses collègues, a regretté que ces documents ne fussent appelés à prendre place que dans une collection qui sera trop volumineuse pour se répandre beaucoup et obtenir autant de lecteurs qu'il serait désirable.

Les Rapports que doit publier la Commission Impériale ont été conçus, en effet, dans un autre esprit que celui qui a présidé jusqu'à ce jour aux écrits de ce genre, et la plupart d'entre eux paraissent de nature à offrir un intérêt durable. Ils s'attachent moins à rendre compte des objets exposés et des motifs des récompenses, qu'à faire connaître l'état actuel de l'industrie et surtout les remarquables progrès accomplis depuis quelques années. Ce qu'ils veulent mettre en pleine lumière, ce sont bien plutôt les vraies tendances de l'époque, c'est bien plutôt le mouvement scientifique et industriel qui nous a assuré de si précieuses conquêtes, que les efforts individuels et les noms des hommes qui ont pris part à la lutte ; ils laissent les détails de côté pour donner plus de saillie aux traits principaux. Sortant même de l'enceinte trop limitée du Champ-de-Mars, ils élargissent le concours en y appelant tout ce que de de sérieuses investigations ont fait juger digne d'y figurer. C'est ainsi qu'ils décrivent et apprécient de grands travaux publics exécutés dans diverses directions, tant en Angleterre qu'aux. États-Unis, qu'on a regretté de ne pas voir représentés à l'Exposition Universelle.

Il nous a donc paru, chacun faisant en toute sincérité abstraction complète de son œuvre personnelle, qu'ordonner un tirage spécial des Rapports relatifs aux constructions civiles, pour les exemplaires en être répartis avec cette libéralité qui caractérise votre administration, serait rendre un véritable service aux ingénieurs et compléter utilement la distribution du catalogue des travaux publics de France. Mais nous avons dû nous demander jusqu'à quel point nous étions autorisés à prendre l'initiative d'une proposition, et il est hors de doute que nous nous serions abstenus, si ceux d'entre nous qui ont eu l'honneur d'approcher de Votre Excellence

n'avaient donné à leurs collègues l'assurance qu'elle
ne se méprendrait pas sur le caractère à attribuer à
la démarche.

Nous avons examiné ensuite si, pour ne rien
omettre de ce qui intéresse les travaux publics, il
ne conviendrait pas d'ajouter aux Rapports de notre
classe ceux de M. l'inspecteur général Coumes sur
la pisciculture, de M. Dumoustier sur le balisage
et sur le sauvetage maritime, de M. l'ingénieur en
chef Mille sur l'emploi agricole des eaux d'égout,
de M. l'ingénieur en chef Pasquier-Vauvilliers sur les
travaux hydrauliques de la marine, et de MM. les ingénieurs Jacqmin, Cheysson et d'Ussel sur les installations relatives au service des machines et à la ventilation du Palais de l'Exposition. Cette question, nous
l'avons résolue affirmativement, après avoir obtenu
l'assentiment des auteurs.

Il n'en a pas été de même de celle que soulevaient
les Rapports concernant les travaux de chemins de
fer. Nous avons pensé qu'ils devaient avoir pris trop
de développement pour devenir des annexes, et que
leur maintenir une place spéciale, tout en gardant
pour nous les ouvrages d'art, tels que ponts, viaducs et souterrains, serait se conformer à la judicieuse
classification admise par la Commission Impériale.

Nous nous sommes assurés, d'ailleurs, qu'il n'y
aurait pas à craindre d'objections de la part de
M. le Commissaire général de l'Exposition, et même
qu'il applaudirait à l'adoption d'une mesure qui

aurait pour effet de faire ressortir l'un des bons résultats de la grande solennité internationale.

Je suis avec respect,

Monsieur le Ministre,

De Votre Excellence,

Le très-humble et très-obéissant

serviteur,

L'Inspecteur général des ponts et chaussées,
Président du Jury de la classe 65.

L. REYNAUD.

Paris, le 21 décembre 1867.

Les propositions contenues dans ce Rapport ont été approuvées par décision ministérielle du 24 décembre 1867.

I

MATÉRIAUX DE CONSTRUCTION,

par M. DELESSE,

Ingénieur en chef des mines.

—

Les matériaux de construction envoyés à l'Exposition Universelle de 1867 étaient extrêmement nombreux et provenaient de toutes les parties du monde; d'après les limites assignées à ce rapport, il n'est donc pas possible d'en donner une description détaillée. D'un autre côté, beaucoup d'entre ces matériaux figuraient déjà dans les Expositions antérieures de 1855 ou de 1862 et ont été étudiés d'une manière spéciale, en sorte qu'il n'est pas nécessaire d'y revenir (1). Les roches qui sont employées pour bâtir présentent d'ailleurs une uniformité qui est presque voisine de la monotonie. Le plus généralement, ce sont des calcaires, des grès, des granits, et il arrive souvent que leurs caractères restent les mêmes aux antipodes. Ajoutons que l'art de bâtir est aussi vieux que le monde, et que les monuments laissés par les anciens témoignent qu'il avait acquis un très-haut degré de perfection dès les époques les plus reculées. Bien que cet art ait profité des conquêtes de la science moderne, ses progrès n'ont pas été aussi rapides que ceux de plusieurs industries récentes, créées pour ainsi dire de toutes pièces, car

(1) Voir les rapports du Jury sur les Expositions Universelles de 1855 et de 1862.

il avait réalisé depuis longtemps une grande partie des progrès auxquels il lui était possible d'atteindre. En ce qui concerne les matériaux de construction particulièrement, les découvertes ou les idées neuves sont véritablement assez rares, et c'est à elles qu'il suffira de nous attacher.

Notre rapport se divisera du reste en trois parties comprenant : 1° Les propriétés générales des matériaux de construction ; 2° les matériaux naturels ; 3° les matériaux artificiels.

CHAPITRE I.

PROPRIÉTÉS GÉNÉRALES.

———

§ 1. — Résistance des matériaux de construction.

La résistance des matériaux de construction est une donnée de la plus haute importance pour tous les constructeurs ; il est donc nécessaire de faire connaître les recherches dont elle a été l'objet.

Citons en première ligne celles qui sont dues à M. le capitaine Fowke, officier du génie anglais, enlevé par une mort prématurée (1). Ces recherches, qui se proposaient l'étude des bois, ont porté sur de nombreuses collections réunies par ses soins pendant les Expositions antérieures, particulièrement en 1855 et en 1862. Plus de 3,000 échantillons ont été essayés par M. Fowke. Il a déterminé d'abord leur pesanteur spécifique, puis leur résistance à la rupture et leur flexion lorsqu'ils étaient soumis à un effort transverse ; ensuite il a mesuré leur résistance à l'écrasement en les comprimant tantôt dans le

---

(1) *Tables of the results of a series of experiments on the strength of British colonial and other woods made at the South Kensington Museum,* by C. Fowke. R. E.

sens des fibres, tantôt perpendiculairement aux fibres ; enfin il a encore mesuré leur élasticité.

Les fortes pressions qu'il fallait exercer s'obtenaient à l'aide d'une petite presse hydraulique qui sortait des ateliers de MM. Hayward Tyler. La manœuvre en était très-facile et elle donnait des résultats qui étaient précis et toujours bien comparables. Cette presse portait deux cadrans dont le premier servait à indiquer la pression supportée par la pièce de bois, tandis que le second marquait, pour chaque demi-tonne, la flexion exprimée en millièmes de pouce.

Les bois expérimentés par M. le capitaine Fowke provenaient de presque toutes les parties du monde, de Hongrie, d'Autriche, de Russie, mais particulièrement des colonies anglaises, telles que l'Inde, la Guyane, la Trinité, la Jamaïque, l'État de Liberia, la Tasmanie et surtout l'Australie. Les résultats obtenus forment à eux seuls un volume ; ils accusent des différences très-grandes entre la densité et la résistance des bois, montrant bien l'avantage qu'il y aurait à utiliser beaucoup de ceux que fournissent les colonies. Toutes les personnes qui se sont occupées d'expériences sur la résistance des matériaux, et nous sommes du nombre, pourront apprécier facilement combien les travaux de M. le capitaine Fowke ont réclamé de temps, de soins et de persévérance. L'examen comparatif de ses tableaux témoigne d'ailleurs de l'utilité et de l'intérêt de pareilles recherches.

M. Michelot, ingénieur en chef des ponts et chaussées, a fait aussi un très-grand nombre d'expériences sur la résistance à l'écrasement des pierres servant dans les constructions ; nous donnerons ici les résultats obtenus pour celles qui ont surtout été employées dans le nouvel Opéra.

NATURE ET PROVENANCE.	POIDS du mètre cube.	POIDS supporté par centimètre carré lors de l'écrasement.
Jaspe du mont Blanc, carrière de Saint-Gervais (Haute-Savoie)	2,716 kil.	1,839 kil.
Porphyre granitoïde brun, du bois de Vauban, commune de Bazoches (Nièvre)..	2,585	1,487
Porphyre vert (Mélaphyre) de Ternuay (Haute-Saône)	2,835	1,111
Porphyre granitoïde rouge, du bois de Planoïse, commune d'Autun	2,585	1,080
Granit porphyroïde des bois de Saint-Martin du Puy (Nièvre)	2,567	1,077
Granit micacé, commune de Lormes (Nièvre)	2,694	1,077
Syénite d'un rouge corail, du haut du Them, à Servance (Haute-Saône)	2,654	901
Syénite, dite feuille-morte, du Menil, commune de Servance (Haute-Saône).	2,685	867
Granit porphyroïde du mont Cornu, commune de Servance (Haute-Saône)	2,643	715
Marbre sanguin, de Sampans (Jura)	2,637	1,076
Marbre violacé, de Sampans (Jura)	2,663	994
Pierre de Damparis, dite de Saint-Ylie, carrière de l'Abbaye, banc de fond (Jura)	2,683	898
Pierre de Damparis, dite de Saint-Ylie, carrière du Canal, banc jaspé (Jura).	2,668	752
Échaillon (pierre dite de l'), carrière de Revon, commune de la Rivière (Isère).	2,726	852
Échaillon blanc, carrière de l'Échaillon, commune de Saint-Quentin (Isère)....	2,529	781
Échaillon (marbre jaune clair, dit roche de l'), carrière de Lignet	2,686	777
Échaillon rose, carrière de l'Échaillon..	2,472	606
Pierre de Damparis, dite de Saint-Ylie, carrière Rouge (Jura)	2,553	671
Pierre de Damparis, dite de Saint-Ylie, carrière de l'Abbaye, banc blanc.....	2,583	565
Pierre d'Anstrude (Yonne)	2,261	365
Pierre tendre, du Larrys de la Guiche, commune de Cry (Yonne)	2,161	369
Pierre tendre, du Larrys de la Guiche, commune de Cry, bas de la carrière (Yonne).	2,171	327
Pierre de Ravières; milieu (Yonne)	2,157	377
— haut (Yonne)	2,125	333
— bas (Yonne)	2,121	304
Grès bigarré de Lutzelbourg (Meurthe).	2,130	215

Tous les matériaux de construction de l'Opéra ont été choisis avec beaucoup de soin, comme le prouve le chiffre élevé de leur résistance à l'écrasement. Dans les jaspes de Saint-Gervais, qui ont servi à faire les colonnes, elle est exceptionnelle. Dans les porphyres, elle est aussi très-grande, supérieure même à celle des granits et des syénites, ce qui tient à ce que ces dernières roches ont une structure plus grenue et plus cristalline. Certains calcaires très-compactes, comme les marbres de Sampans, de Saint-Ylie et de l'Échaillon, peuvent d'ailleurs offrir une résistance qui est, non-seulement égale, mais même plus grande que celle des granits.

Les matériaux qui ont été employés à la construction de l'Opéra sont extrêmement variés, et ceux qui ont servi à sa décoration le sont encore bien davantage. C'est qu'en effet, depuis l'établissement de notre réseau de chemins de fer, les architectes de Paris ont renoncé à l'emploi exclusif du calcaire grossier qui, malgré ses avantages, est une pierre de qualité médiocre et résiste souvent mal à l'action de l'air, comme l'atteste la dégradation de plusieurs de nos monuments. Rompant avec les habitudes séculaires, ils ont cessé de prendre exclusivement leurs matériaux dans les environs de Paris; et, dès à présent, presque toutes les parties de la France sont mises à contribution. Les matériaux de choix sont surtout empruntés aux terrains jurassiques, qui les renferment en quantités inépuisables; et Paris tire maintenant une partie de ses pierres de construction des carrières de la Champagne, de la Lorraine, de la Bourgogne, de la Franche-Comté, et même du Poitou et du Dauphiné.

§ 2. — Coloration des matériaux de construction.

Les joailliers ont souvent recours à des réactifs pour donner aux agates et à diverses pierres précieuses des couleurs plus belles que celles qu'elles présentent dans la nature. En trai-

tant de la même manière les pierres employées comme matériaux de construction, M. F. Kuhlmann a constaté, par de
nombreuses expériences, qu'il serait possible également de
faire varier leurs couleurs.

Lorsque le brai, par exemple, est chauffé avec des matières
minérales, il pénètre dans leurs fissures et jusque dans leurs
pores, en sorte qu'il leur donne des couleurs plus ou moins
sombres. Si l'on opère à une haute température, le brai peut
agir comme désoxydant; c'est particulièrement ce qui a lieu
pour l'oxyde de fer, qui se rencontre si fréquemment dans les
roches, dans lesquelles il passe alors à l'état d'oxyde noir, en
modifiant leur couleur et leur aspect physique. Ces effets de
désoxydation sont surtout faciles à reconnaître sur les marbres
qui contiennent du carbonate ou de l'oxyde de fer, comme la
griotte, l'onyx et le portor.

D'un autre côté, M. Kuhlmann a également métamorphosé
la couleur des marbres et des agates en les soumettant à des
agents oxydants, tels que le nitrate de soude et le bichromate
de potasse : ainsi, avec le nitrate de soude, le marbre de Sienne
passe de la couleur jaune à un rose veiné de rouge.

CHAPITRE II.

MATÉRIAUX NATURELS.

Les matériaux naturels comprennent une grande variété de
roches qui sont employées tantôt à la construction, tantôt à la
décoration. Ces roches peuvent être siliceuses comme les grès,
les meulières, ou bien silicatées comme les granits, les porphyres, les trachytes, les serpentines, les ardoises; toutefois,
le plus souvent elles sont calcaires. Nous mentionnerons seulement celles qui offrent quelque intérêt par leur nouveauté
ou par des qualités exceptionnelles.

§ 1. — Pierres dures.

Les ruines des monuments de l'antiquité nous montrent la grande importance qu'avait autrefois le travail des pierres dures, et l'infériorité dans laquelle nous sommes restés sous ce rapport à l'égard des anciens. Dans ces dernières années cependant, des progrès notables ont été accomplis, et il semble que le goût se réveille en faveur des œuvres d'art, qui, bravant impunément les siècles, peuvent être léguées intactes à la postérité la plus reculée. Si nous n'avons plus le travail des esclaves qui nous permette d'édifier des monuments en pierre dure, comme ceux que nous ont laissés les Égyptiens, les Grecs et les Romains, le progrès de la mécanique et la facilité des voies de communication ont contribué à rendre quelque vitalité à cette industrie.

Parmi les pierres dures travaillées en France, il convient de citer les syénites, les granits et les porphyres des Vosges, le mélaphyre vert de Ternuay, les granits et les protogynes du mont Blanc. Les usines de M. Colin, à Épinal, et de M. Varel, à Servance, sont en mesure de livrer de beaux produits. A Paris, M. Hermann obtient, à l'aide de la taille au diamant noir, des objets d'art d'une grande élégance; mais, malheureusement, leur vente se trouve entravée par des prix presque inaccessibles.

En Écosse et dans le comté de Cornouailles, les granits sont aussi tournés et polis avec une grande perfection; de plus leur usage se répand à Londres. Le porphyre d'Elfdalen, en Suède, est toujours employé à fabriquer des colonnes, des vases et divers objets d'ameublement ou d'architecture; son exploitation s'est cependant ralentie. A Weissenstadt, dans le Fichtelgebirge, on exploite une diorite porphyroïde d'une couleur verte foncée qui était représentée par deux vasques se trouvant à l'exposition de la Bavière; mais les produits les plus remarquables sortent des fabriques impériales de la Russie. Indépendamment de ce qu'ils sont travaillés avec soin, ils doivent surtout leur supériorité à la rareté des matières premières qui sont mises en œuvre. Signalons particulièrement divers porphyres, les jaspes de l'Oural, le rhodonite ou bisilicate de manganèse, que l'Exposition montrait en pièces d'une grandeur jusqu'alors inconnue. La marbrerie impériale de Tiflis avait également envoyé quelques objets façonnés avec une obsidienne qui paraissait pour la première fois ; elle est noire-grisâtre, caractérisée par des reflets blancs et chatoyants qui, sous ce rapport, la font ressembler à certaines opales. Elle trouvera des applications dans l'ameublement et mieux encore dans la bijouterie.

Jaspes de Saint-Gervais. — Étudions particulièrement les jaspes de Saint-Gervais, près du mont Blanc, auxquels s'attache l'intérêt de la nouveauté et qui, par leur beauté, méritent une mention toute spéciale. Leur gisement est sur la rive droite du Bonnant, route du Fayet à Saint-Gervais, dans la Haute-Savoie ; ils s'y trouvent en quantité pour ainsi dire indéfinie, et de plus en blocs de toutes les dimensions. On peut d'ailleurs les exploiter facilement et à ciel ouvert.

D'après des recherches récentes de M. Lory, ces jaspes proviennent d'un métamorphisme subi par une couche de grès appartenant à l'étage du trias. Ils paraissent reposer sur des schistes cristallins, et, au-dessus d'eux, l'on rencontre successivement un grès feldspathique (arkose), puis des dolomies. Leur état originaire était celui de grès quartzeux, plus ou moins mélangé de mica gris ou verdâtre ; ensuite ils ont été traversés par des sources minérales qui les ont imprégnés de silice et d'oxyde de fer produisant les veines de jaspe. Ultérieurement leurs retraits ont été remplis par des carbonates mixtes de chaux, de magnésie et de fer, qui forment un ciment spathique, blanc, ayant l'inconvénient de brunir et de s'altérer par l'action de l'air. Leur structure, qui est à la fois jaspée et brèchiforme, leur donne un aspect exceptionnel et très-remarquable. Ils présentent d'abord des couleurs variées d'une manière très-capricieuse, parmi lesquelles domine habituellement le rouge de sang. Le rose, le vert, le gris s'y montrent également. Du quartz blanc y forme, soit des veines irrégulières, soit des taches panachées. La variété rouge de ce jaspe est très-dure et prend un beau poli; c'est un jaspe composé de silice colorée par de l'oxyde de fer. Mais la variété grise contient plus spécialement des carbonates, en sorte qu'elle s'use d'une manière un peu inégale par le poli et que les parties quartzeuses y forment de légères saillies. Les taches blanches panachées sont produites par des filons quartzeux qui imprègnent intimement la roche, et, dans leur centre, il y a quelquefois de la baryte sulfatée. Des veinules de sulfures métalliques peuvent même s'observer accidentellement. La présence de carbonates et de baryte sulfatée dans les jaspes de Saint-Gervais tend à donner quelque inégalité à leur poli ainsi qu'à leur travail; et, d'un autre côté, comme leurs parties tendres sont susceptibles de s'altérer par les intempéries de l'atmosphère, il serait bon de les employer seulement pour la décoration intérieure.

Quant à leur prix de revient, il est actuellement de 1,500 francs sur la carrière et s'élève à 2.000 francs pour le mètre cube rendu à Paris. Le mètre cube en tranches ne dépasse pas 100 francs et l'on estime qu'il atteint 200 francs, c'est-à-dire qu'il double de valeur par le polissage. Toutefois, lorsque l'exploitation aura reçu les développements que l'on a projetés, ces prix subiront des réductions très-notables.

Les jaspes de Saint-Gervais étaient représentés à l'Exposition par deux colonnes magnifiques qui se trouvaient à l'entrée de la serre des plantes équatoriales. Des colonnes semblables ont été employées dans le nouvel Opéra de Paris ; mais il est à regretter qu'elles soient placées sur le péristyle extérieur ; car les carbonates qui les imprègnent les exposent aux dégradations de l'atmosphère. Du reste les jaspes de Saint-Gervais seraient facilement utilisés dans les ameublements, à l'état de plaques polies, de socles de pendules ; ils pourraient servir à fabriquer des objets d'art. En effet aucune roche ne revêt des couleurs plus riches et ne prend plus d'éclat sous le poli ; aucune ne convient mieux à la décoration des palais et des monuments.

§ 2. — Marbres.

Lorsqu'un calcaire est compacte et susceptible de recevoir le poli, lorsqu'il présente des couleurs vives et des dessins d'un aspect agréable, lorsque, en outre, il se laisse exploiter en dalles qui sont bien exemptes de fissures, il peut être employé comme marbre. L'on conçoit d'après cela que les marbres soient assez communs dans la nature et qu'ils se rencontrent, pour ainsi dire, dans tous les pays. Tel est, en effet, l'enseignement qui ressort de l'examen des marbres de l'Exposition Universelle de 1867. Non-seulement ils se montrent en collections très-nombreuses, mais encore ils proviennent des contrées les plus diverses et de celles dont l'exploration est la plus récente : l'Australie, le Canada, l'Amérique en offrent même qui rivalisent avec ceux de l'ancien monde. Généralement, l'on en rencontre beaucoup dans les pays de montagnes, et particulièrement dans ceux qui sont occupés par les terrains métamorphiques, gisement le plus habituel des calcaires cristallins.

Toutefois, bien que les échantillons propres à figurer dans une collection soient innombrables, c'est seulement dans des circonstances exceptionnelles qu'on trouve des marbres réunissant la richesse de tons et les qualités qui les font rechercher par les constructeurs ; il est rare aussi qu'ils forment des gîtes puissants, d'une exploitation et d'un accès faciles, situés en outre à proximité de la mer ou de grandes voies de communication. Si l'on considère, par exemple, le marbre blanc statuaire, l'on reconnaît que malgré l'abondance dans la nature des calcaires blancs et saccharoïdes, le gisement de Carrare est jusqu'à présent unique, et conserve, depuis les Romains, le privilége de pourvoir presque seul à la consommation du monde entier.

Il faut dire aussi que les marbres exploités par les anciens sont naturellement plus connus et, par suite, plus recherchés que les nouveaux; leur emploi dans les monuments de l'antiquité leur constituant, en quelque sorte, des titres de noblesse.

La France possède quelques marbres à couleurs vives et harmonieuses qui jouissent d'une grande notoriété et ne sé retrouvent pas dans d'autres gisements. Tels sont certains marbres des Vosges, des Alpes et surtout des Pyrénées. D'autres, tels que ceux de Boulogne, de Château-Landon et du Jura, sont au contraire remarquables par leur compacité, leur résistance à l'écrasement et leurs bonnes qualités comme matériaux de construction. Ces derniers sont exploités régulièrement et sur une grande échelle, en sorte qu'ils peuvent être livrés à des prix très-bas. Quant aux marbres de luxe, ils donnent généralement lieu à une extraction intermittente, et leurs prix sont, par cela même, beaucoup plus élevés.

Le défaut d'entretien des chemins et des carrières peut même conduire à l'abandon complet des marbres les plus renommés; c'est malheureusement ce qui vient de se produire pour un marbre classique et en quelque sorte national, auquel le palais de Versailles doit une partie de sa splendeur, le marbre de Campan. Le mètre cube brut rendu à Paris dépassant 1,200 francs, la marbrerie n'a plus avantage à l'employer; aussi M. Geruzet, qui dirige le grand atelier de Bagnères-de-Bigorre, a-t-il suspendu son exploitation de Campan jusqu'à ce que la construction d'un monument permette de la reprendre.

La griotte de Caunes, le grand incarnat et les marbres qui les accompagnent dans le terrain dévonien du département de l'Aude, sont, au contraire, exploités dans de bonnes conditions et avec une activité croissante, grâce à une entente des propriétaires des carrières, qui ont réuni leurs efforts, après s'être fait une concurrence ruineuse, grâce surtout aux facilités que les chemins de fer donnent actuellement pour la vente. Avant l'établissement des chemins de fer, ces marbres étaient à peu près limités aux départements voisins; ils ne s'employaient à Paris que pour les travaux de luxe et ils y revenaient alors à 1,500 francs. Mais, à mesure que le réseau de nos chemins de fer s'est complété, leur prix a diminué successivement et a fini par se réduire à 350 francs. Il en résulte que, pour le marbre rouge incarnat, par exemple, la quantité qu'on exploite, en 1866, est cinq fois plus grande qu'en 1855; de plus ce beau marbre, qui était d'abord réservé pour les palais, les églises et les monuments, est consacré maintenant à décorer nos habitations.

L'exposition française renfermait plusieurs colonnes remarquables qui étaient destinées, pour la plupart, au nouvel Opéra; elles provenaient de Sarrancolin (Hautes-Pyrénées), de Saint-Béat (Haute-Garonne), de Félines (Hérault), de Saint-Antonin (Bouches-du-Rhône), de Pourcieux (Var), de Jeumont (Nord), et elles témoignaient de nos ressources en marbres de luxe.

En ce qui concerne le commerce des marbres en France, il est utile de mentionner quelques chiffres recueillis par l'administration des douanes. L'exportation, qui était seulement de 350,405 francs en 1855, a suivi une progression croissante et s'est élevée à 1,140,279 francs en 1866; elle a donc plus que triplé pendant les douze dernières années. Ce sont les marbres sculptés et ouvrés qui représentent, de beaucoup, la plus grande part dans cette exportation; toutefois, les marbres en blocs et en tranches, fournis par nos carrières, tendent aussi à se répandre, et la valeur de ceux qui sortent de France a sextuplé pendant la même période.

Pour l'importation, la marche est également croissante, mais moins rapide que celle de l'exportation; représentée par 1,038,271 francs, en 1855, l'importation a été de 2,357,115 francs en 1866, et, par conséquent, elle a seulement augmenté d'un peu plus du double. La part des marbres bruts est de beaucoup la plus considérable; ordinairement elle est supérieure à un million de francs, et en 1857 elle a dépassé deux millions; du reste elle est sujette à des oscillations et ne tend pas à s'accroître. Le marbre blanc statuaire fourni par l'importation est coté pour une valeur qui est ordinairement supérieure à 100,000 francs et présente aussi quelques oscillations.

L'emploi des marbres de France dans les constructions tend à se propager ; mais il est entravé par leurs prix qui sont souvent trop élevés. Comme la main-d'œuvre représente de beaucoup la dépense principale à laquelle ils donnent lieu, son renchérissement ne permet malheureusement pas toujours de les réduire. Ainsi, malgré les avantages qui résultent de l'amélioration des voies de communication, les prix de beaucoup de marbres des Pyrénées sont restés à peu près les mêmes qu'en 1855. Cependant, pour la plupart de nos marbres, ces prix ont pu être diminués, grâce à l'extension des chemins ruraux et des canaux, grâce à l'extension des voies ferrées et aux tarifs avantageux que plusieurs d'entre elles ont accordés. C'est surtout en cherchant à répandre nos beaux marbres de France sur les marchés étrangers qu'il deviendra possible de les exploiter sur une grande échelle et, par suite, avec moins de frais ; la réduction de leurs prix aura d'ailleurs pour effet de propager leur emploi, et la vente devenant plus facile donnera, par cela même, des bénéfices plus considérables.

§ 3. — Marbres d'Algérie.

Les marbres d'Algérie ont été exploités autrefois d'une manière active par les Romains, et pourraient redevenir une source de richesse. Ils étaient bien représentés à l'Exposition, et nous mentionnerons les plus remarquables, en prenant pour guide M. Ludovic Ville, ingénieur en chef des mines, à Alger.

Marbres onyx. — Dans la province d'Oran, à Aïn-Tekbalet, sur les bords de l'Isser, l'on trouve un marbre très-rare et d'une grande beauté ; on lui a donné le nom d'onyx, à cause de sa transparence et de sa structure veinée, qui le fait ressembler à cette variété d'agate. Il a d'abord été exploité par les Romains, plus tard par les Maures de Tlemcen, et enfin retrouvé par M. Delmonte, ancien marbrier à Oran. Ses carrières fournissent ces admirables onyx, dont rien n'égale la transparence, la douceur et la variété de tons. L'industrie parisienne les recherche pour l'ameublement et pour l'ornementation artistique, en sorte qu'ils sont, dès à présent, l'objet d'un commerce assez considérable.

Le marbre d'Aïn-Tekbalet est un dépôt récent formé par des sources plus ou moins thermales, aujourd'hui éteintes. Il se compose de couches régulières, presque horizontales, présentant chacune une nuance particulière, d'où résulte cette variété que l'on admire dans l'onyx. Le gîte de marbre a une épaisseur totale de 6 à 10 mètres, et couvre une superficie de plus de 100 hectares.

En outre l'on a signalé récemment auprès de Nedroma un marbre jaune transparent qui fournit une espèce particulière d'onyx imprégné d'hydroxyde de fer. Dans ces dernières années, le marbre onyx a d'ailleurs été retrouvé et exploité hors de l'Algérie ; l'Exposition montrait, en effet, un échantillon envoyé par le gouvernement turc, qui provenait du village de Van, dans la province d'Erzeroum. On pouvait voir aussi, dans la section de la Russie, de magnifiques onyx exploités dans le Caucase et travaillés dans la marbrerie du gouvernement, à Tiflis. Ces marbres onyx étaient remarquables par leur blancheur, par leur translucidité et montraient qu'il est possible d'en obtenir de très-belles dalles dans le Caucase.

Enfin, nous rappellerons encore que le marbre onyx se retrouve également au Mexique, et qu'il y a même été exploité.

Marbres divers. — Dans la province d'Alger, le marbre de la pointe Pescade est en couches lenticulaires composées de brèches à couleurs variées. On y a fait une tentative d'exploitation bientôt abandonnée. Il est enclavé dans les terrains cristallophylliens de la Bouzareah dans les environs d'Alger.

Le marbre du Chenouah se trouve à 10 kilomètres E. de Cherchel. Par l'abondance de ses produits, la beauté de ses brèches, la proximité de la mer et les facilités qu'il présente pour l'embarquement, ce marbre paraît appelé à un bel avenir industriel. La mer est profonde au pied même du gîte, et de plus, elle est complétement abritée des vents d'ouest qui règnent si fréquemment pendant l'hiver sur les côtes de l'Algérie. L'on pouvait juger de la beauté du marbre du Chenouah par les divers objets d'ornement qui se trouvaient à l'Exposition Universelle. Son exploitation prendrait une grande activité si les capitaux venaient la vivifier.

Le marbre brèche des environs de Fondouk se trouve dans deux gîtes puissants, mais d'un accès très-difficile ; c'est ce qui explique l'abandon dans lequel ils ont été laissés jusqu'à ce jour. Le marbre brèche du cap Matifou provient d'un gîte situé sur le bord de la mer, à peu de distance d'Alger. L'exploitation a été faite autrefois par les Romains, et il serait facile de la reprendre aujourd'hui s'il était accueilli avec faveur par l'industrie. Ce marbre appartient au terrain cristallophyllien. Il existe encore beaucoup d'autres gîtes de marbre dans la province d'Alger, mais ils sont loin des centres de consommation, et les abords en sont trop difficiles.

Dans la province de Constantine, signalons d'abord le marbre du Felfela, l'un des plus importants de l'Algérie. Il est situé près de Philippeville, sur le bord de la mer. C'est un calcaire saccharoïde qui se rapproche beaucoup du marbre de Carrare. Poli, il devient un peu translucide. Généralement d'une belle couleur blanche, il est associé à du marbre bleu turquin, bleu fleuri, noir veiné de blanc, ainsi qu'à du marbre jaune et rouge. Il a été exploité autrefois par les Romains ; du reste, il peut fournir de beaux marbres d'ornement et même des marbres statuaires. La superficie totale du gîte est de 53 hectares. Une exploitation sur une

grande échelle ne présenterait pas de très-grandes difficultés.

Les marbres de l'Oued-el-Aneb forment des couches réparties en trois massifs différents, à 28 kilomètres O. de Bone ;
ce sont des calcaires saccharoïdes, tantôt blancs, tantôt gris
blanchâtres ; quelquefois, ils sont blancs veinés de jaune et de
bleu très-pâle. Ils ne sont pas exploités aujourd'hui, et leur
irrégularité nuit beaucoup à leur valeur industrielle.

Le marbre du fort Génois est sur le bord de la mer, à
8,500 mètres de Bone. Ce marbre est très-résistant et se polit
parfaitement. Sa couleur est le blanc grisâtre avec des veines
noires, le gris clair homogène ou légèrement moucheté. L'exploitation est ouverte sur les anciens travaux romains ; elle se
fait à la poudre et au coin, avec descente des blocs sur un
plan incliné jusqu'à la mer. Le gîte est enclavé dans le terrain
cristallophyllien du massif de l'Adough.

L'énumération que nous venons de faire suffit pour montrer
que les marbres peuvent être comptés parmi les richesses minérales de l'Algérie. Du reste, les recherches de M. Fournel
ont démontré l'importance que leur exploitation avait acquise
au temps des Romains. Les marbres onyx de la province d'Oran
n'ont pas de rivaux au monde ; les gisements de Turquie, du
Caucase et du Mexique dans lesquels l'on en a trouvé de semblables sont, jusqu'à présent, peu accessibles, en sorte que
leur concurrence n'est pas à craindre.

Les marbres brèches du Chenouah et les marbres blancs
du Felfela, par suite de leur situation privilégiée sur le
bord de la mer, seront vraisemblablement exploités un jour
sur une grande échelle ; mais, pour que ce résultat soit
obtenu, il faut des capitaux et une direction intelligente.

Parmi les autres pays qui avaient envoyé à l'Exposition les
collections de marbres les plus remarquables, nous mentionnerons encore l'Italie, qui reste sans rivale pour le marbre blanc ;
la Grèce, qui possède le marbre rouge antique retrouvé à Péra-
nora, en Laconie, mais dont les richesses sont toujours inex-

ploitées ; le Portugal, qui avait réuni une très-belle série de marbres, sur le gisement et le travail desquels la commission géologique a publié les renseignements les plus précis (1) ; la Belgique, dont les marbres bien connus sont largement importés en France ; la Prusse, qui exploite en Silésie, et surtout en Westphalie, des marbres livrés au commerce à un taux très-bas ; l'Autriche, qui montrait un marbre rouge marron de Hongrie, s'exploitant sur les plus grandes dimensions ; l'Espagne, très-riche en marbres, comme tous les pays de montagnes ; l'Australie, le Canada et enfin les États-Unis.

§ 4. — Note additionnelle sur l'emploi des marbres (2).

On semble ignorer dans le monde des architectes et des entrepreneurs, malgré les exemples du règne de Louis XIV, malgré l'éclat et la solidité des colonnes de tant de monuments (3), quelle est la variété des marbres de couleur des Pyrénées et quelles ressources ils offrent à la décoration des édifices et des maisons. Ils seraient employés, dès à présent, avec avantage, si la demande en était plus générale et si les exploitations, se développant sur une large échelle, pouvaient à la fois produire plus et à meilleur marché. Mais, même dans les conditions actuelles de la production, il suffirait que les moyens de transport fussent plus réguliers et moins dispendieux pour que, à Paris, des marbres de valeur, des décorations durables vinssent remplacer dans les revêtements, sans coûter davantage, ces imitations du marbre par le moyen des stucs, qui n'ont aucune solidité et qui, une fois atteintes par la destruction, ne sauraient plus trouver d'emploi utile.

(1) De Neves Cabral : *Catalogue français de l'Exposition du Portugal.*
(2) Cette note, que M. Delesse a permis d'intercaler dans son rapport, a été rédigée sur des notes fournies par des exploitants de carrières, M. le maire de Bagnères, M. Seguin et M. Ch. Garnier.
(3) Voir les articles de M. Ch. Garnier (*Moniteur* du 5 janvier et suivants).

Des carrières aux gares de chemins de fer les plus voisines, la viabilité est presque partout encore dans un grand abandon. Il y a même des endroits où, faute de chemins et dans l'ignorance des services que rendrait un système de plans inclinés, de couloirs ou de glissoires, on fait rouler, du haut des cimes, des blocs entiers dans le fond des vallées. Ces blocs n'y arrivent que brisés en fragments plus ou moins volumineux, mais qui, réunis, sont bien loin d'avoir la valeur de la masse entière (1). C'est ainsi que, dans les mêmes régions, le minerai des minières élevées se descend à dos de mulets, par un singulier esprit de ménagement pour des habitudes traditionnelles ou pour des intérêts qu'une exploitation rationnelle servirait mieux. En quelques endroits seulement, par exemple aux environs de Bagnères, il y aurait une amélioration à signaler dans l'état des chemins qui conduisent aux voies ferrées. Mais on ne saurait trop attirer l'attention du public et du Gouvernement sur le préjudice que causent à l'industrie des marbres les tarifs élevés des Compagnies de chemins de fer qui n'ont pas toutes un même intérêt à effectuer certains transports et qui n'offrent pas les mêmes conditions de transit à l'expéditeur. Outre l'inconvénient de la cherté, il y a celui des difficultés de détail, des formalités, des délais sans nombre. On ne sait jamais exactement comment et à quel moment s'achèvera un transport qui s'effectue sur les chemins de certaines compagnies.

Le tarif général, avec garantie, fait payer pour les marbres, de Bagnères-de-Bigorre à Paris (842 kilomètres), 114 francs par tonne ; le tarif général, sans garantie, 83 fr. 60 c.; le tarif spécial, sans condition de tonnage, 74 fr. 05 c. ; le tarif spé-

---

(1) On dit, il est vrai, que les marbriers des montagnes y voient l'avantage de débarrasser les blocs des parties les moins compactes et d'y connaître d'avance les fissures de la matière que, souvent, l'on n'aperçoit qu'après le travail des marbres ; et que, quelquefois, dans les Vosges, par exemple, on choisit de préférence, dût-on les aller chercher loin, les blocs erratiques de granit et de porphyre dont les croûtes sans adhérence sont déjà détachées.

cial, avec un minimum de chargement de 5,000 kilogrammes,
50 francs et quelquefois 40, pour des quantités exceptionnelles.
Ce dernier prix, le plus avantageux que l'on ait dans les Pyrénées, ne laisse pas assez de liberté d'action, parce que le délai
de transport est fort long ; les particuliers, du reste, ne peuvent
guère en profiter, car ils ont rarement à demander 5,000 kilogrammes de marbre à la fois.

Dans l'état des choses, les marbres bruts, en tranches de
0^m02 d'épaisseur, valent en moyenne 12 francs le mètre
carré ; le polissage coûte 3 fr. 50 c. et le transport, au tarif le
plus réduit (70 kilogrammes à 83 fr. 60 c. la tonne), 5 fr. 85 c.
Le mètre carré de ces marbres ordinaires revient donc, à
Paris, à 21 fr. 35 c.

Si l'exploitation des mêmes qualités (ceci dépend des architectes) devenait plus importante, on pourrait obtenir le mètre
carré à 8 francs ; le polissage coûterait 2 francs et le transport,
à 0 fr. 03 c. par tonne et par kilomètre (pour 842 kilomètres,
en ramenant le tarif au chiffre de 25 fr. 26 c.), 1 fr. 75 c.
seulement ; soit pour le tout 11 fr. 75 c.

Que l'on compare ce prix de revient avec celui des stucs et
l'on verra combien l'on a tort de ne pas employer plus habituellement les marbres. D'après les renseignements que veut
bien nous communiquer M. Ch. Garnier, l'architecte du nouvel
Opéra, le stuc, imitation de marbre uni, revient à 12 ou
14 francs le mètre ; l'imitation de brèche à 15 ou 18 francs ;
l'imitation de jaspe ou de cipolin à 18 ou 20 francs. On aurait
donc avantage, même pour les marbres communs, à renoncer
à l'emploi du stuc. Les marbres de qualité coûteraient évidemment plus cher, mais l'élévation de leur prix n'irait pas
jusqu'à faire hésiter entre une matière durable et de la poussière agglutinée (1).

La réduction de prix indiquée ici pour les marbres des Py-

____

(1) Il faut dire que l'emploi du marbre devient difficile et très-coûteux
quand il y a des saillies, des moulures. Il n'est avantageux que pour les

rénées n'a rien qui puisse surprendre. Déjà, dans le département de la Sarthe, où les marbres du terrain carbonifère et dévonien sont exploités en grand, le marbre de Joué-en-Charny ne coûte, pris à la carrière, que 75 francs le mètre cube ; le marbre de Louverné que 100 francs, et le Sarrancolin de l'Ouest, exploité à Grez-en-Bouère, que 140 francs, ce qui fait ressortir à 2 fr. 80 c. la tranche de 0^m02, matière brute avant sciage. Le sciage n'y coûte, par mètre carré, que 2 fr. 50 c. pour les deux premiers marbres et le polissage que 2 francs, même pour des variétés assez dures. Il est donc certain que l'on pourrait, dans les Pyrénées, où les chutes d'eau utilisables comme force motrice sont si nombreuses, arriver à des prix de revient encore inférieurs si l'exploitation prenait un grand développement.

Les marbres qui peuvent être exploités avec avantage dans les Pyrénées sont très-nombreux, très-variés et pour ainsi dire en masses inépuisables. Les marbres de couleur y offrent de quoi satisfaire tous les goûts. Le marbre blanc y est aussi abondant du moins pour les qualités qui servent à la décoration ordinaire, car le marbre statuaire y est rare. On n'a guère parlé jusqu'ici que de celui de Saint-Béat, qui, dans quelques parties de la carrière, est statuaire ; mais depuis peu il s'exploite aux environs de Bagnères une carrière toute nouvelle dont la qualité ne laisse rien à désirer, qui peut être travaillée très-aisément. Quoique la main-d'œuvre devienne de plus en plus chère, l'emploi des moyens mécaniques permettra, sans diminuer les salaires, et au contraire en donnant plus de travail aux ouvriers, de produire avec économie d'aussi grandes quantités de marbre que l'on pourra le demander ; mais il faut que, à Paris et dans les grandes villes, les architectes, à l'exemple de M. Charles Garnier et de quelques-uns de ses confrères, imposent et répandent le goût d'une matière belle et durable

surfaces planes. Ajoutons que des stucs bien préparés ont maintes fois bravé l'injure des temps, mais le stuc bien préparé est toujours rare.

comme les marbres, en renonçant à l'usage du stuc, et que, d'autre part, les compagnies de chemins de fer abaissent et uniformisent leurs tarifs de transport (1).

La demande faite par les villes ne produirait son effet qu'autant que les administrations municipales ne feraient payer aux marbres, à leur entrée dans la consommation, qu'une taxe modérée d'octroi. Il y a lieu, pour nos marbriers des Pyrénées, de considérer comme une des causes qui arrêtent le développement de leur industrie les droits excessifs dont ces produits sont frappés à Bordeaux, à Angoulême, à Nantes, à Tours, à Toulouse, à Lyon et à Paris.

Quant aux chemins de fer, un fait vraiment regrettable, c'est que, tandis que de Marseille à Paris (828 kilomètres) les marbres payent seulement 30 francs la tonne, ou 0 fr. 036 par tonne et par kilomètre, le prix le plus bas qui ait pu être obtenu de Bagnères à Paris, pour des quantités exceptionnelles, soit de 40 francs ou de 0 fr. 05 c. La différence est de 0 fr. 014 par tonne et par kilomètre, ou de 25 pour 100 à l'avantage des produits étrangers. Il y a là évidemment des améliorations à demander, dans l'intérêt de tous, à l'administration et aux compagnies elles-mêmes.

En définitive, il n'y a qu'à le vouloir pour qu'en peu de temps la France produise et consomme une grande quantité de beaux marbres. Les arts et l'industrie sont également intéressés à ce

(1) Voici les prix courants, en 1867, à Paris, des marbres les plus employés dans le commerce :

Sarrancolin des Pyrénées	le mètre cube	1,012	francs.
Campan mélangé et Campan vert	—	1,232	—
Rosé clair	—	792	—
Griotte d'Italie	—	1,012	—
Griotte œil de perdrix	—	1,117	—
Languedoc	—	792	—
Brèche impériale	—	682	—
Vert de Maurin (serpentine)	—	1,122	—
Brocatelle jaune, violette ou jaune fleurie	—	847	—
Sarrancolin de l'Ouest	—	572	—
Henriette	—	627	—
Noir français	—	374	—

que cette production et cette consommation s'établissent et se développent. C'est aux architectes, nous le répétons, à faire sous ce rapport l'éducation du public. Une fois qu'on aura pris l'habitude d'employer les marbres partout où l'on emploie le stuc, les exploitations, par l'augmentation du travail et par un plus habile ou plus fréquent usage des procédés mécaniques, les produiront à bien meilleur compte. Mais que, dès à présent, les chemins ruraux et vicinaux soient améliorés et que les compagnies de chemins de fer s'entendent pour abaisser et régulariser leurs prix de transport.

CHAPITRE III.

MATÉRIAUX ARTIFICIELS.

Les matériaux artificiels étaient représentés à l'Exposition par des chaux, des ciments, des plâtres et leurs dérivés, des produits divers, des pierres fabriquées, soit par voie sèche, soit par voie humide ; il y avait aussi des bitumes et des composés bitumineux.

§ 1. — Ciment Portland.

La grande importance prise par le ciment Portland est un fait qui mérite l'attention de tous les constructeurs. D'Angleterre, où il a été inventé et pendant longtemps gardé secret, l'usage de ce ciment s'est répandu sur le continent, grâce surtout aux chemins de fer et aux ingénieurs qui les ont construits. Dès maintenant, l'Angleterre n'en a plus le monopole ; et de vastes usines le fabriquent en grande quantité et avec toute la perfection possible, en France, en Prusse, dans le Mecklembourg, dans le Wurtemberg, en Allemagne, dans le Tyrol, en Autriche, en Pologne, en Russie et dans l'Amérique du Nord.

Le procédé suivi, sauf quelques variantes, reste à peu près

le même partout ; il consiste à mélanger intimement de l'argile avec un carbonate de chaux très-divisé, tel que la craie. Dans d'autres circonstances, c'est une marne argileuse avec un calcaire marneux ; quelquefois aussi l'on exploite simplement un calcaire marneux naturel. On veille en tout cas à ce que la chaux se trouve dans les proportions qui sont indiquées par Vicat pour la chaux limite ; autant que possible, il convient d'ailleurs d'éviter le sable dans l'argile ou dans le carbonate. Enfin, la cuisson se fait à une température élevée, de manière que le ciment s'agglutine et arrive graduellement à la limite de la vitrification. Les différences que présentent les ciments Portland doivent être attribuées à leur mode de cuisson et de mouture, mais surtout à la perfection de leur mélange et à l'inégalité de leur composition chimique, qui, pour l'argile en particulier, varie beaucoup d'un gisement à un autre.

Parmi les usines nouvellement établies en France, mentionnons celles de MM. Lobereau et Meurgey, à Tenay (Aisne) et à Pouilly-en-Auxois. La méthode employée consiste à broyer ensemble deux calcaires argileux du lias, celui du lias moyen donnant le ciment bien connu de Pouilly et contenant 43.5 pour 100 de chaux avec le calcaire à bélemnites qui est moins argileux que le précédent et renferme 48 pour 100 de chaux. Le mélange doit être bien intime et, en outre, présenter la composition voulue pour le Portland (1).

(1) Pour réaliser ces conditions qui sont si importantes, les deux calcaires sont d'abord chargés dans des fours séparés dans lesquels ils subissent un grillage ou une cuisson suffisante pour en chasser l'eau et une partie de l'acide carbonique. Puis ils sont jetés en proportion convenable dans une trémie commune de laquelle ils tombent sous des meules horizontales. La poudre obtenue est alors envoyée dans des cylindres en toile métall.que qui la tamisent et la mélangent ; ensuite elle est versée avec de l'eau dans un broyeur qui la convertit en pâte de la consistance d'un mortier ordinaire. Le grillage auquel les calcaires ont été soumis détermine une combinaison de la chaux avec l'eau et les silicates qui accélère la dessiccation de cette pâte et évite la perte de temps ainsi que les graves inconvénients d'un séchage spécial. Des briquettes de 10 centimètres de côté sont d'ailleurs façonnées avec la pâte et chargées dans des fours où elles sont soumises à une température assez élevée pour être amenées à une demi-fusion. En poids 1 de Portland exige au plus 7 de coke ou d'anthracite.

Voici d'ailleurs le résultat donné par l'analyse de ce ciment Portland artificiel :

Chaux.	Silice.	Alumine.	Oxyde de fer.
62.0	23.0	8.5	5.5

Sulfate de chaux.	Eau et acide carbonique.	Somme.
traces.	1.0	100

La composition du Portland de Pouilly est à peu près celle du Portland qui est fabriqué par M. White, en mélangeant la craie blanche avec de la vase argileuse de la Medway (1).

A l'usine de Boulogne-sur-Mer, créée par MM. Dupont et Demarle, le ciment Portland se fabrique au moyen de calcaires argileux. Or, l'expérience a montré que pour produire à Boulogne du ciment, réunissant bien toutes les qualités distinctives du Portland, il faut un mélange formé de 79 1/2 de carbonate de chaux avec 20 1/2 pour 100 d'argile. En deçà et au delà, dans les limites de 81 à 78 de carbonate de chaux, et de 19 à 22 pour 100 d'argile, on obtient encore un ciment présentant les apparences du Portland, mais sa qualité reste plus ou moins inférieure.

Comme les calcaires argileux de Boulogne sont sujets à quelques variations, il est assez difficile d'arriver, dans une fabrication sur une grande échelle, à ce que les proportions de 79 1/2 pour 20 1/2 soient bien conservées. Pour y parvenir, on a d'abord soin de surveiller l'exploitation des calcaires marneux et de les trier ; on les analyse fréquemment et on les mélange en quantités convenables ; de plus, à l'aide d'appareils mécaniques, on cherche à obtenir des pâtes qui soient homogènes et conservent bien la composition voulue. En outre, M. C. Demarle a apporté un perfectionnement, utile à mentionner, qui permet d'atteindre cette condition si capitale dans la fabrication du ciment Portland.

Comme à l'ordinaire, les matières sont d'abord préparées au

(1) Rapport sur l'Exposition Universelle de 1862.

moyen de meules et mélangées dans les proportions voulues ; elles vont ensuite se déposer dans des bassins. Mais, à Boulogne, elles ne sont pas cuites dans les fours immédiatement après cette seule opération ; car leur composition n'est pas parfaitement uniforme, et des départs se produisent dans leur masse, suivant des lits horizontaux. On fait arriver dans des bassins collecteurs et de dosage les matières déjà mélangées une première fois , et elles le sont une seconde fois à l'aide d'un appareil dans lequel s'agitent des bras entre-croisés. Comme ces bassins sont de petite dimension, on peut obtenir, à l'aide des agitateurs, que leur contenu soit bien homogène : on détermine ensuite par l'analyse ses proportions de chaux et d'argile. Dans le cas où l'argile fait défaut, par exemple, on prélève dans un composé qui la renferme en excès, la quantité qui est nécessaire pour que, après un nouveau mélange intime, tout le bassin présente bien la composition voulue.

En un mot, dans la fabrication habituelle, la pâte du ciment est considérée comme finie lorsqu'elle s'est déposée dans des réservoirs généralement de grande dimension, dans lesquels le dosage est difficile, et la composition encore assez inégale ; tandis que dans la fabrication perfectionnée de Boulogne, de laquelle nous venons de parler, cette pâte subit un traitement supplémentaire dans des bassins particuliers où elle peut être malaxée de la manière la plus intime, et où il est toujours facile de contrôler sa composition par le dosage. En procédant de cette manière, et en titrant avec soin la pâte dont la cuisson donne le ciment Portland, il devient possible de lui conserver une qualité supérieure et toujours égale.

Quelques analyses bien complètes du ciment Portland ayant été faites récemment par M. le docteur Zuirek, de Berlin, il nous paraît utile d'en donner ici les résultats. Les échantillons étaient attaqués par un acide ; les trois premiers provenaient des principales usines de l'Angleterre, et avaient été livrés par le commerce ; le quatrième sortait de la fabrique des frères Meukow, à Schwérin.

SUBSTANCES TROUVÉES.	I Robins.		II White frères.		III Knight, Bevans et Sturge.		IV Menkow à Schwérin.	
Silice................	22,74		22,59		22,30		24,04	X
Alumine.............	7,74		6,43		3,34		5,73	
Oxyde de fer.......	3,70		4,03		9,75		2,39	
Chaux..............	56,68	92,08	57,87	92,56	58,17	93,02	63,77	97,68 A
Magnésie...........	0,57		0,55		0,91		0,96	
Potasse.............	0,46		0,74		0,41		0,49	
Soude.	0,19		0,35		0,17		0,33	
Sulfate de chaux...	1,66		2,67		1,17		0,21	
Carbonate de chaux.	3,50	7,56	0,84	6,51	1,34	5,04	0,67	2,11 B
Résidu inattaquable.	0,50		0,77		1,06		0,93	
Eau hygrométrique.	1,90		2,23		1,17		0,27	

Dans ces analyses du ciment Portland, on retrouve bien
les mêmes substances ; mais leurs proportions sont en définitive assez variables, ce qui explique les différences notables qu'il
présente dans sa qualité. La première partie des analyses comprend les substances qui forment des combinaisons hydrauliques lorsque le ciment est traité par l'eau ; la seconde partie
donne celles qui sont inertes ou du moins peu efficaces.
Autant que possible, il faut tendre à diminuer dans le ciment
le carbonate de chaux, le résidu inattaquable par l'acide,
l'eau hygrométrique, et l'on y parvient par les soins apportés
à l'ensemble de la fabrication. Pour diminuer le résidu inattaquable, il faut veiller à ce que la pâte présente un mélange
bien intime et bien homogène, à ce qu'elle ne contienne pas de
sable grossier, et à ce que la cuisson ait lieu à une température
très-élevée. Pour diminuer le carbonate de chaux et l'eau hygrométrique, il faut empêcher l'absorption de l'acide carbonique et
de l'humidité de l'air, après que le ciment est réduit en poudre.
Quant au sulfate de chaux, il ne peut être complétement évité,
puisqu'il provient à la fois de la pâte du ciment et du combustible employé pour la cuisson. Du reste, il se solidifie en
s'hydratant et contribue aussi à la prise du ciment. En tout
cas, il faut chercher, soit par la fabrication, soit par le

choix des matériaux, à réduire dans le ciment Portland les substances qui ne donnent pas de combinaisons hydrauliques.

Considérons maintenant les substances qui donnent, au contraire, des combinaisons hydrauliques : ce sont la silice, l'alumine, la chaux, les alcalis, la magnésie et l'oxyde de fer. Comme l'a montré M. Rivot, elles tendent à former des hydrosilicates analogues aux zéolithes ; mais la qualité du ciment obtenu devra nécessairement varier avec leurs proportions. Toutes choses égales, l'hydraulicité sera très-sensiblement modifiée par la nature de bases qui se trouvent cependant en petite quantité ; et, tandis que des bases fortes, comme les alcalis, tendront à l'augmenter, des bases faibles, comme l'oxyde de fer, auront pour effet de la diminuer.

En résumé, la qualité d'un ciment Portland dépend essentiellement de sa composition. Comme les calcaires et les argiles qui servent à l'obtenir sont de leur nature assez variables dans des gisements différents et aussi dans le même gisement, l'analyse chimique fournit d'ailleurs un contrôle et un guide précieux pour cette fabrication ; seule elle permet de lui donner la régularité qu'elle réclame avant tout, et qui est pour elle la condition indispensable du succès.

§ 2. — Ciment Vicat.

Un ancien élève de l'École polytechnique, M. Joseph Vicat, le fils de l'ingénieur célèbre auquel on doit tant de découvertes importantes sur les produits hydrauliques, fabrique sur une grande échelle un ciment auquel il a donné le nom de son père, qui en est l'inventeur.

Dans tous les systèmes suivis jusqu'ici pour obtenir du ciment, après avoir fait le mélange des matières et après avoir divisé la pâte qui en résulte, en forme de pains, il est toujours difficile de donner à ces derniers une cohésion qui leur permette de supporter les manipulations nécessaires au transport et à l'enfournement. Si on étale les pains sur une aire découverte pour les amener à dessiccation, il suffit d'une pluie imprévue pour les réduire en boue et perdre ainsi le résultat d'un travail long et coûteux ; si, au contraire, on les expose sous des hangars couverts, la dessiccation marche lentement et a le grand inconvénient d'exiger bientôt des bâtiments considérables. On peut obtenir, il est vrai, une dessiccation plus rapide à l'aide de la chaleur et au moyen d'étuves, mais il en résulte de nombreuses manipulations et, par suite, de nouveaux frais. Une seconde difficulté se présente quand il s'agit, pour les ciments artificiels, par exemple, de les cuire fortement pour obtenir une prise lente ; car, pour arriver à la fusion pâteuse nécessaire au ciment Portland, il faut une température très-élevée et une grande dépense de combustible. L'expérience a montré de plus que le ciment Portland, particulièrement celui de l'Angleterre, demandait à ne pas être employé fraîchement, car il peut se fendiller et donner lieu à de graves avaries. M. J. Vicat pense que ce résultat doit alors être attribué à ce que la cuisson et la fusion n'ont pas été suffisantes ; en sorte qu'il devient nécessaire d'exposer pendant un temps assez long, dans des silos ou bien sous des hangars, le ciment moulu, de manière à éteindre par l'air humide les parties qui fuseraient par un emploi immédiat.

Pour obvier aux divers inconvénients qui viennent d'être signalés, M. Vicat n'emploie pas un mélange de carbonate de chaux et d'argile, mais il suit le procédé indiqué d'abord par son père pour la fabrication de la chaux hydraulique artificielle dite à double cuisson. Ce procédé, mis en pratique déjà dans plusieurs usines, consiste à former une pâte avec de l'argile et de la chaux grasse éteinte, en poudre. Alors les pains, étant composés de matières ayant déjà subi une première cuisson, font prise, sur le chantier, en très-peu de temps, et durcissent très-vite, de manière à ne craindre ni la pluie ni aucune espèce d'intempérie ; de plus, les grands hangars couverts, les étuves, les séchoirs artificiels deviennent complétement inutiles ; enfin, la fabrication marche aussi facilement en hiver que pendant la belle saison, grâce à la rapidité de la prise des pains. Mais il y a surtout cet avantage que, en faisant réagir directement la chaux caustique sur la silice et l'alumine, la combinaison est plus intime qu'avec le carbonate de chaux, et, toutes choses égales, l'argile est attaquée plus complétement.

En suivant cette marche, on évite donc les deux inconvénients qui tendent à entraver la fabrication des ciments artificiels et en particulier celle du Portland; d'abord on n'a pas à se préoccuper de la longueur et des difficultés que présente la dessiccation des pains; d'un autre côté, bien qu'il soit toujours avantageux d'avoir des silos pour augmenter l'homogénéité du ciment, il n'est plus nécessaire de le conserver longtemps; on peut même l'employer immédiatement.

Le ciment Vicat, fabriqué à Grenoble d'après le procédé qui vient d'être décrit, se distingue d'abord par une homogénéité parfaite; ses éléments se sont entièrement combinés, et son argile s'est transformée en un silicate, qui est complétement attaquable par l'acide faible, et qui ne laisse aucun résidu. Sa prise est lente et ne commence que plusieurs heures après le gâchage. Le poids de ce ciment pulvérisé et non tassé varie de 1,300 à 1,400 kilogrammes au mètre cube; par suite, il est considérable, ce qui est d'ailleurs une qualité. Sa contraction par le gâchage dépend en partie du degré de finesse de sa mouture; elle est en moyenne le cinquième du volume du ciment employé.

Depuis quelques années, le ciment Vicat s'est beaucoup répandu; on l'utilise pour daller des églises, des gares de chemin de fer, pour faire des trottoirs, des cuves à vin, des réservoirs, et surtout pour la construction de ponts et d'autres grands ouvrages d'art.

L'Exposition montrait quelques applications intéressantes du ciment Vicat. Nous citerons des cubes bien résistants qui étaient composés en volumes de 0,1 de ciment pour 0,9 de gravier. Mentionnons aussi des mosaïques obtenues en préparant un béton dans lequel on introduit des fragments de marbre : on le moule en dallages ou bien en carreaux présentant différentes formes, et, au bout d'un mois, il est devenu assez dur pour qu'on puisse le scier et lui donner le poli. Des tables, des colonnes, ayant la structure de brèches et de poudingues naturels, avaient été fabriquées de la même manière. Ces mosaïques en ciment produisent un assez bel effet, sont plus dures et absorbent moins l'eau que les mosaïques vénitiennes que l'on moule sur place en incorporant des fragments de marbre dans une pâte composée de chaux et de brique pilée. Elles ont d'ailleurs sur les stucs le grand avantage de résister beaucoup mieux à l'usure et de pouvoir s'employer à l'extérieur.

§ 3. — Chaux hydrauliques.

Les chaux hydrauliques étaient fort nombreuses à l'Exposition ; quelques-unes nouvelles, la plupart provenant de gîtes depuis longtemps connus. Il ne serait pas possible de les décrire sans dépasser les bornes de ce Rapport, et nous nous contenterons de signaler spécialement la plus importante de toutes, celle du Theil, dans l'Ardèche.

Chaux du Theil. — Les calcaires qui la fournissent contiennent de nombreux fossiles, et particulièrement des criocères, montrant qu'ils appartiennent aux marnes néocomiennes inférieures ; ils se développent sur une grande étendue et s'exploitent, non-seulement dans l'Ardèche, mais encore dans la Drôme et à l'est du cours du Rhône ; au Theil, leur épaisseur atteint 100 mètres. Par la cuisson, ils se convertissent en une chaux renfermant près d'un cinquième de son poids de silice attaquable par les acides, silice à laquelle elle doit sa vertu éminemment hydraulique. Son prix est de 15 francs la tonne. Blutée, elle pèse 700 kilogrammes le mètre cube. Des essais ont fait voir qu'un mortier formé de 300 kilogrammes de chaux avec 1 mètre cube de sable donnait par centimètre carré une résistance à l'arrachement de 1 kil. 54 au bout de quarante-cinq jours et de 8 kil. 63 au bout de deux ans. De même on a constaté que la résistance à l'écrasement atteint 9 kil. 81 après quarante-cinq jours d'immersion et près de 40 kilogrammes après une année. Ces résistances sont du reste bien inférieures à celles qu'on obtient avec un bon ciment comme le Portland.

L'usine de Lafarge, la principale de celles dans lesquelles on fabrique la chaux du Theil, atteint des proportions extraordinaires et couvre une surface de 6 hectares ; elle possède trente-quatre fours à feu continu et elle produit par jour 340 tonnes de chaux blutée ; de plus, sa position sur les bords du Rhône lui permet d'expédier au loin une chaux hydraulique de très-bonne qualité.

La chaux du Theil est surtout extrêmement précieuse parce qu'elle possède la propriété exceptionnelle de résister à l'action décomposante des sels contenus dans l'eau de la mer ; les expériences faites, soit dans la Méditerranée, soit dans l'Océan, ont toujours donné les résultats les plus satisfaisants. On peut aussi la gâcher indifféremment avec de l'eau douce ou bien avec de l'eau salée. L'expérience a montré que si l'on veut composer un mortier devant simplement rester à l'air, il suffit de 250 kilogrammes de chaux du Theil par mètre cube de sable ; si le mortier baigne dans l'eau douce, la dose de cette chaux doit être portée à 300 kilogrammes ; et, enfin, dans l'eau de mer, on l'élève à 350 kilogrammes. Lorsqu'on emploie du ciment Portland pour les mêmes usages, il en faut un poids beaucoup plus considérable et qui dépasse même 600 kilogrammes. La dépense est donc plus grande.

Lorsque les bétons de chaux du Theil sont destinés à la mer, on les compose de trois volumes de pierres et de deux volumes de mortier formé comme on vient de le dire.

Il peut paraître remarquable qu'une simple chaux comme celle du Theil résiste aussi bien à l'eau de mer ; on sait en effet que cette eau tend surtout à désagréger les mortiers qu'elle baigne en transformant leur chaux en sulfate ; de sorte que, toutes choses égales, il semblerait assez naturel de réduire autant que possible la proportion de chaux. C'est pourquoi

Vicat a conseillé, pour les constructions à la mer, des ciments composés avec des pâtes très-chargées d'argile et, par conséquent, des ciments pauvres en chaux et riches en alumine ainsi qu'en silice. Des mortiers à base de magnésie et fabriqués par la cuisson de carbonate de magnésie pur, seraient même préférables; mais les gisements de carbonate de magnésie sont rares et, jusqu'à présent, l'industrie ne s'est pas assez préoccupée du parti qu'il était possible d'en tirer.

Quant à la vertu exceptionnelle que possède la chaux du Theil de résister à l'eau de la mer, elle doit être attribuée à ce que cette chaux est intimement mélangée de silice attaquable, avec laquelle elle se combine, et qui se trouve dans la proportion voulue pour former un hydrosilicate de chaux bien stable.

§ 4. — Béton aggloméré.

A l'Exposition de 1867, l'industrie du béton aggloméré était bien complétement représentée par M. F. Coignet. Comme nous avons déjà fait connaître cette industrie dans notre Rapport de 1862, sur l'Exposition de Londres, il suffira de signaler les perfectionnements qu'elle a reçus et les principaux travaux exécutés dans ces derniers temps.

M. F. Coignet fabrique le béton aggloméré en mélangeant d'une manière très-intime de la chaux avec du sable ou avec du gravier. Dans certaines circonstances, on ajoute d'ailleurs un peu de ciment à la chaux. Le tout est ensuite tassé dans des moules en planches auxquels on a donné la forme voulue. Il importe de bien veiller à ce que la quantité d'eau introduite soit aussi faible que possible, c'est-à-dire réduite à celle qui est nécessaire pour lubréfier le béton et pour l'amener à l'état grenu. Comme ce béton est pilonné par couches successives, on conçoit, en effet, que pour cimenter les couches entre elles, il faut éviter tout excès d'eau qui, étant incompressible et remplissant les interstices, empêcherait le tassement et la pénétration mutuelle des matières. D'un autre côté, le temps assez long réclamé par l'opération du pilonnage exige que le ciment duquel on se sert soit à prise lente.

Quelques perfectionnements ont été apportés par M. F. Coignet dans la construction des appareils broyeurs et malaxeurs qui sont destinés à préparer le béton et à le rendre bien homogène. De même que pour le mortier ordinaire, il est obligatoire de se servir de sable de rivière, et l'expérience a montré que les sables fins exploités aux environs de Paris dans les étages de Beauchamp ou de Fontainebleau ne donnent jamais des résultats satisfaisants. Il faut aussi veiller à la qualité de la chaux et éviter les incuits qui donnent lieu à des exfoliations. L'introduction de la brique pilée et même celle de la pouzzolane dans le béton aggloméré ne sont pas à recommander, parce que ces matériaux le rendent plus poreux et plus hygrométrique. Le sable de mer et tout sable imprégné de la plus minime partie de sel doit à plus forte raison être exclu.

Mais la partie délicate de l'emploi du beton aggloméré tient toujours à la difficulté de bien cimenter entre elles les couches successives et superposées qui le composent. Dans le béton ordinaire, qui est fabriqué avec excès d'eau, on y arrive assez facilement; tandis que dans le béton aggloméré, dans lequel il y a au contraire très-peu d'eau, la surface supérieure de la couche ne tarde pas à se lisser et elle fait souvent prise avant d'être recouverte par une couche nouvelle. C'est même ce qui a lieu chaque fois que le travail se trouve interrompu. Aussi est-il nécessaire de râcler fréquemment à vif la surface supérieure, de l'arroser avec un lait de chaux, de procéder par couches minces et de ne confier cette partie du travail qu'à des ouvriers bien expérimentés et surtout très-consciencieux. A défaut de ces précautions, il peut arriver que le béton aggloméré se délite en feuillets parallèles; d'un autre côté, lorsqu'on les observe, ce béton devient d'autant plus dur que le pilonnage a été fait avec plus de soin.

Il convient d'ailleurs de remarquer que l'expression de

béton aggloméré, appliquée à l'industrie de **M.** Coignet, est assez impropre, puisqu'en réalité l'on fabrique un mortier plus ou moins maigre, que l'on comprime ensuite dans des moules à la manière du pisé. Examinons maintenant quelques applications du béton aggloméré.

Bien qu'il soit possible de mouler de toutes pièces des maisons et même des édifices lorsqu'on les construit en béton aggloméré, cette application ne s'est pas répandue jusqu'à présent. Il faut l'attribuer à ce que ces maisons, assez différentes de celles auxquelles nous sommes habitués, n'ont pas une couleur et un aspect très-agréables; en outre, elles sont exposées à se fissurer par la dilatation. D'après l'expérience faite à l'église du Vésinet, il est certain, de plus, que le béton aggloméré peut être poreux et perméable à l'humidité. Le grain grossier et la couleur du béton aggloméré ne permettent pas du reste de l'employer avantageusement à la reproduction des bas-reliefs et des statues, comme on l'avait essayé à l'Exposition.

Parmi les applications importantes du béton aggloméré, nous citerons d'abord un pont construit à Vitry-en-Perthois. Ce pont présente deux arches ayant 16^m75 d'ouverture et 1^m30 de flèche. Les calculs de **M.** l'ingénieur Frossard ont montré qu'il résiste à une pression s'élevant, sur certains points, à 50 kilogrammes par centimètre carré. Son prix de revient est de 35 francs par mètre cube, mais c'est un minimum accepté seulement dans un premier essai; du reste, ce prix est à peu près le même que si ce pont eût été fait avec des poutres droites en fer et avec des voûtes en briques.

A l'Exposition Universelle, le béton aggloméré a donné de bons résultats pour le revêtement des pièces d'eau et des réservoirs, pour les bordures de trottoirs, pour les massifs de fondations dans la galerie des machines. Cependant, pour ces derniers massifs, il y avait avantage à le remplacer par un mortier contenant 340 kilogrammes de ciment de Portland par mètre cube; car le prix de ce mortier n'est que de 26 francs, tandis que, dans les mêmes conditions, celui du béton aggloméré est de 38 francs.

On s'est encore servi du béton aggloméré pour la construction de voûtes ; mais alors, en y comprenant le cintrage, son prix s'élève à 50 francs le mètre cube, et, lorsqu'il s'agit de piliers, il atteint même 60 francs.

Les ingénieurs du service municipal ont surtout employé le béton aggloméré sur une très-grande échelle pour la co -struction des égouts de Paris. D'après M. l'inspecteur général Belgrand, le béton aggloméré avec lequel ces égouts sont construits présente la composition suivante :

Ciment Portland....................... 250 kilogrammes.
Chaux hydraulique éteinte..............   1 mètre cube.
Sable de rivière   5   —

Au bout d'un mois, le béton aggloméré prend la dureté d'une maçonnerie de meulière à mortier de ciment et paraît devoir durer aussi longtemps. Il est bien vrai que cette maçonnerie revient seulement à 35 francs le mètre cube, tandis que le béton aggloméré coûte, au contraire, 40 francs; mais, comme, d'un autre côté, l'emploi du béton aggloméré dispense d'enduit, de chape, de cintre, M. Belgrand admet qu'il donne cependant lieu à une économie définitive de 20 pour 100.

C'est donc particulièrement dans la préparation des pierres artificielles, dans les dallages, dans les murs de quai, dans la construction des égouts et dans les grands travaux du génie civil ou militaire, que le béton aggloméré de M. F. Coignet pourra donner des résultats avantageux ; toutefois, il convient d'avoir égard à ce que, dans l'état actuel de sa fabrication, ses prix sont toujours plus élevés que ceux du béton ordinaire (1).

____

(1) Voir aussi le rapport publié dans les *Annales des Ponts et Chaussées* de 1868, par une commission composée de MM. Mary, L. Reynaud, Emmery, V. Chevallier, Hervé-Mangon et E. Baude.

§ 5. — Ciment d'oxychlorure de magnésium.

M. Sorel, l'ingénieux inventeur d'un ciment formé d'oxychlorure de zinc, a fait des essais très-intéressants sur un ciment analogue dans lequel le zinc se trouve remplacé par le magnésium.

La fabrication de ce ciment d'oxychlorure de magnésium est très-simple : elle consiste à gâcher de la magnésie avec du chlorure de magnésium d'une densité qui varie, suivant l'emploi que l'on veut faire du ciment, de 15° à 30° de l'aréomètre de Baumé. Le ciment devient d'autant plus dur que le chlorure est plus concentré ; mais, d'un autre côté, il résiste d'autant mieux à l'eau, que le chlorure est plus étendu. L'addition de certaines matières dans le liquide modifie notablement les propriétés du ciment magnésien ; par exemple, 1 de chaux vive ou 2 de carbonate de magnésie pour 100 de chlorure à 25° augmentent l'hydraulicité du ciment. On donne aussi une dureté plus grande à ce ciment en saturant le chlorure de magnésium avec du chlorure de baryum ou bien avec du sulfate de magnésie.

Observons d'ailleurs que **M.** Sorel ajoute toujours à la magnésie des matières inertes, soit en poudre, soit en grains ; elles ont pour effet de diminuer considérablement le prix de revient du ciment sans nuire à sa qualité. Ces matières sont principalement du sulfate de baryte, du sulfate de chaux cru, du marbre, des calcaires employés comme pierres à bâtir, du sable de rivière ou de mer, du granit, etc. On peut, sans inconvénient, ajouter à la magnésie trente et même quarante fois son poids de ces matières et obtenir cependant des blocs plus durs que la plupart des calcaires tendres servant aux constructions de Paris.

Voici quel serait le prix de revient des matières premières dans le ciment magnésien propre à bâtir, contenant 1 trentième de magnésie ou plus exactement à 1/33,8, en ayant égard au poids du chlorure :

Magnésie.....................   4ᵏ   à 30ᶠ00 les 100ᵏ... 1ᶠ 20
Calcaire en poudre fine........   24   à 0 26   —   ... 0 06
Sable de rivière..............   92   à 0 25   —   ... 0 23
Chlorure de magnésium à 25°..   14 50 à 7   —   ... 1 02

     Total..........   134ᵏ 50 coûtent........... 2ᶠ 51

En évaluant le poids du mètre cube à 2,300 kilogrammes, on a environ 43 francs pour le prix du mètre cube de ciment magnésien à 1/33,8 de magnésie.

On pourrait encore diminuer notablement la proportion de magnésie et même la réduire à 1/50.

Voici, du reste, les résultats obtenus au Conservatoire des Arts et Métiers dans une série d'essais de ce nouveau ciment que M. Tresca a bien voulu faire sur ma demande. Les échantillons moulés en cube contenaient une proportion variable de magnésie; ils avaient été mélangés de sable de rivière et de calcaire en poudre. Dans le n° 1, il y avait environ 1/50 de sable de mer, et le n° 2 ne renfermait pas moins de 75 pour 100 de calcaire en fragments.

	PROPORTION de magnésie.	PRESSIONS PAR CENTIMÈTRE CARRÉ correspondant, pour les cubes,	
		aux 1ʳᵉˢ fissures.	à l'écrasement.
I	1/50	63 kil.	88 kil.
II	1/42	61	109
III	1/30	167	180
IV	1/20	271	271
V	1/10	237	318

On voit que la résistance à l'écrasement ou la force portante de ce ciment augmente avec la proportion de magnésie. Il suffit d'ailleurs que cette proportion soit de 1 dixième pour que la force portante devienne égale à celle des pierres calcaires de qualité supérieure.

Le ciment magnésien de M. Sorel suppose que la magnésie puisse être fabriquée à un prix peu élevé et de plus en quantité suffisante pour permettre son emploi sur une large échelle dans les constructions. Malheureusement, jusqu'à présent, on ne connaît qu'un très-petit nombre de gisements dans lesquels le carbonate de magnésie soit pur et facilement exploitable. On le trouve cependant près de Wartha, dans la Silésie prussienne, en Grèce et aussi au Canada. Le carbonate de magnésie qui a servi pour les essais desquels nous parlons, provenait d'une île de la Grèce ; il a l'avantage d'être très-pur, et son prix, rendu à Paris, ne dépasse pas 12 francs le quintal. Mais les eaux mères des marais salants fourniront peut-être un jour une mine pour ainsi dire inépuisable de magnésie, et c'est à elle que l'industrie nouvelle songerait à s'adresser.

M. Sorel propose de décomposer les eaux mères qui sont en grande partie du chlorure de magnésium, au moyen de la chaux vive ; d'où il résulterait du chlorure de calcium et de la magnésie hydratée qu'il faudrait calciner. Il conviendrait d'employer les eaux mères à 20° Baumé, et de mettre moins d'un équivalent de chaux pour un équivalent de chlorure, afin qu'il ne restât pas de chaux indécomposée et que l'eau mère contînt encore du chlorure de magnésium. Par ce procédé, outre la magnésie, on aurait pour résidu du chlorure de calcium contenant une certaine quantité de chlorure de magnésium avec d'autres sels. M. Sorel utilise d'ailleurs un pareil résidu dès à présent, en y ajoutant un peu de magnésie et certaines matières en poudre, telles que de la craie ou de l'hydrate de chaux ; il obtient ainsi un liquide donnant un badigeon qui est très-adhérent et qui durcit la surface des pierres tendres et des plâtres.

Outre l'application du nouveau ciment magnésien à la confection des pierres factices, on peut l'employer pour beaucoup de produits qu'il serait impossible de fabriquer avec les autres ciments. De plus, qu'il soit pur ou mélangé avec des matières convenables, telles que du sulfate de baryte ou de chaux, ou bien avec des carbonates de ces bases, il se laisse mouler comme le plâtre. On en fait aussi des objets qui imitent parfaitement le marbre et en possèdent la dureté.

On peut du reste donner au ciment magnésien les couleurs les plus vives, ce qui permet de s'en servir pour confectionner des mosaïques en ciment et des marbres d'un très-bel effet décoratif.

M. Sorel a recours à un procédé très-économique pour graver le marbre qui est destiné à former des mosaïques. C'est un procédé analogue à celui de la lithographie , par lequel on transporte d'abord sur le marbre une encre grasse qui couvre toute la partie devant former le fond du dessin, et laisse au contraire à nu le dessin lui-même qui est alors gravé par l'action de l'acide. Le marbre étant ainsi préparé, on enlève l'encre grasse ; ensuite, on remplit les creux faits par la gravure à l'acide avec du ciment auquel on donne les teintes voulues ; puis, lorsque le ciment est durci, on le dresse et on le polit en même temps que le marbre.

On peut, en employant ce procédé, décorer toute sorte d'objets en marbre, tels que tables, cheminées, lambris, plafonds, carrelages.

On peut encore, avec le nouveau ciment, obtenir des parquets mixtes en bois qui sont incrustés de ciment de couleur, formant mosaïque. Pour cela, on découpe, au moyen de la scie, d'après des dessins donnés, des planches en bois dur de la forme voulue et de dix millimètres environ d'épaisseur ; on double ces planches découpées avec d'autres planches pleines, et l'on remplit les vides du découpage avec du ciment d'une ou de plusieurs couleurs ; lorsque le ciment est suffisamment durci, on le dresse et on le polit.

On fait aussi, avec le nouveau ciment, des imitations de marbres de toutes couleurs et d'une grande dureté.

Nous ajouterons qu'en introduisant dans la composition du ciment magnésien une certaine quantité de coton réduit en poudre fine, l'on obtient un produit qui imite l'ivoire. Il se laisse parfaitement travailler sur le tour ; on en a d'ailleurs fabriqué des billes de billard ressemblant beaucoup à l'ivoire naturel, ayant la même dureté et presque la même élasticité.

Le ciment d'oxychlorure de magnésium de **M.** Sorel est le plus dur et le plus blanc de tous les ciments ; il réussit très-bien dans les moulages, dans les mosaïques, dans les imitations de marbres. Il permet d'agglomérer jusqu'à cinquante fois son poids de matières étrangères.

Le bas prix des matières qui le composent autorise à étudier si l'on pourrait installer sa fabrication sur une grande échelle et de manière à l'employer régulièrement dans les constructions.

§ 6. — Ciment ferrugineux.

Lorsqu'un morceau de fer tombe au fond de nos rivières, on sait qu'il s'oxyde et qu'alors il engendre un poudingue composé de cailloux cimentés par de l'hydroxyde de fer. Si l'on prend maintenant du fer très-divisé, qu'on le mélange avec de l'eau de manière à en former une pâte, il s'oxydera rapidement, de telle sorte qu'en définitive il pourra servir de ciment. Tel est le nouveau produit proposé par **M.** Alfred Chenot.

La condition pour le fer d'être à un très-grand état de division et, par suite, très-facilement oxydable, se trouve réalisée d'une manière heureuse dans l'éponge de fer dont la découverte est due à **M.** Chenot père. Les substances étrangères et les parties imparfaitement réduites qui peuvent se trouver dans cette éponge ne sont d'ailleurs pas un obstacle à son emploi comme ciment.

Cherchons d'abord à évaluer le prix de revient du mètre cube de l'éponge de fer. Grâce à des perfectionnements successifs, cette fabrication s'est maintenant beaucoup simplifiée. **M.** Chenot obtient l'éponge à l'aide d'un appareil de réduction analogue aux fours à chaux ayant des foyers latéraux. Le minerai de fer mélangé d'un peu de charbon est placé dans une cuve centrale, de chaque côté de laquelle il y a deux générateurs à gaz. Ils injectent des gaz qui ont la température de 800° et qui, se trouvant en présence d'un excès de

charbon, opèrent facilement la réduction du minerai et sa transformation en éponge de fer. Si l'on établissait cette fabrication
dans un port de la Méditerranée, comme Marseille, voici quel
serait, suivant M. Chenot, le prix de revient du mètre cube :

1,500 kilogrammes de minerai de fer riche, provenant de l'Algérie ou de l'île d'Elbe	30 francs.
500 kilogrammes de houille demi-grasse et de houille tout venant	15 —
Main-d'œuvre, déchets, frais de pulvérisation	15 —
Total	60 francs.

Pour façonner des pierres artificielles avec l'éponge de fer,
la manipulation est d'ailleurs très-simple; on remplace, en
effet, la chaux du mortier ordinaire par l'éponge de fer pulvérisée. Le gâchage se fait absolument de la même manière,
en se servant toutefois d'une eau légèrement acidulée ou am-
moniacale, ce qui a pour but d'activer l'oxydation du fer, et
par suite la prise du mortier ferrugineux. On compose, par
exemple, un mélange de 1 mètre cube d'éponge de fer avec
5 mètres cubes de sable et gravier, lequel diminue notablement et se réduit à 4 par le gâchage. Le prix du mètre cube
de ce béton ferrugineux peut être estimé à 30 francs. Quant à
son poids, il est environ de 2,500 kilogrammes, tandis que
celui du béton calcaire est seulement de 1,800 kilogrammes.

Cette augmentation de poids est très-avantageuse pour les
constructions à la mer, et pour la rendre encore plus grande,
M. Chenot propose de former un béton composé de 1 mètre
de fer pour 1 mètre de sable et 2 mètres de gravier fin, ce
qui donne 4 mètres, se réduisant à 2^m6. En introduisant des
scories riches, on arriverait même à fabriquer des blocs très-
durs qui pèseraient 5,000 kilogrammes au mètre cube.

Lorsque l'éponge de fer réduite en poudre est malaxée avec
du marbre ou bien avec des cailloux, les fragments empâtés se
détachent sur le fond brun de l'hydroxyde formé aux dépens
de l'éponge, et l'on obtient ainsi des mosaïques et des brèches
artificielles d'un assez bel effet. Il est facile de scier et de

4**

polir le béton ferrugineux; une dalle qui se trouvait sur le sol de l'Exposition avait bien résisté à l'usure. A l'aide de la compression on peut aussi reproduire des moulures.

C'est du reste à l'expérience seule qu'il appartient de décider si, comme le pense l'inventeur, l'éponge de fer peut réellement être fabriquée à un prix assez bas pour que le ciment ferrugineux devienne un produit industriel et susceptible d'être utilisé dans les constructions.

§ 7. — Similipierre, similimarbre.

Le similipierre est un produit assez complexe, qui s'est montré pour la première fois à l'Exposition Universelle de Londres en 1862, et que nous voyons reparaître cette année.

Son invention est due à MM. Lippmann et Schneckenburger. Il est destiné à remplacer la pierre; mais il peut surtout imiter très-bien le marbre (similimarbre); de plus, il se laisse facilement recouvrir d'une couche de métal ou de bronze (similibronze). Sa composition varie avec les usages auxquels on le destine, avec l'aspect et avec les couleurs qu'on veut lui donner. Il se fabrique au moyen de ciment ou bien de chaux, qui sont d'ailleurs accompagnés de diverses substances minérales réduites en poudre, comme l'albâtre, le marbre, le sable, la brique pilée. On y ajoute des matières végétales filamenteuses et hachées menu, telles que le chanvre, l'étoupe, le crin végétal. Ce mélange, réuni à une partie d'eau sulfatée et d'huile, est battu et pilonné fortement, jusqu'à ce que les fibres végétales soient bien réduites en pâte On procède ensuite au moulage, et l'on peut régler la prise, la rendre plus ou moins lente, à l'aide d'agents chimiques; on emploie particulièrement une dissolution plus ou moins étendue de sulfate de potasse.

Le produit qu'on obtient ainsi présente quelques propriétés qu'il est utile de signaler. Il est compacte, léger et cependant tenace; il n'éprouve pas de retrait en se solidifiant, de sorte qu'il reproduit les détails du moule avec une grande

perfection. Il peut d'ailleurs se travailler et se sculpter comme
la pierre; de plus, il se prête très-bien au poli, et alors son aspect est très-agréable. Aussi convient-il tout particulièrement
aux statues, aux œuvres d'art et à la reproduction de toutes
les moulures, même des plus délicates.

Beaucoup moins fragile et moins hygrométrique que le plâtre, il a encore sur lui l'avantage de pouvoir se laver facilement. N'éprouvant pas de retrait, il est très-propre à faire des
statues, d'autant mieux qu'il peut se réparer et se sculpter au
ciseau, ce qui ne saurait avoir lieu avec les terres cuites. Le
similimarbre arrive à une légèreté plus grande que le carton-
pierre, ou les pâtes d'ornementation, et il n'a pas besoin de
peinture. Il ressemble plus au marbre que les produits par
lesquels on cherche à l'imiter. Il n'est pas sujet à se bosseler
comme le zinc estampé, qui sert aussi à fabriquer des moulures
et divers objets d'art. Comme le stuc, il s'emploie à la décoration intérieure, mais il se conserve assez bien, même dans la
décoration extérieure. Ajoutons que le simili-pierre et le similimarbre sont beaucoup moins pesants que la pierre et le marbre ; que cependant leur résistance à l'écrasement atteint celle
des bonnes pierres calcaires du bassin de Paris; que leur prix
est environ moitié de celui de ces pierres, et, en tout cas, bien
inférieur à celui du marbre; qu'ils se laissent mouler en pièces
de grandes dimensions, qui reçoivent immédiatement leur
forme définitive et n'exigent pas ensuite une taille spéciale.

Malgré les avantages qu'il paraît présenter, le similipierre
rencontre les difficultés qui entravent presque toujours le développement d'un produit nouveau. Tout porte à croire cependant qu'il en triomphera; en effet, comme aspect, comme
dureté, comme résistance, il ne laisse rien à désirer; de plus,
son prix lui permet de lutter avantageusement avec les objets
qu'il tend à remplacer. On pourrait surtout employer utilement le similimarbre à reproduire des statues pour les musées,
ou des modèles de dessins pour les écoles, à faire des bas-reliefs,
des vases, des ornements qui serviraient à la décoration des

habitations élégantes, des églises, des théâtres, et, en général,
des monuments.

§ 8. — Pierres fabriquées par voie humide.

Pierre artificielle de Ransome. — Les Expositions antérieures ont déjà fait connaître la pierre artificielle de Ransome,
et l'on sait qu'elle se fabrique de toute pièce, par voie humide. Le procédé qui est suivi consiste à mélanger du sable,
de la craie et au besoin d'autres substances minérales avec un
peu d'hydrosilicate de soude. Cette première opération se fait
dans un malaxeur ordinaire, et le mélange obtenu, qui est
de consistance plastique, est d'abord pressé dans des moules
où il prend la forme que la pierre doit recevoir. Ensuite on
le trempe dans une dissolution de chlorure de calcium, ce
qui donne lieu à une double décomposition; il se produit en
effet de l'hydrosilicate de chaux qui, à l'instant même, cimente
fortement le sable ainsi que les substances minérales introduites dans la pierre artificielle, tandis que le chlorure de sodium
qui s'est formé peut être enlevé par des lavages.

Les expériences faites en Angleterre sur la pierre de Ransome ont montré qu'elle résiste mieux aux acides et à la dégradation de l'atmosphère que les calcaires desquels on se sert
dans les constructions. Sa dureté et sa cohésion augmentent
avec le temps; elle présente aussi une grande résistance à la
rupture : d'après le professeur Ansted, cette résistance est
même supérieure à celle des bonnes pierres calcaires employées
dans les constructions de l'Angleterre, telles que les pierres de
Portland et les calcaires oolithiques de Caen et de Bath.

Ajoutons que le silicate de soude et le chlorure de calcium,
réactifs nécessaires pour fabriquer la pierre de Ransome,
peuvent s'acheter directement dans les usines, sans qu'il soit
aucunement nécessaire de les préparer sur place ; la quantité
que l'on en consomme n'est d'ailleurs qu'une fraction très-
petite des pierres obtenues, de sorte que ces réactifs suppor-

tent facilement des frais de transport. Il n'y a pas d'établissement spécial à construire, et presque partout on trouve aisément du sable, de l'argile et les substances minérales qui
sont nécessaires. Les moules sont faits très-économiquement
avec du bois ou bien avec du plâtre; ils permettent de reproduire les ornements d'architecture les plus délicats. Il en résulte qu'en Angleterre, le plus souvent la pierre artificielle
revient à un prix moins élevé que la pierre naturelle, car elle
n'a pas à supporter des frais de taille et de mise en œuvre;
elle sort du moule toute prête à être employée.

Il est du reste facile de fabriquer des pierres artificielles
creuses, de manière à diminuer leur poids et à réduire la
dépense de leur transport. Enfin on leur donne très-aisément
telle couleur que l'on veut.

On pouvait voir à l'Exposition de l'Angleterre divers objets
moulés en pierre artificielle de Ransome, qui étaient d'une
exécution remarquable et imitaient la pierre naturelle de manière à tromper un œil même exercé.

Pierre artificielle à base de chaux. — Dans le système
précédent, les pierres artificielles sont fabriquées par voie
humide et par double décomposition, mais on peut aussi se
contenter, comme M. Oudry, de soumettre un mortier de
chaux à une simple pression. Au moyen d'un rouleau, on
comprime dans des moules, amenés successivement par chemin
de fer, un mortier qui est formé de sable, de chaux et de ciment;
la composition du mélange est d'ailleurs celle qui a été donnée
précédemment pour le béton aggloméré. En procédant de cette
manière, on évite les inconvénients du pilonnage par couches
successives et les fissures auxquelles il donne souvent lieu; toutefois la pierre ainsi obtenue a l'inconvénient de réclamer un
temps assez long pour se dessécher et pour arriver à un état de
consolidation qui permette son emploi dans les constructions.

Enfin, nous ajouterons que, aux États-Unis, on a cherché à
fabriquer des pierres artificielles en soumettant un mortier de

chaux à l'action simultanée de la chaleur et de la pression. L'intermédiaire employé est la vapeur d'eau portée à haute température. La consolidation du mortier s'opère alors par des effets de métamorphisme analogues à ceux que les roches volcaniques ont produits au contact des grès et des sables, à travers lesquels elles ont fait éruption.

§ 9. — Pierres fabriquées par voie sèche.

A différentes reprises, on a cherché à fabriquer des pierres artificielles par voie sèche, en faisant fondre des silicates qu'on coulait ensuite dans des moules, de manière à leur donner immédiatement la forme voulue. Tantôt les silicates employés sont naturels, et l'on a soin de les choisir parmi ceux que la chaleur amène le plus facilement à l'état de fusion, tels que les basaltes et les laves. Tantôt ces silicates sont artificiels, et l'on emploie spécialement ceux que la métallurgie produit sur une grande échelle, tels que les laitiers de hauts fourneaux, les scories provenant du travail du fer et du cuivre.

Il est d'ailleurs nécessaire de leur donner la **structure cristalline**, afin de leur faire perdre la fragilité qui accompagne toujours la structure vitreuse. On y parvient, soit en les réchauffant à une température inférieure à celle de leur fusion, d'après le procédé de Réaumur, soit, au contraire, en les laissant se refroidir avec une très-grande lenteur.

Laitiers cristallins. — L'Exposition montrait des pierres artificielles assez remarquables obtenues par la Société de Vezin-Aulnoye, au moyen des laitiers de ses hauts fourneaux. Ces laitiers sont coulés en grandes masses, qu'on abandonne pendant plusieurs jours à un refroidissement très-lent; au lieu de rester vitreux, ils deviennent alors lithoïdes, et prennent même la structure cristalline; on y distingue une multitude de lamelles grisâtres, enchevêtrées l'une dans l'autre, qui leur donnent de la ténacité, et offrent quelquefois la macle caractéristique des feldspaths du sixième système ; il y a aussi des grains noirs qui paraissent être de l'augite ; leur aspect est ainsi celui d'une dolérite naturelle. En conséquence de la pression exercée par les grandes masses sur lesquelles on opère, le produit obtenu n'est pas bulleux et scoriacé, mais très-compacte ; il faut même le secours de la loupe pour distinguer des cellules microscopiques comme celles que présentent plus ou moins tous les silicates fondus. C'est surtout dans la partie centrale de ces laitiers que la structure cristalline est le plus développée ; tandis que la partie supérieure et celle qui touche les parois du moule restent à l'état vitreux, ou même à l'état bulleux et scoriacé, à peu près comme dans le laitier ordinaire.

Après que ces masses de laitiers se sont refroidies, ce qui demande un temps assez long, il faut procéder à une véritable exploitation, comme pour les blocs de pierre d'une carrière. Il reste donc à les débiter, à les tailler, pour leur donner les formes et les dimensions qu'ils doivent avoir. La partie vitreuse qui entoure le laitier fournit des débris susceptibles d'être employés pour l'empierrement des routes ; quant à la partie lithoïde, qui ne représente guère que la moitié de la masse totale, elle est utilisée comme pavés et aussi comme pierre à bâtir.

Des expériences faites au Conservatoire des Arts et Métiers, par M. Tresca, ont montré que les pierres artificielles fabriquées d'après le procédé qui vient d'être décrit présentent, de même que les silicates naturels, une assez grande résistance à l'écrasement ; car celles d'Aulnoye, près Maubeuge, et de Noveant, dans la Moselle, ont bien commencé à se fissurer sous des pressions voisines de 300 kilogrammes par centimètre carré ; mais, pour l'écrasement complet, celle de Noveant exige un effort de plus de 600 kilogrammes.

Les pavés fabriqués avec les laitiers des hauts fourneaux se vendent au prix de 50 francs le mille, pour les dimensions de 20 centimètres sur 18 centimètres ; et pour des dimensions de 12 centimètres sur 10 centimètres, ils se réduisent à 20 francs. Ils ont été utilisés avec succès pour les routes avoisinant les usines dans lesquelles on les produit ; on les a aussi essayés à Paris.

La densité des pierres artificielles fournies par les laitiers des hauts fourneaux dépasse souvent 2.90, et par conséquent elle est élevée. Il est du reste facile de l'augmenter encore en remplaçant les laitiers par des scories riches en fer, comme l'a fait M. Bérard ; on peut alors obtenir de gros blocs qui sont très-lourds, et par cela même éminemment propres à résister dans les constructions à la mer.

On sait que les laitiers des hauts fourneaux sont très-encombrants pour les usines, au voisinage desquelles ils finissent par s'accumuler tellement, qu'ils forment de petites montagnes ; il est donc utile de signaler les applications qu'on peut en faire aux constructions en les transformant en pierres artificielles. Mais la nécessité de les couler en grandes masses, de les laisser refroidir lentement et de les tailler ensuite, donne lieu dans ces usines à d'assez graves inconvénients. Remarquons aussi que, quand les laitiers contiennent du soufre, ils s'altèrent par l'action de l'air humide et répandent l'odeur d'hydrogène sulfuré. De plus, tous les laitiers ne sont pas susceptibles de prendre la structure cristalline, qui dépend avant tout de leur composition élémentaire ; à l'usine de Dannemarie, dans la Meuse, on n'a pu parvenir à la leur donner.

Les produits présentés par la société de Vezin et d'Aulnoye, bien que dignes d'appeler l'attention, ne résolvent donc pas complétement les difficultés qu'il faut surmonter. Depuis longtemps, d'ailleurs, on emploie les laitiers tels qu'ils sortent des hauts fourneaux pour empierrer les routes ; souvent encore ils sont réduits à l'état de sable et de poudre fine, soit par le bocard, soit par un refroidissement subit dans l'eau froide, et alors ils servent comme matières pouzzolaniques à la confection de mortiers qui sont d'excellente qualité.

§ 10. — Composés bitumineux.

Lorsqu'une substance bitumineuse est mélangée à chaud

avec des débris pierreux pulvérisés, on obtient une pâte qui se moule facilement et donne des produits susceptibles d'être appliqués à une foule d'usages dans les constructions. L'inventeur de cet ingénieux procédé est M. Sébille.

La substance bitumineuse employée comme ciment est le brai fourni par les usines à gaz; on a soin seulement de le débarrasser de ses huiles; il suffit, d'ailleurs, qu'il soit en petite proportion, car il joue simplement le rôle de ciment, et, de plus, son action est secondée par la chaleur et par la pression. Les débris pierreux qu'on mêle au brai sont le plus habituellement l'ardoise. On se sert tantôt de l'ardoise de l'Anjou, tantôt de l'ardoise des Ardennes ; cette dernière est préférée particulièrement lorsque les produits doivent présenter une plus grande résistance à l'usure. Du quartz et du silex pulvérisés sont du reste introduits dans le mélange lorsqu'on veut lui donner de la dureté. Quelquefois l'ardoise pulvérisée se remplace par des escarbilles de coke; mais alors le produit fabriqué est moins durable.

C'est à l'aide de machines spéciales et construites avec beaucoup d'intelligence que se font toutes les manipulations nécessaires à la préparation de ces composés bitumineux. D'abord des machines servent à triturer finement les débris pierreux ; elles en opèrent le mélange et la cuisson ; puis elles moulent, compriment et refroidissent les produits, qui se trouvent terminés en quelques secondes. Grâce à ce mode de préparation, les produits sont mieux fabriqués et beaucoup plus rapidement qu'ils ne le seraient à la main ; ils présentent surtout une très-grande régularité.

Les usages auxquels on emploie ces composés bitumineux sont très-variés. D'abord la ville de Paris commence à les utiliser sous forme de dallage à la confection de ses trottoirs; ils remplacent alors le granit, et, comme le prix du mètre carré mis en place reste inférieur à 9 francs, il en résulte une économie qui dépasse 35 pour 100. Le grand vestibule d'entrée à l'Exposition Universelle a bien résisté aux nombreux visiteurs qui l'ont traversé et donne un exemple des bons résultats qu'on obtient avec ce système de dallage.

Les difficultés que la ville de Paris rencontre maintenant pour se procurer à bas prix des pavés de bonne qualité ont engagé la compagnie Sébille à essayer de leur substituer ses produits en les blindant au moyen d'une armature de fonte dure. On s'en sert encore pour faire des bordures de trottoirs qui sont également blindées en fonte, de manière à résister aux chocs.

Les dalles et les pavés fabriqués en comprimant le mélange de brai et d'ardoise donnent surtout des résultats très-satisfaisants dans la construction des écuries et des étables, car les animaux s'y trouvent dans toutes les conditions voulues de propreté et d'hygiène; ils n'ont pas à redouter les maladies qu'engendrent souvent le froid et l'humidité; de plus, la paille et le fumier se conservent alors beaucoup mieux.

Observons maintenant que ces produits peuvent servir à faire des tuyaux qui ne sont pas sujets à s'oxyder comme ceux de fonte; en outre, ils résistent mieux au tassement que les tuyaux en ciment ou en terre cuite. Ils peuvent d'ailleurs se souder et même se courber et s'embrancher sur place. Ces produits seraient surtout employés très-utilement à la construction de réservoirs destinés à contenir des acides.

Ainsi, le mélange du brai sec avec de l'ardoise pulvérisée ou bien avec d'autres débris pierreux donne des produits qui sont imperméables, susceptibles, lorsqu'on les compose convenablement, d'acquérir de la dureté et une grande résistance à l'usure résultant du frottement; d'un autre côté, ils sont très-solides et résistent très-bien aux chocs, de telle sorte qu'ils ont une longue durée.

Cette industrie présente enfin l'avantage d'utiliser des déchets d'ardoise, qui sont très-gênants sur les exploitations et qui n'avaient pas trouvé d'emploi jusque dans ces dernières années.

II

TERRES CUITES ET POTERIES,

par M. E. BAUDE,

Ingénieur des ponts et chaussées.

—

Les terres cuites et poteries ne peuvent être appréciées dans les Rapports de la classe 65 qu'au point de vue de leurs applications à l'art de construire. A cet égard on est d'abord frappé d'un premier fait : l'emploi de plus en plus général des formes justement recommandées à l'attention publique par les récompenses accordées dans les précédentes Expositions Universelles. Ainsi, les briques creuses de MM. Borie sont devenues d'un usage constant; elles se fabriquent aujourd'hui dans tous les pays, tandis que la maison qui a créé cette industrie à Paris continue à soutenir son ancienne réputation. La même observation s'applique aux tuiles de MM. Gilardoni, d'Altkirch (Haut-Rhin) : les formes primitives de ces tuiles ont été perfectionnées par leurs inventeurs dans quelques détails ; d'autres personnes ont cherché à les améliorer avec plus ou moins de succès, mais la plupart des spécimens présentés à l'Exposition dérivent du type créé par MM. Gilardoni et en reproduisent les dispositions essentielles.

Un progrès sensible se manifeste dans le choix des matières premières, ainsi que dans les procédés et engins de fabrication ; la libéralité avec laquelle l'administration, dans le but de favoriser les travaux de drainage, a répandu dans les campagnes de bonnes machines à traiter la terre, a contribué, en France, à ces heureux effets. L'examen de ces appareils était confié à d'autres classes.

En Allemagne, les fours annulaires de M. Frédéric Hoffmann, de Berlin, réalisent des améliorations considérables, qui ne sont pas encore appréciées partout ; les ingénieuses dispositions de ces fours simplifient les opérations de la cuisson et assurent une économie très-notable de combustible ; ils ont été fort remarqués ; ce ne sera pas dépasser les bornes qui conviennent à ce Rapport que d'essayer d'en signaler les principaux avantages.

Le four se compose essentiellement d'une galerie annulaire de deux mètres de haut sur trois de large, dans laquelle on pénètre par des portes ménagées dans le mur extérieur. Le combustible est introduit par un grand nombre de petites ouvertures pratiquées dans le dessus, ou extrados, de la galerie. Les produits de la combustion s'échappent en contre-bas par des conduits dirigés vers une cheminée centrale et pourvus de trappes régulatrices. Des registres verticaux en tôle, également espacés et en nombre égal aux conduits de fumée, permettent d'établir à volonté des cloisons transversales divisant la galerie annulaire en compartiments égaux.

Ce four, ainsi disposé, fonctionne sans discontinuité de la manière suivante : supposons-le en action ; l'un des grands registres en tôle sera fermé : dans la galerie, d'un côté de ce registre, à gauche par exemple, la trappe du conduit de fumée le plus voisin sera levée ; toutes les autres trappes seront baissées ; de l'autre côté, les deux portes extérieures correspondant aux compartiments les plus voisins du registre, à droite, seront ouvertes ; par la première s'opèrera l'enfournement des poteries crues, par la seconde aura lieu le défournement des produits cuits ; en suivant la galerie de la gauche vers la droite, on y rencontrera successivement des produits cuits se refroidissant, des produits à la température rouge, des objets soumis au plus grand feu, et, à partir de là, en achevant le circuit jusqu'au registre baissé, des objets se réchauffant progressivement

et soumis à tous les degrés intermédiaires de chaleur, entre le
feu le plus intense et le plus modéré.

On reconnaît par les indications précédentes que l'air frais entrant dans le four par les deux portes ouvertes pour l'enfournement et le défournement se réchauffe de plus en plus, en passant
sur les poteries cuites, à mesure qu'il approche de la partie du
four en ignition ; il arrive à la plus haute température au point
où la combustion se produit, et, à partir de ce point, il se dirige
vers le dernier orifice d'évacuation, en abandonnant successivement sa chaleur aux objets enfournés qu'il rencontre, jusqu'aux
derniers, voisins du registre baissé, qui sont en quelque sorte
simplement enfumés. Quand l'enfournement et le défournement
sont terminés à l'origine du circuit, on baisse le registre en
tôle qui fait suite à celui dont il vient d'être question, on lève
celui-ci, et la même série d'opérations se reproduit de proche
en proche indéfiniment. Ces dispositions sont parfaitement
combinées pour graduer l'action de la température et produire
une grande économie de combustible: M. Hoffmann annonce
que cette économie atteint les deux tiers de la quantité consom-
mée dans les fours ordinaires. Il est d'ailleurs facile, au moyen
des nombreuses ouvertures qui servent à l'introduction de ce
combustible et des registres, de se rendre compte des progrès
de la cuisson et d'en modérer ou d'en accroître à volonté l'activité.

Ces appareils sont propres à la cuisson des chaux, ciments
et autres matières analogues, aussi bien qu'à celle des terres
cuites.

Plus de deux cents fours du système Hoffmann fonctionnent
en Allemagne, et environ une trentaine en Angleterre. Le vaste
établissement de M. Henri Drasché, à Vienne (Autriche), en
occupe à lui seul dix-neuf, qui sont en état de produire chacun 8 millions de briques par an. Les produits de cette immense usine ont particulièrement attiré l'attention : M. Drasché fait travailler plus de 4,500 ouvriers, et sa fabrication
annuelle s'élève à 198 millions de briques ; elle comprend, en

outre, les divers objets en terre cuite employés dans les bâtiments, et les motifs d'ornements, frises, chapiteaux, bas-reliefs, vases, statues, très-employés à la décoration des édifices en Autriche, où la pierre sculptée est considérée comme trop chère : plusieurs des plus importants monuments de Vienne sont construits avec ces matériaux.

Les produits des anciennes et célèbres manufactures anglaises de MM. Minton, Blanchard, Pulham, Cliff, Maw, Doulton, etc., continuent à se faire remarquer par leur variété, leur solidité, la grande dimension des pièces, qui ne nuit pas à leur bonne cuisson, et par l'emploi, même dans les poteries les plus communes, de vernis qui paraissent de très-bonne qualité et offrent de précieuses garanties d'inaltérabilité.

M. Boni, de Milan (Italie), cherche à faire revivre dans ses ornements en terre les gracieuses créations de la Renaissance, dont la Lombardie offre de célèbres modèles. MM. March, de Berlin, et Augustin, de Lauban (Prusse), ont envoyé de remarquables spécimens de ce système de décoration, dont les architectes modernes de l'Allemagne ont fait un fréquent usage. MM. Muller, Garnaud et Dumont fabriquent en France des ornements du même genre, d'après les modèles créés par les artistes les plus distingués ; mais les conditions plus favorables où nous sommes placés en France, sous le rapport des approvisionnements de matériaux, permettent de les appliquer plus spécialement aux toitures ; un heureux changement s'est opéré à cet égard dans nos habitudes ; il n'est plus permis de considérer les toitures comme un appendice indigne de l'attention de l'architecte et abandonné aux ouvriers couvreurs et fumistes : les lignes qui terminent un noble édifice et détachent sa silhouette sur le ciel appellent une décoration spéciale ; la variété infinie des formes auxquelles se prêtent les terres cuites justifie amplement leur emploi dans ces conditions, et quelques exemples précieux légués par le passé nous encouragent à entrer de plus en plus dans cette voie.

La fabrication des carreaux en terre, nue, vernie ou émail-

lée, décorée de dessins rehaussés de vives couleurs, si propres
à former des revêtements sains, élégants, d'une propreté brillante et d'un facile entretien, est représentée par de nombreux
envois. Les industriels anglais, et notamment MM. Minton, ont
créé des modèles très-distingués de ce genre d'ornements.
L'Allemagne, l'Italie, l'Espagne, la France, présentent une
grande variété de systèmes de carrelages, et l'on remarque avec
satisfaction que plusieurs producteurs ont su s'abstenir de réminiscences archéologiques. L'Orient, à cet égard, paraît rester
fidèle à ses antiques traditions; on ne peut que s'en féliciter,
en admirant les heureux effets du contraste des couleurs et
du dessin bizarre des carreaux qui ornent les édifices élevés dans le parc de l'Exposition par l'Égypte, la Turquie,
Tunis et le Maroc.

En résumé, l'industrie des terres cuites appliquées aux
constructions paraît en voie de progrès; l'introduction du
four annulaire de M. Hoffmann est un fait important et ne
peut que la favoriser. Il est permis de croire que la multiplication des constructions métalliques n'a pas été sans influence
sur ces améliorations; ces matériaux artificiels s'allient très-bien au fer; la fabrication a reçu en même temps une vive
impulsion de la création des chemins de fer, qui mettent le
combustible à la portée des bons bancs argileux dans des conditions meilleures et ouvrent aux fabriques de nombreux débouchés. Cette industrie est de celles qui exercent une action des
plus salutaires sur le bien-être et la salubrité publique, en livrant à la consommation des matériaux économiques et durables, d'une pose facile, très-propres aux travaux d'assainissement des villes et des habitations : ses matières premières
sont de peu de valeur; les frais de main-d'œuvre et de transport grèvent lourdement ses prix de revient ; il est à désirer
que ses intérêts soient pris en sérieuse considération dans les
questions de viabilité et de tarifs sur lesquelles l'administration peut exercer une action directe.

III

MATÉRIEL DES TRAVAUX DU GÉNIE CIVIL ET DE L'ARCHITECTURE,

PAR M. VIOLLET-LE-DUC,

Architecte du Gouvernement.

—

CHAPITRE I.

MATÉRIEL DES CHANTIERS.

—

§ 1. — Considérations générales.

Diverses causes ont dû modifier profondément la nature des engins employés dans les constructions publiques et privées, depuis quelques années. La rapidité dans l'exécution, le prix toujours croissant de la main-d'œuvre, le défaut d'espace, la variété des matériaux employés, doivent être considérés, parmi ces causes, comme les plus importantes. Que l'on se reporte à quelques années en arrière, et l'on constatera aisément que, alors, dans les travaux de construction, on en était encore à l'emploi des engins traditionnels légués par le passé, engins grossiers, mus à bras d'homme, pourvus d'une puissance médiocre, encombrants et difficilement transportables.

L'Exposition Universelle de 1862 fournissait déjà des moteurs à vapeur propres à l'épuisement des fouilles inondées, au corroyage du mortier, au montage des matériaux ; mais ces moteurs n'étaient encore qu'une force appliquée aux anciens systèmes d'épuisement, de corroyage ou de montage. La locomobile remplaçait les bras, et les engins intermédiaires étaient à peine modifiés dans leur système et dans leur forme. En effet, sur les chantiers, peu d'entrepreneurs étaient disposés à renouveler leur vieux matériel ; soit par esprit de routine, soit par économie, on se contentait de remplacer les bras par les moteurs à vapeur, parce qu'on était bien forcé de reconnaître les avantages de ce dernier mode; encore, ces locomobiles étaient-elles lourdes et d'un prix élevé.

Les ouvriers ne se prêtaient pas volontiers aux perfectionnements que l'on tentait d'introduire dans les anciennes méthodes de travail. Malgré ces difficultés, ces obstacles, grâce au nombre des constructions entreprises à la fois sur presque toute la surface de l'Europe, à la nécessité de faire vite et dans des conditions de dépenses possibles, on a pu constater, depuis quelques années, des progrès sensibles dans l'exécution des engins applicables aux constructions. Il reste encore beaucoup à faire cependant ; car on ne saurait nier que le matériel des chantiers de construction ne soit une branche de l'industrie en retard, si, par exemple, on la compare à celle du matériel destiné à l'agriculture. Ainsi, pour les travaux de terrassements, sauf quelques cas particuliers où l'on emploie des machines à forer et à fendre les roches, on en est toujours réduit aux terrassiers. Les perfectionnements, dans ces sortes de travaux, consistent à établir de petits chemins de fer, sur plans inclinés, avec wagons, tirés de la fouille par des moteurs et déchargeant leur contenu dans les tombereaux ou sur les points à remblayer. Si ces établissements sont faits avec méthode, ils ont déjà sur les anciens procédés des avantages notables quant au temps et à la dépense, mais il est évident qu'ils ne donnent pas tous les résultats que l'on est en droit de demander à l'industrie moderne. Les petits chemins de fer composés par travées avec plaques tournantes, légères, ne sont point encore assez maniables, ne peuvent être changés

assez rapidement pour satisfaire aux exigences des terrassements qui n'ont pas une grande étendue, et qui, par cela même,
demandent des modifications continuelles dans la manœuvre.
L'emploi des excavateurs à chapelets, qui pourraient rendre
des services si fréquents, ne s'est pas généralisé dans les
fouilles ordinaires. Le transport des déblais, par tombereaux,
jusqu'aux décharges publiques, semble barbare et appartenir
à un autre âge, surtout dans les villes populeuses, où ces
transports sont l'occasion d'encombrements suivis d'accidents.
Si, pour les travaux des chemins de fer, l'industrie fournit
des wagons bien organisés, à caisse automatique, déchargeant
les remblais dans les quatre sens avec une grande facilité, wagons établis à des prix très-modérés, nous ne trouvons rien
d'équivalent pour les travaux de constructions urbaines; on en
est encore réduit au pelletage et au transport à l'aide du vieux
tombereau que l'on fait descendre dans les fouilles ou que
l'on charge sur berge au moyen de banquettes. Il semblerait
cependant que des chapelets mus par des locomobiles pourraient être organisés de manière à enlever les terres du fond
des fouilles, au moins quand celles-ci arrivent à pic sur les
voies publiques, et à charger non plus les vieux tombereaux,
mais des caisses suspendues à des fardiers à grandes roues;
caisses que, par un mécanisme très-simple, on pourrait vider
aux décharges publiques, sans crainte (comme cela arrive parfois pour les tombereaux) d'entraîner voiture et cheval le long
du talus.

§ 2. — Engins propres à élever les matériaux.

En dehors des engins de transport utilisés pour les grands
travaux de terrassement, l'Exposition de 1867 ne fournit rien
qui puisse être appliqué aux constructions ordinaires. Par com-
pensation, les engins propres à monter les matériaux présentent des perfectionnements très-importants sur les machines
élévatoires exposées en 1855 et 1862. Indépendamment des
agents de forces motrices nouvellement adaptées à ces engins,

et dont nous n'avons point à nous occuper ici, on doit constater que les machines élévatoires ont acquis une supériorité marquée sur celles qui furent exposées en 1862. Plus simples, plus pratiques, exécutés avec perfection, moins dispendieux que par le passé, ces engins tendent chaque jour à supprimer les bras, à fonctionner plus rapidement et à parer plus efficacement aux accidents. Les locomobiles qui font agir les treuils d'enroulement des câbles utilisent leur force, dans l'intervalle des montages, à faire du mortier, à puiser de l'eau, etc. Rien n'est perdu ainsi, ni le temps des hommes ni le combustible. Les monte-charge (1) hydrauliques ne consomment que la force utile et sont d'une simplicité qui leur assure de grands avantages.

Il est évident que, au prix atteint par les matériaux de construction et par la main-d'œuvre, pour qu'une entreprise puisse rendre au soumissionnaire des bénéfices légitimes, celui-ci doit aujourd'hui gagner sur le temps employé. Nos constructions modernes coûtent en raison du temps que l'on met à les achever. C'est là un axiome dont les entrepreneurs intelligents sont pénétrés, surtout en Angleterre et aux États-Unis, où, plus qu'en France, le temps est considéré comme ayant une valeur déterminée.

Si les monte-charge exposés dans la section française donnent déjà des résultats très-satisfaisants, les moyens de bardage sur le tas laissent, dans la plupart des cas, beaucoup à désirer. Des bardages sur le tas à l'aide de chemins de fer et de chariots auxquels sont suspendus les matériaux, ne sont employés que dans les travaux du génie civil, tels que les ponts, les quais, les viaducs, ou dans de grands édifices, mais ne s'appliquent guère aux constructions privées, en France, tandis que nous les voyons généralement employés en Angleterre.

Cependant la France étant une des contrées de l'Europe les

____
(1) De M. Édoux.

mieux pourvues de pierres à bâtir, il y aurait un intérêt majeur à remplacer les bardages à bras sur le tas par un système de chariots se mouvant en tous sens sur des rails et permettant ainsi de poser les pierres à bain de mortier, à la louve, épannelées très-près. Si les frais d'établissement sont plus considérables, il est certain que l'on gagnerait en temps, et au delà, le montant de ces frais, une perfection plus grande dans le travail, et que les chances d'accident seraient supprimées.

On sera convaincu de la réalité de notre appréciation en supputant le nombre de bras employés au bardage par voie ordinaire, sur les plats-bords, le matériel que ce bardage exige, le temps nécessaire à son déplacement à chaque assise, la lenteur et l'imperfection du mode de fichage ou de coulage des pierres. Le premier pas, dans cette voie de perfectionnement, est déjà fait par l'emploi des derniers monte-charge mis en pratique, mais on ne saurait s'arrêter à mi-chemin ; il devient absolument nécessaire de songer à perfectionner le mode de bardage.

Des tentatives heureuses ont déjà été faites, d'ailleurs ; la chèvre roulante (1) avec chariot mobile à son sommet, et qui, après avoir élevé la pierre, la projette sur le point qu'elle doit occuper, est une ingénieuse machine, supérieure, comme puissance, à la chèvre munie d'une verge s'abattant suivant un angle plus ou moins incliné sur l'horizon.

Reconnaissons cependant que cet engin, par cela même qu'il remplit une double fonction, occasionne une perte de temps ; en effet, quand la chèvre est employée à monter la pierre, elle ne la pose pas ; quand elle la pose, elle n'en peut monter une autre.

L'essentiel serait d'arriver à ce que le monte-charge ne cessât jamais de fonctionner comme ascenseur, et le chariot comme bardeur et poseur. En dehors des puissants ascenseurs

---

(1) Entre autres celle de **M.** Cousté qui fonctionne avec succès sur plusieurs chantiers.

qui peuvent monter assez rapidement, à l'aide d'un moteur d'une force de cinq à six chevaux-vapeur, 3,500 kilogrammes, nous voudrions voir adopter, dans les constructions, de petits ascenseurs spéciaux à chapelets pour monter la brique, les moellons, les plâtras, le mortier et les augées de plâtre; car on avouera qu'il est quelque peu barbare, lorsqu'on possède des locomobiles, de faire monter ces augées de plâtre par des garçons ; c'est encore là, indépendamment du procédé primitif, une cause notable de perte de temps.

Une force un peu plus puissante donnée aux locomobiles de chantiers permettrait, par des transmissions, de faire agir simultanément les deux ascensions, grande et petite, et d'occuper les ouvriers avec plus de suite et d'ensemble. L'augmentation de la main-d'œuvre, dût-elle être encore plus forte qu'elle ne l'est aujourd'hui (et ce ne serait qu'équitable, les ouvriers perdant moins de temps), ne réagirait pas d'une manière aussi funeste sur les constructions, en augmentant leur prix démesurément, si tous les moyens que l'industrie peut nous fournir étaient mis en pratique par les entrepreneurs, et si, connaissant mieux leurs véritables intérêts, ils faisaient les sacrifices nécessaires pour éviter les bras inutiles. Si, en Angleterre, les constructions sont relativement moins chères qu'en France, cela tient en partie à l'emploi méthodique et suivi de ces moyens mécaniques sur les chantiers.

Pour l'adoption des monte-charge, il est encore une considération qu'il faut faire valoir, c'est la suppression de toute chance d'accident. Cette question a préoccupé un exposant français(1), qui a établi des ascenseurs à parachute combinés de manière à éviter toutes causes d'accidents, par fausse manœuvre, rupture de chaîne, démanchement de treuil, etc. Il est à désirer que, sur tous les chantiers, on prescrive l'emploi de

---

1) M. Bernier. De nombreuses expériences faites avec les appareils de M. Bernier nous ont démontré que, par suite d'accidents très-graves, tels qu'une rupture de chaîne, un bloc de pierre de 2,000 kilogrammes eprouve un abaissement de 0^m01 au plus.

monte-charge à parachute. Il faut remarquer que la plupart
des accidents sont la conséquence de rupture de chaînes et que
ces ruptures sont occasionnées par une fausse position des chaînons. Une chaîne qui aura monté longtemps des charges de
5,000 kilogrammes sans subir d'allongement sensible, rompra
tout à coup sous un poids beaucoup moindre, parce qu'un
chaînon aura pris une position oblique, lorsque la chaîne aura
été détendue. Pour parer à cet inconvénient, il est utile
d'avoir un guide-chaîne qui maintienne celle-ci toujours suffisamment tendue, de telle sorte que les chaînons ne s'embrouil-
lent pas. Le *boulet* ajouté par M. Bernier à son ascenseur
nous paraît résoudre la difficulté de la manière la plus satisfaisante. Il est à regretter que les nations qui, aujourd'hui, ont
donné à leurs constructions civiles un grand développement,
comme l'Angleterre, la Prusse, les États-Unis, n'aient pas
exposé un plus grand nombre de ces puissants engins de chantiers, tels que monte-charge, sonnettes (1), ascenseurs à
chapelets, et cependant il est de notoriété que, dans ces pays,
ces engins ont subi, depuis quelques années, des perfectionnements remarquables. En revanche, les produits ouvrés et
les outils de main abondent.

§ 3. — Taille des pierres.

Bien que la taille de la pierre par des moyens mécaniques
n'ait pas encore été généralisée, cependant l'Exposition présente des produits intéressants en ce genre. L'Angleterre paraît avoir, à cet égard, conservé la supériorité qu'elle avait
sur la France dans les Expositions précédentes. La Prusse
taille le marbre et la pierre en grandes pièces par des moyens
mécaniques, et elle a exposé de beaux marbres de Silésie parfaitement taillés, moulurés et polis à l'aide de machines (2), à

---

(1) Il faut cependant citer ici la sonnette à vapeur de MM. Eassie et Cie, de
Glocester, qui doit être d'un bon usage, et celle de MM. Sissons et White,
à Hull.
(2) De l'usine de M Schleicher et Cie.

des prix relativement bas. Cette industrie a pris dans ce pays un développement considérable. Peut-être la rareté de la pierre à bâtir a-t-elle contribué à ce développement. Les marbres de Silésie sont employés aujourd'hui communément en Prusse, et leur prix en œuvre est abordable pour les constructions ordinaires. L'Angleterre paraît cependant avoir négligé la taille de la pierre à la machine, depuis qu'elle a si fort perfectionné ses terres cuites, dont la qualité excellente et la belle fabrication en ont fait un produit très-supérieur aux pierres tendres employées autrefois dans les constructions.

En France, la taille mécanique de la pierre n'est pas encore très-répandue ; elle tend à se développer. sinon sur de très-grandes pièces, au moins pour des objets de dimensions médiocres, tels que colonnettes, balustres, vases, découpures de crêtes ou attiques (1). Toutefois, cette industrie est en retard, et ne s'applique pas encore aux grands ouvrages. Sur tous nos chantiers, les pierres dures sont encore sciées à bras, ce qui est long et très-dispendieux, surtout aujourd'hui que l'on emploie, dans tous les grands centres et sur les travaux de chemins de fer, de ponts, de canalisation, une grande quantité de ces matériaux, très-résistants et compactes.

En Angleterre, il y a longtemps que l'on débite les pierres dures à l'aide de moyens mécaniques. On ne le fait en France que pour certaines natures de pierres très-dures, qui sont envoyées toutes taillées des carrières, comme, par exemple, les pierres du Jura.

Il est vrai qu'il est difficile d'organiser sur un chantier des scieries mécaniques de pierres dures; mais pourquoi, à Paris notamment, toutes les qualités de pierres dures ordinaires arrivent-elles brutes et ne sont-elles pas amenées des carrières prêtes à être posées, ce qui pourrait se faire, puisque ce procédé est employé, dans un certain nombre de localités, au

---

(1) Il est juste de citer à cette occasion l'usine de M. Hiblot, à Boulogne-sur-Seine ; les produits sortis de ces ateliers et placés dans un certain nombre d'édifices publics et d'hôtels sont d'une exécution irréprochable et d'un prix peu élevé.

grand avantage de l'œuvre? Les pierres dures de Belgique, dites *petit granit*, sont expédiées taillées de la carrière, si on le demande. Il en est de même de celles du Jura, de celles dites de l'*Échaillon*, ce qui permet l'emploi des machines en grand, et ce qui diminue sensiblement le prix de la taille. Pourquoi n'en serait-il pas de même des pierres dures de Bourgogne, d'Anstrude, d'Euville, etc.? Il suffirait, pour faire adopter cette méthode, de combiner d'avance l'appareil des parties de l'édifice à élever en pierres dures, et cela dans le bureau même du directeur de l'œuvre, et de faire faire les panneaux en même temps que l'on compose les formes que l'on prétend donner à l'architecture.

Les choses se passent très-rarement ainsi. L'architecte, préoccupé d'une forme d'art, donne les détails à l'entrepreneur, sans préciser l'appareil et en se contentant d'indiquer la nature de la pierre à mettre en œuvre. Les pierres sont demandées à la carrière telles quelles, et l'appareilleur choisit dans ces blocs, de toutes dimensions, ceux qui se rapprochent le plus des panneaux que lui-même a tracés. De cette manière d'opérer, il résulte des déchets considérables et l'obligation d'employer sur le chantier des scieurs de pierres. Les transports de ces matériaux se faisant aujourd'hui par les voies ferrées, il y aurait à mettre les principales carrières de pierres dures en communication avec ces voies, par des embranchements; à établir, dans ces carrières mêmes, des usines propres à débiter les matériaux d'après les calepins envoyés des chantiers, afin de les pouvoir poser aussitôt leur arrivée dans les centres de grands travaux.

Les transports demanderaient plus de soins, coûteraient peut-être un peu plus cher; mais ces transports étant évalués au poids, on ne payerait pas, du moins, la pierre à abattre ; les droits d'octroi établis d'après le cube ne s'appliqueraient ainsi qu'au cube réel, et non au cube compris déchet. Il nous semble que le moment est venu de s'occuper de ces questions, d'un intérêt sérieux pour les administrations et les particuliers qui

font bâtir ; et, à notre avis, l'initiative des mesures à prendre
doit partir des directeurs de travaux ; car, il faut le reconnaître, ce qui manque aux diverses industries du bâtiment, c'est
l'organisation d'ensemble. Beaucoup d'efforts partiels sont
faits : c'est aux architectes à les réunir et à les coordonner
suivant une direction méthodique. Les ingénieurs des ponts
et chaussées et les ingénieurs civils chargés de grands travaux ont seuls fait des efforts en ce sens ; quant aux architectes, trop préoccupés peut-être de questions qu'ils suppo-
sent intéresser le grand art (comme si la première question,
pour un directeur de travaux, n'était pas l'emploi des moyens
pratiques propres à rendre ses conceptions), ils abandonnent
aux entrepreneurs et agents subalternes le choix des moyens
pratiques.

En admettant même, ce qui a lieu dans bien des cas, que
les entrepreneurs aient, chacun en ce qui le concerne, des
procédés ingénieux ou économiques à fournir, la direction
d'ensemble faisant défaut, ces procédés ne présentent pas les
résultats qu'on en pourrait attendre, s'ils venaient se grouper
et s'entr'aider sous une initiative supérieure.

Ce sont là non-seulement des questions de bonne construction, mais aussi d'économie, et nous ne devons pas perdre de
vue qu'en France les constructions sont relativement plus
chères que partout ailleurs. L'art de la construction doit tenir
compte de l'emploi des moyens mécaniques, dans notre siècle,
s'en emparer, les diriger et en tirer tout le parti possible. Or,
il n'est pas besoin d'être du métier pour constater que parallèlement à des engins déjà très-perfectionnés, on continue en
France à faire emploi de vieilles méthodes lentes et dispendieuses. C'est un état de transition qu'il importe de faire cesser au plus tôt, si nous ne voulons pas être devancés par nos
voisins. Quand il s'agit de grandes constructions en fer, nous
pouvons rivaliser avec ce qui se fait ailleurs, en Europe et en
Amérique (1). Mais s'il s'agit de mettre en œuvre, simultané-

(1) Le bâtiment même du Champ-de-Mars en est la preuve.

ment, tous les corps d'état de la bâtisse, le niveau des perfectionnements n'existe pas en France, tandis qu'il est établi en
Angleterre et dans une grande partie de l'Allemagne.

§ 4. — Outillage à la main.

L'outillage à la main s'est amélioré à peu près dans une
égale proportion chez les peuples qui ont construit depuis
vingt ans ; mais, par sa nature même, cet outillage, transmis
par les âges antérieurs, se modifie peu. Cependant il est exécuté aujourd'hui avec économie et précision. Pour faciliter le
taillage des ravalements, les outils propres à ce travail, tels
que le *guillaume*, par exemple, fournissent dans la section
française une belle exposition (1). Les outils propres à la
charpenterie et à la menuiserie sont maniables et surtout
fabriqués avec des aciers d'une excellente qualité. Les rabots
anglais et les outils viennois sont particulièrement à mentionner.

Quelques industries du bâtiment nous montrent combien
l'intelligence des moyens pratiques se développe en France,
lorsqu'elle veut s'affranchir de la routine. La rapidité avec
laquelle, depuis quelques années, nos charpentiers savent
élever des échafauds à la fois solides et légers ; les engins de
suspension, employés pour réparer ou nettoyer les façades des
édifices à l'extérieur ; les dispositions prises pour le montage
des grandes pièces, pour le cintrage et le décintrage des voûtes, montrent que nous ne sommes point inférieurs à nos voisins dans l'emploi de ces moyens pratiques. Les échafauds
mobiles intérieurs ont été perfectionnés d'une manière très-
notable. Nous signalerons, à ce propos, les produits ingénieux
d'un exposant français de la classe 65, M. Masbon.

Cet industriel a résolu certains problèmes qui ont leur importance pratique. Ses échelles, ses ponts pliants, légers, à

(1) Voir celle de M. Collot.

travées, avec sous-tendeurs, trouveront leur application en maintes circonstances. Il serait à désirer que les moyens aussi simples qu'ingénieux de M. Masbon pussent être appliqués à la confection de la plupart des nombreux objets du matériel des chantiers, objets qui ne se sont guère modifiés depuis le commencement du siècle. Que M. Masbon puisse disposer de ressources importantes, et il remplacera bientôt, dans nos bâtiments en construction, dans nos terrassements, ces ponts grossiers formés de sapines, nos lourdes échelles, nos échafauds de boulins, longs à monter et encombrants, dont la pose et la dépose gênent la circulation pendant des journées entières, le brouettage à bras, les grossiers et dangereux moyens d'échafaudage des fumistes et des couvreurs, etc. Déjà, un autre exposant français, M. Harnist, fournit des attaches en fil de fer d'une pose facile pour échafaudages, qui remplacent avec beaucoup d'avantage les cordages employés depuis des siècles pour maintenir les boulins aux échasses, cordages qui pourrissent rapidement et sont la cause de nombreux accidents.

Nous aurions désiré voir figurer à l'exposition italienne quelques modèles de ces échafaudages, faits en bois courts, que les constructeurs de la Péninsule et de Rome, notamment, établissent avec solidité et une extrême rapidité devant les édifices en construction ou à réparer, sans scellements ni attaches tenant aux bâtisses. Ce système, qui date de l'antiquité, peut, dans nos grandes villes modernes, recevoir des applications nombreuses, car il évite les transports encombrants et une perte de temps considérable.

CHAPITRE II.

CHARPENTERIE, MENUISERIE.

———

§ 1. — Considérations générales.

Il semble que l'art du charpentier ne soit plus destiné qu'à élever des échafauds, des constructions provisoires, et doive être complétement remplacé, dans les constructions durables, par la ferronnerie. D'une part, la difficulté de se procurer des bois longs et d'une bonne qualité, de l'autre, l'abaissement du prix des fers ouvrés, ont contribué à introduire ces changements dans les habitudes des constructeurs, en France particulièrement. Dans la structure des maisons élevées dans les grands centres, et même dans les localités secondaires, on n'emploie plus que le fer pour les planchers. Les bois de charpente de chêne, amenés des forêts par les chemins de fer, n'étant plus flottés par conséquent, ne pourraient d'ailleurs être employés, sans danger, enfermés dans des plâtres. Ces bois, conservant leur séve, pourrissent très-rapidement lorsqu'ils ne sont plus à l'air libre. En pareil cas, le sapin est d'un meilleur emploi que le chêne non flotté et qui n'a pas plusieurs années de coupe.

L'Exposition est donc pauvre en modèles de charpente en bois à demeure, applicables aux bâtiments; on doit cependant remarquer le comble du Cercle international, exécuté par M. Bosc; le système de charpente employé, partie en chêne, partie en sapin, enrayé par une ellipse en fer, est ingénieux, d'un montage facile, en ce que les pièces mises en œuvre n'ont pas de très-grandes dimensions, bien que l'espace couvert soit considérable.

§ 2. — Façonnage mécanique.

Les bois de charpente et de menuiserie façonnés à la mécanique prennent cependant une belle place au Champ-de-Mars.

La Prusse, l'Angleterre, l'Autriche, la Bavière, la Russie et la France, la Belgique et la Suisse rivalisent en ce genre d'ouvrages. Depuis les huisseries jusqu'aux parquets, la mécanique s'est décidément emparée de la façon des bois. Les machines à découper, notamment, ont pris une extension considérable et livrent des produits irréprochables à des prix très-bas. Peut-être abuse-t-on un peu de ce procédé pour les décorations des constructions de bois, mais il peut s'appliquer et s'applique à des ouvrages plus utiles. Des maisons entières en bois sont aujourd'hui façonnées à la mécanique, et plusieurs usines emploient des moteurs très-puissants et un grand nombre d'ouvriers. Pour donner une idée de l'importance que cette industrie a prise en France, nous citerons, entre autres, un des industriels, M. Waaser, qui, en 1847, commençait le découpage des bois avec une petite force motrice de deux hommes-vapeur, et qui, aujourd'hui, possède un établissement occupant une surface de 5,000 mètres carrés, une force motrice de 50 chevaux-vapeur et fait travailler deux cents ouvriers. Des bois découpés, l'industrie actuelle est arrivée aux menues charpentes sciées et taillées à la mécanique; elle fabrique une maison de bois pendant le temps que l'on met à établir ses fondations.

L'Angleterre et les États d'Allemagne nous avaient précédés dans cette voie, et tout le monde connaît les beaux ouvrages en charpente de la Bavière, tels, par exemple, que la grande gare de Munich, dont presque tous les bois ont été façonnés à la mécanique il y a plus de seize ans.

L'Angleterre, outre les bois de construction façonnés à l'aide des machines, présente un grand nombre de menuiseries fines, des persiennes à rouleaux, des portes, etc., travaillées avec une grande précision et fournies à des prix très-bas, par suite de l'emploi exclusif des machines.

L'usine de MM. Schaar et Rehse, à Berlin, a également envoyé des pièces de menuiserie d'une grande dimension, pour l'exécution desquelles les machines sont employées. Il faut mentionner aussi la menuiserie viennoise sortie des ateliers de M. Türen, et notamment les portes et fenêtres en sapin, légères, à bas prix, et d'une excellente exécution. Quant aux parquets, on peut admettre que, dans un délai rapproché, on n'emploiera plus que ceux faits à la mécanique et posés par panneaux.

Pour peu que l'on ait fait construire, on sait les lenteurs et les ennuis que cause la pose des parquets suivant la méthode ordinaire, et combien il arrive fréquemment que les parquets sont défectueux, soit parce que les bois employés ne sont pas secs, soit parce que les parqueteurs ont apporté peu de soin dans la pose. L'Autriche et la Savoie ont commencé à façonner des parquets dont toutes les pièces, coupées à la mécanique avec une grande précision, sont assemblées sur panneaux et posées sans aucune difficulté sur les lambourdes. Cet exemple a été suivi en France, et il existe aujourd'hui des usines qui fabriquent de ces sortes de parquets en grand. Marseille possède depuis longtemps une de ces usines, et chaque jour cette industrie tend à s'accroître, au grand avantage des constructions privées, d'autant plus que ces produits sont d'un emploi peu dispendieux et permettent les décorations les plus riches. Le procédé employé, qui consiste à appliquer des feuilles de bois de diverses qualités sur un fond, en contrariant ainsi les fils de ces bois superposés et réunis par petites parties en tous sens, évite ces retraits si désagréables dans les parquets ordinaires et ce craquement que les feuilles voilées font entendre chaque fois que l'on marche dessus.

§ 3. — Constructions orientales.

L'exposition égyptienne, si intéressante au point de vue de l'art, mérite d'être étudiée dans ses produits de menuiserie. On sait que la plupart des objets de menuiserie faits depuis des siècles en Orient, consistent (s'il s'agit de portes de lambris, par exemple) en un fond de bois sur lequel l'artisan rapporte des moulures assemblées d'onglets, suivant certains dessins géométriques et clouées sur ce fond ; ce procédé si simple produit des résultats d'un aspect très-agréable et d'un bon emploi ; car tous ces bouts de bois cloués en tous sens sur un fond neutralisent les effets de retrait ou de gonflement des planches qui composent ce fond. On peut ainsi fournir des revêtements de bois, des portes, des plafonds à des prix très-bas et d'un aspect très-décoratif. Avec les moyens mécaniques dont nous disposons, cette fabrication, excellente en principe de construction et qui permet des combinaisons à l'infini, pourrait être l'objet d'une industrie sinon nouvelle au moins renouvelée, et qui remplacerait, avec toutes sortes d'avantages, la menuiserie à bon marché prétendant imiter, à l'aide d'expédients, les ouvrages de luxe façonnés pendant les deux derniers siècles. On voit encore, en Espagne, en Sicile, en Afrique et en Asie, quantité de ces plafonds et de ces lambris exécutés pendant les XV⁰ et XVI⁰ siècles, d'une composition charmante, se prêtant merveilleusement à l'application de la peinture et qui conviennent si bien à la décoration des intérieurs. Avec nos moulures en bois poussées à la mécanique, il serait très-aisé d'obtenir des résultats excellents en ce genre et à des prix inférieurs. Nous ne ferions d'ailleurs ainsi que reprendre une industrie qui existait en Occident pendant les XIII⁰ et XIV⁰ siècles. Nous recommandons aussi les combinaisons orientales de claires-voies en bois tournés que l'Égypte a exposées. Les moyens mécaniques se prêtent singulièrement à l'emploi facile de ces produits solides et d'un aspect agréable.

CHAPITRE III.

SERRURERIE APPLIQUÉE AUX BATIMENTS.

—

§ 1. — Grandes pièces.

La serrurerie en grandes pièces a décidément remplacé la charpente dans les édifices publics, et en France dans la plupart des constructions privées. Je dirai quelques mots des procédés employés sur les chantiers pour mettre ces pièces en œuvre. A cet égard, il est encore des perfectionnements à introduire ; les petites forges mobiles françaises sont notoirement insuffisantes, et la manœuvre des fers au moment où on les emploie laisse beaucoup à désirer chez nous, tandis que les forges mobiles anglaises sont remarquablement montées. Il résulte de l'imperfection des engins de chantiers en France, que les pièces de fer qu'il faut retoucher au moment de la pose sont souvent défectueuses. Ce n'est que dans les chantiers de grands travaux de ferronnerie que l'on organise des forges et engins convenables (1) ; dans les constructions privées ces détails essentiels sont négligés. Nous croyons nécessaire d'attirer l'attention des serruriers constructeurs sur ce point important.

Les pièces d'assemblages à faire au moment de la pose, le travail nécessaire pour compléter le montage, manquent de cette puissance et de cette sûreté de moyens que nous trouvons dans les ateliers fixes. Plus la grande ferronnerie perfectionnera ses produits, mieux elle se rendra compte des forces exactes des matériaux employés, et moins elle devra se contenter d'*à peu près.*

(1) On doit citer comme très-ingénieux les systèmes de montages adoptés à l'Exposition de 1867 pour élever et poser la grande serrurerie du Palais.

Il faut songer définitivement à laisser de côté les vieux engins, et ne plus considérer la main de l'homme, dans les travaux du bâtiment, que comme une transmission de l'intelligence à des forces automatiques auxquelles doit être dévolue la puissance brutale, le labeur matériel. Les forces mécaniques sont seules pourvues de l'énergie propre à façonner les fers que l'on emploie dans les constructions aujourd'hui, avec précision, économie et rapidité ; c'est donc à elles qu'il convient de recourir, en ne considérant plus la main de l'ouvrier que comme l'agent intellectuel dirigeant, non comme une force matérielle, car celle-ci est évidemment insuffisante. Ce sont là des questions de frais d'établissement devant lesquels nos industriels de bâtiment reculent encore parfois. Les rabais excessifs dans les adjudications les obligent à économiser sur ces frais, et au total, ni eux, ni le travail, ni les ouvriers ne gagnent à l'ajournement des moyens mécaniques nécessaires aussi bien sur les chantiers que dans les ateliers.

§ 2. — Progrès récents de la ferronnerie.

Ce n'est pas l'intelligence de ces moyens qui fait défaut. On pourrait en fournir plus d'une preuve. Peut-être même est-ce à la facilité avec laquelle, en France, l'ouvrier sait se *débrouiller* (pour nous servir d'une expression de chantier) que l'on doit d'ajourner trop longtemps l'organisation des travaux de serrurerie sur le tas comme dans l'atelier. Il faut cependant reconnaître que nos constructions de ferronnerie françaises ont une supériorité marquée sur les ouvrages analogues exécutés en Angleterre. En principe, les constructeurs français ont presque entièrement renoncé aux fontes de fer dans la construction des combles et planchers, tandis que, en Angleterre, malgré des sinistres très-graves, on continue à se servir des fontes pour ces sortes d'ouvrages. Nous n'employons plus les fontes que comme supports résistants, comme revêtements, comme poinçons parfois, mais les tôles avec cornières et les fers à **T** ont, chez nous, remplacé la fonte, aussi bien dans les bâtiments que dans les entreprises du génie civil. A peine si, en 1855, on employait les tôles dans les constructions en France, tandis que l'Angleterre les utilisait déjà ; mais depuis lors, les progrès ont été très-rapides de ce côté-ci de la Manche, tandis que la fabrication anglaise est restée presque stationnaire. Peut-être doit-on ce développement au nombre prodigieux d'édifices qui ont été élevés sur toute la surface de la France depuis douze ans, et principalement à la construction des marchés publics et des grandes gares dans la plupart des centres populeux. N'oublions pas, cependant, que les premiers ouvrages de ferronnerie forgée appliqués aux bâtiments civils ont été exécutés en France dès la fin du dernier siècle (1), et que nous avons eu dans tous les temps une aptitude particulière pour les ouvrages de fer façonnés au marteau.

Nos planchers en fers à **T** pour toutes les habitations présentent des avantages considérables : légèreté, faible épaisseur (ce qui est important dans les villes, où la hauteur des habitations est fixée), chances d'incendie supprimées, salubrité et solidité. Si la sonorité des planchers en fer est encore un de ces inconvénients auxquels il est indispensable d'apporter un remède efficace, plusieurs exposants français ont essayé de résoudre le problème, et, s'ils n'y sont pas parvenus d'une manière absolue, au moins sont-ils sur la voie. Les entrevous cellulaires en plâtre, ceux en poteries creuses chevauchées ou en briques de ciment avec des vides, sont déjà préférables aux entrevous ordinaires en plâtras et plâtre coulé. Les nouveaux procédés ont encore l'avantage d'éviter la poussée et de permettre d'économiser les entretoises et les fantons entre les solives en fer à **T**.

Les ateliers de serruriers français sont généralement montés de telle sorte qu'ils peuvent aujourd'hui façonner de grandes pièces en tôle avec cornières rivées à des prix abordables.

---

(1) Le comble du Théâtre-Français a été exécuté en fer forgé, sous la direction de l'architecte Louis (1786-1790).

Les halles centrales, tous les marchés publics dernièrement installés à Paris, le bâtiment même du Champ-de-Mars en fournissent la preuve. Il faut constater aussi l'intelligence rare des chefs de ces ateliers ; ils savent introduire, sur les projets remis entre leurs mains, des perfectionnements dans les détails de l'exécution qui montrent combien la pratique de ces grands travaux leur est devenue familière, combien ils se préoccupent de trouver les moyens d'économiser la matière, tout en conservant une solidité complète. À ces divers points de vue, les ateliers de M. Joly, ceux de M. Rigolet, ont envoyé à l'Exposition des ouvrages parfaitement entendus comme exécution, indépendamment du mérite de la composition. Les grands combles du palais des Tuileries, exécutés par M. Roussel, ceux du château de Pierrefonds, sortis des ateliers de M. Lachambre, peuvent passer pour des ouvrages de bâtiment d'une importance majeure dans cette industrie des tôles employées comme charpentes.

§ 3. — Tôles embouties.

Nous croyons utile d'appeler l'attention de nos constructeurs sur l'emploi des tôles embouties pour planchers, système adopté avec succès en Angleterre, notamment par M. Robert Mallet, qui a envoyé quelques échantillons de ces produits au palais du Champ-de-Mars. On peut évidemment tirer un parti excellent de ce système pour les voûtes de grandes salles et même pour des planchers. C'est un moyen de ne pas dissimuler la structure du fer, et qui permet d'entrer dans la voie de l'emploi décoratif de cette matière. Nous ne pouvons admettre, en effet, que le fer doive être dissimulé dans les constructions de quelque importance par des revêtements de plâtre, de stuc ou de bois. Le fer, dont l'emploi devient de plus en plus fréquent, adoptera des formes qui seront l'expression de ses qualités. On doit chercher ces formes convenables et les trouver, en laissant de côté les apparences traditionnelles données à des matières d'une nature différente, et on ne saurait admettre que le fer ne puisse montrer les formes qui lui conviennent que dans des gares ou des hangars. Les Anglais ont essayé, pour la fonte, de trouver des formes d'art en rapport avec les qualités du métal : leurs essais ont été parfois heureux ; or, le fer forgé doit aussi manifester ses qualités par des formes en rapport avec elles. C'est à nos ingénieurs et à nos architectes d'ailleurs que ces observations pourraient être adressées, car les ateliers sont aujourd'hui en état de fournir une exécution assez belle pour qu'il n'y ait pas lieu d'en dissimuler les détails, du moment que ces détails auront été habilement composés.

§ 4. — Fonte de fer.

Bien que la fonte de fer donne aujourd'hui des produits d'une pureté remarquable, on ne saurait admettre que cette matière soit destinée à simuler les formes qu'affectent la pierre, le bois ou même le plomb repoussé. On eût désiré voir à l'Exposition des détails de construction en fonte de fer qui auraient présenté ces formes propres à la nature du métal; les lucarnes de comble qui sont exposées, par exemple, dans la section française, semblent moulées sur des lucarnes en bois ou même en pierre. Indépendamment des qualités et perfections de la fonte, ce serait, semble-t-il, à trouver ces formes que les industriels devraient tendre aujourd'hui. Sous ce rapport, les produits d'Angleterre et de Prusse sont plus près des règles du vrai, dont on ne saurait s'éloigner sans tomber dans les plus étranges abus. L'escalier composé de pièces de fonte assemblées de M. Krause, de Neusalz (Prusse), avec noyau en fer, remplit assez exactement les conditions imposées par la nature du métal. Les assemblages sont simplement entendus, et si cet escalier est d'un prix élevé, cela tient à des détails excessifs d'ornementation, qui n'ajoutent rien d'ailleurs au mérite réel des combinaisons de la construction de cette pièce.

CHAPITRE IV.

COUVERTURE ET PLOMBERIE.

—

§ 1. — Couvertures.

Parmi les industries du bâtiment qui ont fait le plus de progrès depuis l'Exposition de 1855, il faut citer celles du couvreur et du plombier. En Angleterre, en France, en Prusse, en Autriche, les couvertures des bâtiments publics et privés sont mieux faites, moins chères et plus durables que celles que l'on faisait il y a vingt ans.

La zinguerie estampée, le plomb et le cuivre repoussés sont des industries nouvelles ou renouvelées avec succès. La tuilerie, grâce aux agents mécaniques, a atteint une perfection inconnue jusqu'à nos jours. Les ardoisières, exploitées à l'aide de moyens puissants fournis par les moteurs à vapeur, envoient des produits excellents par leur régularité et leur dimension, d'Angleterre, de Belgique, de France, de Prusse.

Remplaçant les combles en bois par des charpentes en fer sur presque tous les bâtiments en France et en Angleterre, il fallait trouver le moyen d'éviter l'interposition du bois entre le fer et la couverture même ; outre qu'il est toujours difficile d'attacher de la volige ou de la latte en bois à des chevrons en fer, il y avait par suite de cette interposition quelque chose d'illogique dans l'emploi des matériaux. L'adoption des lattes en fer pour poser l'ardoise directement à l'aide de crochets est donc une solution dont il faut tenir compte à un entrepreneur de serrurerie, M. Lachambre, car son système de lattis en fer étiré nous paraît avoir une supériorité marquée sur les lattis en tôle employés parfois. Ce lattis en fer permet également la pose de la tuile à crochets directement sur les combles en fer.

Le système de couverture en zinc sur charpente en fer est encore à trouver ; la superposition du zinc directement sur le fer produit une action galvanique qui détruit promptement la couverture métallique. On continue donc à interposer de la volige entre le fer et le zinc pour éviter cet effet ; encore faut-il avoir le soin de ne point laisser les têtes de clous toucher le zinc. Bien que la fabrication des zincs employés pour couvertures ait fait des progrès très-notables, et dont on peut apprécier toute l'importance dans les expositions française et prussienne, cependant les entrepreneurs de couvertures ne semblent pas s'être encore préoccupés sérieusement de la destruction du métal recouvrant par les matières sous-jacentes, destruction souvent très-rapide. L'interposition des feutres et des cartons bitumés entre la volige, le plâtre, le fer et le zinc, arrête il est vrai ces effets destructeurs ; mais il y a là une cause de dépenses assez notable ; puis ces feutres et cartons n'ont eux-mêmes qu'une durée assez limitée.

Nous avons vainement cherché, parmi les exposants de couvertures métalliques à l'Exposition, l'emploi de procédés propres à empêcher l'oxydation des plombs posés directement sur du bois. On sait que la plupart des bois de chêne qui n'ont pas encore séjourné dans l'eau, et qui n'ont pas été purgés de leur séve, transforment très-promptement les plombs mis en contact avec eux (malgré plusieurs couches de peinture) en oxyde blanc de plomb, autrement dit blanc de céruse, à ce point que ces plombs sont à remplacer après quelques mois de séjour sur ces bois. L'interposition des feutres, seule, arrête cet effet ; mais, nous le répétons, c'est là une augmentation sensible dans la dépense. Quelques couvreurs plombiers ont pris le parti parfois (1) de poser les plombs ouvrés indépendants des bois qu'ils sont censés recouvrir. C'est éviter la difficulté, non la résoudre, d'autant que ces plombs ainsi façonnés sur armatures spéciales, renforcées à l'intérieur par d'épaisses

____

(1) MM. Monduit et Béchet, entre autres.

couches de soudure, reviennent à des prix exorbitants. C'est mentir au principe de la couverture en plomb, destinée à revêtir des ouvrages en bois. Dans ce cas, mieux vaut employer le cuivre repoussé, qui est plus léger et, par le fait, malgré la valeur du métal, revient moins cher, parce qu'il se soutient de lui-même, étant battu au marteau, avec une épaisseur très-minime. Le cuivre repoussé peut d'ailleurs être posé directement sur les armatures en fer à cause de sa rigidité.

L'exposition française montre des tentatives déjà importantes faites en ce genre de fabrication (1).

§ 2. — Zinc.

Tout en constatant les progrès faits dans la fabrication des zincs façonnés destinés aux couvertures et exposés au Champ-de-Mars, nous pensons que cette fabrication ne suit pas la ligne qui convient à ce genre de couverture. Le zinc, très-sensible aux variations de la température, se comporte mal, lorsque les soudures sont multipliées, et nous ne voyons pas que des exposants couvreurs-zingueurs aient montré des ouvrages dans lesquels les conditions de retrait et de dilatation soient suffisamment étudiées. Les grands ouvrages en zinc exposés en France, en Prusse, en Autriche, dans les Pays-Bas, indiquent certainement des résultats remarquables dans l'art d'estamper à chaud, d'assembler et de souder ce métal ; mais la plupart des objets exposés ne sont point exécutés en raison des qualités de la matière employée. Ce sont des œuvres difficiles à obtenir, sans contredit ; elles indiquent une fabrication avancée, mais qui pèche par son principe même et par le côté pratique. A la place de ces objets décoratifs, mais peu usuels, et certainement d'une durée très-limitée, lorsqu'ils sont exposés aux intempéries, nous eussions préféré voir quelque bon système

____

(1) MM. Monduit et Béchet, qui ont pris la maison fondée par M. Durand, dès 1848, fabriquent aujourd'hui un assez grand nombre d'ornements de couvertures en cuivre, depuis les premiers essais faits à la cathédrale de Paris.

de couverture en zinc à dilatation libre, cherchant à sortir de la méthode ordinaire des attaches, agrafures et couvre-joints, encore si imparfaits et si peu solides.

Les couvertures en grandes feuilles de zinc, qui sont encore les meilleures dans la pratique, ont l'inconvénient de présenter un aspect désagréable, à cause surtout des ondulations qui se produisent sur ces feuilles par une température élevée. Les essais de couvertures en tuiles de zinc d'une médiocre dimension n'ont pas été heureux jusqu'à ce jour, parce que ces couvertures laissent passer les eaux pluviales et sont dérangées facilement par les grands vents. Mais il y aurait certainement quelque chose à tenter entre ces deux extrêmes, et c'est, nous semble-t-il, vers cette étude que doivent tendre les efforts des couvreurs en zinc, plutôt que de chercher à simuler, à l'aide de ce métal, des ouvrages de plomberie décorative ou de pierre ou de bois. Puisque l'on estampe aujourd'hui le zinc par des moyens mécaniques, et qu'on est arrivé à rendre ce métal assez souple par le chauffage pour n'être pas déchiré dans l'opération de l'estampage, ce serait l'occasion de chercher à donner aux couvertures un aspect moins froid, et plus de rigidité par des procédés d'estampage, et à obtenir des feuilles de métal pouvant être posées partout facilement, sans soudure et sans clous, comme on pose de la tuile ou de la grande ardoise à l'aide de crochets. Il y aurait encore à trouver le moyen de doubler mécaniquement les feuilles de zinc propres aux couvertures d'une matière qui isolerait ce métal du fer, de telle sorte qu'on pût poser ces feuilles directement sur des lattis en tôle ou en petits fers à T, en supprimant ainsi le voligeage.

Un des inconvénients du système de couverture en zinc actuel est d'exiger l'emploi d'ouvriers habiles et ayant beaucoup pratiqué en grand, de sorte que, si l'on entreprend des travaux de cette nature loin des grands centres, ou l'ouvrage est mal exécuté par suite du peu d'expérience des ouvriers, ou il revient à des prix très-élevés parce que l'on est obligé de faire venir des ouvriers spéciaux. Il semble que les fabricants qui s'occupent de façonner le zinc pour couvertures trouveraient un avantage considérable à livrer des feuilles de métal toutes prêtes à être posées par les premiers couvreurs venus, comme on livre de la tuile. Ce serait là un résultat sérieux, utile, pratique, qui prendrait bien vite rang au-dessus de ces objets de luxe à bon marché qui passent de mode du jour au lendemain et se détériorent promptement à l'action des agents atmosphériques.

§ 3. — Cartons bitumés.

L'exposition des cartons bitumés est nombreuse; la Russie, la Prusse, l'Autriche, la Belgique, le Danemark, la Suède, l'Angleterre et la France ont envoyé quantité de ces produits, dont les qualités, peu durables en général, ont été reconnues par tous ceux qui les ont employés. Il ne faut chercher d'ailleurs dans ces cartons, plus ou moins imbibés de bitume, qu'un moyen de couvrir des bâtiments temporaires ou une matière propre à être interposée entre des murs humides et des boiseries, ou sur les parois extérieures des murs pour les garantir contre les effets de l'humidité.

Des feutres bitumés d'une grande souplesse, pour couvertures, figurent également à l'Exposition. Au contact de l'air, sous l'action de la chaleur, les parties huileuses du bitume s'évaporent assez promptement, et il ne reste plus que des parties charbonneuses qu'il faut de nouveau enduire de brai, si on veut éviter l'infiltration de la pluie dans l'épaisseur des cartons. Les cartons et feutres les plus profondément pénétrés de bitume sont naturellement ceux qui se maintiennent étanches le plus longtemps. C'est donc en les déchirant ou les coupant qu'on peut reconnaître si la pénétration du bitume est complète. Les produits de la Prusse, du Danemark, de la Russie donnent à l'Exposition de bons échantillons; aussi ces couvertures sont-elles très-répandues dans l'Allemagne du Nord, où le climat se prête mieux que le nôtre à leur emploi. Pour atténuer les effets de l'action du soleil sur ces cartons bitumés, un exposant français, M. Maillard, les recouvre d'une couche de schiste pilé ; on doit constater que les cartons de cette fabrique sont entièrement pénétrés de bitume. Aussi peut-on admettre que ces derniers produits français se conserveront assez longtemps à l'air pour pouvoir trouver une application dans les bâtiments agricoles, dans les usines, etc. Quoi qu'il en soit, l'expérience seule peut faire reconnaître les qualités de ces produits, et, jusqu'à présent, l'expérience ne leur a pas été favorable, ou n'a pas été encore assez longue pour qu'il soit possible de les considérer comme un procédé susceptible de produire des couvertures très-durables.

CHAPITRE V.

VITRERIE DES BATIMENTS.

La France conserve la supériorité qu'elle avait acquise depuis longtemps dans la fabrication des verres à vitres de grandes dimensions et à bon marché. Elle a réuni à cette industrie séculaire celle des verres coulés pour bâtiments, que l'Angleterre fabriquait seule il y a quelques années. Toutefois, sous ce rapport, les fabricants anglais fournissent à des prix plus bas des variétés de ces verres coulés que nous n'obtenons pas encore. Il faut notamment signaler les beaux verres moulés blanc verdâtre que les Anglais fournissent en grande quantité pour des vitraux, et qui sont à la fois très-solides et d'un aspect très-satisfaisant, à cause de leur effet varié. Mis en plomb, ces verres épais défient la grêle, le vent et même des chocs assez forts ; ils permettent des décorations translucides, d'un aspect chaud et doux, sans atteindre les prix de nos vitraux de grisailles. Employés pour couvrir des gares, des marchés, des hangars, ils résistent aux agents atmosphériques, et tamisent beaucoup mieux les rayons solaires que nos verres blancs, qu'il faut en été couvrir par des toiles ou des clayonnages. Leur épaisseur ajoute de la force aux armatures en fer qui les reçoivent en les étrésillonnant solidement.

CHAPITRE VI.

SERRURERIE FINE, COFFRES-FORTS, SERRURES, QUINCAILLERIE.

—

§ 1. — Serrurerie décorative.

La serrurerie décorative forgée a été perfectionnée d'une manière remarquable depuis les dernières Expositions, et les produits français présentent en ce genre une nombreuse et intéressante série d'objets. L'emploi presque exclusif de la fonte de fer pour les grilles, balcons, les rampes d'escaliers, de 1825 à 1845, avait fait abandonner par les serruriers les ouvrages de forge ; dans les grandes villes on ne trouvait plus de forgerons que parmi les maréchaux-ferrants.

Deux causes ont fait revivre cette belle industrie des fers forgés, si florissante autrefois: la fabrication des machines et les études faites sur les industries anciennes.

L'Exposition rétrospective, si judicieusement installée au cœur du palais du Champ-de-Mars, et si fort appréciée du public, fait assez connaître qu'il serait malséant de reléguer parmi les esprits rétrogrades les artistes ou industriels qui se sont voués à l'étude des anciennes fabrications d'objets propres aux bâtiments.

La plupart de ceux qui voudraient faire prendre le change à l'opinion publique à cet égard trouvant bon d'employer les produits de ces industries renouvelées, il convient, nous semble-t-il, à l'occasion de l'Exposition Universelle, et en présence des produits des industries anciennes, de rendre justice : 1° à ceux qui, par leurs études, par un labeur aride, ont provoqué cette renaissance d'arts abandonnés et si injustement dédaignés ; 2° aux industriels intelligents qui, à travers mille obstacles suscités par la routine et aussi par l'ignorance dédaigneuse, n'ont pas reculé devant les efforts et les sacrifices que leur imposait l'application pratique de ces études.

Les industries de la plomberie repoussée, des cuivres martelés, des vitraux colorés, des terres cuites émaillées, de la peinture murale, de la ferronnerie forgée, se sont relevées sous l'inspiration de ces premières recherches ; les industriels le savent et ne nous démentiront pas. En Allemagne et en Angleterre, on n'avait jamais cessé complétement de pratiquer ces diverses branches de l'industrie du bâtiment ; mais, en France, il y a vingt-cinq ans, elles étaient encore entièrement oubliées. Grâce à l'initiative de quelques industriels, auxquels cependant les causes de découragement n'ont pas manqué, grâce aussi à la souplesse de nos ouvriers et à l'ardeur qu'ils apportent dans les travaux où l'intelligence a une large part, nous avons bien vite égalé, surpassé nos voisins.

Parmi ces industries, celle qui demandait peut-être les efforts les plus persistants, un matériel plus considérable, des sacrifices pius étendus, est certainement l'industrie de la ferronnerie forgée. Arriver à traiter ce métal si peu maniable, si capricieux souvent, le fer, comme on traiterait une pâte souple, facile à souder, n'est point un métier qui s'apprend en quelques jours. Il fallait donc d'abord trouver des ouvriers de bonne volonté et en faire des forgerons ; chose d'autant moins aisée que, pour être bon forgeron, il faut, outre une longue pratique, une aptitude naturelle à laquelle l'expérience seule ne saurait suppléer. En 1845, il n'y avait à Paris que deux maîtres serruriers capables de forger des pentures estampées, des rinceaux de grilles ; aujourd'hui nous en compterions une centaine en France dont les produits rivalisent avec ce qui se fait en Angleterre et en Hanovre, où l'on travaille fort bien le fer au marteau. Il est juste de signaler, entre les serruriers qui ont fait les premiers efforts pour remettre en honneur la ser-

rurerie forgée, M. Boulanger (1). Son exemple fut bientôt
suivi, et le palais ainsi que le jardin du Champ-de-Mars montrent des objets très-remarquables en ce genre. Nous devons
distinguer toutefois la serrurerie avec nombreux assemblages
et travail à la lime, bien que forgée, de celle qui est franche-
ment de forge, avec soudures des fers. Cette dernière a
toujours sur l'autre un avantage considérable au point de
vue de la solidité et même de l'aspect. Il est vrai que, pour
obtenir de la serrurerie de forge dans des conditions convenables, il est nécessaire que l'artiste qui compose le dessin connaisse les procédés de fabrication; trop souvent les
serruriers ont à exécuter des objets qui ne sont nullement
composés d'après ces conditions, ce qui les oblige à faire des
assemblages goupillés, des entailles à mi-fer, des tenons, là
où il faudrait de bonnes soudures. Or, en examinant quelques-
uns des exemples de grilles exposés dans le jardin, il y a lieu
de s'étonner parfois combien peu la composition de ces objets
est d'accord avec le mode de fabrication.

Il faut en accuser non les serruriers, mais les artistes qui,
tout entiers à leurs conceptions, négligent de s'enquérir des
moyens propres à les exécuter. Dans beaucoup de ces ouvrages, le travail à la lime prend une trop grande importance. On ne saurait faire ce reproche aux ouvrages anglais de
fer forgé. Si parfois ces objets pèchent un peu par le goût, la
composition et l'exécution sont toujours celles qui conviennent
à la ferronnerie (2).

Les forces mécaniques modernes aident et aideront puissamment à fabriquer de la ferronnerie forgée à bon marché; plusieurs industriels ont déjà obtenu des résultats satisfaisants en

---

(1) M. Boulanger vient de terminer les pentures de la porte centrale de
Notre-Dame de Paris, qui ne le cèdent en rien, comme style, aux célèbres
pentures de la fin du XIIe siècle attachées aux deux portes latérales et qui
sont plus parfaites comme forge.

(2) Nous citerons parmi les produits français ceux de MM. Roy, Baudrit
Ducros, Binet, et particulièrement des pièces de forge d'un travail bien franc
e M. G. Moreau.

ce genre et peuvent fournir des balcons, des grilles à des prix qui ne dépassent pas ceux de la fonte, si largement employée encore il y a dix ans.

L'industrie des tôles repoussées, remise en honneur également, tend à se répandre et permet une grande variété dans la décoration de la ferronnerie. Une petite usine, montée par Mme Delong, découpe aujourd'hui des feuilles de tôle et même d'acier avec une promptitude et une pureté fort appréciées par les serruriers, qui déjà ont recours à cette industrie naissante.

§ 2. — Coffres-forts.

S'il est un objet qui indique le développement de la richesse publique et privée, c'est certainement le coffre-fort. L'Exposition de 1867 abonde en caisses de sûreté des plus ingénieusement combinées. L'Angleterre, les États-Unis, la France, la Belgique, la Prusse, l'Autriche, la Suisse ont envoyé au Champ-de-Mars une quantité prodigieuse de ces gardiens des trésors publics et particuliers. On peut même, en examinant les combinaisons diverses qu'ils adoptent, prendre une idée des habitudes des voleurs de chaque pays. Aux États-Unis, les coffres-forts se gardent contre l'explosion, c'est-à-dire contre les pétards que les voleurs cherchent à introduire dans les serrures pour les faire sauter, moyen expéditif et pratiqué, paraîtrait-il, avec beaucoup d'adresse. En Angleterre, c'est aux cornières, aux assemblages que les voleurs s'attaquent, en dédaignant les serrures ; aussi les coffres-forts anglais cherchent-ils à rendre leurs assemblages inattaquables et à si bien multiplier les pênes qu'on ne puisse espérer faire une pesée entre eux. En Prusse, en Autriche et en Suisse, c'est au contraire par les combinaisons de clefs et de serrures que l'on prétend se garantir contre les tentatives de vol. En France, il semblerait aussi que les voleurs emploient plutôt l'adresse que la force pour ouvrir ces caisses de sûreté, à voir les précautions infinies et les subtilités que les fabricants apportent dans la composition des moyens de fermeture. Toutes ces caisses sont bien installées et mettent leur contenu à l'abri des incendies par divers moyens, tels que des briques entre les plaques de tôle, des courants d'air, ou une couche de ciment, ou des matières réfractaires ou même développant de l'humidité quand elles sont fortement chauffées. A puissances égales, les coffres-forts de l'exposition anglaise sont ceux que les fabricants peuvent livrer aux prix les moins élevés. S'ils n'ont pas la même élégance que ceux que livrent les serruriers français ; si leurs systèmes de serrures sont moins ingénieux, moins compliqués, exécutés avec moins de perfection, leur force de résistance est sans égale. Il faut citer, entre autres, les coffres de M. Hobbs, dont les plaques de tôle, d'une épaisseur considérable, passent leurs queues-d'aronde d'assemblage à travers des colonnes cylindriques en fer, dans lesquelles (pour retenir ces queues-d'aronde des plaques) on coule de la fonte. Une double clef fait tomber des plaques en fer qui rendent immobiles les nombreux et larges pênes qui sortent des quatres rives du vantail pour s'engager dans les gâches. Le même fabricant fournit des serrures pour cellules de prison d'une grande force, quoique très-simples, qui ne coûtent que 12 schell. 10 p. Nous citerons encore le système de pênes de caisses de sûreté de M. Chatwood, pênes qui sont tailiés à queue-d'aronde et manœuvrent horizontalement et verticalement. Les coffres de M. Chatwood sont munis de plaques d'acier qui neutralisent entièrement les efforts du ciseau à froid. Les caisses de M. Chubb se ferment au moyen de pênes qui manœuvrent diagonalement à l'aide d'excentriques, et qui ne laissent point d'intervalles dans les angles entre le vantail et la feuillure ; il paraîtrait donc que les voleurs anglais font agir les pesées dans ces angles comme étant les points faibles.

En France, les fabricants de caisses de sûreté ont généralement adopté un système qui évite les assemblages de tôle dans les angles. La plupart de ces caisses sont prises dans un morceau de tôle qui fait le devant, les côtés, et vient se river par

derrière ; leur puissance de résistance consiste moins dans l'é-
paisseur des pièces que dans les combinaisons des serrures, les
mouvements de leurs pênes et la précision de l'exécution.
L'exposition française est particulièrement riche en produits de
serrurerie fine, et les coffres-forts s'y trouvent en grand nombre.
D'anciennes maisons, comme celle de M. Fichet, ont encore
perfectionné leurs produits bien connus ; les coffres-forts qui
ferment tous leurs compartiments, tiroirs et vantail extérieur,
d'un seul tour de clef, sans compter les sûretés et combinaisons qui rendent le vantail inforçable, sont des ouvrages très-
remarquablement exécutés.

Le système des pênes crochetants et callés par des seconds
pênes de M. Huby présente des avantages considérables sur
les pênes à simple mouvement. On remarque aussi les coffres-
forts en tôle, d'une très-forte épaisseur, à deux vantaux, avec
pênes cylindriques se contrariant, vantaux roulants au moyen
de cols-de-cygne, avec feuillure et contre-feuillure propres à
éviter les pesées, de la fabrique de M. Haffner, ainsi que les
caisses en fonte blanche coulée entre les deux parois intérieure et extérieure, de la même maison. Un autre fabricant,
M. Le Paul, empêche la communication de la chaleur dans ses
caisses au moyen de matelas d'amiante, qu'il se procure à un
prix très-bas. Mentionnons aussi les coffres-forts et serrures
de MM. Parigot et Grivel, avec pênes circulaires formant
crampons ; les caisses de M. Parigot, avec combinaisons à pivots
verticaux et clef faisant l'office de compteur ; le système des
feuillures, rentrant par le moyen de ressorts et des pênes cylindriques rappelants, de la maison de M. L'Hermitte.

Un fabricant autrichien, M. Vertein, rivalise avec les meilleurs fabricants de serrurerie. Ses coffres-forts avec vantail,
s'ouvrant par la poignée, et clefs agissant par pression sur des
herses, avec délateur, ses serrures à gorge donnent d'excellents résultats. De plus, ce fabricant produit à des prix relativement inférieurs à la plupart de ceux demandés par les autres
exposants au palais du Champ-de-Mars.

§ 3. — Inventions mécaniques.

La section de la serrurerie est particulièrement riche en produits ingénieux, et qui font connaître combien les connaissances en mécanique tendent à se répandre dans les industries appliquées aux bâtiments. La somme de recherches et de travail que donne cette exposition est considérable, et il serait difficile de décrire une à une toutes les inventions introduites, par exemple, dans la fabrication des serrures pour les rendre inforçables et pouvoir les fournir à des prix modérés. La serrure à gorges mobiles a particulièrement été développée par les fabricants anglais, autrichiens et français. Cependant, parmi tous les produits de ce genre exposés, l'attention doit se fixer plus spécialement sur ceux dont l'emploi est pratique et la fabrication simple. A ce point de vue, les produits anglais conservent toujours des conditions favorables au commerce et à l'exportation, ce qui est le point important. Il n'en faut pas moins signaler les efforts d'un grand nombre de nos serruriers qui cherchent sans cesse des combinaisons ingénieuses, et qui sont ainsi les pionniers de cette belle et grande industrie. Les serrures à gorges mobiles sont certainement celles qui présentent le plus de garanties de sûreté, relativement au prix de fabrication ; mais la serrure à gorges est crochetable : c'est par des garnitures mobiles, qui n'agissent que sous l'effort de la clef spéciale, par des gorges agissant en sens inverse, par des délateurs empêchant le mouvement des gorges, si dans la serrure on introduit une fausse clef, que les serruriers cherchent à rendre les serrures incrochetables. Toutes ces tentatives, toutes ces recherches sont précieuses, et font évidemment faire des progrès à cette industrie. Parmi les chercheurs de solutions, nous citerons : MM. Fraigneux frères, à Liége ; Torriani, à Mendriso (Suisse) ; Haffner (Pierre), qui fournit des serrures combinées d'une manière très-ingénieuse à des prix bas ; Yvernel, Fayet-Baron, qui n'a cessé, depuis 1849, d'apporter des perfectionnements et des modifications

7**

dans la fabrication des serrures incrochetables ; Le Paul, si connu par son système de serrures à pompe; Arnaud, dont les serrures chassent la gâche sous la pression du pêne ; Parigot et Grivel, inventeurs de nouvelles serrures dont les gorges ne peuvent être mues par une fausse clé, etc.

§ 4. — Quincaillerie.

Il faut reconnaître que pour nos articles bon marché, nos maisons de Picardie et de Saint-Étienne fabriquent de la quincaillerie égale, en qualité au moins, à celle que fournissent l'Angleterre et l'Allemagne.

Les fabriques Bricard et Gautier, Maquennehen, de Pouilly, Guerville, Fournier-Valery, Liéven-Davergne, livrent en serrurerie des produits d'une bonne qualité, à des prix qu'il semblait impossible d'atteindre il y a quelques années; et cela grâce aux machines et à la division bien réglée du travail. L'exportation de ces produits a acquis une grande importance, et devient une des sources de richesses du pays. On peut avoir aujourd'hui de bonnes serrures à gorge pour 6 et 7 francs, et même pour 3 fr. 25 c., toutes les pièces des serrures étant découpées à la mécanique. Il en est de même des objets de serrurerie, tels que paumelles, charnières, verrous, cadenas, targettes; l'exposition française, entre toutes, montre une variété prodigieuse de ces objets qui, malgré leur prix peu élevé, sont d'une bonne qualité, et présentent surtout cette uniformité d'exécution qu'il était impossible d'obtenir par le travail à la main dans un pays comme le nôtre, où les ouvriers s'astreignent difficilement à un travail régulier. Il y a donc lieu d'espérer que la fabrication mécanique et la division du travail, donnant des pièces d'une égalité complète, permettront à l'exportation de la serrurerie de se maintenir et même de s'accroître en France. Il semble, en effet, que sous ce rapport nos fabricants français aient tenu à honneur de relever le marché, et de reconquérir à l'étranger la confiance que souvent nous avons laissé perdre par des négligences funestes à notre prospérité.

La quincaillerie française, si fort dépréciée il y a vingt ans, s'est sensiblement relevée dans la fabrication des objets usuels, qui sont les seuls pouvant faire l'objet d'un commerce étendu. Elle tend aussi à sortir de la routine et à simplifier ses produits, tout en les élevant au niveau des besoins si variés et si compliqués de la société moderne.

Les objets fabriqués sont raisonnés, judicieux souvent, comme ceux que fournit l'Angleterre, mais plus variés, plus élégants, avec des formes moins lourdes. La voie ouverte à l'Exposition est donc bonne ; toute la question se résume à la suivre avec persistance, et à ne laisser sortir des fabriques françaises que des objets d'une qualité égale et bonne, aujourd'hui comme demain. La Prusse a envoyé de la quincaillerie et de la serrurerie fine d'une exécution excellente, relevées par des damasquinures nikelées d'un effet piquant, et qui conviennent mieux au fer que la dorure.

§ 5. — Menuiserie de fer.

Des perfectionnements remarquables se sont produits en France, en Prusse, en Autriche, dans l'emploi de la tôle pour fermetures, telles que volets, persiennes, etc.

L'Angleterre avait ouvert la voie ; elle est maintenant suivie avec succès.

Les persiennes en tôle repoussée, les jalousies en fer pouvant être rendues rigides par un moyen mécanique très-simple, les fers pour vitrages tendent à se répandre jusque dans les constructions les plus ordinaires. Nous attirerons plus spécialement l'attention des constructeurs sur les fermetures en fer de M. Jomain, qui fabrique des feuilles de persiennes d'une seule pièce, embouties, d'un usage excellent et à des prix très-bas.

§ 6. — Serrurerie d'art.

Quant à la serrurerie fine d'art, elle atteint dans l'exposition française une supériorité marquée.

La vitrine de M. Huby est en ce genre un véritable musée
de quincaillerie délicate ; aussi a-t-il eu l'honneur de voir
choisir pour le musée d'art de Vienne un certain nombre des
objets exposés par lui. Il semble qu'un fabricant ne saurait
trouver un encouragement plus flatteur.

La Belgique et la Suisse ont envoyé aussi de très-précieux
objets de serrurerie fine, qui peuvent passer pour des chefs-
d'œuvre en ce genre.

La Suède se fait remarquer par la pureté de ses fers et
aciers, et, sous ce rapport, sa serrurerie doit être l'objet d'un
examen attentif, pour nous surtout, qui n'avons pas toujours
souci de la qualité des matières employées dans la fabrication,
et qui pensons trop volontiers que l'intelligence suppléera à
l'insuffisance ou à l'imperfection de ces matières.

CHAPITRE VII.

CARRELAGES, REVÊTEMENTS, PEINTURE ET GYPSERIE.

—

§ 1. — Carrelages et revêtements.

L'exposition anglaise est particulièrement riche en produits
de terre cuite ou de matières factices propres aux carrelages
des aires, aux revêtements des murs, etc. C'est encore là une
de ces industries renouvelées dans l'Europe occidentale, et qui
n'a pas cessé d'être pratiquée en Orient ; nous en avons la
preuve dans l'exposition de Tunis, de la Turquie et de l'Égypte.

Des échantillons nombreux et des matières premières provenant de Brousse, où il existe encore plusieurs édifices revêtus de briques moulées et émaillées, rapportées en France par
M. Parvillié, ont permis à cet artiste de reproduire exactement
ces échantillons, d'un grand intérêt au point de vue industriel,
et qui peuvent être, dans les intérieurs de nos maisons, d'un

emploi fréquent. Toutefois, cette fabrication, qui chez nous n'est encore pour ainsi dire qu'à l'état d'essai, est pratiquée en Angleterre depuis longtemps déjà et d'une manière tout à fait remarquable.

Ce qu'il importe de constater surtout, c'est l'égalité parfaite des produits anglais soit comme qualité, soit comme aspect, ce qui permet de faire des revêtements décoratifs de grandes surfaces, comme pavages et revêtements. Les Anglais fournissent aussi beaucoup de terres cuites en petites pièces permettant de faire des mosaïques d'un aspect très-agréable. La fabrique de Nolla, en Espagne, envoie des terres cuites comprimées d'une excellente qualité pour ces sortes d'ouvrages, et aussi pour pavages, à des prix inférieurs à ceux des usines anglaises. L'exposition française montre un assez grand nombre d'échantillons de carrelages en ciments comprimés, en incrustements sur dalles, etc., d'un emploi pratique. Parmi ces produits, ceux de la maison Boch paraissent offrir une solidité parfaite et sont très-décoratifs; mais les tons sont généralement ou criards ou trop sourds. Cette industrie est appelée, nous semble-t-il, à prendre en France un grand développement dans les constructions privées, et à remplacer ces carrelages banals en marbre, d'un aspect froid, qui ont l'inconvénient de se tacher très-facilement, et qui n'ont pas la solidité de ces matières livrées en tables assez épaisses, quoique d'un poids relativement peu considérable.

§ 2. — Peinture en bâtiments, gypserie décorative.

L'Exposition de 1867 est à peu près nulle en produits neufs de peinture appliquée aux bâtiments. L'Angleterre a envoyé quelques échantillons en ce genre qui sont excellents, au moins quant à l'application de la peinture sur des matières préparées, ardoises, ciments, stucs, etc. Cependant, en ces derniers temps, des essais de peinture suivis de bons résultats ont été faits dans nos grands édifices.

Cette branche des industries appliquées aux bâtiments, et dont l'importance ne saurait être contestée, ne peut s'affranchir entièrement en France des mauvaises traditions. Les tentatives faites pour reprendre les anciens procédés de peinture à la cire ou à l'encaustique échouèrent, par suite de l'indifférence des artistes et des ordonnateurs de travaux. Par le fait, la peinture dite à la cire est aujourd'hui une peinture à l'huile rendue mate par une adjonction de cire dissoute dans une essence. Ce procédé, peu durable, ne donne que des tons lourds, qui grisonnent très-rapidement. L'emploi du silicate, pour fixer les couleurs, n'a pas encore présenté des résultats complets.

Ce procédé s'applique inégalement en raison des matières sous-jacentes. En ce moment, des méthodes tentées d'un côté par M. Courtin, et, d'autre part, sous la direction de M. Borromée, tous deux Français, semblent devoir donner de très-bons résultats, au moins pour la peinture décorative. Mais, il faut le dire, le grand obstacle à la réussite de ces tentatives en France, c'est le mauvais vouloir ou le peu de scrupules des exécutants, et l'indifférence ou le manque des connaissances nécessaires chez les artistes. La peinture monumentale, cependant, est un des moyens décoratifs les plus riches d'aspect et les moins dispendieux ; il y aurait de bonnes raisons pour se préoccuper sérieusement des perfectionnements à introduire dans cette industrie appliquée aux bâtiments, car c'est peut-être la seule aujourd'hui qui soit restée au-dessous des produits du passé.

L'industrie décorative en plâtres, cartons-pierres, applicable aux bâtiments, ne produit rien de bien neuf à l'Exposition de 1867, et il n'y a pas lieu de trop le regretter. Espérons que la réaction qui commence à se faire sentir contre le faux luxe, le luxe à bas prix, ne fera que se développer et nous délivrera bientôt de ces imitations vulgaires qui ne font qu'avilir les choses d'art sans en donner le goût au public.

L'Orient nous envoie cependant, en fait de gypseries, des

objets très-applicables aux habitations. Ce sont ces claires-voies en plâtre, dont les compartiments variés sertissent des verres de couleur. On peut, en maintes circonstances, tirer parti de ce mode de tamiser la lumière du jour. Mais il importe d'observer avec soin la méthode employée par les Orientaux, et qui consiste à composer l'ornement sertisseur des verres en plusieurs plans, ce qui donne une singulière douceur aux rayons colorés passant à travers cet ornement.

IV

ROUTES ET PONTS, NAVIGATION INTÉRIEURE,
FONDATIONS ET OPÉRATIONS DIVERSES,

par M. E. BAUDE,

Ingénieur des ponts et chaussées.

—

Les pages suivantes ont pour objet de montrer quel est l'état présent de l'art de l'ingénieur dans quelques-unes de ses branches principales. Dans ce travail sommaire, il a été impossible de décrire en peu de mots et sans dessins les ouvrages mentionnés, ainsi que de citer les noms de tous ceux qui ont pris une part active à leur exécution. Pour plus de développements, le lecteur devra recourir aux notices publiées à l'occasion de l'Exposition Universelle, notamment à celles qui ont été libéralement distribuées par le ministère des travaux publics de France, et aux documents spéciaux que nous citerons au besoin.

Les travaux publics ne sont représentés à l'Exposition Universelle de 1867 que par un petit nombre de pays : on ne saurait apprécier, d'après ce qu'ils ont envoyé, la valeur relative de cet élément de leur puissance nationale, la partie essentielle du grand outillage de l'industrie, celle qui réduit les frais de transport, fraction si importante du prix de revient de tous les produits; nous nous sommes donc cru autorisé à sortir de l'enceinte de l'Exposition pour rendre, autant qu'il dépendait de nous, moins défectueux et moins incomplet le tableau que nous avions à tracer.

Ce travail se divise en cinq chapitres, où sont traités les routes, les ponts et viaducs, en maçonnerie et en métal, les travaux de la navigation intérieure, les systèmes de fondation, et diverses opérations qui intéressent directement l'exécution des travaux publics.

CHAPITRE I.

ROUTES.

Le sujet de ce chapitre paraîtra peut-être de peu d'importance, en présence du spectacle de l'Exposition Universelle et des merveilleux résultats des voies de communication perfectionnées dont elle offre à chaque pas, et dont elle est elle-même l'éclatant témoignage. Cependant des faits récents rendent opportunes quelques observations sur notre ancien système de viabilité. Le développement des chemins de fer a produit une révolution aussi rapide que profonde et bienfaisante dans les habitudes du commerce, de l'industrie, de la vie publique et privée ; il n'a pas affaibli l'intérêt qui s'attache aux routes de terre : les routes sont devenues leurs affluents et leurs auxiliaires les plus féconds ; elles n'ont rien perdu de leur utilité pour les usages ordinaires de la vie. Bientôt les voies rapides, spécialement affectées aux transports à grande distance, seront équitablement réparties sur le territoire de la France ; ce que réclament dès à présent l'agriculture, l'industrie et les relations quotidiennes de toute nature, c'est un système complet qui rende accessible à tous, dans un temps n'exigeant pas plusieurs journées de déplacement, les voies principales du réseau ferré. Les routes sont restées le seul moyen d'obtenir promptement ce résultat, le seul qui se prête à toutes les configurations du sol : elles immobilisent en frais de premier établissement un capital comparativement très-faible, et elles desservent directement la grande majorité de la population. Quelques indications numériques, mises en regard de celles qui concernent les chemins de fer, ont été groupées dans le tableau ci-joint, non dans le but d'atténuer en quoi que ce soit l'importance et l'utilité des chemins de fer, mais seulement pour mieux faire ressortir toutes celles que les routes ont conservées.

Personne n'ignore que la source de la prospérité des chemins de fer est dans les parcours partiels; cette vérité a été mise en évidence dès leur origine : une tonne de marchandise n'y parcourt en moyenne que 152 kilomètres; un voyageur, seulement 43 kilomètres. Faire que la multitude des petites stations devienne d'un accès facile et accroître leur trafic dans une proportion faible pour chacune, mais considérable pour l'ensemble, est un objet d'un intérêt beaucoup plus général et plus élevé que d'immobiliser l'épargne du pays dans des entreprises moins que rémunératrices, au profit de quelques localités privilégiées.

Au moment où nous sommes arrivés, on peut se demander quel parti serait le plus profitable à la nation, d'appliquer les ressources de l'impôt au développement des chemins de fer d'intérêt local, ou à l'achèvement de nos voies de terre et d'eau, et particulièrement de notre réseau vicinal. L'exemple de certains pays qui ont étendu prématurément leur réseau ferré, avec des capitaux étrangers, il est vrai, doit nous engager à ne prendre une détermination qu'avec prudence; les symptômes que révèlent les tableaux statistiques du mouvement de la population doivent nous inspirer plus de réserve encore.

Chaque système de voie de communication a des propriétés spéciales qu'il faut éviter de confondre : les chemins de fer sont de puissantes machines, nécessitant des frais généraux énormes; ils ne peuvent donner de profits qu'à la condition de répartir ces frais généraux sur une grande masse de produits, de manière que la fraction restant à payer par chacun d'eux soit minime. Sauf de rares exceptions, les voies ferrées qu'on met en avant aujourd'hui ne sont pas dans ce cas; les petits chemins exécutés dans ces dernières années ne payent même pas leurs frais d'exploitation; ils ne se soutiennent que parce qu'ils ont été imposés d'autorité à des compagnies puissantes; ils n'offrent pas le caractère d'institution locale des chemins de fer d'Écosse, qu'on a voulu leur comparer. Tout ce que de semblables institutions ont à réclamer de l'État, c'est la liberté d'agir et l'appui moral, non le concours pécuniaire; celui-ci doit être réservé pour des intérêts publics plus pressants. C'est ce que les indications suivantes feront peut-être saisir avec plus de précision.

INDICATIONS.

INDICATIONS.	UNITÉS.	VOIES DE TERRE.						CHEMINS de FER.
		ROUTES		CHEMINS VICINAUX			TOTAUX.	
		impériales.	dépar-tementales.	de grande communi-cation.	d'intérêt collectif.	ordinaires.		
Longueurs construites....................	kilomètre.	37,400	47,000	72,000	49,000	118,000	323,400	15,750
Id. à terminer....................	id.	800	1,300	11,000	32,000	236,000	281,100	5,290
Id. totales....................	id.	38,200	18,300	83,000	81,000	354,000	601,500	»
Routes forestières, thermales, agricoles....	id.	»	»	»	»	»	1,700	»
Longueurs totales définitives	id.	»	»	»	»	»	606,200	21,040
Prix de revient moyen par kilomètre......	francs.	20,000	15,000	10,000	5,500	4,000	»	443,378
Dépense faite....................	millions de francs.	748	705	720	270	472	2,915	7,513
Id. à faire....................	id.	50	20	110	176	800	1,156	1,816
Id. totale....................	id.	798	725	830	446	1,272	4,071	9,329
Nombre d'habitants par kilomètre construit.	habitants.	1,018	811	528	776	323	»	2,416
Id., par kilomètre de réseau définitif......	id.	997	789	458	470	108	»	1,809
Circulation annuelle....................	milles de tonnes kilomètres.	5,155	4,482	»	»	»	»	5,837,000
Frais d'entretien moyens par kilomètre....	francs.	600	450	306	190	140	»	10,000

L'examen de ce tableau nous apprend que le système de nos routes impériales et départementales est à peu près complet; sur les chemins vicinaux, il reste à faire les fractions suivantes de la longueur totale :

Chemins de grande communication............. 0,13
    Id.   d'intérêt collectif.................... 0,39
    Id.   ordinaires 0,66

Cette tâche se trouve très-inégalement répartie entre les départements; elle retombe plus lourdement sur les pays pauvres et d'accès difficile, qui se trouvent par conséquent de plus en plus retardés par rapport aux provinces riches et pourvues, depuis longtemps, de toute espèce de moyens de transport. Pour mieux faire sentir cette inégalité, on peut dire, en poussant les choses à l'extrême, que la population de l'empire est divisée en deux parties : au point de vue des chemins de fer, l'une, pourvue convenablement, d'après le plan arrêté pour l'achèvement complet du réseau, à raison de 1,809 habitants par kilomètre, s'élève à 28,500,000 habitants ; l'autre, qui en est privée, serait de 9,500,000 habitants ; au point de vue des chemins vicinaux ordinaires, une partie du territoire est convenablement desservie à raison de 1 kilomètre par 108 habitants ; elle compte 12,700,000 habitants ; l'autre partie non desservie comprendrait 25.300,000 habitants. Ces citations n'ont d'autre objet que de donner une idée de l'état d'avancement relatif du réseau des chemins de fer et de celui des chemins vicinaux.

En ce moment, si l'on a 1 million à dépenser en voies de communication, on pourra l'employer, soit à exécuter 5 kilomètres de chemin de fer d'intérêt secondaire, à raison de 200,000 francs par kilomètre, soit 250 kilomètres de chemin vicinal ordinaire, à raison de 4,000 francs par kilomètre; dans le premier cas on donnera satisfaction aux besoins de 12,080 personnes, à raison de 2,416 par kilomètre; dans le second cas, on en desservira plus de 80,000, à 323 par kilomètre.

Les départements en retard ont cependant contribué à l'établissement des voies de communication dispendieuses dont ils tirent un moindre profit que les autres; leur situation ne pouvait manquer d'attirer l'attention bienveillante du gouvernement; en 1864, une subvention de 25 millions a été accordée sur le budget de l'État, pour l'achèvement des chemins d'intérêt collectif; le 15 avril 1867, une lettre de l'Empereur a ordonné l'étude d'un projet d'achèvement des chemins vicinaux ordinaires, dans un délai de dix ans. Cette opération entraînerait une dépense de 800 millions, à laquelle il serait pourvu de la manière suivante :

1° Par la dotation actuelle des chemins vicinaux ordinaires, qui s'élève à environ 41 millions par an, soit pour dix ans.............. 410 millions.

2° Par des ressources exceptionnelles créées par les communes; ces ressources seraient obtenues par la création d'une caisse spéciale des chemins vicinaux, fonctionnant sous la garantie de l'État; elle se procurerait de l'argent par l'émission de titres analogues aux obligations de chemins de fer, et ferait aux communes des prêts consentis à un taux d'intérêt de 4 pour 100, y compris l'amortissement, et remboursables par annuités de 30 ans, ce qui réduirait les charges communales à 8 millions par an ; soit de cet article 200   —

3° Par des subventions fournies par les départements, dont un grand nombre ont fort avancé le réseau de grande communication et se trouveront, de ce fait, dégrevés d'environ 10 millions par an; soit pour dix ans........ 100   —

4° Par des subventions accordées par l'État. 100   —

Total.......... 810 millions.

L'opération des chemins vicinaux a été entreprise en vertu de la loi du 21 mai 1836 ; par son influence sur la prospérité publique, malgré ses apparences modestes, elle entre en parallèle avec les plus importantes œuvres du siècle ; au moment où nous sommes arrivés, le service le plus signalé qu'on puisse rendre au pays est d'en hâter l'achèvement, et les résultats seront d'autant plus grands qu'elle sera plus promptement terminée. L'administration s'est mise immédiatement en mesure de satisfaire à la volonté impériale ; les commissions départementales ont commencé leurs travaux. Mais ce n'est qu'à la condition d'écarter les questions personnelles et politiques et d'apporter dans l'exécution une suite, une unité de vues et une fermeté constantes, que la tâche peut être accomplie dans le délai fixé. A cette occasion, il convient de rappeler les résultats remarquables signalés dans une notice publiée par M. Marchal, ingénieur en chef du département de la Mayenne, à propos de discussions qui ont eu lieu récemment dans le sein du Corps législatif.

Circulation. — Le ministère des Travaux publics de France a exposé une carte représentative du nombre des colliers qui parcourent journellement les différentes parties de nos routes ; ce document montre une fois de plus qu'elles rendent toujours les mêmes services. Voici, en effet, les résultats des derniers comptages exécutés en 1864, rapprochés de ceux qui ont précédé ; ils ne concernent que les routes impériales, celles qui ont été le plus directement influencées par la création des chemins de fer.

ANNÉES.	NOMBRE de colliers.	TONNAGE kilométrique quotidien.
1852..............	248	141
1857..............	246.5	142.5
1864..............	237.5	136.5

La petite diminution observée doit être attribuée aux départements annexés et aux nouvelles routes qui, toutes, sont construites dans les régions montagneuses. Il y a eu en général augmentation du poids utile par collier ; ce résultat est dû principalement à la suppression des services de voyageurs les plus importants ; mais on ne saurait nier que le bon entretien des chaussées y participe. Il y a deux cents ans, les chevaux de roulage ne traînaient que 500 kilogrammes ; en 1825, on ne dépassait guère 700 kilogrammes en hiver et 850 en été ; aujourd'hui on admet que le chargement d'un cheval peut atteindre 1,000 à 1,250 kilogrammes. Malgré le renchérissement de toutes choses, les prix de transport sur les routes ont éprouvé une diminution correspondante ; pour transporter une tonne de marchandises à un kilomètre, on payait, de 1808 à 1812, 0 fr. 33 ; de 1825 à 1830, 0 fr. 25 à 0 fr. 28 ; aujourd'hui, le prix est de 0 fr. 18 à 0 fr. 20.

Entretien. — Ces chiffres font bien ressortir l'importance capitale du bon entretien des routes ; une diminution de 1 centime sur le prix du transport de la tonne kilométrique procurerait au public une économie de plus de 30 millions par an sur les routes impériales seulement.

Ce n'est qu'au prix d'efforts de tous les instants que les améliorations dans ce sens peuvent être réalisées ; deux méthodes sont suivies : celle des rechargements généraux s'applique aux chaussées les plus fréquentées ; celle qui est connue sous le nom du *point à temps* est la plus convenable pour la plupart de nos routes. L'usure des chaussées varie beaucoup suivant leur fréquentation ; quand elles ont été bien établies, elles peuvent se conserver assez longtemps dans des conditions satisfaisantes à peu de frais ; il en résulte malheureusement qu'on est souvent disposé à se faire illusion sur le véritable état des choses ; un moment arrive où l'épaisseur de la chaussée se trouve réduite à un degré tel que la moindre cause peut occasionner son défoncement ; elle est alors irrévocablement perdue ; en d'autres termes, une chaussée représente un capital qui conserve toute sa valeur si l'entretien est fait de manière à compenser l'usure annuelle de sa superficie; mais, s'il n'en est pas ainsi, la valeur de ce capital diminue rapidement et progressivement chaque année, et il arrive un moment où elle se trouve subitement anéantie. L'insuffisance des crédits accordés, qui s'élèvent sur le prochain exercice à 24 millions pour les routes impériales, est généralement admise ; on reconnaît même que pour ramener ces routes à l'état d'entretien normal, il y aurait, dès à présent, à faire une dépense de 75 millions ; cette dépense ne peut que s'accroître d'année en année, et dans une progression menaçante, s'il n'y est pas pourvu promptement.

En résumé, deux questions de la plus haute gravité appellent en ce moment l'attention sur nos voies de terre. Au sujet de l'achèvement des chemins vicinaux, nous avons cité des documents et des résultats numériques qui semblent propres à mettre en évidence le véritable intérêt public en cette question. En présence de ces résultats, il est permis de se demander s'il n'y a pas une exagération dangereuse dans l'entraînement qui porte plusieurs départements à entreprendre un réseau de chemins de fer d'intérêt local, avant d'avoir terminé les travaux nécessaires pour donner satisfaction à des besoins beaucoup plus pressants, plus généraux et plus respectables. Au sujet de l'entretien des routes, nous n'avons fait que rappeler des considérations présentes à l'esprit de tous les ingénieurs.

CHAPITRE II.

PONTS ET VIADUCS EN MAÇONNERIE.

—

§ 1. — Ponts.

Ces ouvrages sont construits de préférence en pierre ; quels que soient les progrès réalisés par le travail des métaux, cette préférence se maintient, car aucune espèce de matériaux ne présente au même degré les avantages de durée, d'économie, de facile entretien et d'aspect monumental que l'on recherche dans les travaux de cette importance. Quoique l'art d'établir les voûtes soit bien ancien, il n'est pas cependant resté stationnaire entre les mains des constructeurs modernes; les grands ponts, qui étaient, il y a peu d'années encore, des ouvrages exceptionnels, se sont extraordinairement multipliés; on s'est rendu un compte plus exact de leurs conditions de stabilité, et nous savons maintenant les élever à moins de frais, avec plus de hardiesse et de rapidité.

Ponts de Paris. — Depuis 1852, quatorze ponts ont été construits ou refaits sur la Seine, dans l'enceinte de Paris; trois seulement sont en fer; tous les autres sont en maçonnerie. Ils ont été décrits de la manière la plus complète dans une notice historique insérée au deuxième volume (année 1864) des *Annales des ponts et chaussées*. Les chiffres cités dans cet ouvrage montrent que les ponts en pierre sont moins coûteux à Paris que les ponts en métal. La dépense varie, dans les conditions ordinaires, entre 307 et 399 francs par mètre superficiel de tablier; elle est en moyenne de 350 francs. Plusieurs de ces monuments ont témoigné de progrès importants réalisés dans l'art de bâtir, sans parler de l'arche de 31 mètres, surbaissée au dixième, du Pont-au-Double, exécutée en petits matériaux hourdés en ciment de Vassy, et datant déjà de 1847, système qui, depuis, a rendu tant de services; tel a été l'emploi du ciment de Portland au pont Saint-Michel, en 1857.

Pont Napoléon, à Saint-Sauveur (Hautes-Pyrénées). — Ce pont a été construit sur le gave de Pau pour le passage de la route impériale nº 21, en 1860 et 1861; il se compose d'une arche en plein cintre de 42 mètres d'ouverture et de 1^m45 d'épaisseur à la clef; sa chaussée est à plus de 65 mètres au-dessus des eaux du gave. Dans le site sauvage et grandiose où il est placé, cet ouvrage produit l'effet le plus pittoresque. Il a coûté 318,636 francs.

Pont d'Albi (Tarn). — Il remplace un ancien pont devenu insuffisant. Son axe fait avec la direction des rives un angle de 74°, et la chaussée offre une pente de $0^m 012$ par mètre. Il est formé de cinq arches en plein cintre de $27^m 60$ d'ouverture. Ce pont est en briques; il est assez difficile, sans le secours de figures, de décrire ses dispositions ; elles sont analogues à celles du pont biais construit à Chartres en 1847. Chaque arche se compose de cinq arcs parallèles appareillés droits, ayant $1^m 714$ de large, séparés par des espaces vides de $0^m 857$. Ces arcs sont en retraite les uns sur les autres de $0^m 731$ au plan des naissances, de manière à racheter le biais du passage; ils ont $1^m 80$ d'épaisseur à la clef, et $2^m 20$ aux naissances. Les tympans sont formés de trois arceaux évidés en plein cintre de 4 mètres d'ouverture, dont les naissances extrêmes portent sur les grands arcs, et les naissances intermédiaires sur des pieds-droits. Ce système a permis de réduire considérablement le volume des maçonneries, et d'employer presque exclusivement la brique du modèle ordinaire ; il a procuré des économies sur les travaux provisoires de levage et d'approche; mais ces avantages se sont trouvés en partie balancés par les sujétions dues aux difficultés du tracé et par l'augmentation des surfaces de parements vus.

Pont de Tilsitt, à Lyon (Rhône). — L'ancien pont de Tilsitt, sur la Saône, avait des arches en anse de panier, dont le débouché était insuffisant en temps d'inondation et gênant pour la navigation à vapeur par les moindres crues. La substitution d'arches en arc de cercle et la diminution d'épaisseur des piles ont permis d'augmenter le débouché de 22 pour 100 et de réduire de $0^m 48$ à $0^m 13$ le remou dans les grandes crues. Le nouveau pont, reconstruit avec les belles pierres de taille de Villebois, a cinq arches ; les ouvertures varient de $22^m 84$

à 21^{m}40 ; la flèche minimum est un dixième de l'ouverture, les voûtes ont 1^{m}10 d'épaisseur à la clef et 1^{m}20 aux naissances. L'épaisseur des piles, à cette hauteur, n'est que de 2^{m}50. Les voûtes sont hourdées en mortier de ciment à prise lente de Grenoble. On les a établies par une méthode analogue à celle qui avait été appliquée au Pont-au-Double et au Petit-Pont, à Paris; on a laissé libres, pendant toute la durée de la construction des voûtes, les joints des naissances ; le mortier n'y a été introduit et fiché qu'en dernier lieu, au moment du décintrement. Ce procédé est de nature à prévenir bien des mécomptes en évitant les disjonctions produites, soit par le tassement des cintres, soit par celui des voûtes elles-mêmes. Le pont de Tilsitt a coûté 1,197,274 francs, soit 522 francs par mètre superficiel de tablier.

Pont de Chalonnes (Maine-et-Loire), chemin de fer d'Angers à Niort (Compagnie d'Orléans). C'est le plus grand pont de maçonnerie construit sur la Loire ; sa longueur totale est de 601^{m}50 ; il se compose de dix-sept arches elliptiques de 30 mètres d'ouverture, surbaissées au quart. Les rails sont à 11^{m}85 au-dessus de l'étiage. La construction est en petits matériaux, hourdés en chaux de Paviers et de Doué. Les huit piles et la culée de la rive gauche sont fondées sur béton immergé dans des enceintes de pieux jointifs, dont quelques-unes sont battues à près de 9 mètres de profondeur au-dessous de l'étiage.

Les dépenses se sont élevées à 2,136,000 francs, soit à environ 300 francs par mètre superficiel d'élévation verticale, ou 444 francs par mètre superficiel de tablier.

§ 2. — Viaducs en maçonnerie.

Les grands viaducs sont, de tous les ouvrages élevés sur le parcours des voies de communication, ceux qui offrent le caractère le plus monumental et concourent le plus efficacement à embellir et animer les sites qu'elles traversent. La France est devenue très-riche en édifices de ce genre; les viaducs de Dinan, de la Gartempe, de Chaumont, Nogent-sur-Marne, etc., ont figuré avec honneur aux Expositions précédentes; le développement du réseau des chemins de fer dans les régions les plus accidentées permet de citer quelques nouveaux et remarquables spécimens de ces ouvrages.

Pont-viaduc du Point-du-Jour, sur la Seine, à Paris (chemin de fer de Ceinture). — La seconde section du chemin de fer de Ceinture de Paris, inaugurée presque en même temps que l'Exposition Universelle de 1867, commence à l'extrémité de la ligne d'Auteuil; depuis son origine jusqu'à la Seine, sur une longueur de plus de 1,500 mètres, elle forme une série continue d'ouvrages d'art. C'est d'abord un viaduc composé de 177 arches en plein cintre et de plusieurs passages de route. Désigné successivement sous les noms de viaducs d'Auteuil et du Point-du-Jour, ce monument, dont l'axe est courbe en plan, se trouve placé entre deux larges avenues plantées; ses pieds-droits sont percés de deux séries d'arcades parallèles; il forme ainsi une promenade couverte, remarquable par son caractère nouveau, autant que par l'élégante simplicité de ses dispositions et par sa parfaite exécution. Ce bel ensemble est dignement terminé par le pont-viaduc construit sur la Seine; le tablier du pont a 31 mètres de large entre les têtes et se trouve partagé en trois divisions: deux chaussées de 7^{m}25 pour voitures, et, entre elles, le prolongement du viaduc, dont les rails s'élèvent à 8^{m}40 au-dessus des chaussées. Le pont a cinq arches elliptiques de 30^{m}25 d'ouverture et de 9 mètres de flèche; sa longueur totale est de 174^{m}85. Le viaduc est formé de trente et une arches en plein cintre de 4^{m}80 d'ouverture. Les voûtes du pont ont 1 mètre d'épaisseur à la clef sous les chaussées, et 1^{m}60 sous le viaduc: elles sont en meulières hourdées en mortier de ciment de Portland, sauf les têtes, établies en pierre de taille. Au delà du pont se trouve enfin un quatrième viaduc, celui de Javel, qui se termine aux remblais de Grenelle.

Les dépenses ont été les suivantes :

	LONGUEURS.	DÉPENSES.
Viaduc d'Auteuil................	1,073 m. 10 c.	1,780,921 fr. 70 c.
Viaduc du Point-du-Jour, élargissement portant la station du chemin de fer de Ceinture........................	154 75	524,989 82
Pont-viaduc sur la Seine.......	174 85	3,463,774 35
Viaduc de Javel.	110 65	298,420 56
Totaux........	1,522 m. 35 c.	6,068,106 fr. 43 c.

Viaduc de Morlaix. — Le chemin de fer de Rennes à Brest est tracé parallèlement aux côtes de la Bretagne ; il rencontre, non loin de leur embouchure, les rivières encaissées dans de profondes vallées de cette région accidentée, et plusieurs grands viaducs ont été nécessaires pour les franchir. Le plus important est celui de Morlaix ; son tablier est élevé de 56^m75 au-dessus des quais de la ville, et de 62^m16 au-dessus des fondations. Sa longueur est de 292 mètres. Il est formé de deux étages d'arcades ; celles du haut ont 15^m50 d'ouverture et sont séparées par des piles de 4^m25 d'épaisseur aux naissances ; elles sont au nombre de quatorze. Au premier étage il n'y a que neuf arcades de 10 mètres d'ouverture. Tout l'ouvrage est en granit ; il a été exécuté en deux ans, de 1861 à 1863. Les matériaux ont été montés au moyen d'un pont de service en travées américaines qui s'appuyaient sur les piles et s'élevaient au moyen de verrins, en suivant l'exhaussement des maçonneries. La dépense a été de 2,502,905 francs, ce qui correspond à 171 fr. 83 c. par mètre superficiel d'élévation et à 38 fr. 36 c. par mètre cube de maçonnerie.

Viaduc de Châteaulin (chemin de fer de Nantes à **Brest**, Compagnie d'Orléans). — Le chemin de fer de Nantes à Brest rencontre au sud de la Bretagne les mêmes difficultés de tracé qu'offrent les Côtes-du-Nord. Le viaduc de Port-Launay traverse, un peu au-dessous de Châteaulin, la vallée de l'Aulne, rivière accessible à la navigation maritime. On a dû adopter, en conséquence, des arcades dépassant les dimensions habituelles : le viaduc se compose de douze arches de 22 mètres d'ouverture ; sa hauteur est de 52^m50 au-dessus de la mer moyenne, et de 54^m70 au-dessus des fondations. Les trois piles en rivière ont été fondées à 7^m40 au-dessous du niveau des hautes mers, au moyen de caissons sans fond, à parois étanches, dans lesquels on a épuisé et maçonné à sec. On a très-habilement profité, pour couler ces caissons, des facilités dont on disposait, par suite de la disposition particulière des lieux, pour faire varier le niveau des eaux dans la rivière. Cet ouvrage diffère de la plupart de ceux du même genre par la grande ouverture de ses arcades, et par l'absence d'un étage intermédiaire ; il est entièrement construit en petits matériaux, sauf les couronnements des soubassements, les plinthes et les parapets. Son exécution a occupé trois campagnes de 1860 à 1864. Il a coûté 2 millions 300,000 francs, soit 154 francs par mètre superficiel d'élévation, fondations comprises, et 131 francs sans les fondations. Le prix moyen du mètre cube de maçonnerie est de 45 francs.

Viaduc de la Fure (chemin de fer de Saint-Rambert à Grenoble). — **M.** Tony-Fontenay, auteur d'un ouvrage très intéressant sur la construction des viaducs, joignant l'exemple au précepte, a exposé le modèle de celui de la Fure, qu'il a construit sur le chemin de Saint-Rambert à Grenoble. Ce viaduc se compose d'un seul étage de seize arches, de 14 mètres d'ouverture. Sa hauteur maximum au-dessus du sol est de 41^m50, et sa hauteur moyenne de 31^m07. Il a coûté 1 million, soit 116 francs par mètre superficiel d'élévation ; c'est le prix de revient le plus économique signalé en France parmi les viaducs comparables comme importance à celui-ci. Les matériaux ont été levés au moyen de roues hydrauliques.

§ 3. — Observations diverses sur les travaux en maçonnerie.

Une des plus grandes améliorations apportées aux travaux de maçonnerie dans ces derniers temps est certainement l'usage des petits matériaux hourdés en mortier de ciment. Depuis quelques années, l'emploi des ciments à prise lente en a rendu l'exécution beaucoup plus sûre et plus facile. Aux mentions précédentes nous aurions pu en ajouter beaucoup d'autres ; nous nous bornerons à citer encore la passerelle de la gare de Milan, exécutée en briques et ciment de la Méditerranée, qui a 25 mètres d'ouverture, et seulement 0ᵐ35 d'épaisseur à la clef ; le pont de Pavie, sur le Tessin, les voûtes des docks de Marseille, des réservoirs de la ville de Paris, etc. Depuis qu'il est bien reconnu que des moellons de bonne qualité, mais de petite dimension, liés par le mortier de ciment, sont capables de résister aux plus fortes charges sans tassement appréciable, on a pu obtenir de notables économies dans l'établissement des voûtes et des fondations des grands édifices, en limitant l'emploi de la pierre de taille au strict nécessaire, ou même en l'excluant tout à fait.

La grandeur des ouvertures est un des faits qui frappent le plus l'imagination dans l'établissement des voûtes dont nous venons de parler ; il est assurément puéril et même coupable de chercher à obtenir des effets grandioses au détriment de l'économie dans des travaux d'utilité publique ; mais il est permis toutefois de se demander quelles limites on peut atteindre dans des cas exceptionnels. Il est rare que l'on soit conduit à des portées atteignant 40 mètres ; cependant ces dimensions ont été dépassées dans plusieurs constructions récentes : le viaduc de Nogent-sur-Marne a quatre arches en plein cintre de 50 mètres d'ouverture ; le pont de Chester

(Angleterre), d'une seule arche de 61 mètres, était, jusqu'à ces derniers temps, sans rival sous le rapport de la grandeur de la portée; il est aujourd'hui dépassé par le pont-aqueduc de Cabin-Creek, sur le canal de Washington (États-Unis), qui a 67 mètres d'ouverture; celui-ci n'atteint pas encore cependant les dimensions du pont de Trezzo, sur l'Adda (Italie), qui allait jusqu'à 72 mètres. Ce curieux ouvrage, dont il ne subsiste que les culées, faisait partie d'un ensemble de constructions militaires très-remarquables, élevées par les ducs de Milan, et qui ont été ruinées par le célèbre condottiere Francesco Carmagnola, en 1517 ; il était en petits matériaux.

L'excellente qualité des pierres dont on dispose à Paris, et l'habileté avec laquelle on sait les mettre en œuvre, autorisent chaque jour des hardiesses nouvelles; ainsi l'on a conçu le projet d'établir sur le petit bras de la Seine, par-dessus l'écluse de la Monnaie, une arche de 37^m886 d'ouverture et de 2^m125 de flèche, qui, par suite de la disposition des voies d'accès, ne peut avoir que 0^m80 d'épaisseur à la clef. Avant de s'engager dans cette entreprise exceptionnelle, il convenait de s'assurer qu'elle n'excédait pas les bornes de la prudence : une expérience préalable a eu lieu dans les carrières de Souppes (Seine-et-Marne), dont les pierres (analogues à celles de Château-Landon) ne s'écrasent que sous une charge de 400 kilogrammes par centimètre carré. L'arc d'essai avait les dimensions principales indiquées par le projet de pont; il a été soumis à une série d'épreuves auxquelles il a parfaitement résisté; elles ont mis en évidence, plus nettement qu'on n'avait pu le faire jusqu'ici, l'élasticité de la maçonnerie, et elles ont montré qu'on peut faire en bonne pierre de taille des voûtes de grande portée surbaissées au dix-huitième, pourvu qu'on y apporte tous les soins convenables.

La plus grave difficulté que présente l'exécution de ces grandes voûtes réside dans l'opération du décintrement. Le moment où l'énorme masse d'un pont quitte les cintres qui ont servi à l'édifier pour rester définitivement suspendue dans l'espace est toujours une épreuve suprême, un instant critique et plein d'émotions pour l'auteur responsable. Pour que l'opération réussisse, il faut que la transition entre les deux états statiques de la maçonnerie ait lieu très-lentement et par degrés insensibles. Un procédé très-ingénieux, imaginé et répandu depuis plusieurs années, satisfait pleinement à ces conditions ; il est fondé sur l'emploi du sable fin et sec, interposé entre le cintre et ses supports fixes. Ce sable est renfermé, soit dans des sacs en toile, soit dans des boîtes en tôle de forme cylindrique, percées vers la base de petits orifices ; il est incompressible ; en réglant convenablement son écoulement, on fait baisser les cintres par éléments en quelque sorte différentiels et sans aucune secousse.

Le levage et le bardage des matériaux des grands viaducs sont des opérations coûteuses et longues qu'on a toujours cherché à simplifier. Depuis quelques années, on s'est attaché à diminuer l'importance des échafauds dormants ; on a employé des grues de très-grande dimension, et cependant maniables, glissant sur des rails, et mues par une petite machine à vapeur. On peut citer celles employées aux travaux de la gare du chemin de fer d'Orléans et aux nouvelles églises de Paris ; au viaduc de Foix, près de Rouen, dont la hauteur est de 33^{m}50, on a bâti un pont de service de 9 mètres de haut, sur lequel circulaient trois grandes grues à vapeur, de 27 mètres de hauteur ; chacune d'elles, dans un espace de cent vingt jours, a élevé 3,000 mètres cubes de pierre à une hauteur moyenne de 10 mètres, et au prix moyen de 1 fr. 68.

Enfin, parmi les services rendus à l'art des maçonneries, il faut citer ceux qui sont dus au laboratoire d'essai de l'École impériale des Ponts et Chaussées, où tous les matériaux présentés par le public sont analysés et essayés gratuitement ; et au service spécial des Recherches statistiques sur les matériaux de construction organisé à la préfecture du département de la Seine. Il serait à désirer que les résultats très-importants obtenus par ce service reçussent une plus grande publicité.

CHAPITRE III.

PONTS ET VIADUCS MÉTALLIQUES.

Quels que soient les avantages des maçonneries, il est telles circonstances où l'on est obligé d'y renoncer, soit par suite de la difficulté de trouver des points d'appui convenables, soit par la nécessité de se maintenir à un niveau déterminé, ou à cause de la lenteur relative, inhérente à ce mode de construction, et de la perte d'intérêt des capitaux engagés dans les entreprises qui en résulte forcément. On a vivement objecté, dans l'origine de l'emploi des métaux, les détériorations auxquelles ils sont exposés par l'action chimique des agents atmosphériques ; aucun fait, à notre connaissance, ne s'est produit qui soit de nature à diminuer la confiance accordée aux constructions métalliques bien établies et bien entretenues. Elles offrent la solution de difficultés insurmontables par tout autre moyen, et quand même, de loin en loin, il faudrait se résigner à interrompre la circulation sur des voies importantes pendant quelques jours, cet inconvénient ne saurait balancer tous les avantages que l'on en retire habituellement ; d'ailleurs, l'habileté avec laquelle les ingénieurs de chemins de fer exécutent aujourd'hui les travaux d'entretien et de réparation les plus difficiles, en pleine exploitation, permet d'espérer qu'on saurait au besoin éviter tout arrêt, même de courte durée, pour le renouvellement des plus grands ouvrages.

§ 1. — Poutres droites.

L'usage des ponts en poutres droites s'est considérablement étendu dans ces dernières années ; ce type présente en effet des propriétés particulières qui, au point de vue de l'économie et de la rapidité des travaux, ont une très-sérieuse valeur. Les poutres droites n'exercent sur les piles et culées que des **efforts** sensiblement verticaux; les appuis peuvent, par conséquent, être établis avec plus d'économie et de sûreté ; quand les fondations sont difficiles, ou quand les piles sont très-hautes, cette considération est d'un grand poids. Les inconvénients dus aux changements de température peuvent être facilement écartés par l'emploi de glissières, de rouleaux ou de secteurs.

Au-dessous de la ligne horizontale qui limite inférieurement une poutre droite, l'espace est complétement libre ; c'est souvent une raison décisive pour y recourir sur les fleuves sujets à des débâcles, à des crues violentes ou fréquentés par une navigation active : il n'y a guère d'autre solution possible lorsque les conditions d'un tracé imposent un minimum de hauteur au-dessus d'une voie publique ou d'un cours d'eau. On peut à volonté placer le tablier au bas de la poutre, comme dans les ponts tubulaires, au sommet ou dans une position intermédiaire, et de là résultent de nouvelles facilités.

Les opinions paraissent aujourd'hui fixées sur plusieurs points qui divisaient encore les constructeurs il y a peu d'années. Les ponts tubulaires se composent généralement de deux fermes établies avec toute la solidité voulue ; on renonce au système des poutres à trois fermes solidaires, et à plus forte raison à celui des poutres indépendantes pour chaque voie ; on n'y a plus recours que sur les chemins de fer dont le trafic ne promet pas un développement rapide ; on attend alors que l'accroissement de la circulation l'exige pour établir la seconde poutre. Dans les ponts à plusieurs travées, on ne conteste plus guère les avantages de la solidarité ; on fait les poutres continues ; on réalise ainsi sensiblement les conditions théoriques de l'encastrement sur les points d'appui, qui augmente la résistance dans une proportion considérable.

Il existe encore une assez grande diversité dans les dispositions adoptées pour les fermes ; leur profil est toujours celui du double T, ou de la caisse rectangulaire ; mais c'est surtout sur la manière de construire l'âme verticale qui relie les plates-bandes, que les avis semblent partagés. Les poutres pleines, appliquées aux grandes portées, ont conservé peu de partisans ; elles sont d'un aspect par trop industriel, et leurs avantages, au point de vue de l'économie et de la facilité de construction, ne suffisent pas à racheter ce défaut capital.

Les treillis que l'on substitue aux âmes pleines ont été composés tantôt de fers de petites dimensions, formant un réseau à mailles serrées, tantôt de barres de forte section dessinant de larges quadrilatères ou même de simples triangles. En tous cas, les pièces obliques de l'âme se comportent de deux manières bien distinctes : les unes, qui, prolongées, iraient rencontrer l'axe vertical de la travée au-dessus de la poutre, sont exposées à des efforts de compression ; les autres, inclinées en sens contraire, résistent à l'extension. Le premier système dérive de l'imitation des poutres américaines en madriers de M. Long. Les barres sont plus nombreuses, mais individuellement plus légères ; les efforts sur les plates-bandes sont plus uniformément répartis ; mais les assemblages de l'âme avec les plates-bandes et ceux des pièces de contreventement offrent des difficultés d'autant plus graves que la portée est plus grande.

Les barres des premiers ponts en treillis étaient de simples fers méplats ; pour donner plus de rigidité aux pièces comprimées et de stabilité à l'ensemble, on adopte souvent maintenant des sections en forme de T, d'U ou d'auget (ponts de l'Eipel, Autriche). Quand les fermes sont très-hautes, cet expédient peut paraître insuffisant ; on dédouble le treillis. La section transversale de la ferme offre alors la forme d'une caisse rectangulaire très-allongée dans le sens vertical ; on augmente la rigidité des barres comprimées en les entretoisant deux à deux par un réseau de fers méplats (ponts de Drogheda, du Scorff, etc.).

Entre le système à mailles très-serrées (pont d'Offenburg) et celui des poutres composées d'une série de triangles égaux, compris entre deux plates-bandes horizontales (Newark, Crumlin, etc.), qui représentent l'extrême opposé, il y a place pour une infinité de combinaisons intermédiaires ; le moyen terme semble aujourd'hui préféré aux systèmes absolus.

La facilité avec laquelle les pièces simples qui composent les poutres droites, préparées et ajustées dans les grands centres industriels, peuvent être transportées au loin et ajustées sur place, et la diversité des moyens dont on dispose pour leur levage sont comptées au nombre des propriétés les plus avantageuses de ce système, surtout pour les ouvrages à exécuter dans les pays lointains et dépourvus de ressources.

Les petites poutres de 15 à 20 mètres d'ouverture sont portées toutes faites sur deux wagons, amenées sur rails entre leurs culées, et descendues avec des chèvres sur leurs appuis.

On peut aussi construire une poutre droite sur son emplacement définitif, au moyen d'échafaudages provisoires établis dans le lit des rivières ; les fermes sont montées à volonté verticalement, ou à plat, et levées en décrivant un quart de révolution. On peut faire le montage à terre, par travée, sur un chantier parallèle au cours de la rivière, placer la poutre terminée sur des pontons, la faire flotter jusqu'à pied d'œuvre, et la lever jusqu'à la hauteur voulue au moyen de presses hydrauliques, ou de tout autre engin. Les grandes travées métalliques, d'environ 140 mètres d'ouverture de Menai et de Saltash, ont été mises en place par ce procédé. A Kowno, sur le Niemen (Russie), les pontons portaient des échafaudages un peu plus hauts que le niveau définitif du tablier ; chaque travée, de 78^{m}72 de long, et pesant 500 tonnes, étant présentée, on la descendait sur ses appuis en introduisant de l'eau dans les pontons, qui étaient pourvus de vannes à cet effet.

Un procédé plus simple, aujourd'hui très-répandu, dispense de tout échafaudage en rivière ; il consiste à construire la poutre sur une rive dans le prolongement de l'axe du pont, et à la faire rouler sur des galets, d'un point d'appui à l'autre, jusqu'à ce qu'elle atteigne, soit la rive opposée, soit une pile située au milieu du fleuve, si le travail a été

partagé entre les deux rives. Ce système, appliqué aux grands
viaducs à piles métalliques, a permis d'en simplifier extraordinairement la construction, comme on le verra plus loin.

Les grandes arches de pont, de 30 mètres de portée et au
delà, étaient, il y a peu d'années, des monuments exceptionnels
qui faisaient l'orgueil d'un pays et la réputation d'un ingénieur. Grâce à l'emploi du fer et surtout des poutres droites,
elles sont devenues aujourd'hui si multipliées, qu'il serait
aussi fastidieux que téméraire de prétendre en donner une liste
exacte et complète. Il faut se borner à citer quelques ouvrages caractéristiques dans chaque pays.

France. — Les ponts de Clichy, d'Asnières, de Langon, les
petits ponts du chemin de fer de Ceinture (rive droite), sont
nos plus anciens types. Ensuite sont venus les ponts de la
Quarantaine, à Lyon, de Màcon, de Saint-Germain-des-Fossés,
de Moulins ; ces ouvrages étaient en poutres pleines. Les ponts
d'Argenteuil, d'Orival, d'Elbeuf, sont en treillis à réseau
moyennement serré. Le pont de Bordeaux, à panneaux rectangulaires, traversés par leurs diagonales, présente un type
tout différent, d'un aspect plus simple et plus monumental.
Parmi les ouvrages plus récents, on voyait figurer à l'Exposition Universelle, en modèles ou dessins, les suivants :

Pont du Scorff, à Lorient (chemin de fer de Nantes à
Brest, Compagnie d'Orléans).— Composé d'une travée centrale
de 64 mètres d'ouverture et de deux travées de 52 mètres. La
poutre est formée de deux fermes en caisses à treillis : elle
pèse 4,725 kilogrammes par mètre linéaire.

Pont de la place de l'Europe, à Paris (chemins de fer de
l'Ouest). — Il a été construit pour dégager les accès de la gare
Saint-Lazare, dont l'exploitation devenait de jour en jour
plus difficile à cause de l'insuffisance de l'espace existant entre les bâtiments de cette gare et les tunnels établis à sa sor-

tie. La nécessité de respecter les alignements de six rues concourant au centre de la place explique la disposition exceptionnelle du plan de cet ouvrage : des sujétions nombreuses et très-graves dérivaient encore du raccordement des pentes des voies publiques dans ce quartier très-accidenté et des exigences de l'exploitation d'une gare où le mouvement dépasse souvent cinq cents trains par jour. Il en est résulté que l'étude et l'exécution du pont de la place de l'Europe ont présenté des difficultés exceptionnelles. Nous n'essayerons pas d'en donner une idée même approximative : un volume autographié accompagné d'un atlas figurent à l'Exposition et renferment les renseignements les plus complets sur cet ouvrage. Il suffira de dire qu'il couvre une superficie de 8,480 mètres carrés : 3,470,000 kilogrammes de métal y sont employés; la dépense s'est élevée à 2,470,000 francs, non compris les chaussées, les trottoirs exécutés par la ville de Paris, et les travaux de démolition des tunnels : cette dépense représente une moyenne de 290 francs par mètre superficiel, dans laquelle la partie métallique entre pour 200 francs.

Ponts de Billancourt (Seine). — Les dessins d'un grand nombre de ponts métalliques exécutés sur des routes départementales ou des chemins vicinaux sont au nombre des objets exposés : ceux de Billancourt sont les plus connus ; ils se composent de cinq travées, dont la plus grande a 37 mètres d'ouverture. Ces ponts ont coûté 652,000 francs, soit 360 fr. 35 par mètre superficiel de tablier, ou 4,326 fr. 36 par mètre linéaire.

Angleterre. — Les chemins de fer anglais présentent un nombre infini de ponts métalliques des types les plus variés ; mais aucun ouvrage plus hardi que les premiers ponts de Robert Stephenson, sur les détroits de Conway et de Menai, n'a été construit. Plusieurs grands ponts ont été établis sur la Tamise pour desservir les nouvelles stations de chemins de fer bâties au cœur de la métropole britannique ; parmi eux, le pont de Charing-Cross offre certaines particularités : son tablier, large de 15 mètres et portant quatre voies, repose sur deux fermes à croisillons de 4^{m}25 de haut ; la plupart des travées ont 46^{m}50 de portée. Les barres diagonales et montantes sont assemblées à articulations libres, sur des plates-bandes en forme d'auge, par l'intermédiaire de boulons en acier puddlé de 0^{m}18 de diamètre. Les fermes sont indépendantes et chacune porte 700 tonnes.

L'activité des ingénieurs anglais ne se borne pas à doter leur patrie des travaux exigés chaque jour par le développement si rapide de sa prospérité industrielle ; elle s'étend sur tout le globe et s'applique particulièrement à féconder le sol de ces cinquante colonies, dispersées sur toute l'étendue des mers, où flotte le pavillon britannique, et dont la population s'élève à plus de 150 millions d'habitants. L'emploi des métaux préparés en Angleterre joue le rôle le plus important dans le système des travaux publics de ces colonies ; quelques-uns des plus considérables des ouvrages d'art connus ont été construits pour elles.

Tel est le pont Victoria, sur le fleuve Saint-Laurent, à Montréal (Canada) ; il a une longueur totale de 2,760 mètres ; le tube métallique à lui seul compte 1,977^{m}60 de long, et se compose de vingt-cinq travées, dont la plus grande a 99 mètres d'ouverture et les autres 72^{m}60 ; il est à une seule voie et son tablier est porté par deux fermes pleines ; 9,000 tonnes de fer, préparées à Birkenhead, en Angleterre, y ont été employées ; l'ouvrage a coûté 31,550,000 francs. M. Hodges, qui a dirigé les travaux, en a publié une histoire complète : il a raconté les luttes qu'il a dû soutenir pendant cinq ans contre un fleuve de deux kilomètres de large, sujet à des crues redoutables et à des débâcles terribles, animé par une navigation très-active et sous un climat d'une rigueur extrême. Le Saint-Laurent est gelé pendant cinq mois chaque année : en hiver toute communication était interrompue entre la mer et le nord du continent anglo-américain ; le pont Victoria a fait cesser cet isolement, et des relations faciles existent désormais en tout temps entre le Canada et les ports de Boston et de New-York.

Il importe de n'employer que des types simples, composés de pièces uniformes, susceptibles d'être substituées les unes aux autres, dans ces régions éloignées où tout manque, où les travaux sont exposés à être interrompus par les retards dans l'arrivage des matériaux, par les naufrages et par mille autres causes. C'est à ce titre qu'il convient d'appeler l'attention sur les viaducs construits dans l'Inde par M. le colonel Kennedy.

Allemagne — Quand ils ont commencé le réseau de voies ferrées, qu'ils ont su exécuter dans un esprit si excellent et si bien adapté à la nature de leur pays, les ingénieurs allemands paraissent avoir été singulièrement préoccupés de l'économie à réaliser sur les grands ouvrages d'art : l'exemple des États-Unis les a d'abord entraînés, et ils ont fait plus d'un emprunt à leurs types de poutres armées en charpente. L'expérience n'a pas tardé à prouver qu'une trop grande économie sur les frais de premier établissement pouvait être mal entendue, et il paraît bien admis maintenant en Allemagne, comme partout, que lorsqu'on ne peut pas exécuter les travaux de chemins de fer en maçonnerie, le fer seul est acceptable. Tous les ingénieurs ont été tenus au courant des discussions instructives auxquelles donnèrent lieu, il y a plusieurs années, les études des chemins de fer du Hanovre et de la Prusse. Le type des poutres droites à treillis serré est très-répandu en Allemagne ; il compte quelques-uns des plus grands ouvrages d'art du continent européen : le pont d'Offenbourg, sur la Kinzig, de 63 mètres d'ouverture ; le pont de Dirschau, sur la Vistule, composé de six travées de 120 mètres d'ouverture ; le pont de Marienbourg, sur la Nogat, de deux travées de 97 mètres d'ouverture ; le pont de Kehl, sur le Rhin, de cinq travées, dont trois de 56 mètres ; le pont de Cologne, de quatre travées de

97 mètres ; le pont de Passau, sur l'Inn, d'une travée de 89 mètres ; les ponts de la vallée de la Lahn, etc.

Cependant les ouvrages exposés au palais du Champ-de-Mars par les ingénieurs allemands étaient conçus dans un esprit différent. Le pont sur la Pregel, à Kœnigsberg, se compose d'une travée tournante de 14^m75 d'ouverture et d'une travée fixe de 61^m15. Chaque ferme est divisée en quatorze compartiments rectangulaires avec croisillons ; le poids du fer employé est de 335,543 kilogrammes, soit de 5,500 kilogrammes par mètre courant (double voie).

Le pont sur la Parnitz, à Stettin, se compose de deux travées de rive fixes, de 33^m90 d'ouverture, et de deux travées centrales de 12^m56, formées par un pont tournant symétrique à double volée. Chaque ferme des travées fixes est divisée en dix compartiments trapézoïdaux, avec diagonales simples étirées, excepté dans les deux compartiments du milieu, où les deux diagonales sont conservées. L'arc comprimé est formé d'un groupe de quatre fers, en double T, juxtaposés deux à deux. Le mètre courant de travée (à double voie) pèse 2,230 kilogrammes. Cette forme de ferme est désignée sous le nom de système Swedler; elle est appliquée dans la même localité au viaduc de 369 mètres de long destiné à laisser écouler les inondations de l'Oder, qui comprend quatorze ouvertures de 22^m60. Chaque travée ne pèse que 1,800 kilogrammes par mètre courant (double voie).

Le pont de la Parnitz, fondé au moyen de l'air comprimé, sur piles tubulaires, à 7 mètres au-dessous de l'étiage, a coûté 3,513 francs le mètre courant. Le pont de l'Oder, fondé sur tubes foncés à l'air libre, n'a coûté que 1,588 francs.

Russie. — La nature de ce pays, le défaut de ressources et surtout de matériaux propres aux maçonneries, ont obligé la Grande Compagnie des chemins de fer Russes à recourir presque exclusivement à l'emploi des poutres métalliques. **M. E.** Gouin, chargé de cette entreprise, a eu à construire environ 137 travées, formant une longueur de 2,700 mètres et un poids de 10,700 tonnes, dont les éléments, préparés dans ses ateliers, à Paris, ont été transportés à l'autre extrémité de l'Europe, et montés à travers mille difficultés, dues principalement à l'absence de voies d'accès, à l'inexpérience des populations et à la rigueur du climat. Quelques-uns de ces ouvrages sont de premier ordre; entre autres, le pont sur le Niémen, à Kowno, composé de quatre travées, deux de 78^m72 au milieu, deux de 70^m48 aux extrémités ; le tablier a 300^m40 de long et pèse 1,966 tonnes ; le pont sur le même fleuve, à Grodno, a trois travées, l'une, au milieu, de 69 mètres, et deux autres de 56^m20 ; le tablier, de 188^m60, pèse 1,324 tonnes ; le pont sur la Vistule, à Varsovie, a six travées de 80 mètres d'axe en axe des appuis, formées de deux fermes, pesant 4,392 tonnes ; il a été construit en une année.

En Espagne et en Italie, on peut citer encore de nombreux exemples de poutres droites : parmi les principaux se trouve le pont de Mezzanacorti, sur le Pô, avec travées de 80 mètres d'ouverture.

États-Unis. — La plupart des voies de chemins de fer des États-Unis ont été établies dans des régions entièrement neuves. Ils ont précédé les routes et ils ont rencontré, comme obstacles principaux, les fleuves qui portent à l'océan Atlantique et au golfe du Mexique le tribut des eaux d'un continent immense. Il a fallu les franchir avec économie, car on ne pouvait attendre un revenu très-rémunérateur d'entreprises exécutées dans ces conditions, avec rapidité, car l'ardeur américaine ne permet pas de lenteur, et on a dû, par conséquent, utiliser les ressources locales, c'est-à-dire les bois que le sol fournit en abondance et de qualité supérieure. C'est ainsi qu'ont été créés les systèmes de poutres armées en charpente, bien connus en Europe, de Town, Howe, Long, Mac-Callun, etc.

Entre les mains des ingénieurs américains, le bois s'est

plié à toutes les exigences; il a permis d'établir des ouvrages d'une grandeur et d'une hardiesse étonnantes ; tels le viaduc de Haut-Portage, qui a 80 mètres de haut et 267 mètres de long, le pont de Cascade-Glen, qui a une ouverture de 84 mètres, etc. Cependant les défauts du bois, le danger des incendies, la décadence rapide des matériaux se sont fait promptement sentir. Sauf de rares exemples, les meilleurs ponts ne durent pas vingt ans; quoique l'économie réalisée sur le capital de premier établissement soit considérable, puisque pour des portées de 30 à 50 mètres et pour une seule voie, les ponts reviennent à la faible somme de 360 à 600 francs le mètre linéaire, les inconvénients de renouvellements fréquents ont été reconnus, et plusieurs systèmes de fermes métalliques ont été proposés et essayés. Ce progrès se manifestait déjà en 1835. Le major Delafield commençait à employer la fonte sous la forme d'arcs à sections elliptiques, semblables à ceux du système Polonceau. C'est dans le même ordre d'idées que sont encore conçus plusieurs ouvrages très-ingénieux du capitaine Meigs, construits en 1858 sur l'aqueduc du Potomac. Les fermes sont formées par des tuyaux circulaires de 1^m20 de diamètre, qui donnent passage aux eaux de l'aqueduc, tandis qu'elles soutiennent en même temps un tablier et une chaussée; tel est le pont de Washington, de 60 mètres d'ouverture et 6 mètres de flèche. Mais il paraît que les ponts en arc sont très-rares aux États-Unis ; les poutres en tôles et en treillis sont elles-mêmes peu répandues ; on s'est attaché surtout à perfectionner le système des poutres armées, composées de pièces articulées ; les parties travaillant à la compression, telles que les plates-bandes supérieures, ont été fabriquées en fonte, sous forme de tuyaux cylindriques, juxtaposés sans boulons; les autres pièces en fer de première qualité sont de simples barres à œil. Quelques-unes sont très-inclinées, ce qui oblige à donner aux poutres une grande hauteur, un cinquième à un huitième de leur portée, pour des ouvertures de 36 à 60 mètres ; autrement on serait conduit à des impossibilités pratiques. Les poutres sont isolées sur leurs appuis. Elles sont d'une extrême légèreté, et souvent dans des conditions inadmissibles en Europe, sans garde-corps, sans ballast, sans plancher ; quelquefois les fermes sont même si rapprochées, que les voitures dépassent leurs parois, et le voyageur se voit suspendu sans aucun obstacle interposé entre lui et l'abime.

Au moyen des diverses combinaisons dues à MM. Murphy, Whipple, Bollmann, Fink, etc., de très-grandes portées, 60 mètres et plus, ont été franchies avec beaucoup d'économie, c'est-à-dire à raison d'environ 1,200 francs par mètre linéaire de simple voie. Cependant l'opinion, assez généralement répandue de ce côté de l'Atlantique, que les fermes doivent être faites en métal homogène, et les exigences du public pour tout ce qui intéresse sa sécurité, s'opposeront probablement à l'importation en Europe des ponts métalliques des États-Unis.

§ 2. — Viaducs à piles métalliques.

La dépense, les difficultés et le temps nécessaires à la construction d'un grand viaduc s'accroissent rapidement avec la hauteur de ses supports. Pour diminuer ces inconvénients, on a substitué aux piles maçonnées des charpentes métalliques ; les exemples de ce système de constructions, dont l'aspect aérien impressionne vivement, ne sont pas encore très-nombreux : on cite les viaducs de Crumlin, en Angleterre ; de la Sitter et de Fribourg, en Suisse ; en France, on vient de construire deux grands ouvrages de ce genre, les viaducs de Busseau-d'Ahun, sur le chemin de fer de Montluçon à Limoges, et de la Cère, sur la ligne de Figeac à Aurillac. Ils sont décrits dans un savant mémoire inséré au deuxième volume de l'année 1864 des *Annales des ponts et chaussées*.

Le viaduc de Busseau-d'Ahun est à deux voies ; il a 336 mètres de long et s'élève à 57 mètres au-dessus de l'étiage de la Creuse ; le tablier se compose d'une poutre droite de 286 mètres de long, avec fermes en treillis ; il est soutenu par cinq piles en charpente métallique, avec soubassements en maçonnerie. Ce viaduc se distingue des précédents par les particularités suivantes : 1° le nombre des palées de chaque pile est réduit à deux ; elles n'ont ainsi, à la partie supérieure, que 6 mètres de longueur et 2 mètres de largeur, d'axe en axe des colonnes ; 2° les axes des huit colonnes composant les deux palées concourent en un même point dans l'espace et forment les arêtes d'une pyramide ; il en résulte un aspect très-net et très-satisfaisant ; sous aucun point de vue, les lignes ne se coupent entre elles et ne forment de ces réseaux embrouillés où l'œil a peine à se reconnaître, et dont l'apparence confuse est souvent reprochée aux constructions métalliques ; 3° au premier abord, on admet difficilement que cet assemblage aérien de légères pièces de fer offre une prise dangereuse à l'action du vent ; il résulte cependant des calculs auxquels on s'est livré qu'il en est tout autrement. Pour obtenir une stabilité suffisante, il a fallu amarrer la superstructure métallique dans les massifs de maçonnerie des soubassements au moyen de barres de fer ayant jusqu'à 0^m09 de diamètre ; 4° pour atténuer le danger du déraillement, le platelage a été rendu impénétrable ; il a été composé de longrines de 0^m15 d'épaisseur, armées de fortes cornières, et l'approche des garde-corps a été défendue par deux longrines saillantes, formant chasse-roues ; 5° afin d'assurer la répartition égale de la charge entre les deux palées d'une même pile, quelle que soit l'inégalité du chargement du tablier, et afin d'éviter ainsi la déformation des piles au moment du passage des trains, le tablier ne repose que sur des appuis à charnière, placés au milieu de la distance qui sépare les deux palées.

Le viaduc de la Cère n'a qu'une voie ; il est élevé à 55^m30 au-dessus de l'étiage de cette rivière ; sa longueur est de 308 mètres ; celle du tablier est de 236^m50 ; ses piles sont espacées de 50 mètres, et il présente les mêmes particularités que le précédent.

Nous devons renvoyer au mémoire cité ci-dessus pour

l'étude d'un grand nombre de questions importantes que soulèvent notamment la proportion à observer entre l'écartement
et la hauteur des piles et la comparaison des viaducs métalliques avec ceux en maçonnerie ; il est un fait toutefois qu'on
ne saurait passer sous silence : c'est l'avantage des premiers
au point de vue de la rapidité de l'exécution et de l'économie,
dès que la hauteur dépasse 30 mètres. Le tableau suivant permettra d'apprécier la différence des deux systèmes sous ce
dernier rapport :

DÉSIGNATION des VIADUCS.	HAUTEUR au-dessus du sol		PRIX MOYEN		OBSERVATIONS.
	moyenne.	maxim.	par mètre linéaire.	par mètre carré d'élévation.	
	Mètres.	Mètres.	Francs.	Francs.	
Viaducs métalliques.					
La Sitter............	42 80	62 40	4,536 »	105 98	Pour une voie.
La Cère............	32 50	55 30	2,782 »	84 86	id.
Fribourg	52 40	76 00	6,060 »	115 65	Les autres via-
Busseau-d'Ahun ...	35 30	56 50	4,473 »	126 10	ducs ont deux
					voies.
Viaducs en maçonnerie.					
Morlaix.............	46 30	56 75	»	172 »	
Chaumont..........	39 30	53 20	»	259 »	
Combe-de-Fin	36 00	44 00	4,530 »	126 »	
La Gartempe......	35 80	50 95	7,323 »	205 »	
Port-Launay.......	» »	52 50	6,162 »	154 »	

Le mètre linéaire de hauteur de pile métallique coûte
2,305 francs à Busseau-d'Ahun, et 2,040 francs à la Cère.

La Compagnie des chemins de fer du Midi fait exécuter sur
la ligne de Montpellier à Rhodez plusieurs viaducs en charpente métallique, dont les hauteurs varient de 20 à 70 mètres ;
ils sont construits avec d'anciens rails Barlow et Brunel que la
substitution du système à double champignon laissait sans
emploi.

Les avantages économiques des viaducs à piles métalliques

sont dus surtout à la simplicité de leur levage. Cette opération se fait sans le secours d'aucun échafaudage, par un moyen aussi hardi que simple et ingénieux. Le tablier, construit sur le coteau, en arrière de la culée, est lancé dans l'espace par les procédés indiqués plus haut et arrêté à l'aplomb de la première pile à construire ; toutes les pièces qui composent cette pile sont présentées, non plus à pied d'œuvre, mais au contraire au niveau du tablier, au-dessus de la place qu'elles doivent occuper. De là elles sont descendues sur le chantier de montage de la pile avec la plus grande facilité, et, en même temps, avec une économie incomparable et une sécurité complète pour les ouvriers. Ainsi, l'une des grandes piles de Busseau a été montée en cinq jours.

Quand la première pile est terminée, on pousse le tablier en avant, de toute la distance qui sépare cette pile de la seconde ; on procède de la même manière pour la construction de celle-ci, et ainsi de suite. Ce système de construction des grands viaducs à piles métalliques est une des principales innovations introduites dans ces derniers temps. Il présente toutefois un danger résultant de l'action exercée sur la tête des piles pendant le lançage du tablier, qui tend à les renverser avec un bras de levier égal à toute la hauteur de la pile. Au pont de Fribourg, on a fait équilibre à cette action au moyen de chaînes de tension reliant les piles invariablement à la hauteur de leur tête. On a employé, pour le même objet, aux viaducs de la Cère et de Busseau-d'Ahun, un procédé très-ingénieux, qui consistait à placer les treuils de lançage dans l'intérieur du tablier et à prendre les points d'attache des garants sur les piles construites ; il était facile de régler la tension de ces cordes de manière qu'elle fît constamment équilibre à la force d'entraînement exercée sur la pile.

§ 3. — Arcs métalliques.

Les poutres droites étant sollicitées par des efforts de flexion, n'utilisent qu'imparfaitement la résistance du métal qui les compose ; on diminue cet inconvénient en choisissant des profils transversaux où le métal est accumulé vers les extrémités comme le double T, mais il est inhérent au système et ne peut être qu'atténué. Dans les arcs, au contraire, toutes les parties du profil transversal peuvent travailler à pleine charge, et il doit en résulter une notable économie. Quand ces arcs présentent leur concavité vers le sol, et quand leur forme est bien calculée, ils sont exposés exclusivement à des efforts de compression ; le profil le plus convenable pour résister à des efforts de cette nature est le profil annulaire, qu'on adopte pour les colonnes. Cette considération avait conduit M. Polonceau à une disposition bien connue, dont le pont du Carrousel offre un type remarquable ; mais les surcharges accidentelles auxquelles sont soumis les ponts métalliques sont très-considérables par rapport au poids propre de l'ouvrage ; il en résulte que les courbes de pression sont très-différentes les unes des autres, suivant que l'on considère l'arc chargé uniformément sur toute son étendue, hypothèse qui sert généralement de point de départ aux études, et l'arc chargé uniformément sur l'une de ses moitiés seulement, hypothèse la plus défavorable. La forme annulaire du profil transversal se prête mal à ces déplacements de la courbe des pressions, à cause de son peu d'étendue dans le sens vertical ; on lui préfère la forme en double T, qui présente en même temps par elle-même plus de rigidité et plus de facilité pour la construction.

Ponts en fonte. — La fonte, étant moins coûteuse que le fer, susceptible d'être employée par plus grandes masses, par conséquent moins sensible aux trépidations, et résistant mieux à la compression, a été longtemps l'objet d'une préférence exclusive pour la fabrication des arcs métalliques. En France, un très-grand nombre de ponts dont les portées s'étendent jusqu'à 60 mètres, et au delà, sont construits en fonte : il suffit de citer ceux de Nevers, Tarascon, la

Voulte, ceux du chemin de fer de Rouen, sur la Seine, de la Guillotière, sur le Rhône, de Solférino, de Saint-Louis, à Paris, etc. M. Georges Martin, qui a pris, comme ingénieur des forges de Fourchambault, une part considérable dans l'exécution de la plupart de ces grands ouvrages, a envoyé à l'Exposition, avec une collection de photographies intéressantes, les modèles de deux ponts très-remarquables.

Le pont d'El Kantara, sur le Rummel, à Constantine (Algérie), est formé d'une seule arche de 56 mètres d'ouverture, jetée à 120 mètres au-dessus du torrent; on y a employé 415 tonnes de métal, soit 7,410 kilogrammes par mètre linéaire; la largeur du tablier est de 12 mètres. Le système employé au levage de l'arche mérite une attention spéciale : la disposition des lieux ne permettait de prendre aucun point d'appui entre les culées, et cette difficulté a été très-habilement vaincue: on a tendu d'une culée à l'autre quatre chaînes munies de tiges pendantes, comme celles d'un pont suspendu; ce premier appareil a servi à supporter des poutrelles sur lesquelles on a cloué un léger tablier formant un premier cintre parallèle à l'intrados de l'arc en fonte; sur ce tablier on a monté le cintre définitif, qui était composé d'arcs en bois constituant une véritable voûte, et enfin sur cette voûte on a installé le pont de service, portant une grue roulante, au moyen de laquelle il a été procédé avec la plus grande facilité au montage des arcs en fonte. Le résultat des épreuves de cette arche a été très-satisfaisant : sous une charge de 500 kilogrammes par mètre carré, on n'a constaté que des abaissements de 0^m006 à 0^m007 à la clef.

Le second modèle représente un pont de 40 mètres d'ouverture, d'un système plus économique, tel que celui construit sur la Seybouse, à Bône (Algérie). Dans ce pont, il n'y a que deux arcs de tête pour porter le tablier ; cette disposition, qui concentre toute la résistance sur deux fermes seulement, paraît très-bien appropriée à la nature du métal employé.

Arcs en fer. — Les arcs occupent au-dessous du tablier une certaine hauteur. C'est souvent un inconvénient; on ne peut l'atténuer qu'en diminuant les flèches, mais alors les poussées s'accroissent, la construction devient plus sensible à l'action des surcharges partielles, et le métal peut se trouver même exposé à des efforts alternatifs de pression et d'extension. L'action de la température introduit encore une autre cause de déformation, dont les effets sont d'autant plus à craindre que la hauteur de l'arc à sa naissance est plus grande.

La fonte est peu apte à résister à ces efforts alternatifs ; on est donc conduit à en augmenter la quantité, qui est rarement au-dessous de 4,000 kilogrammes par mètre linéaire pour les ponts de 30 mètres et au-dessus, et l'économie faite sur le prix du métal se trouve annulée. Ces motifs ont amené plusieurs ingénieurs à substituer le fer à la fonte dans la construction des arcs; ils y ont été encouragés par la facilité avec laquelle un arc en fer peut être rendu solidaire de son tympan au moyen de montants en tôle ou d'un simple treillis : l'ensemble peut former alors une vraie poutre armée, susceptible de résister au besoin à des efforts de flexion. On peut citer de nombreux exemples d'arcs en fer : les ponts d'Arcole, à Paris, du canal de la Marne, du chemin de fer de Saint-Quentin à Erquelines, du chemin des Ardennes, sur l'Oise, le pont sur la Theiss, à Szegedin (Hongrie), etc. Dans ce dernier ouvrage, afin d'atténuer les effets de la transmission des poussées d'un arc à l'autre, toutes les travées ont été rendues solidaires; elles sont au nombre de 8 et ont 41^{m}40 d'ouverture ; elles ne pèsent que 3,278 kilogrammes par mètre linéaire.

Le pont de Saint-Just, sur l'Ardèche, est formé de 6 travées de 46^{m}26 d'ouverture et 4^{m}50 de flèche ; le tablier a 7 mètres de large, et ne donne passage qu'à une route. Sa disposition est extrêmement simple.

On a construit, sur le passage qui réunit le Champ-de-Mars aux berges de la Seine, un pont de 25 mètres d'ouverture et de 21 mètres de large, avec tympans en treillis ; la disposition de

cet ouvrage est analogue à celle des ponts de Sennecey
(Saône-et-Loire), 5 arches de 53 mètres, de Lodève (Hérault),
de Valvins (Seine-et-Marne), 5 arches de 22 mètres, établis
précédemment par le même constructeur; mais le pont du
Champ-de-Mars se distingue de ses devanciers par l'emploi du
métal Bessemer dans l'arc. Sous l'épreuve réglementaire de
400 kilogrammes par mètre superficiel, ce métal travaille ici
à 11ᵏ30. L'abaissement du prix du métal Bessemer faci-
litera bientôt son introduction dans les grandes constructions
métalliques ; on substituera volontiers au fer, qui ne travaille
qu'à 6 kilogrammes, une matière qui peut aisément travailler à 10.

Il subsiste cependant toujours, dans les calculs de la résistance des ponts en arc analogues aux précédents, un élément d'incertitude, principalement en ce qui concerne la
tendance qu'éprouvent les joints des naissances à s'ouvrir
vers l'intrados ou vers l'extrados, selon que l'arc se dilate
ou se comprime, se réchauffe ou se refroidit, en suivant les
variations de température de l'air ambiant. Pour se pré-
munir contre les inconvénients dus à cette cause de déformation, Robert Stephenson, dans un projet de pont en fonte
de 100 mètres d'ouverture, pour le détroit de Menai, avait
terminé ses arcs aux naissances par des surfaces cylindriques
formant articulation. Dans un pont en fer de 45 mètres d'ouverture, construit au passage du chemin de fer du Nord sur le
canal Saint-Denis, on a interposé entre les naissances des arcs
et leurs sommiers des tourillons de 0ᵐ20 de diamètre, et d'une
longueur suffisante pour répartir convenablement les pressions sur les appuis, mais dans le sens horizontal, et non dans
un plan vertical, comme cela avait eu lieu jusqu'alors. Ce pont
ne pèse que 135,000 kilogrammes, soit 3,000 kilogrammes
par mètre linéaire.

Le grand pont construit sur le Rhin, à Coblentz, composé
de trois arches de 96 mètres d'ouverture, présente aussi une
articulation aux naissances. Les arcs, dont le profil transversal

offre la figure d'une caisse rectangulaire de 3^{m}40 de hauteur, ont leurs parois verticales formées par des croisillons. On retrouve la même disposition au pont de Mülheim, sur la Rührr.

On a construit récemment sur le canal Saint-Denis, à la Villette, un pont de 42 mètres d'ouverture, qui présente trois articulations, savoir : deux aux naissances et une à la clef; il en résulte que la courbe des pressions passe forcément par trois points connus, ce qui tend à répartir très-uniformément les pressions dans chacune des moitiés de l'arc. Ce mode de construction a de plus l'avantage de rendre le montage fort simple : après avoir placé les sommiers en fonte, on enlève avec une chèvre chacun des deux demi-arcs ; on les fait reposer sur les tourillons des retombées, et l'on abaisse les deux extrémités de la clef jusqu'à ce qu'elles soient arrivées en regard l'une de l'autre; alors on place le tourillon de la clef. On évite complétement de cette manière l'emploi des cintres.

Les ponts en arc métalliques peuvent donc aussi s'établir sans aucun échafaudage fixe en lit de rivière. Un autre procédé a été employé au nouveau pont de Westminster, à Londres; chacune des fermes de ce pont se composait de trois parties : une partie centrale ou clef en tôle, et deux retombées adjacentes en fonte. Celles-ci étaient formées de voussoirs qui ont été posés sans cintre; ils étaient soutenus en porte-à-faux au moyen de la liaison établie entre eux et ceux de l'arche voisine par-dessus la pile ; il était nécessaire évidemment de conduire le travail avec régularité de part et d'autre de cette pile, de façon que les deux encorbellements se fissent toujours équilibre : quand les retombées en fonte ont été placées, on est venu poser le voussoir de clef en tôle au moyen d'une chèvre montée sur un ponton.

Au pont d'El Cinca (Espagne), le tablier est à 35 mètres au-dessus du fond de la vallée; l'usage de la chèvre n'était plus possible. Ce pont se compose d'une seule arche de 70 mètres d'ouverture; on l'a divisée en deux moitiés, et l'on a procédé au montage à partir de chaque culée en maintenant les retombées en porte-à-faux en équilibre sur les sommiers des naissances au moyen des longerons du tablier solidement amarrés dans le massif des culées, à l'aide de plaques d'ancrage en fonte et de tirants à écrou. Les fermes se montaient en juxtaposant ainsi les éléments successifs du pont préparés à l'avance dans les usines du Creusot, en France, et conduits en place au moyen de grues roulantes. Les monteurs se tenaient sur des tabliers mobiles sur rouleaux et suspendus à des chaînes, qui permettaient de suivre l'avancement des arcs. Cette belle opération a été exécutée en trois mois, dans un pays sans ressources, au prix de 25,000 francs, soit 100 francs par tonne.

§ 4. — Ponts suspendus.

Les ponts suspendus diffèrent des précédents en ce que l'arc présente sa convexité vers le bas et se trouve exposé à un effort d'extension, dont la composante horizontale sur les culées est reportée sur des points d'appui pris à distance. Personne n'ignore les immenses services rendus par ce système et le dédain exagéré dont il est aujourd'hui l'objet. Quand ils ont été construits et entretenus avec soin, les ponts suspendus ont parfaitement répondu à ce que l'on pouvait en attendre. Mais l'économie tient surtout à la simplicité du mode de réunion du tablier avec les câbles et à la mobilité des articulations; il en résulte des défauts que depuis longtemps on s'est préoccupé de faire disparaître, en vue surtout de l'application aux chemins de fer. On a successivement proposé divers expédients : rigidité des parapets, pose des pièces de pont en biais, liaison des tabliers avec les chaînes par des moyens analogues aux formes usitées pour les tympans des arcs comprimés, soit au moyen de treillis (pont de Castelfranc), soit au moyen de grands compartiments à croisillons (pont de Lambeth, à Londres). On a aussi proposé de former la chaîne de deux câbles liés par un treillis et suffisamment éloignés pour comprendre dans leur intervalle toutes les figures de la courbe des tensions correspondant aux diverses positions des surcharges (chemins de fer autrichiens).

Jusqu'ici le pont du Niagara est l'exemple le plus remarquable de pont suspendu rigide : sa portée est de 249 mètres. Son tablier est formé par une poutre tubulaire de 5^m48 de haut et de 6 mètres de large; les deux fermes de cette poutre sont en bois à croisillons, avec boulons verticaux; elle a par elle-même une grande rigidité. Les traverses inférieures portent une chaussée pour voitures ordinaires; les traverses supérieures portent une voie de chemin de fer. Chaque ferme est supportée par deux câbles indépendants dont les flèches respectives sont de 16^m46 et de 19^m50. En outre, soixante-quatre tirants, partant du sommet des piles et fixés à la plate-bande supérieure du treillis, et cinquante-quatre tirants inférieurs fixés aux rochers des rives, concourent à la stabilité du système. Le poids du tablier est de 1,000 tonnes : il correspond à une tension de 1,810 tonnes sur les quatre câbles, dont la résistance est de 12,000 tonnes. La plus grande surcharge admise se composerait d'un train de 200 tonnes, sur le chemin de fer, et d'une charge de 50 tonnes, sur la route, en voitures et passagers, soit 250 tonnes, qui produiraient sur les câbles une tension supplémentaire de 452 tonnes, et laisseraient leur tension totale inférieure au cinquième de la charge de rupture.

Ce pont, exécuté en 1855, quoique composé en partie de matériaux très-périssables, paraît s'être toujours bien comporté.

Les propriétés remarquables dont jouissent les ponts suspendus de résister exclusivement à la tension, de se trouver par eux-mêmes dans un état d'équilibre stable, de laisser au-dessous de leur tablier un débouché maximum, et plusieurs autres inutiles à rappeler ici, appellent encore sur eux l'attention des ingénieurs; il y a tout lieu d'espérer que les problèmes relatifs à leur rigidité, imparfaitement élaborés jusqu'ici, seront résolus au grand avantage de nos voies de communication de toutes sortes.

§ 5. — Systèmes divers.

Les trois dispositions qui font l'objet des articles précédents peuvent être combinées entre elles ou modifiées de diverses manières; c'est ainsi que l'on a créé divers types peu répandus, dont les principaux sont les suivants : 1° les bowstrings proprement dits, composés d'un arc comprimé dont les poussées sont équilibrées, non plus par des culées immuables, mais par une corde inextensible qui réunit leurs naissances et porte ordinairement le tablier (pont de Windsor, pont de la Vire, etc.). Cette forme, susceptible de nombreuses variantes, se rapproche de celle du solide d'égale résistance ; elle n'est applicable qu'à des travées isolées et ne permet un entretoisement convenable que vers le milieu de la portée; 2° les systèmes employés par Brunel aux ponts de Chepstow et de Saltash, composés de deux arcs qui se présentent leur concavité et se rencontrent sur leurs points d'appui. Ils ont été peu imités; cependant M. Pauli a employé en Allemagne une combinaison analogue; seulement, au lieu de donner aux arcs comprimés la forme annulaire, il a choisi la section en double T ou en caisse. Le pont de Mayence, sur le Rhin, est construit de cette manière; les travées ont 105 mètres de portée; 3° on peut donner aux arcs une position inverse de la précédente, et faire en sorte qu'ils se présentent leur convexité ; c'est alors au milieu du tablier qu'ils sont le plus rapprochés. On a quelquefois appliqué au-dessous du tablier des ponts suspendus des arcs inverses, mais ces additions ne présentaient aucune rigidité et n'avaient pour objet que de s'opposer au soulèvement du tablier par l'action du vent (pont de la Roche-Bernard) ; 4° les arcs ou leurs cordes peuvent être disposés de manière à se rencontrer, non sur les points d'appui, mais dans l'intervalle de la portée (pont de Leeds).

M. de Ruppert, ingénieur en chef de la Compagnie I. R. P. des Chemins de fer autrichiens, a envoyé à l'Exposition deux

projets de ponts qui se rattachent à cette catégorie : l'un, pour
le passage du Bosphore à Constantinople, se composerait de
deux travées de 206 mètres d'ouverture ; l'autre, sur un ravin
des Balkans, serait formé d'une seule travée de 253 mètres.
Les deux arcs se couperaient au droit du point d'inflexion de
la fibre neutre.

§ 6. — Ponts flottants. Bacs.

Deux solutions économiques ont été proposées pour traverser les grands fleuves et les bras de mer en chemin de fer :
les bacs à vapeur et les ponts de bateaux.

La première a été appliquée sur les golfes de Forth et de
Tay, en Écosse; sur le Nil, à Kaffre-Arayat ; sur le Rhin, à
Rheinhausen, près Duisburg ; des dessins pittoresques, accompagnés d'une description complète, représentaient ce dernier passage à l'Exposition Universelle de 1867.

Un pont de bateaux très-habilement disposé a été jeté
sur le même fleuve, entre Maximiliansau et Maxau, pour
mettre la ville de Carlsruhe en communication avec les chemins de fer du Palatinat et de l'Alsace. Ce pont a 362^m80
de long ; il se compose de deux rampes d'accès de 64^m80
et d'une partie flottante de 234 mètres. Il porte une voie
de chemin de fer et deux chaussées. Le niveau du Rhin
varie de 5^m10, et l'inclinaison des rampes de 0^m018 à
0^m0329 ; leurs rails sont portés par des longrines ; celles-ci
reposent sur des traverses en tôle suspendues à des écrous à
vis fixes, montés sur des chevalets, plantés dans le sol ; au
moyen de ces vis, on fait varier l'inclinaison des rampes suivant la hauteur des eaux. Les longrines sont articulées à charnière au point de jonction de la voie fixe avec l'origine de la
rampe. La partie flottante comprend douze travées reposant
sur trente-quatre pontons. Les deux travées de rive portent
les voies par l'intermédiaire de chevalets pourvus de vis, de
manière à établir un raccordement convenable entre la rampe
d'accès et la partie flottante ; sur le premier chevalet de terre,

a lieu la réunion des longrines de la rampe et de la travée de rive ; les deux longrines, présentées bout à bout, sont réunies par une charnière et supportent la traverse en tôle par l'intermédiaire de ressorts qui atténuent l'effet de la dénivellation brusque qui se produirait par le passage d'une charge en mouvement, de la partie fixe à la partie flottante du pont. Les trois travées adjacentes de chaque côté aux travées de rives sont susceptibles de s'ouvrir pour le passage des bateaux ; elles sont réunies facilement par le moyen d'armatures à charnières, qui se déplacent, aux travées voisines. Les quatre travées du milieu ne s'enlèvent que pendant les débâcles. Ce pont flottant a coûté 328,000 francs, soit 1,400 francs par mètre linéaire de débouché.

§ 7. — Ponts tournants.

Dans aucune espèce de travaux, l'emploi de la tôle ne présente des avantages aussi incontestés que pour les ponts tournants ; les ponts de Dunkerque, du Havre, de Toulon, en France, de la Parnitz, de Kœnigsberg, en Allemagne, de Zvolle, en Hollande, qui figurent à l'Exposition, sont en tôle. En Amérique seulement, on continue à employer le bois, et on l'applique à de très-grandes portées, ainsi que le témoigne le modèle exposé par MM. Chapin et Wells, de Chicago.

L'attention est surtout attirée à l'occasion de ce système de ponts par celui de Brest, de beaucoup le plus grand et le plus hardi de tous les ouvrages de ce genre. Ce pont a été souvent décrit ; il suffira de rappeler ses dimensions principales. La longueur du tablier métallique est de 174 mètres ; elle est partagée en deux volées qui laissent une largeur de passage libre de 106 mètres quand elles sont ouvertes. Chacune de ces volées pèse 600 tonnes et peut se manœuvrer avec deux hommes en quinze minutes au plus. Le pont a coûté 2,118,835 francs.

CHAPITRE IV.

NAVIGATION INTÉRIEURE.

La navigation intérieure occupait, il y a trente ans, une des premières places dans les préoccupations publiques; l'avénement des chemins de fer semble, aux yeux de beaucoup de personnes, l'avoir reléguée à un rang par trop modeste. La France possède un réseau de 6,900 kilomètres de rivières navigables et de 4,800 kilomètres de canaux, qui reste un des instruments les plus féconds de son activité industrielle, le seul dont la concurrence sérieuse puisse être opposée au monopole des chemins de fer. Toutes les grandes vallées qui débouchent dans la mer du Nord, l'Océan et la Méditerranée sont unies par les diverses branches de ce réseau ; certaines anomalies et un assez grand nombre d'obstacles partiels s'opposent encore à des relations faciles entre toutes ses parties; mais on s'occupe de les faire disparaître. Ces travaux d'amélioration ont pour principal objet d'assurer aux bateaux partout, et autant que possible en tout temps, un tirant d'eau suffisant; on arrive à ce résultat par divers procédés : les éclusées ou lâchures, crues artificielles et périodiques, obtenues au moyen des eaux préalablement retenues dans des réservoirs ou dans des biefs aménagés à cet effet; les barrages, les digues longitudinales et coupures régularisant le lit des fleuves, les canaux artificiels. A ce premier intérêt de l'aménagement des eaux intérieures en faveur de la navigation se rattachent d'autres questions très-importantes et qui touchent à la fois à l'agriculture, à l'industrie et à la salubrité publique : celles des irrigations, du desséchement des marais, des usines hydrauliques, des distributions d'eau, des inondations. L'Exposition Universelle offrait des spécimens de ces divers genres de travaux, dont quelques-uns ont été appréciés ailleurs.

§ 1. — Barrages.

Les barrages munis d'écluses sont employés dans les parties des rivières où l'étiage est insuffisant ; mais la plupart de nos voies navigables ont un régime trop inconstant pour admettre des barrages fixes ; l'invention des barrages mobiles applicables aux grands cours d'eau a été un fait capital dans l'histoire de notre navigation intérieure. Ceux dont on se sert aujourd'hui appartiennent à trois systèmes, et sont assez connus pour qu'il soit inutile d'insister longuement sur leur description.

Le système de M. Poirée, inventé en 1833, a été appliqué sur l'Yonne, la Seine, l'Oise, le Cher, la Meuse, l'Èbre, etc. ; il se compose d'un rideau d'aiguilles en bois s'appuyant par leur pied contre la saillie d'un radier en maçonnerie, et par leur tête contre des barres horizontales en fer élevées de quelques décimètres au-dessus du niveau de la retenue. Les barres d'appui font partie d'un système de fermettes métalliques qui se relèvent verticalement ou se couchent horizontalement, suivant que l'on veut exhausser ou abaisser le niveau des eaux d'amont. Les perfectionnements successifs qu'a reçus le système de M. Poirée depuis son origine consistent principalement : 1° dans l'augmentation de la hauteur des fermettes, qui a été portée de 1^{m}50 (barrage de Basseville sur l'Yonne, 1834) à 3^{m}30 (barrages de la basse Seine) ; cette amélioration est considérable ; les barrages étant toujours un obstacle et une cause de ralentissement pour la navigation, on doit chercher à en restreindre le nombre en donnant à chacun d'eux la plus grande hauteur possible ; 2° dans l'établissement de systèmes d'échappement permettant d'abattre très-rapidement le barrage et d'éviter les inconvénients produits par les crues subites survenant pendant que la rivière est fermée, ainsi que la manœuvre pénible de l'enlèvement à la main des aiguilles en hautes eaux.

Le modèle du barrage de Martot, sur la Seine, offre un des exemples les plus nouveaux et les plus complets du système des 'ermettes. Ce barrage, de 163 mètres de long entre les parements intérieurs des culées, a coûté 708,800 francs, soit 4,050 francs par mètre courant.

Le second système est celui de M. Chanoine; il a été appliqué pour la première fois au barrage de Conflans, construit en 1855 au confluent de l'Aube et de la Seine : depuis, douze barrages de la haute Seine entre Paris et Montereau, dix-sept barrages de l'Yonne et plusieurs de ceux de la Marne ont été construits sur le même modèle.

Les barrages de la haute Seine peuvent être considérés comme un type. Ils comprennent trois parties principales : 1° une grande écluse à sas submersible placée le long de la rive affectée au halage ; 2° une passe navigable de 40 à 55 mètres de long, pourvue de hausses mobiles, dont le seuil est à 0^m60 au-dessous de l'étiage ; 3° un déversoir régulateur muni de hausses automobiles, dont la partie fixe est arasée à 0^m50 au-dessus de l'étiage, et dont la longueur est de 60 à 70 mètres.

La disposition des hausses du déversoir est la partie la plus caractéristique du système : elles se composent d'un châssis rectangulaire en bois, fixé vers le tiers de sa hauteur sur un axe horizontal autour duquel il peut tourner librement : cet axe constitue le côté supérieur d'un chevalet en fer en forme de trapèze, qui est lui-même doué d'un mouvement de rotation autour de sa base inférieure ; enfin un arc-boutant en fer, fixé par articulation au milieu du côté supérieur du chevalet, permet de maintenir celui-ci levé contre le courant ; le pied de cet arc-boutant est appuyé contre un arrêt en fer scellé sur le radier.

Quand les hausses sont couchées, elles recouvrent tout le mécanisme.

Les hausses du déversoir ont une hauteur de 1^m95 et une largeur de 1^m10 ; quand elles sont dressées, leur sommet affleure le niveau de la retenue ; leur axe de suspension se trouve à la hauteur du centre de pression dû à l'action de l'eau retenue ; aussitôt que le niveau de cette eau s'élève, il résulte de la disposition adoptée que les hausses se mettent spontanément en bascule et laissent le passage libre, jusqu'à ce que, les eaux étant redescendues à leur niveau primitif, elles se relèvent d'elles-mêmes.

Les hausses de la passe navigable présentent la même disposition générale ; elles ont une hauteur de 3 mètres et une largeur de $1^{m}20$: leur axe de rotation est entre la moitié et le tiers de leur hauteur. On les abaisse au moyen de barres à talons manœuvrées de la rive, qui agissent successivement sur le pied de tous les arcs-boutants de la passe et les poussent en dehors de leurs points d'appui ; un barrage de 50 mètres s'ouvre en quatre minutes. On les relève, lorsqu'elles sont couchées, au moyen d'un treuil placé sur un bateau spécial qui s'appuie pour manœuvrer, soit contre l'épaulement de la pile en rivière, soit contre la partie déjà levée du barrage ; on peut relever une passe en une heure.

Voici maintenant comment l'ensemble du système fonctionne.

Dans la saison des grandes eaux, tout le barrage est couché, et la navigation s'opère par la passe sans aucun obstacle. Pendant les basses eaux, toutes les hausses sont relevées, le niveau est maintenu dans la retenue, et la navigation a lieu par l'écluse à sas. S'il survient une crue subite, le déversoir se met en bascule de lui-même et maintient la retenue au niveau voulu ; si la crue est considérable, on abat tout ou partie des hausses de la passe navigable. Toutes les manœuvres se font avec rapidité et sûreté et en partie automatiquement.

Les barrages de la haute Seine ont coûté en moyenne 755,014 francs chacun ; les prix par mètre courant sont les suivants :

	Partie fixe.	Partie mobile.	TOTAL.
Passe navigable.......	2,277 fr. 94 c.	791 fr. 74 c.	3,069 fr. 68 c.
Déversoir............	1,038 01	382 97	1,420 98

On a employé à l'exhaussement d'une partie des barrages de Saint-Martin et de Pechoir, sur l'Yonne, où les efforts à supporter sont moindres que dans les cas précédents, une disposition fort simple, qui consiste à rendre fixe l'axe de bascule de la hausse sur l'arête du couronnement en pierre du déversoir. Ces hausses ont 1^m95 de large ; elles dépassent de 1 mètre le niveau de leur axe de rotation et se prolongent à 9^m65 au-dessous ; leur traverse inférieure est de plus munie d'un contre-poids de 40 kilogrammes.

Ces hausses n'ont coûté que 66 francs par mètre carré.

Le troisième système est celui de M. Louiche-Desfontaines ; il a été appliqué à dix déversoirs sur la Marne : les passes navigables de cette rivière sont munies de hausses du modèle de la haute Seine, ou de fermettes. L'appareil des déversoirs se compose d'une série de vannes en tôle juxtaposées, mais indépendantes les unes des autres. Chacune de ces vannes tourne autour d'une charnière horizontale placée vers le milieu de sa hauteur. La moitié supérieure forme la hausse proprement dite ; la moitié inférieure s'appelle contre-hausse, et c'est sur elle qu'agit la force motrice empruntée à l'eau de la retenue, qui règle la manœuvre du barrage.

A cet effet, la contre-hausse est enfermée dans un tambour, de la forme d'un quart de cylindre horizontal, dont l'axe coïncide avec la charnière ; elle peut y décrire un quart de révolution. La feuille de tôle qui la compose est pliée dans le voisinage de la charnière et présente sa concavité vers l'amont ; elle se termine par une partie plane. Il en résulte que l'intérieur du tambour est divisé par cette contre-hausse, dans toutes les positions qu'elle peut occuper, en deux compartiments, formant par la juxtaposition des tambours successifs deux conduits continus sur toute l'étendue du barrage. C'est en introduisant l'eau de la retenue dans l'un de ces deux conduits, et en vidant l'autre au moyen d'un jeu de vannes placées sur la rive et très-simplement disposées, qu'on fait agir la pression due à la hauteur d'eau de la retenue, soit sur la face d'amont, soit sur la face d'aval de la contre-hausse, et qu'on obtient tous les mouvements de relèvement et d'abaissement des hausses, avec la plus grande facilité, et sans quitter les rives. Ces déversoirs ont reçu depuis leur origine divers perfectionnements qui simplifient et régularisent la manœuvre. Ils coûtent en moyenne 2,357 francs par mètre courant, lorsqu'ils sont munis de tous leurs accessoires.

§ 2. — Régularisation du lit des fleuves.

Les barrages, qui rendent de si grands services à la navigation dans les parties hautes des rivières, ne sont plus qu'un expédient désastreux dans les régions maritimes voisines des embouchures. On y a suppléé, sur certains fleuves, en régularisant leur lit au moyen de coupures et de digues longitudinales ; on cherche à donner au chenal une forme analogue à celle d'un cône très-allongé, en tenant compte, par des calculs aussi précis que le comporte la science de l'hydraulique, de toutes les circonstances de pente et de débit que permettent d'apprécier les observations directes, de manière que le mouvement alternatif des marées et le courant propre du fleuve entretiennent en tout temps une vitesse suffisante pour empêcher les atterrissements. Ce système a reçu en Écosse une application grandiose ; si la ville de Glasgow, depuis le commencement de ce siècle, s'est élevée du rang d'une cité secondaire à celui de la métropole du commerce et de l'industrie dans le nord de la Grande-Bretagne, et d'un des premiers chantiers de constructions maritimes du globe, c'est grâce aux améliorations obtenues dans la Clyde par l'emploi des digues longitudinales.

D'excellents effets avaient été obtenus en France sur la Vire, lorsqu'on s'est décidé à en faire un essai sur la basse Seine, dont le chenal offrait tant d'obstacles et de périls. Encouragés par le succès, les ingénieurs ont étendu les digues, de proche en proche, de Rouen à l'estuaire de la Seine. Aujourd'hui des résultats considérables sont acquis. Le trajet entre le Havre et Rouen, qui prenait au moins quatre jours, s'effectue en huit ou dix heures par les remorqueurs, ou par le touage à la remonte, et en une marée ou deux au plus à la descente. Le tonnage des bateaux admis à Rouen, qui ne dépassait pas 200 tonneaux, a doublé en moyenne et s'est élevé jusqu'à 700 tonneaux. Le prix du fret sur la rivière est descendu de 10 à 5 francs par tonneau. Dans une notice récente, la chambre de commerce de Rouen évaluait à 3,500,000 francs l'économie annuelle que les travaux d'endiguement de la basse Seine procurent au commerce et à la navigation. Ces beaux résultats ont été obtenus au prix d'une dépense de 1,830,946 francs. Mais ils ne se sont pas bornés à l'amélioration du fleuve, qui met la capitale de la France en communication avec l'océan. Dans les intervalles existant entre les digues et les anciennes rives, des alluvions se sont déposées ; elles forment aujourd'hui 8,600 hectares d'excellentes prairies, dont la valeur totale représente au moins 21,500,000 francs. Il est certainement peu de circonstances où la valeur rémunératrice des travaux publics se mesure par des chiffres aussi éloquents.

Les travaux de la basse Garonne offrent un second exemple des bons effets que l'on peut espérer de la régularisation du cours des fleuves dans leur région maritime. Les conditions locales ne comportaient pas un ensemble aussi complet que sur la Seine. On s'est attaqué successivement aux parties défectueuses du fleuve, au moyen de digues longitudinales arasées à 2^{m}50 seulement au-dessus de l'étiage, afin de ne pas gêner l'introduction du flot. Avec ces digues et quelques coupures, on a modifié la configuration des rives de manière : 1° à adoucir le passage trop brusque du courant de l'une à l'autre ; 2° à réunir les eaux dans le chenal suivi par la navigation sur les points où elles se partageaient en deux bras ; 3° à faire disparaître les élargissements trop considérables du lit, tout en lui conservant une section proportionnée au volume d'eau que peut recevoir la partie supérieure de la région maritime ; 4° à rétablir la coïncidence entre les chenaux creusés par les courants de flot et de jusant.

Grâce à ces travaux, les plus grands navires de commerce remontent à Bordeaux sans difficulté ; les paquebots transatlantiques de la ligne du Brésil ont pu s'y installer, et ils n'ont jamais été arrêtés par l'état des passes.

§ 3. — Inondations; réservoirs.

Les désastres occasionnés depuis quelques années par les inondations ne sont que trop connus, et la recherche des moyens de les prévenir est devenue l'objet des préoccupations les plus vives. On sait que ce fléau avait éprouvé nos prédécesseurs ; ils ont exécuté, pour s'en garantir, des travaux considérables, tels que les levées de la Loire. Pendant un demi-siècle, depuis 1790, aucun accident sérieux n'était venu ébranler la confiance accordée à ces anciennes défenses, lorsque arrivèrent coup sur coup les inondations de 1846, 1856 et 1866. Pour ne citer que la seconde, on a évalué à 177 millions les pertes individuelles qu'elle a occasionnées, non compris 28 millions de dommages causés aux routes, levées et travaux de navigation. Les études entreprises à cette occasion ne pouvaient malheureusement aboutir qu'après de longues années consacrées à réunir et à analyser une masse énorme de documents relatifs aux conditions topographiques, météorologiques, géologiques, économiques des divers bassins ; il fallait encore approfondir de nouveaux problèmes jusqu'ici négligés par la science hydraulique, et enfin appliquer ces connaissances à la rédaction de projets embrassant toute la

superficie de l'Empire. L'atlas de la carte et du nivellement
de la Loire, exécuté de 1847 à 1862, qui figure à l'Exposition,
peut faire apprécier en partie l'étendue de ces travaux préliminaires.

La lettre impériale du 19 juillet 1856 donnait à ces études
une direction précise ; mais, à cette époque, un accord una-
nime ne pouvait guère s'établir que sur un point : la nécessité
de protéger immédiatement les principaux centres de population contre le retour des désastres qu'ils venaient de subir.
Au prix de 31 millions, 50 villes ont été entourées de travaux
de défense, dont les inondations de 1866 n'ont pas tardé à
éprouver l'efficacité. L'étude de la défense des vallées s'est
poursuivie pendant cet intervalle ; des divers moyens proposés : digues insubmersibles, digues avec déversoirs, réservoirs,
reboisement, il a été reconnu qu'aucun ne pouvait être l'objet
d'une préférence exclusive et absolue, mais qu'ils devaient
être combinés suivant les circonstances locales. On a dû renoncer, en beaucoup de circonstances, à mettre les vallées à
l'abri de l'invasion des eaux d'une manière absolue ; ce qui
est à craindre, d'ailleurs, c'est l'inondation subite et violente,
comme celle qui se produit par la rupture des digues. Le séjour sur les terres d'eaux calmes et limoneuses est un bien-
fait pour beaucoup de cultures ; il ralentit la marche et diminue l'intensité des crues en aval. L'idée d'emmagasiner
dans des réservoirs, construits vers le haut des vallées,
la partie dommageable des crues, pour la laisser ensuite
s'écouler après le danger passé, était assurément l'une
des plus logiques et des plus séduisantes que l'on pût
concevoir ; elle s'appuyait sur les exemples que nous fournit
la nature elle-même, dans ces grands lacs qui servent de mo-
dérateurs et de régulateurs aux cours d'eau descendus des
Alpes, comme les lacs de Genève et du Bourget sur le Rhône,
comme les beaux lacs auxquels la Lombardie doit un régime
hydraulique si favorable. Ces exemples avaient été mis à
profit au temps de Louis XIV; les digues de Pinay et de la

Roche, sur la Loire, au-dessus de Roanne, témoignent que
nos prédécesseurs en avaient compris toute la portée. Les
intérêts de la défense des vallées pourraient d'ailleurs se con-
cilier avec ceux de l'agriculture et de l'industrie, en réservant
pour leur usage une portion de la capacité des réservoirs.

Avant d'entreprendre un ensemble de travaux gigantesques, l'administration a voulu toutefois s'éclairer par l'expérience. Ce n'est pas que la France ne possède déjà un
grand nombre d'ouvrages analogues. Nos canaux à point
de partage sont pourvus depuis longtemps de réservoirs très-
vastes qui influent sensiblement sur le régime des rivières.
Plusieurs ont été construits dans ces dernières années. On
peut citer : le réservoir de Montaubry, sur le canal du
Centre, avec digue en terre de 16^{m}58 de hauteur ; il contient 5 millions de mètres cubes d'eau ; le réservoir des
Settons qui sert à l'alimentation de l'Yonne, où la navigation
a lieu par éclusées ; il contient 22 millions de mètres cubes
d'eau, retenus par une digue en maçonnerie de 18 mètres de
haut. Mais les nouveaux réservoirs doivent fonctionner dans
des conditions différentes : le premier spécimen établi est celui du Furens, au-dessus de Saint-Étienne (Loire) : il appartient à un système de travaux qui ont un triple objet, savoir :
1° mettre la ville de Saint-Étienne à l'abri des inondations ;
2° alimenter d'eau potable cette ville qui compte 100,000 habitants et pourvoir aux besoins de son service municipal ;
3° assurer en tout temps aux nombreuses usines situées sur
le Furens une force hydraulique suffisante et supprimer les
chômages.

Pour satisfaire à ces diverses destinations, un barrage en
maçonnerie de 50 mètres de hauteur a été construit au point
le plus étroit de la vallée du Furens, un peu au-dessus du village de Rochetaillée ; le site choisi présente une disposition
exceptionnellement favorable : un massif de rochers s'avance
en travers de la vallée et la réduit à un étroit défilé, de manière que la longueur de la digue en couronne n'est que de

100 mètres. Elle peut retenir un cube de 1,600,000 mètres d'eau ; une hauteur de 5^{m}50 correspondant à un cube de 400,000 mètres reste toujours vacante pour emmagasiner la portion dommageable d'une crue ; le reste forme une réserve pour l'alimentation de la ville et des usines.

La forme du barrage a été étudiée avec le plus grand soin. Le système comprend, en outre, plusieurs ouvrages accessoires, dont les principaux sont les suivants : 1° un canal latéral au réservoir qui, en temps ordinaire, conduit directement à l'aqueduc alimentaire de la ville les eaux recueillies aux sources du Furens ; 2° un système de ventellerie placé à l'origine du réservoir, au moyen duquel on peut régler à volonté le volume d'eau à envoyer dans le canal ou dans le réservoir, de manière à protéger Saint-Étienne contre les inondations, et à emmagasiner les eaux dont la quantité dépasse les besoins immédiats de la consommation ; 3° à l'issue du réservoir, un premier tunnel percé dans le rocher, en dehors de la digue, pour évacuer les eaux emmagasinées dans la tranche supérieure du réservoir, dès qu'une crue dangereuse est passée ; 4° un second tunnel, à un niveau très-inférieur au premier, conduisant en temps de sécheresse les eaux du réservoir à un puisard, d'où elles peuvent se rendre à volonté, soit dans le lit du Furens, pour alimenter les usines, soit dans l'aqueduc souterrain de la ville.

En manœuvrant convenablement les vannes et robinets placés aux divers orifices, les fonctions multipliées du réservoir se trouvent remplies de la manière la plus régulière et la plus satisfaisante.

Si vaste que soit l'ensemble des travaux destinés à mettre le pays à l'abri des désastres des inondations, il serait téméraire de prétendre que l'on parviendra jamais à détourner complétement les dangers dus à des phénomènes naturels aussi grandioses ; on doit éviter par-dessus tout d'inspirer aux populations une fausse sécurité. Mais les études du service des inondations, entre autres résultats considérables, en ont déjà produit un, dont il serait injuste de méconnaître l'importance : grâce aux progrès de la météorologie, par des observations pluviométriques et hydrométriques bien combinées dans le haut des vallées, il est possible d'annoncer plusieurs jours d'avance, à quelques centimètres et à quelques heures près, les crues de nos plus grands fleuves : une bonne organisation administrative, secondée par le concours de la télégraphie électrique et de signaux particuliers au besoin, permet d'avertir les communes menacées dans un délai suffisant pour prendre les mesures de défense nécessaires, enlever les récoltes et mettre à l'abri les biens et les personnes en péril. La vallée de la Meuse offre un excellent type de cette organisation, et il serait désirable de la voir adopter plus généralement.

§ 4. — Canaux.

Quand une rivière est tellement incorrigible qu'elle résiste à tous les moyens d'amélioration ordinaires, on la remplace par un canal. C'est ce qui a lieu en ce moment pour le bas Rhône; tous les essais tentés pour abaisser la barre de ce fleuve, à son embouchure dans la Méditerranée, ayant échoué, on s'est décidé à ouvrir une communication directe entre le golfe de Foz et la partie profonde située au-dessus de la barre du Rhône, au moyen d'un canal de 8 mètres de tirant d'eau et de 5 kilomètres de long, qui rendra le bassin compris entre Arles et la mer accessible aux plus grands navires.

La conception de ce projet n'est pas absolument neuve ; elle remonte à Marius ; cent deux ans avant l'ère chrétienne, afin d'approvisionner son armée, d'aguerrir ses soldats et de les préparer à vaincre les Teutons, qui menaçaient l'Italie, il leur faisait creuser, entre le Rhône et la mer, un canal qui a longtemps porté son nom et auquel la ville d'Arles a dû, sous la domination romaine, sa splendeur et son titre de Rome gauloise. Après vingt siècles d'oubli, l'œuvre de Marius va renaître, ranimer la navigation du Rhône et apporter un nouvel élément de prospérité à ces régions favorisées de la Provence.

Ce serait sortir du cadre exclusivement technique dans lequel nous devons nous renfermer, que de tenter une appréciation des conséquences économiques et politiques d'un travail de cette importance.

§ 5. — Ouvrages d'art divers.

Indépendamment des ouvrages cités plus haut, les travaux hydrauliques en comportent un grand nombre d'autres très-importants, et d'une exécution souvent difficile. Plusieurs de ces ouvrages ont été l'objet de perfectionnements remarquables. Nous pouvons citer les exemples suivants:

Pont-canal de l'Albe. — Ce pont, situé sur le canal des houillères de la Sarre, offre une application très-intéressante de la tôle, qui constitue toute sa superstructure; les culées et les piles seules sont en maçonnerie. L'emploi du métal a permis d'obtenir une étanchéité parfaite, de réduire au minimum la hauteur de l'ouvrage, et de diminuer, en même temps, dans une proportion considérable, le relief des remblais dans la traversée de la vallée, ce qui a représenté une économie d'environ 200,000 francs. Ce pont a une longueur totale de 47^{m}60, divisée en trois travées; celle du milieu a 17 mètres et les deux autres 12^{m}50. Sa largeur est de 11 mètres, comprenant une voie d'eau de 6^{m}80 et deux chemins de halage de 2^{m}10. Il a employé 168,740 kilogrammes de métal, soit 3,440 kilogrammes par mètre courant, sa charge normale étant de 19,680 kilogrammes par mètre linéaire. La dépense s'est élevée à 148,000 francs, soit 2,060 francs par mètre.

Siphon de Mittersheim. — Pour maintenir à un niveau convenable les eaux des réservoirs dans les vallées de montagne, exposées à des crues subites et violentes, on est obligé d'établir des déversoirs de superficie encombrants et coûteux; on a

proposé plusieurs fois de leur substituer des siphons, qui, sous
un volume bien moindre, permettent de débiter une masse
liquide d'autant plus considérable que la différence est plus
grande entre le niveau du réservoir et l'orifice inférieur du siphon. La difficulté est d'amorcer ces appareils. Elle a été
résolue de la manière la plus ingénieuse au réservoir de Mittersheim (canal des houillères de la Sarre), retenue importante dont la capacité est de 7 millions de mètres cubes. L'appareil est double et composé de deux parties entièrement
semblables, mais indépendantes ; il suffira d'en décrire une
moitié. Le siphon se compose d'un tuyau en fonte de 0^{m}70 de
diamètre, convenablement recourbé ; à côté se trouve l'amorceur ou petit tuyau de 0^{m}15 de diamètre : l'orifice supérieur
de ce tube auxiliaire affleure le niveau normal de la retenue ;
l'orifice inférieur plonge, ainsi que celui du siphon, dans une
bâche constamment pleine d'eau. Les points culminants des
deux tubes sont en communication directe par un petit branchement. Voici maintenant comment, au moyen de cette addition, le siphon s'amorce automatiquement : aussitôt que le
niveau de la retenue s'élève de 0^{m}005 au-dessus de la hauteur
voulue, l'eau commence à s'écouler dans l'amorceur ; son
mouvement entraîne alors tout l'air contenu dans la partie supérieure et dans le siphon, où le liquide ne tarde pas à s'engager et à se déverser à raison de 7 mètres cubes par seconde,
dès que la dénivellation atteint 0^{m}05. Quand la crue cesse,
les mêmes phénomènes se reproduisent dans l'ordre inverse,
et le siphon se désamorce de lui-même.

Vanne Chaubart. — On peut encore citer, parmi les combinaisons nouvelles appelées à rendre d'utiles services dans
l'hydraulique pratique, la vanne de M. Chaubart. Cet appareil
se compose d'une vanne automobile appuyée sur deux tourillons cylindriques horizontaux et immobiles, sur lesquels elle
peut en quelque sorte rouler. La courbe directrice de la surface cylindrique de roulement est calculée de manière qu'on

11**

peut obtenir, soit un niveau constant de la retenue, soit un débit constant à l'orifice inférieur.

Portes en tôle du canal Saint-Maurice. — Les portes d'écluse sont construites, tantôt en bois, tantôt en métal ; la question est encore débattue. Les portes en tôle construites pour le canal Saint-Maurice (Marne canalisée) offrent un nouvel argument en faveur de l'emploi du métal : elles ne coûtent qu'un cinquième en sus de ce qu'auraient coûté des portes en bois établies dans des conditions identiques. Par la simplification des assemblages et l'emploi exclusif des tôles et des fers spéciaux du commerce, une économie de plus d'un tiers a été réalisée sur le prix des anciennes portes métalliques. Ce nouveau type a déjà reçu 54 applications diverses à des écluses de 5^m20 à 12 mètres de large.

§ 6. — Traction des bateaux.

Le problème de la navigation intérieure offre un second point de vue non moins important que celui auquel se rapportent les indications précédentes : il ne suffit pas de disposer d'un cours d'eau à régime convenable, il faut encore savoir l'exploiter avantageusement ; ici le bon emploi des moteurs animés ou mécaniques dont on dispose, l'économie du temps, l'amortissement rapide des capitaux ont la même valeur que dans toute autre industrie comparable, celle des transports sur route ou chemin de fer, par exemple. Sous ce rapport, notre navigation a encore beaucoup à faire : presque partout la traction des bateaux a lieu à bras d'homme ou avec des chevaux ou des bœufs, comme il y a des siècles. Les porteurs et remorqueurs à vapeur ne sont usités que sur les principales rivières ; depuis quelques années un système nouveau, celui du touage sur chaîne noyée, fonctionne sur la Seine et sur le canal Saint-Martin ; il doit être cité parmi les améliorations les plus remarquables réalisées dans ces derniers temps par l'industrie des transports. La chaîne employée aujourd'hui à ce service pèse 11 kilogrammes et coûte 6 francs 27 par mètre courant : elle supporte habituellement une tension de 4 à 5,000 kilogrammes. Les toueurs sont des bateaux pourvus d'une machine de 35 à 40 chevaux; elle commande un treuil sur lequel la chaîne s'enroule en passant sur le bateau, soutenue aux deux extrémités par des aiguilles mobiles, pourvues de poulies, qui facilitent beaucoup les manœuvres. L'avancement a lieu en raison de l'adhérence de la chaîne sur le fond de la rivière qui est égale à 0.70 ou 0.80 du poids de la partie en contact. La vitesse moyenne est de 0^m40 à 0^m45 par seconde. Dans les parties où il y a peu de courant, le toueur remonte huit bateaux chargés de 200 à 250 tonneaux. Le nombre des voyages qu'un bateau peut faire dans un temps donné est augmenté par le touage dans le rapport de 3 à 2. Le prix de traction est moindre que par tout autre système mécanique.

Système Bouquié. — Le système du touage par convois n'est pas praticable sur les canaux ni sur les rivières canalisées qui ne sont pas pourvues, comme la Seine, d'écluses de 100 mètres de longueur, où tout un train peut se garer. On a cherché le moyen de rendre le touage applicable à la navigation par bateaux isolés. M. Bouquié a résolu cette difficulté. Son moteur est une locomobile qui met en mouvement l'arbre d'une poulie à mâchoires mobiles, faisant saillie sur le flanc gauche du bateau. Cette poulie est embrassée par la chaîne sur le tiers environ de sa circonférence, au moyen d'une petite poulie de tension, et c'est par son intermédiaire que l'avancement a lieu. Tout ce mécanisme est porté sur un châssis mobile que l'on peut transporter d'un bateau à un autre. Les manœuvres de croisement des bateaux et de passage des écluses s'effectuent avec la plus grande facilité. Le système Bouquié fonctionne, depuis plusieurs années, sur le canal Saint-Martin d'une manière très-satisfaisante, et il vient d'être installé sur la partie construite du canal de Suez.

En résumé, les prix de revient et les parcours journaliers, obtenus par les divers systèmes de traction de bateaux, sont à peu près les suivants :

	PRIX DE TRACTION par tonne kilométrique	PARCOURS moyen par jour.
Traction à bras d'homme sur les canaux	0 f., 0077	11 k. 34
Traction par cheval — —	0, 0196	22 49
— sur les rivières.	0, 0498	21 07
Traction par la vapeur. — Remorqueurs	0 016 à 0,036	»
— Toueurs, demi-charge.	0, 0185	33 33
— — pleine charge	0, 022	33 33

Les données précédentes sont extraites d'un mémoire inséré au deuxième volume, année 1863, des *Annales des Ponts et Chaussées*, où la question de la traction des bateaux est traitée d'une manière très-complète. Ajoutons, avec les auteurs de ce mémoire, que, parmi les perfectionnements les plus indispensables et les plus faciles à réaliser pour cette industrie, il serait à désirer qu'on substituât aux modes actuels de chargement et de déchargement sur les quais de nos ports des procédés moins primitifs : on ferait aussi disparaître bien des incertitudes qui se traduisent en frais pour le commerce, en publiant pour les diverses voies navigables un livret officiel, analogue à celui qui a été rédigé pour la basse Seine.

CHAPITRE V.

FONDATIONS, OPÉRATIONS DIVERSES.

Parmi les difficultés que présente l'exécution des grands travaux, aucune ne surpasse celles qu'on rencontre dans l'éta-

blissement des fondations au milieu des eaux profondes et
agitées, sur des fonds compressibles et mobiles ; aucune
n'exige, pour être surmontée, plus d'énergie et d'aptitudes
variées : cependant, l'œuvre de tant de fatigues, d'intelligence
et de dévouement reste ensevelie sous les eaux, ignorée de la
foule et appréciée seulement d'un petit nombre d'hommes
spéciaux. L'art des fondations a réalisé, dans ces derniers
temps, de grands progrès; mais ils ne do vent pas faire perdre
de vue les méthodes ingénieuses et fécondes auxquelles nos
devanciers ont eu recours, et qui restent les plus usuelles ;
méthodes d'autant plus remarquables que les hommes éminents qui les ont créées, presque entièrement livrés à eux-
mêmes, étaient dépourvus des ressources de toute sorte qu'offre
aujourd'hui le concours de l'industrie privée. Nous n'avons pas
à revenir ici, quoique l'Exposition en offre des applications remarquables, sur des systèmes connus depuis plus ou moins
longtemps, tels que les caissons sans fond avec béton immergé,
les caissons sans fond étanches, etc., ni sur plusieurs procédés
plus spécialement usités dans les travaux maritimes et dont il
est question ailleurs (blocs artificiels, puits foncés, pieux à vis).
Quand il faut asseoir les bases d'une construction à plus de
10 mètres au-dessous des eaux, les systèmes anciens ne suffisent plus, ou, tout au moins, ils entraînent à de grandes dépenses et ils exigent un temps qui n'est plus compatible avec
l'impatience de jouir dont nous sommes assiégés. Un procédé
très-ingénieux permet aujourd'hui de descendre à des profondeurs qui dépassent 20 mètres dans les terrains les plus
difficiles; c'est le système tubulaire, dont il va être question.

§ 1. — Fondations tubulaires et par l'air comprimé.

Ce système consiste à enfoncer dans le sol de grands tubes
en fer ou en tôle de 3 mètres environ de diamètre, que l'on
vide peu à peu et qui descendent par l'effet de leur propre
poids, accru d'une surcharge additionnelle, jusqu'à la ren-

contre d'un fonds suffisamment solide : on remplit alors ces tubes de béton et l'on s'établit sur leur sommet. Le déblai dans l'intérieur des tubes se fait à sec si le terrain est imperméable, et au scaphandre dans le cas opposé. M. le docteur Pott avait proposé de recouvrir le tube d'un tampon hermétiquement bouché et de faire le vide à l'intérieur ; la pression atmosphérique favorise l'enfoncement du tube et le vide intérieur aide à la rentrée des terres : les résultats obtenus par ce moyen n'ont pas été assez importants pour en généraliser l'emploi. Au contraire, en faisant intervenir l'air comprimé, suivant les procédés appliqués pour la première fois sur la Loire, par M. Triger, en 1840, on a créé un des systèmes de fondations les plus ingénieux et les plus sûrs, dont les applications se comptent aujourd'hui par centaines. Ces applications diffèrent entre elles principalement par la manière dont se font le lestage du tube, l'extraction des déblais, le règlement de la descente, et par la disposition des écluses à air.

Le poids du tube seul étant insuffisant pour faire équilibre au frottement de ses parois, à la sous-pression de l'eau dans laquelle il est plongé et à la pression de l'air intérieur, il faut, pour obtenir son enfoncement, ajouter une surcharge. Dans les premiers essais, cette surcharge était obtenue au moyen de rails posés directement sur le sommet de l'appareil ; il fallait les déplacer toutes les fois qu'on enlevait l'écluse pour allonger le tube ; c'était une dépense et une perte de temps qu'on a su éviter par divers moyens.

Au pont de Bordeaux, où la nature variable du terrain rendait dangereuse l'action d'une surcharge permanente , les tubes ont été chargés au moyen d'un joug horizontal sur les extrémités duquel agissaient les tiges de deux presses hydrauliques, fixées invariablement et lestées sur les échafaudages : par ce moyen, on a pu régler très-facilement la charge du tube suivant la consistance du sol et les autres circonstances accidentelles, telles que les marées et les crues du fleuve. Dans d'autres cas, on a établi à une petite hauteur au-dessus du fond du tube un plafond métallique, formant une chambre de travail où se tiennent les ouvriers chargés du déblai ; cette chambre est en communication avec l'écluse à air par un tube concentrique au premier. L'espace annulaire compris entre ces deux tubes reçoit le lest ; celui-ci peut être fait simplement avec de l'eau dont on règle à volonté la quantité suivant les besoins du travail ; cette méthode a été très-employée sur les chemins russes. D'autres fois, le lest est obtenu au moyen de la maçonnerie de remplissage du tube ; c'est le système du pont d'Argenteuil. Au pont de Bayonne, le lest était fait des déblais mêmes, extraits de la chambre de travail et relevés au-dessus de son plafond ; on évitait ainsi les pertes de pression dues au grand nombre d'éclusées nécessaires pour la sortie des déblais ; ils ont été extraits à l'air libre après l'achèvement du fonçage.

Dans les premières applications de l'air comprimé, la descente du tube avait lieu par la méthode dite des rentrées de terre : elle consistait, les ouvriers étant sortis, à lâcher brusquement l'air comprimé ; il en résultait une espèce de succion opérée sur le sol, l'entrée dans le tube d'une certaine quantité de terre désagrégée et l'abaissement plus ou moins prononcé de l'appareil ; mais cette méthode a le grave inconvénient d'ameublir le terrain aux environs des piles, de favoriser leur déversement et d'augmenter notablement le volume des déblais à extraire par éclusées. Il est plus sûr de fouiller dans la chambre de travail. Les déblais sont généralement extraits dans de petites bennes qu'on élève jusqu'à l'écluse avec un treuil mis en mouvement par une machine à vapeur extérieure ; quand l'écluse est à peu près remplie de bennes, on ferme sa communication avec la chambre de travail ; on se met en équilibre avec la pression extérieure ; on ouvre les portes et on sort les bennes pour les vider ; la rentrée des bennes vides a lieu par une opération inverse. Pour que cette opération n'interrompe pas le travail, les écluses sont souvent divisées en deux compartiments.

La construction du pont de Kehl a marqué plusieurs progrès importants dans l'histoire des fondations par l'air comprimé ; les piles de ce pont ont été descendues à 20 mètres au-dessous de l'étiage du Rhin ; elles sont massives et non plus formées de simples tubes comme les précédentes ; la chambre de travail est un grand caisson en tôle, dont la superficie occupe toute l'aire de la pile ; sur son plafond repose directement le massif de maçonnerie qui se construit à l'air libre à mesure que la pile descend plus ou moins rapidement, suivant les nécessités du lestage. Sur ce plafond s'élèvent trois tubes ; celui du milieu s'ouvre à l'air libre et contient une drague verticale qui puise au fond du fleuve les graviers que les ouvriers placés dans la chambre de travail détachent des bords et poussent constamment vers elle ; elle les élève et les déverse dans des chalands par les moyens ordinaires. Les deux autres tubes servent alternativement au passage des ouvriers et la chambre d'équilibre se transporte de l'un à l'autre, chaque fois que, la pile descendant, il faut allonger les tubes. Ainsi, aucun sassement n'est nécessaire pour l'extraction des déblais. Le système du pont de Kehl a été l'objet de nombreuses imitations : aux ponts de la Voulte, de Rovigo, d'Arles, de Saint-Gilles, de Kœnigsberg, etc.

Dans leur mouvement de descente, les piles sont exposées à s'éloigner de la verticale, et il faut pouvoir les y ramener à chaque instant ; ce résultat s'obtient au moyen de verrins montés sur les échafaudages, qui commandent des tiges de suspension fixées au bas du caisson ou du tube et suivent son mouvement de descente ; en réglant convenablement la tension de ces tiges, on maintient le caisson dans la position verticale.

§ 2. — Dragages.

Parmi les opérations préliminaires que comportent les travaux de fondation, le dragage a souvent un rôle important : la drague sert à enlever les couches compressibles et à mettre à nu le terrain solide sur lequel les fondations doivent s'élever ; elle est aussi le plus énergique instrument que l'on puisse appliquer aux travaux d'entretien et d'approfondissement des chenaux navigables des rivières, des ports et des rades.

M. Castor a exposé les dessins des divers types de dragues qu'il a employées dans ses nombreuses entreprises, et qu'il a sans cesse perfectionnées, depuis les petites dragues de la Seine qui n'extrayaient en 1840 que 200 mètres cubes de déblai par jour à raison de 2 francs le mètre, lesquelles ont fait place à d'autres extrayant 1,000 mètres au prix de 0 fr. 80 c., puis 1,500 mètres au prix de 0 fr. 40 c., jusqu'aux grandes dragues de dérochement du port de Boulogne. L'action de ces dragues a été combinée avec celle de machines élévatoires et de grues à vapeur, simples et ingénieuses, au moyen desquelles on opère très-économiquement le transbordement des produits du dragage sur chemin de fer : ces produits sont ordinairement des sables ou graviers, propres à la confection du ballast ou des remblais ; on a pu souvent réaliser par ces appareils un double avantage, améliorer les rivières et éviter, le long des chemins de fer, les emprunts qui créent des marécages au moins stériles.

M. Mauser, ingénieur autrichien, a exposé un beau modèle d'une drague à vapeur de 40 chevaux, construite à Trieste et destinée aux ports de l'Adriatique. C'est sur l'emploi des dragues qu'est fondée l'organisation actuelle des travaux de l'isthme de Suez ; les ingénieurs et entrepreneurs de la Compagnie universelle ont fait faire à l'art du dragage les progrès les plus considérables.

On doit citer encore, parmi les grands outils destinés à seconder le travail des dragues, le poinçon à vapeur, employé à des fouilles sous-marines en rocher pour l'approfondissement du canal d'Arles à Bouc ; c'est une application intéressante du principe du marteau-pilon.

§ 3. — Pilotage.

L'application de la vapeur au battage des pieux a été réalisée depuis longtemps par l'emploi de machines ingénieuses, mais lourdes et dispendieuses. On a réussi à exécuter cette opération avec beaucoup d'économie et de simplicité, en installant sur une plate-forme mobile sur rails une sonnette à déclic ordinaire, commandée par une locomobile. L'avantage de cette disposition s'est manifesté par des chiffres significatifs, résumés ci-dessous et recueillis au port de Toulon :

	SONNETTE MANŒUVRÉE	
	à bras.	à vapeur.
Prix de revient de battage d'un pieu....	11 fr. 08 c.	4 fr. 25 c.
Nombre de pieux placés dans le même temps	1 »	3 37
Nombre de coups battus par heure......	16 à 18	100 à 110

Ces dispositions ont reçu des imitations innombrables ; elles sont aujourd'hui généralement adoptées.

Deux maisons anglaises ont envoyé à l'Exposition des sonnettes à vapeur beaucoup plus maniables que les anciennes : ces deux appareils sont pourvus d'une chaîne sans fin, douée d'un mouvement continu, qui agit sur le mouton ; dans la sonnette de **MM.** Sissons et White, de Hull, celui-ci est muni en arrière d'une queue qui s'engage dans les vides des maillons de la chaîne, ou les quitte à volonté, et qui fait partie d'un mécanisme de déclic, manœuvré d'en bas par une corde : on obtient ainsi le mouvement alternatif du mouton. Les exposants annoncent que toute la machine, y compris son moteur à vapeur, ne pèse que 6 tonnes ; elle n'occupe avec sa plate-forme qu'un carré de 2^{m}10 de côté : le mouton donne 12 coups par minute en tombant d'une hauteur de 1^{m}50.

La sonnette de MM. Eassie et Cie présente un aspect
général assez semblable à la précédente ; on a cherché à
éviter dans cet appareil le frottement du mouton sur ses
glissières en faisant passer la chaîne par une poulie de renvoi,
dans la verticale du centre de gravité du mouton ; le déclan-
chement s'opère automatiquement par un arrêt fixé à la
hauteur convenable. M. Castor a aussi exposé les dessins des
sonnettes à vapeur qu'il a employées aux travaux de Perrache
et d'Argenteuil.

M. Camuzat, serrurier à Vincennes, a réalisé quelques
améliorations de détail intéressantes ; il a substitué aux sabots
de pieux en fer à branches des sabots en tôle qui sont plus
légers, garnissent mieux la pointe des pieux et les empêchent
de s'écraser. Les pieux à vis de M. Mitchell sont toujours
très appréciés dans les travaux de fondation.

§ 4. — Terrassements; opérations diverses; outillage.

Sous ce titre viendraient se ranger les sondes, les pompes
d'épuisement, les appareils pour levage et bardage des matériaux, les outils, échafaudages et machines employés aux
travaux de terrassement, de maçonnerie, de charpente et de
grosse serrurerie, si la plupart de ces objets n'avaient été
étudiés dans d'autres Rapports. Il convient toutefois de rendre
hommage, en passant, aux services, chaque jour plus nombreux, rendus par les machines à vapeur locomobiles sur
les chantiers ; pilotages, épuisements, levages ; ces machines
s'appliquent à tous les travaux, et leur introduction a réalisé
un progrès considérable aujourd'hui apprécié partout. Nous
n'aurons plus qu'à rappeler un petit nombre de faits isolés
ne se rattachant pas directement à d'autres sujets traités dans
ce Rapport.

Modifier la configuration naturelle du sol à sa superficie,
pour la rendre propre à la circulation des véhicules de toute
sorte, tel est un des principaux objets de l'art de l'ingénieur,

et l'un des éléments les plus considérables des frais de premier établissement des voies de communication. Cet élément entre, par exemple, pour environ 78,000 francs en moyenne dans le prix de revient kilométrique des chemins de fer, et ce n'est qu'au moyen d'études longues et patientes, dirigées par une profonde expérience, qu'on parvient à en réduire l'importance.

On se préoccupe toujours de trouver des machines capables d'effectuer avec économie dans les terrassements les travaux de fouille et charge des déblais. Les tentatives faites dans ce sens sont déjà nombreuses. Jusqu'ici les machines de terrassement n'ont pas réussi à l'emporter sur le travail manuel; la contexture du sol est presque toujours trop variable pour que l'habileté personnelle de l'ouvrier terrassier n'influe pas dans une large mesure sur la manière de l'attaquer; c'est seulement dans les sols très-homogènes, comme ceux sur lesquels on applique habituellement les dragues, que cette substitution pourrait se produire avantageusement. Nous n'avons pas à revenir sur ce qui a été dit plus haut des grandes expériences qui se poursuivent à Suez. La fabrication des outils de terrassement ordinaires s'est d'ailleurs notablement améliorée ; elle a profité des progrès de la métallurgie ; les produits de la maison Limouzin frères la représentaient avantageusement à l'Exposition.

Les travaux de mine et d'attaque des roches dures appartiennent à la classe 47.

La question du chargement et du transport des déblais joue dans les terrassements un rôle trop considérable pour que les recherches des inventeurs ne soient pas souvent dirigées dans ce sens; des types spéciaux de voies de fer et de locomotives ont été étudiés pour ce service. On a employé dernièrement dans quelques grandes tranchées en terrains maniables un procédé ingénieux ; il consiste à entamer la tranchée comme un souterrain au moyen d'une galerie et de puits percés sur son axe, espacés convenablement. La galerie est assez large pour le passage des trains de terrassement ; les wagons vides y sont introduits, et l'on y fait tomber les déblais en piochant à l'entour de l'orifice des puits, qui se transforment en entonnoirs de plus en plus vastes, à mesure que le travail s'avance.

M. Roux a employé à la ballastière de Pierrelongue, près d'Angerville (Loiret), un plan incliné de 0^m25 par mètre, rachetant une différence de niveau de 20 mètres. La traction avait lieu au moyen d'une corde sans fin animée d'un mouvement continu ; par un mécanisme fort simple, les wagons poussés sur la chaîne s'y rattachaient d'eux-mêmes au bas de la rampe et se détachaient de même au sommet.

Les travaux ingrats et difficiles, auxquels donne lieu la consolidation des talus de déblai et de remblai dans les terrains argileux ont été l'objet de nombreux perfectionnements ; nos chemins de fer en offrent de remarquables exemples.

Quant aux opérations de levage et de bardage, nous n'avons qu'à rappeler les appareils de MM. George, Bernier, Cousté, Castor, exposés en modèles ou en dessins et mentionnés ailleurs, ainsi que plusieurs autres.

§ 5. — Tunnels.

Les chaînes de montagnes opposent des obstacles formidables aux grandes voies de communication. On a réussi à inventer des procédés très-divers pour les franchir ; plusieurs sont pratiqués avec succès. La plupart reposent sur l'emploi de machines plus ou moins compliquées ; ils atteignent leur but en immobilisant un capital relativement faible, mais avec des moyens d'action insuffisants pour desservir un trafic considérable, et au prix de frais d'exploitation très-élevés. Par le moyen des tunnels, la difficulté est abordée de front ; le point de passage des faîtes se trouve abaissé au niveau des vallées, mais le capital immobilisé est énorme ; sur les chemins de fer français, les tunnels ont coûté de 900 à 3,000 francs par mètre courant. Ce n'est pas cependant une raison pour renoncer à cette solution quand des intérêts de premier ordre sont en jeu ; les nombreux spécimens des systèmes de percements souterrains ou d'attaque des roches dures présentés à l'Exposition Universelle prouvent que l'on en comprend plus que jamais l'importance. Celui qui a reçu l'application la plus grandiose fonctionne aux pieds des Alpes : le tunnel du mont Cenis comptera au nombre des merveilles de l'industrie humaine. La pensée de percer un souterrain de 13 kilomètres de longueur sans puits intermédiaires ne pouvait être réalisée que par des moyens extraordinaires, en rapport avec des difficultés qu'on n'avait jamais abordées ; on sait que c'est par l'emploi de l'air comprimé au moyen des forces hydrauliques fournies par les torrents des Alpes que les appareils de forage sont mis en mouvement, et que cet air, après avoir servi au travail des outils, est employé à la ventilation des chantiers. Ce système a fait ses preuves ; plus de la moitié du tunnel est percée ; les bancs de roches les plus résistants ont été traversés, tout permet d'espérer qu'avant trois ans la nouvelle voie épargnera aux voyageurs entre la France et l'Italie une ascension de 1,000 mètres, et dix heures de fatigues et quelquefois de dangers.

Les appareils applicables à la construction des tunnels appartenant presque tous à la classe 47, nous n'avons plus à mentionner que le modèle des cintres métalliques employés par M. Reziha, en Allemagne, et celui du tunnel d'Ivry (Seine), sur le chemin de fer de Ceinture (rive gauche), qui a présenté des difficultés particulières et des dangers nombreux, à cause de l'existence de carrières abandonnées sous le tracé.

CHAPITRE VI.

RÉSUMÉ.

Si, jetant un coup d'œil en arrière, on entreprend de résumer les impressions résultant de l'examen que nous avons essayé, et des faits que nous avons constatés, on est premièrement frappé de l'application de plus en plus étendue des indications de la science éclairée par l'expérience à l'art de construire. L'intervention des machines dans tous les genres de travaux, le perfectionnement du matériel des entrepreneurs, la sûreté des prévisions, la promptitude, l'économie, la sécurité qui en résultent, nous offrent les témoignages incontestables de ces tendances. Nous sommes portés à en attribuer les heureux effets, en grande partie, au système rationnel d'éducation généralement adopté par les ingénieurs et les constructeurs, système fondé sur les méthodes et les principes dus aux illustres fondateurs de l'École polytechnique de France, qui portent aujourd'hui leurs fruits et sont imités presque partout. Il est très-loin de notre pensée de contester en rien l'importance de cette partie de l'éducation du constructeur, qui ne peut se faire que sur les chantiers et dans les ateliers; nous constatons aussi, avec une vive satisfaction et une admiration profondément sentie, les progrès dus aux hommes exclusivement pratiques ; mais les chefs de notre armée industrielle ont su réunir ordinairement la double instruction pratique et scientifique et féconder l'une par l'autre. Remarquons d'ailleurs que les progrès signalés aujourd'hui sont dus à un concours immense de volontés et d'intelligences, cultivant le sol préparé par les découvertes de nos devanciers, plutôt qu'à l'intervention créatrice de quelques génies souverains.

L'établissement du réseau des chemins de fer nous a posé

de nombreux et difficiles problèmes qui ont été, en général, heureusement résolus ; il a donné à l'art des constructions une impulsion telle que, à aucune époque, on ne pourrait sans doute rien constater de pareil à ce qui s'est fait de 1840 à 1867. L'intervention habituelle du fer dans les grands édifices restera une des principales conquêtes et un des caractères de cette période ; ce métal seul a permis de vaincre des obstacles devant lesquels on était complétement arrêté il y a peu d'années. Les progrès de la métallurgie contribueront à étendre ses applications ; il rendra aux nations civilisées des services de plus en plus appréciés, mais il est appelé à un rôle plus considérable peut-être, en permettant l'exécution rapide et sûre des grandes voies de communication dans les régions les moins accessibles du globe : sous ce rapport, nous ne sommes encore qu'au début de l'ère des chemins de fer : l'Exposition Universelle de 1867, par les relations qu'elle aura contribué à nouer, aura certainement pour effet d'en hâter le développement.

La puissance de production des grands ateliers français les met en mesure de prendre une large part à ce mouvement général. Les documents fournis par les grandes usines, par MM. Schneider, Gouin, Cail, Martin, Joly, Rigolet, etc., nous montrent qu'elles ont contribué puissamment à l'exécution de nos travaux publics ; mais, en même temps, dans les grands travaux des nations étrangères, elles ont dignement représenté l'industrie de notre pays. Il y a, dans ce nouvel ordre de produits, les éléments d'un commerce d'exportation considérable ; à l'intérieur, des types très-économiques, appliqués même à nos chemins vicinaux, ont été essayés et sont susceptibles encore d'améliorations ; les planchers, les combles et autres constructions incombustibles qui se préparent dans les mêmes ateliers, dont l'emploi ne s'est jusqu'ici répandu que dans Paris et quelques grandes villes, sont destinés à des applications de plus en plus fréquentes ; ces raisons et beaucoup d'autres trop longues à énumérer classent les ateliers de constructions métalliques parmi les industries vraiment nationales les plus dignes de la sollicitude publique.

Cette industrie nous offre encore un des exemples les plus remarquables d'application scientifique. En effet, les métaux sont extrêmement chers, comparés à tous les autres matériaux; ils sont de plus extrêmement lourds; on ne peut les prodiguer: c'est seulement grâce aux procédés de calcul, découverts par les hommes de science, que les grands édifices métalliques peuvent s'élever avec l'économie et la hardiesse que nous admirons. Ce serait donc présenter un tableau bien incomplet de l'état présent de cette branche de l'art de l'ingénieur que de passer sans rendre un hommage mérité aux noms des hommes qui ont le plus contribué à créer la théorie moderne de la résistance des matériaux : Navier, Poncelet, Hodgkinson, Fairbairn, Clapeyron, etc.: rarement les catalogues et comptes rendus d'expositions ont mentionné ces noms, mais parmi les produits exposés beaucoup portent l'empreinte bien manifeste, quoique tacite, de leur concours.

Les expériences faites avant l'établissement du palais du Champ-de-Mars sur les arcs d'essai de la grande galerie du Travail nous fournissent une nouvelle preuve de la confiance que peuvent inspirer les calculs de résistance faits avec le soin convenable; ces expériences ont, en effet, donné des résultats concordant de la manière la plus satisfaisante avec ceux annoncés par les formules de M. Bresse.

Dans les autres catégories de travaux, nous avons eu aussi à constater de notables progrès; dans la maçonnerie elle-même, l'emploi des ciments à prise lente est un fait de la plus grande importance; le perfectionnement de l'outillage, des systèmes de levage, de décintrement, de fondations, est constant.

La navigation intérieure se met en mesure de lutter courageusement avec les chemins de fer; elle a encore beaucoup à faire, particulièrement en ce qui concerne le système d'exploitation des voies navigables : il y a là pour la France un intérêt de premier ordre.

En résumé, dans les cinq années qui se sont écoulées entre la dernière Exposition Universelle de Londres et celle de 1867, il y a eu à constater moins de faits considérables, au point de vue où nous sommes ici placés, que dans la période de 1855 à 1862 : cette dernière a coïncidé avec l'exécution des plus grandes lignes de chemins de fer du réseau européen, et cette circonstance suffit à expliquer la différence qui vient d'être signalée. Cependant beaucoup d'améliorations de détail ont été obtenues ; le mouvement des grands travaux est loin d'avoir atteint sa fin ; tandis que s'achève l'Exposition de 1867, trois immenses entreprises marchent rapidement vers leur terme : le canal de l'isthme de Suez, dont l'ouverture est annoncée pour la fin de 1869 ; le percement du mont Cenis, et le chemin de fer du Pacifique, aux États-Unis, qui pourront être achevés dans un délai d'environ quatre ans ; entreprises poursuivies à travers des difficultés de toute nature avec une persévérance qu'on peut appeler héroïque. Qu'on cherche dans l'histoire un concours de circonstances analogues, on aura peine à le trouver ; il suffit à caractériser une époque, et, quel que soit le jugement de la postérité sur la nôtre, les promoteurs de ces grandes entreprises, en qui se personnifient son activité et son génie, peuvent l'attendre avec confiance.

V

PERCEMENT DU MONT CENIS,

par M. Edmond HUET.
Ingénieur des ponts et chaussées.

On a remarqué avec regret que l'une des plus grandes entreprises de notre époque, celle qui a pour objet le percement du mont Cenis, n'était représentée à l'Exposition Universelle que par quelques mémoires et dessins, perdus dans des publications mensuelles envoyées par le Ministère des Travaux publics d'Italie, et incapables, en tout cas, de donner une idée de l'ensemble des moyens et des dispositions adoptés pour l'exécution de cet immense travail. Indépendamment de l'intérêt qui s'attache à une œuvre aussi gigantesque, devant laquelle s'accumulaient des difficultés exceptionnelles et qui devra produire de si importants résultats, les procédés nouveaux et ingénieux employés dans ces travaux constituent, par leur application à l'art des constructions et à la mécanique, un progrès qu'il n'est pas permis de passer sous silence.

Nous allons, en conséquence, tâcher de donner sommairement une idée de ces procédés. Nous commencerons par un court exposé du but et de l'historique de l'entreprise.

§ 1. — But et historique de l'entreprise.

La route du mont Cenis, construite sous le règne de Napoléon Iᵉʳ, met Chambéry en communication avec Turin : après avoir remonté la vallée de l'Arc, affluent de l'Isère, elle la quitte pour s'élever sur le versant français des Alpes, franchit le faîte au col du mont Cenis, situé à plus de 2,000 mètres au-dessus du niveau de la mer, descend ensuite sur le versant italien, passe par la petite ville de Suse, et entre dans les plaines du Piémont par la vallée de la Doire Ripuaire.

Lorsque le gouvernement sarde, en vue de relier plus intimement la Savoie à la capitale du royaume et de mettre en même temps Turin en relation plus facile avec la France et les autres États de l'Europe occidentale, songea à faire étudier un chemin de fer dans cette direction, le tracé général de la nouvelle voie était indiqué par le tracé même de cette route, c'est-à-dire par la vallée de l'Arc en Savoie et par la vallée parallèle de la Doire Ripuaire en Piémont; le seul point à déterminer était celui où le massif des Alpes, qui sépare ces deux vallées et que le chemin de fer ne pouvait franchir comme la route, présentait le plus de facilité pour le percement d'un souterrain qui permettrait de passer de l'une à l'autre.

La traversée sous le mont Fréjus, situé notablement à l'ouest du mont Cenis, avait été indiquée dès 1840; elle avait été adoptée dans le premier projet de percement qui ait attiré sérieusement l'attention du gouvernement sarde, celui de M. Maus, ingénieur belge; et c'est en définitive suivant cette direction que s'exécute maintenant le souterrain désigné sous le nom de *souterrain du mont Cenis.*

Ce souterrain a son origine dans la vallée de l'Arc, près du village de Fourneaux, et débouche dans la vallée du torrent de Rochemolle, affluent de la Doire, près du village de Bardonnèche. Sa longueur est de plus de 12 kilomètres.

Pour un percement à pratiquer à une profondeur de 1,600 mètres sous le point culminant de la montagne, il n'était pas possible d'ouvrir des puits; il fallait donc enlever tous les déblais et apporter tous les matériaux par les deux têtes. C'était là une sujétion qui, avec les moyens d'exploitation alors

usités, conduisait, pour un souterrain de cette longueur, à
une durée d'exécution considérable, sans parler des difficultés
d'aérage, qui en étaient encore la conséquence. M. Maus avait
proposé l'emploi d'une machine qui aurait découpé la roche en
blocs faciles à détacher ensuite au moyen de coins ; la machine
devait être mise en mouvement par des roues hydrauliques.
Il espérait ainsi activer le travail, et, en supprimant l'emploi
de la poudre, réduire considérablement les besoins de l'aérage.
Mais de graves objections se présentèrent ; la transmission de
l'action du moteur à des distances qui devaient finir par dépasser 6 kilomètres présentait des difficultés considérables.

La question était donc à l'étude, lorsque trois ingénieurs
piémontais : MM. Grandis, Grattoni et Sommeiller firent dans
un autre but des expériences sur une machine à comprimer
l'air. Ces expériences ayant réussi, ces ingénieurs proposèrent
d'employer comme moteur, pour le percement du mont Cenis,
l'air comprimé par les chutes d'eau qu'offrait la contrée, en
l'appliquant à des machines perforatrices qui feraient des trous
de mine, et en l'utilisant en même temps à l'aérage.

Il convient toutefois de rappeler que, à la même époque,
M. Bartlett, ingénieur anglais, attaché à l'entreprise du chemin
de fer Victor-Emmanuel, appliquait un perforateur mécanique
à l'exploitation d'un petit souterrain de ce chemin de fer ; seulement, dans sa machine, les barres à mines étaient mises en
mouvement par la vapeur que produisait une locomobile placée à l'extérieur ; ces barres pouvaient frapper 300 coups par
minute et décuplaient ainsi la rapidité du même travail fait à
bras d'homme ; mais la transmission de cette force était impossible à des distances quelque peu considérables, et le problème de l'aérage n'était pas résolu. Le système de MM. Grandis, Grattoni et Sommeiller restait donc bien supérieur.

Une commission fut nommée pour soumettre ce système à
des expériences directes. Elle les commença au mois d'avril
1857, et les résultats ayant été déclarés satisfaisants, le projet
des trois ingénieurs fut adopté. Une loi en date du 15 août 1857

autorisa le gouvernement à faire exécuter les travaux. La direction en fut confiée à MM. Grandis, Grattoni et Sommeiller ; mais en fait, c'est M. Sommeiller qui l'exerce.

Les tracés définitifs et les travaux préparatoires exigèrent beaucoup de temps; il fallut ouvrir des canaux de dérivation, former des réservoirs d'eau, construire, tant à Fourneaux qu'à Bardonnèche, de vastes bâtiments pour ateliers, bureaux, logements, etc. En même temps, on passa des marchés avec l'usine de Seraing, en Belgique, pour la construction des machines. Au mois de novembre 1860, cinq machines à comprimer l'air étaient en activité à Bardonnèche; à la fin d'avril 1862, il y en avait dix. A Fourneaux, le travail des machines ne put commencer que le 25 janvier 1863; mais déjà la galerie avait été ouverte, sur une longueur de plus de 900 mètres, par les procédés ordinaires.

En 1860, la Savoie fut réunie à la France; mais le gouvernement italien se réserva l'exécution des travaux du percement. Une convention internationale, en date du 7 mai 1862, régla la participation du gouvernement français aux dépenses pour la partie du souterrain située sur son territoire.

§ 2. — Dispositions générales du percement.

Le tracé définitif du souterrain se compose d'une grande ligne droite terminée à ses deux extrémités par des courbes; mais, pour la facilité de l'exécution, la ligne droite a été provisoirement prolongée jusqu'aux points où elle vient percer la montagne. La longueur de ce tracé rectiligne est de 12,220 mètres.

L'entrée du souterrain à Fourneaux a été placée à 100 mètres environ au-dessus du fond de la vallée de l'Arc, afin de réduire d'autant la différence de niveau déjà considérable qui existe entre les deux extrémités du percement; en effet, l'altitude de cette entrée, c'est-à-dire sa hauteur au-dessus du niveau de la mer, est ainsi de 1,202^{m}80 ; celle de la sortie, à

Bardonnèche, est de 1,335ᵐ38 ; d'où résulte encore entre ces
deux points une différence de niveau de 132ᵐ58. Si l'on avait
établi d'une extrémité à l'autre une pente unique, cette pente
n'eût été que d'un peu moins de 0ᵐ011 par mètre ; mais cette
disposition, très-favorable à l'exploitation, aurait singulièrement augmenté les difficultés de la construction, en s'opposant
à l'écoulement naturel des eaux du côté de Bardonnèche, et
l'on a préféré deux pentes inverses, l'une de 0ᵐ0222 par
mètre sur le versant français, l'autre de 0ᵐ0005 sur le versant
italien. Le point culminant, dont l'altitude est de 1,338ᵐ44,
se trouvera au milieu du percement et par conséquent à 6,110
mètres de chacune des têtes.

Le souterrain sera entièrement revêtu en maçonnerie. La
voûte est en plein cintre et a 8 mètres d'ouverture; la hauteur
sous clef, mesurée à partir du niveau des rails, est de 6 mètres. Un aqueduc de 1ᵐ20 de largeur sur 1 mètre de hauteur
est établi au milieu pour l'écoulement des eaux. C'est dans cet
aqueduc que l'on place, pendant la construction de la voûte,
les tuyaux d'amenée de l'air comprimé et du gaz qui sert à
l'éclairage du souterrain.

La coupe géologique de la montagne indiquée par MM. Élie
de Beaumont et Sismonda s'est vérifiée d'une manière remarquable et est maintenant connue avec une entière certitude.
Du côté de la France, on a traversé d'abord, sur 2,095 mètres,
un terrain carbonifère consistant en schistes et grès houillers
avec veines d'anthracite; puis, sur 380 mètres, des quartzites
très-durs, et sur 255 mètres, des gypses et calcaires compactes. Les travaux se continuent maintenant dans un calcaire
schisteux formant un massif considérable qui s'étend sur le
reste du versant français et comprend tout le versant italien.

§ 3. — Travail du percement.

Le travail du percement se compose, sur chaque versant,
des opérations suivantes :

1° Compression de l'air à l'aide de machines placées hors du souterrain;

2° Transmission de l'air comprimé jusqu'au fond de la galerie souterraine ;

3° Exploitation de la roche, enlèvement des déblais et construction du revêtement en maçonnerie.

Compression de l'air. — La compression de l'air s'effectue au moyen de forces hydrauliques très-puissantes qui, dans ces hautes régions, étaient restées sans emploi. Du côté de Bardonnèche, le torrent de Mélezet a un débit de 900 litres par seconde, au minimum. Ses eaux ont été dérivées et recueillies dans un réservoir placé à 45 mètres au-dessus du point où elles doivent agir ; elles fournissent donc, dans les plus grandes sécheresses, une force de 40,500 kilogrammètres ou de 540 chevaux-vapeur. A Fourneaux, on a fait, dans l'Arc, une dérivation de 6,000 litres par seconde ; la chute étant de 5^{m}60, on dispose, sur ce point, d'une puissance dynamique de 33,600 kilogrammètres ou de 448 chevaux-vapeur, que l'on pourrait augmenter considérablement au besoin, soit en prenant dans l'Arc un plus grand volume d'eau, soit en utilisant les eaux du torrent de Charmet.

Deux sortes de machines ont été successivement et même simultanément employées pour opérer la compression de l'air : l'une est le *compresseur à colonne d'eau* ou *à choc*, l'autre le *compresseur à pompe.* Le brevet d'invention de la première machine appartient à MM. Grandis, Grattoni et Sommeiller; celui de la seconde, à M. Sommeiller seul.

Dans le compresseur *à colonne d'eau*, un tube métallique vertical de 0^{m}62 de diamètre se remplit alternativement d'eau et d'air : lorsque l'eau s'écoule, l'air extérieur s'introduit dans le tube. Sa compression est opérée par le poids et le choc d'une colonne d'eau de 26 mètres de hauteur. L'air comprimé est refoulé dans un récipient où il est maintenu constamment à une pression effective de 5 atmosphères, sous la charge d'une colonne d'eau fournie par un réservoir régulateur placé à une hauteur de 50 mètres. L'eau motrice s'introduit dans la machine par une soupape dite *d'alimentation*; elle s'écoule par une soupape dite *de décharge*. Ces deux soupapes sont mises en mouvement par un appareil à air comprimé qui les ouvre et les laisse retomber tour à tour.

Le compresseur *à pompe* consiste simplement en un cylindre horizontal de 0^m57 de diamètre, aux extrémités duquel sont adaptés deux tubes verticaux. Un piston enfermé dans le cylindre horizontal est animé d'un mouvement de va-et-vient que lui imprime une roue hydraulique. Ce piston, agissant sur une masse d'eau dans laquelle il est plongé, la pousse alternativement à droite et à gauche, de sorte qu'elle s'élève et s'abaisse tour à tour dans chacun des deux tubes verticaux. Lorsqu'elle s'abaisse, l'air extérieur s'introduit dans le tube par une soupape; lorsqu'elle s'élève, elle comprime l'air et le refoule dans un récipient où il est emmagasiné sous une pression effective de 5 atmosphères. Chaque compresseur à colonne d'eau peut comprimer en vingt-quatre heures 6,000 mètres cubes d'air, dont il réduit le volume au sixième, c'est-à-dire à 1,000 mètres cubes. Un compresseur à pompe donne, dans le même espace de temps, environ 600 mètres cubes d'air comprimé.

A Bardonnèche, on a établi dix compresseurs à colonne d'eau et vingt-huit compresseurs à pompe. Il y en a autant à Fourneaux; mais l'expérience ayant fait reconnaître la supériorité des compresseurs à pompe, on a renoncé à en employer d'autres, et aujourd'hui les compresseurs à colonne d'eau sont abandonnés; ils n'ont même jamais fonctionné à Fourneaux, où, pour créer une chute d'eau d'une hauteur suffisante pour les mettre en marche, il fallait commencer par élever une partie des eaux de l'Arc.

Transmission de l'air comprimé. — On emmagasine l'air comprimé dans des réservoirs en fer, d'où il passe, au fur et à mesure des besoins, dans une conduite qui le porte jusqu'au fond des galeries. Cette conduite est formée de tuyaux de fonte de 0^m20 de diamètre, assemblés bout à bout par des joints garnis de rondelles en caoutchouc; ils sont posés, en dehors du souterrain, sur des rouleaux en fonte que supportent des piliers en maçonnerie; dans le souterrain, ils sont soutenus par des consoles en fer.

Cette conduite retient très-bien l'air comprimé; mise en charge et fermée, elle ne perd pas, en douze heures, plus de deux dixièmes d'atmosphère. Des précautions ont été prises pour qu'à l'extérieur du souterrain les dilatations dues aux variations de température n'y produisent pas de dislocations.

A une petite distance du fond de la galerie souterraine, la conduite en fonte se recourbe et vient se loger dans une niche pratiquée sur le côté: on y adapte des tubes mobiles en caoutchouc, revêtus d'une chemise en forte toile ; au moyen de ces tubes une partie de l'air comprimé est distribuée aux machines perforatrices, tandis qu'une autre partie est répandue dans la galerie pour son aérage.

Exploitation de la roche. — Les travaux s'exécutent dans l'ordre suivant. On ouvre d'abord, avec les machines perforatrices, une petite galerie d'attaque ; puis on agrandit cette galerie préparatoire par les procédés ordinaires, c'est-à-dire par des opérations manuelles, sans emploi de machines. Enfin, lorsque l'excavation faite dans la roche présente les dimensions voulues, on pose les cintres de la voûte et l'on construit le revêtement en maçonnerie. Il y a donc toujours trois ateliers distincts qui se suivent : le premier pour l'ouverture de la galerie d'attaque, le deuxième pour l'élargissement de cette galerie, le troisième pour l'exécution du revêtement.

Il importe beaucoup que les travaux avancent aussi rapidement que possible, et pour cela il faut que le deuxième atelier ne soit jamais retardé par le premier; d'un autre côté, la vitesse d'exécution de la galerie d'attaque varie avec ses dimensions et avec la dureté plus ou moins grande des roches que l'on rencontre. Aussi n'a-t-on pas toujours donné à cette galerie les mêmes dimensions. Elle avait, dans le principe, 4 mètres de largeur sur 3 mètres de hauteur, ou 12 mètres carrés de section ; mais ensuite on a réduit sa largeur à 2^{m}80 et sa hauteur à 2^{m}70, de sorte que la section n'est plus que de 7 mètres carrés et demi.

Les machines perforatrices employées sur ces travaux sont l'objet d'un brevet appartenant à M. Sommeiller. Elles sont portées par un chariot en fer qui est placé sur des rails et que l'on fait avancer ou reculer, suivant le besoin, au moyen d'un appareil à air comprimé. Chaque machine ne fait mouvoir qu'un seul outil ou barre à mine. L'outil est lié à un piston qui le fait avancer plus ou moins rapidement ou reculer au besoin , et qui, lorsqu'il le faut, le pousse avec force contre la roche : un autre mécanisme lui imprime en même temps un mouvement de rotation. On perce avec cette machine des trous de 1 mètre à 1^{m}10 de profondeur et de 0^{m}04 de diamètre. Un jet d'eau provenant d'un réservoir où l'eau est soumise à une pression de 5 atmosphères est dirigé sur le fond du trou pour le nettoyer.

Le chariot reçoit de sept à onze perforatrices, suivant les dimensions que l'on donne à la section de la galerie d'attaque. Le nombre des trous que l'on perce varie de 60 à 80; pour une petite section, il ne dépasse pas 60. On donne à quelques-uns de ces trous un diamètre exceptionnel de 0^{m}09. Cette opération achevée, on recule le chariot pour le mettre à l'abri derrière des portes en chêne, puis on procède à l'explosion, qui se fait en plusieurs fois. On charge d'abord les trous les plus rapprochés du centre : ceux qui ont 0^{m}09 de diamètre restent vides ; ils n'ont pour but que d'affaiblir la roche, afin qu'elle cède plus facilement à l'effort latéral des gaz produits par l'inflammation de la poudre dans les autres trous. Au moment où l'explosion des mines se produit, on ouvre les robinets des tuyaux qui amènent l'air comprimé, de manière à le répandre en grande quantité dans la galerie. A la faveur de cette injection, le travail de l'attaque peut être presque immédiatement repris ; mais, pour que la fumée soit promptement chassée du souterrain et ne gêne pas les ouvriers occupés aux travaux d'élargissement ou de revêtement et aux transports, on a été obligé d'établir, à chacune des têtes du souterrain, des cheminées d'aérage avec de puissants ventilateurs. Le courant d'air qui entraîne la fumée est rejeté dans la partie supérieure du souterrain par un plancher horizontal qui est placé à la hauteur des naissances de la voûte, et divise la section en deux étages, l'un pour les travaux, l'autre pour l'écoulement des gaz provenant des explosions.

L'air comprimé que l'on introduit dans le souterrain est très-pur et sans odeur ; il est frais au moment où il se dégage, à cause de la détente qu'il éprouve en sortant des tuyaux , aussi la température est-elle toujours moins élevée au fond de la galerie qu'à une certaine distance en arrière ; à 300 mètres du fond environ, elle atteint son maximum, qui ne dépasse pas 28 degrés.

Les ouvriers sont divisés en trois escouades travaillant chacune huit heures sur vingt-quatre. Il faut à peu près huit heures pour le percement des trous d'une attaque, le chargement des mines, l'explosion et l'enlèvement des débris. On fait ordinairement, dans chaque galerie, trois explosions par jour.

Les vingt-huit compresseurs à pompe établis à chaque tête du souterrain produisent, en vingt-quatre heures, environ 16,800 mètres cubes d'air comprimé, ce qui est suffisant pour le travail journalier et pour l'aérage On garde, de chaque côté, dans les récipients, une réserve d'environ 800 mètres cubes d'air sous la pression effective de 5 atmosphères.

§ 4. — Situation et marche des travaux.

Au 1er juillet 1867, la situation des travaux était la suivante :

	VERSANT NORD.	VERSANT SUD.	TOTAUX.
Galerie d'attaque :	mètres.	mètres.	mètres.
Longueur des parties exécutées.	2.752	4,357	7,109
Id. des parties restant à exécuter.	3,358	1,753	5,111
TOTAUX.	6,110	6,110	12,220
Parties du souterrain élargies, revêtues et complétement terminées.	2,344	3,515	5,859
Parties non commencées ou non terminées.	3,766	2,595	6,361
TOTAUX.	6,110	6,110	12,220

On a donc fait à peu près la moitié du travail total; mais le
percement étant beaucoup plus avancé du côté de l'Italie que
du côté de la France, c'est d'après ce qui reste à faire sur le
versant français qu'il faudrait calculer le temps nécessaire à
l'achèvement des travaux. Or, du 1er juillet 1866 au 1er juillet
1867, la galerie d'attaque a été prolongée :

Sur le versant nord, de	431 mètres.
Sur le versant sud, de	886 —
TOTAL	1,317 mètres (1).

(1)   MOUVEMENT ANNUEL DU PERCEMENT
Extrait de l'*Italie économique*, de M. P. Maestri. — Florence, 1867.

Années.	Bardonneche (Italie). Mètres.	Modane (France). Mètres.	Total. Mètres.	Dépense. Francs.
1857) 1858 }	284 85	212 75	497 60	3,369,246
1859.	236 35	132 75	369 10	1,630,753
1860	203 80	139 50	343 30	2,500.000
1861	170 »	193 »	363 »	3.000,000
1862	380 »	243 »	623 »	2.000,000
1863	426 »	376 »	802 »	3.500,000
1864	621 »	477 »	1,038 »	6.552.253
1865	765 30	438 40	1,223 70	5,502.738
1866	812 70	212 29	1,024 99	5,644,982

Soit 6,334m69 de percement et 33,639,973 francs de dépense, ce qui fait
ressortir le prix moyen du mètre à 5,320 francs.

Ainsi, dans cet espace d'une année, la marche du percement a été deux fois plus rapide du côté de Bardonnèche que du côté de Fourneaux. Cela tient à la grande dureté des quartzites que l'on a traversés sur le versant nord, et dans lesquels on n'avançait guère qu'à raison de 0^{m}50 à 0^{m}60 par vingt-quatre heures; mais la roche étant maintenant de même nature des deux côtés, il est probable que l'on pourra désormais marcher avec une vitesse égale dans les deux galeries, c'est-à-dire avancer de 2^{m}40 environ par jour sur chaque front d'attaque. A ce compte, il faudrait encore environ quatre ans pour achever le percement de la galerie sur le versant français et cinq ans pour terminer complétement le souterrain. Mais nous devons dire que, en raison de l'intérêt considérable que présente le prompt achèvement de ce grand ouvrage, la direction des travaux, profitant de l'absence, presque complète jusqu'ici, d'eau d'infiltration dans le souterrain, paraît décidée à poursuivre, sur le versant français, l'attaque venant de Bardonnèche, ce qui permettrait de terminer le percement dès la fin de l'année 1870.

L'achèvement de cette immense entreprise paraît donc maintenant assuré, grâce à l'habileté et à l'esprit inventif des ingénieurs et particulièrement de M. Sommeiller, grâce à l'appui persévérant que lui a donné le gouvernement italien, après l'initiative si hardie qu'en avait prise le gouvernement sarde.

Son exécution aura exigé une douzaine d'années, y compris trois ans employés à des travaux préparatoires. En attendant, la grande lacune que le chemin de fer présente entre Saint-Michel et Suse va se trouver, dès à présent, remplie par la voie provisoire à fortes pentes que MM. Brassey et Fell établissent sur le bord de la route ordinaire, et qui passe, comme cette route, par le col du mont Cenis.

VI

PERCEMENT DE L'ISTHME DE SUEZ,

par M. E. BAUDE,
Ingénieur des ponts et chaussées.

Le percement de l'isthme de Suez sera dans quelques mois
un fait accompli ; on regrette de ne pouvoir étudier sous ses
divers aspects une œuvre présentant ce caractère de grandeur,
appelée à introduire dans les habitudes du commerce maritime des modifications si avantageuses et si profondes, à développer et à concentrer de plus en plus dans ce bassin de la
Méditerranée, qui lui a servi de berceau, le foyer de notre
civilisation moderne. Abréger de plus de moitié la distance
qui sépare les ports de l'Europe de ceux de l'extrême Orient (1),

(1) Le tableau suivant en dira plus que de longs commentaires ; on a choisi
Bombay comme objectif ; ce port semble appelé, en effet, à devenir le principal
entrepôt du commerce de l'Orient, quand sera terminé le réseau, aujourd'hui
très-avancé, des chemins de fer qui le relient à toutes les parties des posses-
sions anglaises dans l'Inde.

PRINCIPAUX PORTS D'EUROPE ET D'AMÉRIQUE.	DISTANCE JUSQU'A BOMBAY		DIFFÉRENCE en faveur DE SUEZ.
	PAR SUEZ.	PAR L'ATLANTIQUE	
	lieues.	lieues.	lieues.
Constantinople	1,800	6,100	4,300
Malte	2,062	5,800	3,738
Trieste	2,340	5,950	3,610
Marseille	2,374	5,650	3,276
Cadix	2,224	5,200	2,976
Lisbonne	2,500	5,350	2,850
Bordeaux	2,800	5,650	2,850
Le Havre	2,824	5,800	2,976
Londres	3,100	5,950	2,850
Liverpool	3,050	5,900	2,850
Amsterdam	3,100	5,950	2,850
Saint-Pétersbourg	3,700	6,550	2,850
New-York	3.761	6,200	2,439
Nouvelle-Orléans	3,724	6,450	2,726

abaisser les barrières qui, depuis l'origine des sociétés, séparent les uns des autres 700 millions d'hommes groupés sur les bords des mers de l'Inde et 300 millions d'Occidentaux, tel est le but poursuivi par M. Ferdinand de Lesseps et par ses coopérateurs. A ce seul énoncé, on se demande comment une telle entreprise a pu rencontrer tant de contradictions ; on s'en étonnera bientôt davantage encore : mais il ne nous appartient pas de retracer l'histoire de ces luttes ; nous devons même renoncer à mentionner toutes les difficultés matérielles qu'il a fallu vaincre pour amener ce vaste projet au terme si voisin du succès où il est enfin parvenu ; d'ailleurs, la Compagnie universelle du canal des deux mers est restée en communication journalière avec le monde entier par de nombreuses publications et par d'éloquents interprètes ; nous pouvons nous limiter dans cet exposé succinct au point de vue technique, et même n'aborder que l'examen des circonstances les plus caractéristiques ; elles se résument aujourd'hui dans un fait dominant : la substitution du travail mécanique au travail manuel. Mais, avant d'entrer à ce sujet dans les détails nécessaires, il convient d'indiquer sommairement quel est l'état des lieux, et quelle est la nature des travaux exécutés dans l'isthme pour réunir la Méditerranée à la mer Rouge.

§ 1. — Tracé du canal.

La longueur totale du canal est de 160 kilomètres ; il traverse successivement trois régions distinctes : les lagunes attenant au Delta du Nil, des hauteurs appartenant au désert, et la plaine brûlante de Suez.

En arrivant de là Méditerranée, on aborde à Port-Saïd, plage inhospitalière et solitaire, il y a peu d'années, où les bâtiments chargés des approvisionnements des premiers chantiers étaient obligés, pour débarquer leur cargaison, de la jeter à la mer et de la faire flotter péniblement jusqu'au rivage ; aujourd'hui, elle est animée par une ville de 10,000 âmes, par de vastes ateliers pourvus de toutes les ressources mécaniques de l'Occident et par un port de 51 hectares de superficie. Cette création est une des plus belles de la Compagnie : le port est formé par deux jetées en blocs artificiels de 25 tonnes ; la plus importante est celle de l'Ouest ; elle aura 2,660 mètres de long ; une longueur de 2,200 mètres est exécutée ; elle s'avance déjà jusqu'aux fonds de 8 mètres : la seconde jetée, celle de l'Est, n'aura que 1,800 mètres ; plus de la moitié est faite. Ces deux jetées, distantes de 1,400 mètres à leur origine à terre, vont en se rapprochant et ne laissent qu'un passage de 400 mètres entre leurs musoirs. Le port est entièrement creusé à la drague et les déblais servent à l'établissement de terre-pleins sur lesquels la ville de Port-Saïd s'étend chaque jour.

Telle est l'entrée du canal ; à la suite on rencontre, sur une longueur d'environ 65 kilomètres, les lagunes connues sous les noms de lacs Menzaleh et Ballah ; leurs chenaux étroits et sinueux ne portaient que de misérables barques de pêche de 0^m40 à 0^m50 de tirant d'eau. En ce moment, vingt dragues à couloir y enlèvent par mois 600,000 mètres cubes de terre argileuse et les déposent en banquettes sur les bords du canal.

Au sortir des lagunes, le sol s'élève graduellement et forme un plateau dont la première partie est désignée sous le nom de seuil d'El Guisr ; elle s'étend sur une dizaine de kilomètres de longueur, sa hauteur maximum au-dessus de la mer est de 17 mètres. Les travaux, commencés sur ce point par les contingents égyptiens, sont continués au moyen d'excavateurs à sec dont il sera question plus loin ; la tranchée y est terminée jusqu'au niveau des eaux : il reste à introduire les dragues pour agrandir et transformer en canal la rigole qui conduit , dès à présent, les eaux de la Méditerranée jusque vers le 85e kilomètre.

Le seuil d'El Guisr se termine à une dépression naturelle dont la profondeur atteint 6 mètres au-dessous de la mer ; c'est le lac Timsah ; sur ses bords s'élève la ville d'Ismaïlia,

métropole de la Compagnie ; ce lac était à sec ; il est maintenant rempli de 100 millions de mètres cubes d'eau dérivés de
la Méditerranée par la tranchée d'El Guisr. Les eaux du Nil,
amenées par le canal du Ouaddy, apportent la vie et la fécondité dans ces lieux autrefois désolés et en ont déjà complète-
ment changé l'aspect ; de là, elles sont dirigées, d'un côté sur
Port Saïd par une conduite en fonte établie sur la berge du
canal à travers les lagunes, et de l'autre sur Suez par un
canal à ciel ouvert et navigable. Ce canal débouche dans le
port de Suez ; d'autre part, il est mis en communication avec
la rigole d'El Guisr au moyen d'une dérivation spéciale ; par
son intermédiaire, la communication se trouve établie de fait
entre la Méditerranée et la mer Rouge ; il a déjà été utilisé
par le commerce pour le passage de plusieurs bâtiments de
mer ; un service de transit y fonctionne depuis plusieurs mois
au moyen de chalands et de toueurs du système Bouquié ; les
transports du matériel de la Compagnie sur toute l'étendue de
ses chantiers ont lieu par cette voie.

Le lac Timsah est limité au sud par le seuil du Sérapeum
qui s'étend entre le 85e et le 96e kilomètre ; quoique élevé de
6 mètres au-dessus de la mer, le Sérapeum est déblayé à la
drague par un ingénieux procédé dont il sera fait mention
ci-après.

La dernière région commence aux lacs Amers, vaste bassin
de 100 kilomètres de tour, occupé par la mer Rouge, dans les
temps anciens, maintenant asséché ; le canal les traverse sur
une longueur de 32 kilomètres, dont une portion est à 8 mètres
de profondeur au-dessous de la mer et où il y aura très-peu
à creuser ; dès que seront ouvertes les tranchées aux abords,
on introduira les eaux dans les lacs ; il faudra un volume de
1,500 millions de mètres cubes pour les remplir ; on calcule
que cette opération grandiose durera dix mois.

Le seuil d'El Chalouf et la plaine de Suez s'étendent à la
suite des lacs Amers sur une distance de 46 kilomètres ; on
y rencontre un banc de rocher calcaire de 0m60 d'épaisseur ;

on le déblaye à la mine et les transports s'effectuent au moyen
de plans inclinés et de wagons.

Le chenal du port de Suez est creusé par les dragues ; les
déblais servent à former des terre-pleins sur lesquels s'élève-
ront les établissements de la Compagnie.

Le profil transversal du canal offre une profondeur d'eau
de 8 mètres, sur 22 mètres de largeur au plafond, et 100 mètres de largeur au niveau de l'eau ; au droit des seuils, cette
largeur est provisoirement réduite à 58 mètres.

§ 2 — Matériel.

On voit par l'exposé précédent que l'on a tiré admirable-
ment parti de toutes les dépressions naturelles du sol pour
diminuer les terrassements ; cependant, le volume à extraire
s'élève encore à 74 millions de mètres cubes ; pour trouver
un terme de comparaison qui en donne une idée, on peut rappeler que les travaux de chemins de fer comportent en
moyenne un déblai d'environ 45,000 mètres par kilomètre ;
les travaux du canal correspondraient donc au mouvement de
terre de 1,600 kilomètres de chemin de fer.

Cet énorme travail devait s'effectuer en plein désert. En
Égypte, depuis l'antiquité la plus reculée, des œuvres colos-
sales ont été exécutées à bras d'hommes ; l'idée de recourir à
ce système rudimentaire et conforme aux traditions locales
se présentait naturellement : les chantiers furent organisés en
conséquence, et, en 1863, 4,500,000 mètres cubes avaient
déjà été déblayés par ce moyen ; l'expérience a montré que
dans ce pays c'est encore le plus efficace et le plus économique. Malgré des difficultés inouïes, la Compagnie réussit à
éviter les dangers que tous craignaient pour elle et, le plus
redouté, l'excessive mortalité sur les chantiers, qui avait
signalé des travaux offrant quelque analogie avec ceux de
Suez, à Panama, dans l'Inde, et sur un théâtre voisin, au chemin de fer du Caire. C'était une première et une éclatante

victoire sur la nature et sur le désert, d'un heureux augure pour l'avenir; elle restera un des plus beaux titres d'honneur acquis à l'illustre promoteur du canal des deux mers et à ses courageux et habiles coopérateurs. Cependant un jour vint où, par suite de circonstances que nous n'avons pas à rappeler, le concours des contingents indigènes fut retiré à la Compagnie; ses chefs envisagèrent avec résolution la situation nouvelle et imprévue qui leur était faite, et, par la création rapide d'un matériel spécial, ils se mirent bientôt en mesure de suffire à la tâche immense qu'il leur restait à remplir. Ce matériel comprend aujourd'hui les appareils les plus puissants et les plus ingénieux que l'on ait jamais appliqués aux travaux de terrassement: les uns sont destinés à l'extraction, les autres au transport et au déchargement des déblais; il en est qui accomplissent toutes ces fonctions à la fois; les principaux sont les suivants; la plupart ont été créés par deux ingénieurs éminents, MM. Borel et Lavalley :

1° Dix-huit dragues à vapeur de 14 à 18 chevaux; elles ont fait les premiers travaux de Port Said, elles servent aujourd'hui à préparer le passage pour les grandes dragues; quelques-unes sont munies de couloirs inclinés de 6 à 8 pour 100, où les déblais, entraînés par leur propre poids et par l'eau élevée avec eux, descendent d'eux-mêmes et vont se déverser sur les berges à une distance de 22 mètres; ce système des longs couloirs caractérise de la manière la plus neuve et la plus heureuse le matériel de l'isthme.

2° Vingt grandes dragues de 35 chevaux avec des élindes de 19m50 et des treuils à vapeur pour la manœuvre des chaînes de papillonnage; la plupart sont munies de couloirs de 25 mètres.

3° Quarante dragues de même force que les précédentes, dont la moitié sont munies de couloirs de 70 mètres de long. C'est dans ces appareils que se manifestent les plus remarquables perfectionnements et les plus beaux résultats obtenus; leur rendement atteint 1,800 à 2,000 mètres cubes par

jour, on a même été jusqu'à 2,600 mètres. Les coques sont
en fer et ont 33 mètres de long sur 8^{m}26 de large : elles
tirent 1^{m}50. L'axe du tourteau supérieur est à 14^{m}70 au-dessus de l'eau ; les godets ont une capacité de 400 litres.

Les couloirs ont une section demi-elliptique, leur largeur
est de 1^{m}50 ; ils sont consolidés par deux poutres à larges
treillis qui reposent, vers le tiers de leur longueur, sur un chaland spécial en fer par l'intermédiaire d'un échafaudage
articulé. Cet ensemble est rendu solidaire de la drague et
contribue à la rendre extrêmement stable, malgré sa hauteur.
Une chaîne sans fin munie de palettes facilite le mouvement
des déblais ; deux pompes rotatives installées sur la drague
versent le supplément d'eau nécessaire à leur entraînement.

Ces machines exécutent le creusement du canal dans toutes
les parties où la hauteur des berges permet l'emploi des
couloirs : telle est la traversée des lacs Menzaleh et Ballah.

4° Dix-huit appareils élévateurs employés dans les parties
du canal où le terrain est trop élevé pour les dragues à long
couloir : ces machines sont encore une innovation très-remarquable.

Chacune d'elles consiste en deux poutres en fer à treillis
de 45 mètres de longueur, placées perpendiculairement à
l'axe du canal et portant une voie de fer inclinée à 0^{m}23 environ ; elles reposent, d'une part, sur un chemin de fer construit
sur la berge par l'intermédiaire d'un chariot mobile, d'autre
part, sur un chaland à flot ; elles dépassent leur premier point
d'appui de 20 mètres et le second de 8 mètres ; toutes les
attaches sont articulées de manière à laisser le jeu nécessaire
aux oscillations auxquelles les appareils sont exposés. Ils peuvent déverser les déblais à 12 mètres au-dessus de l'eau.

Sur les rails roule un chariot mis en mouvement au moyen
de chaînes commandées elles mêmes par un moteur à vapeur
fixé à l'appareil. La manœuvre se fait de la manière suivante :
le chariot est amené au bas de sa course, au-dessus d'un
bateau portant les caisses pleines de déblai ; une de ces caisses

est accrochée aux chaînes ; la machine motrice est mise en mouvement ; les chaînes soulèvent la caisse jusqu'à venir toucher le chariot, ensuite elles entraînent celui-ci et l'élèvent jusqu'à l'extrémité des rails dominant la berge ; en arrivant à ce point, la caisse se renverse et se vide par l'effet de deux galets dont elle est munie vers son arrière ; ces galets s'engagent dans des guides qui l'obligent à basculer au moment voulu ; elle est ensuite ramenée sur le bateau par un mouvement inverse et remplacée par une autre.

Chaque drague est desservie par deux élévateurs, un sur chaque rive, le plus près possible de la drague.

5° Quatre-vingt-dix chalands flotteurs destinés au service des élévateurs ; chacun d'eux porte sept caisses de 3 mètres cubes ; ils sont composés de deux longues boîtes rectangulaires en tôle de 17^{m}50 de long, 1^{m}10 de large et 1^{m}25 de hauteur, maintenues à 3 mètres de distance l'une de l'autre par huit cloisons en tôle entre lesquelles se placent les caisses qui plongent dans l'eau ; par cette disposition on se débarrasse de l'eau des godets et on place les caisses aussi bas que possible, ce qui permet d'utiliser les dragues basses à déversoirs courts et très-inclinés.

6° Trente bateaux porteurs pour emmener et jeter au large les déblais exécutés dans le voisinage de la mer ou des lacs ; ils peuvent contenir 180 à 200 mètres cubes et se vident instantanément au moyen de six paires de portes ménagées dans leurs flancs ; ils sont munis d'une machine à hélice de 50 chevaux et filent 6 à 7 nœuds.

7° Trente-sept gabares à clapets de fond employées dans les lagunes ou bassins artificiels ; elles portent 125 mètres cubes de déblai et ont un tirant d'eau de 1^{m}50.

8° Trente gabares à clapets latéraux pour les petits fonds.

Ce matériel est employé dans les conditions ordinaires sur la plus grande partie du canal ; il a été adapté à l'excavation du seuil du Sérapeum par un expédient très-hardi et très-ingénieux ; ce seuil est à peu près à la même hauteur que le plan d'eau du canal d'eau douce par son travers, c'est-à-dire à environ 6 mètres au-dessus du niveau du canal maritime, il présente, par rapport à ce niveau, des dépressions assez étendues et il est accompagné d'éminences qui forment autour de ces dépressions une ceinture presque continue. On a complété cette ceinture par quelques terrassements ; on a introduit, par une dérivation, les eaux douces du Nil dans l'enceinte ainsi obtenue et on l'a transformée en un bassin artificiel où les dragues et les chalands porteurs ont été introduits. Grâce à cette heureuse combinaison, le déblai de ce point élevé s'opère par les mêmes procédés mécaniques que le reste du canal ; rien ne sera plus aisé, la profondeur convenable une fois atteinte, que de vider le bassin artificiel et d'établir la communication avec le canal maritime.

Au seuil d'El Guisr un autre système est employé : le déblai est exécuté par des excavateurs ou dragues à sec. Ces appareils comprennent une élinde munie de 18 godets ; ils sont pourvus de deux machines motrices , l'une est attelée à la chaîne à godets, l'autre se charge de faire progresser l'appareil ; l'ensemble est porté par un chariot mobile sur un chemin de fer et pèse 22,000 kilogrammes. Le rendement est de 750 mètres cubes de déblai en 10 heures de travail dans les sables peu résistants qui forment le seuil ; un tender porte les approvisionnements d'eau et de combustible nécessaires au service des moteurs. Les déblais sont transportés au loin par des trains de wagons remorqués par des locomotives.

Le matériel dont nous venons d'énumérer les principaux éléments représente un capital de 60 millions, il est presque entièrement livré ; les tâtonnements inséparables de la mise en marche de mécanismes nouveaux sont épuisés ; les petites imperfections que la pratique a révélées sont corrigées ; le personnel est formé ; dans les premiers jours de l'année 1868, 60 grandes dragues fonctionneront ; le cube de terrassement exécuté chaque mois atteindra facilement deux millions de mètres ; sur un total de 74 millions, il en reste 40 à extraire.

On peut donc prévoir, sans être taxé d'exagération, que, dans vingt mois, c'est-à-dire, dans le second semestre de l'année 1869, le canal de l'isthme de Suez sera creusé dans toute son étendue à la profondeur de 8 mètres, suffisante pour donner passage aux plus grands navires. Ce sera un solennel et nouveau démenti donné à ceux qui prétendent que la race française est dépourvue de l'esprit de suite et de persévérance.

L'expérience de plusieurs années a fait justice de quelques appréhensions qui avaient été manifestées dans la période des études. Le profil transversal du canal a été modifié de manière à éviter toute dégradation des talus; dans les terrains argileux des lagunes, aucun soulèvement du fond ne se produit sous la pression due au poids des banquettes. L'apport de sable par les vents du désert est complétement insignifiant. La navigation de la mer Rouge, aujourd'hui bien connue, n'offre aucunement les dangers exceptionnels qu'on avait signalés avec une certaine ostentation : quand ses côtes seront illuminées par un nombre de phares suffisant, elle sera aussi facile à parcourir de nuit que de jour sous le ciel toujours clair de ces climats.

§ 3. — Situation financière.

La Compagnie universelle de l'isthme de Suez a été formée au capital de 200 millions. Cette somme, qui avait paru d'abord devoir couvrir toutes les dépenses, s'est trouvée insuffisante par suite de diverses circonstances ; les difficultés politiques ont retardé l'ouverture des travaux et occasionné un grand accroissement des frais généraux, notamment des intérêts à servir aux actionnaires pendant la période de construction : cette dernière dépense seule atteint 74 millions;

La suppression du concours des ouvriers indigènes a occasionné de nouveaux délais, elle a nécessité la création d'un matériel qui coûte 60 millions ; à la suite de ces difficultés, les conventions primitives intervenues entre la Compagnie et le vice-roi d'Égypte furent révisées par arbitrage de S. M. l'Empereur des Français ; la compagnie a reçu, en exécution de la décision impériale, une indemnité de 84 millions en échange de l'annulation du décret qui assurait le recrutement de ses chantiers et de la cession au vice-roi d'Égypte du canal d'eau douce et des terrains qui avaient été concédés. La vente du domaine de l'Ouady a produit 6,600,000 francs, les placements de fonds ont rapporté 17 millions. Ces diverses opérations, accrues de quelques autres recettes, ont porté à 309,200,000 francs le total des ressources pécuniaires de la Compagnie au 30 juin 1867. Elle a cru devoir y ajouter un emprunt de 100 millions à émettre en obligations de 300 francs et y a été autorisée par l'assemblée générale du 1er août 1867; cet emprunt est aujourd'hui en partie réalisé. La Compagnie a encore en réserve une richesse considérable en terrains disponibles situés sur les bords du canal, dont la valeur s'améliore tous les jours, et dans son matériel, qui est entièrement construit en fer, et qui, dans l'espace des deux années pendant lesquelles il doit encore fonctionner, ne saurait subir de dépréciation bien considérable.

On est donc bien fondé à espérer qu'aucun nouvel obstacle ne viendra entraver la marche si nettement tracée des travaux, et que, avant la fin de 1869, un succès aussi grand que bien mérité, viendra couronner cette entreprise, appelée à exercer une si grande influence sur l'avenir de l'ancien monde.

VII

ALIMENTATION EN EAU ET ASSAINISSEMENT DES VILLES,

par M. Edmond HUET,

Ingénieur des ponts et chaussées.

—

L'Exposition Universelle de 1867 ne peut donner qu'une idée fort incomplète des travaux d'assainissement des villes, exécutés dans les différents pays du monde pendant ces douze ou quinze dernières années, de leur développement, et de l'importance, chaque jour plus grande, qu'y attachent toutes les administrations municipales.

En effet, si l'on en excepte la France qui, au point de vue de l'ensemble des travaux publics, a une exposition hors ligne ; si l'on en excepte avant tout l'Espagne, qui a envoyé de belles photographies et des modèles très-bien exécutés relatifs aux magnifiques ouvrages du canal d'Isabelle II et aux grands réservoirs couverts de Madrid, les travaux d'alimentation en eau des villes, et ceux d'égoût et de drainage, ne sont représentés au Champ-de-Mars que par un très-petit nombre de modèles ou de dessins.

L'Angleterre n'a rien envoyé et l'on doit le regretter vivement, car, en raison de sa situation exceptionnelle et des agglomérations manufacturières qu'elle présente, elle s'est occupée, avant tout autre pays, de cette grave question, et elle en poursuit la solution avec une énergie en rapport avec des besoins sans cesse croissants. On ne trouve pas trace notamment, à son exposition, du vaste système de drainage et d'égouts, dont on poursuit l'exécution à Londres depuis plus de dix ans, pour débarrasser la Tamise des déjections qui la souillent et l'empoisonnent.

Les États-Unis, qui comprennent les questions d'alimentation d'eau des villes avec une ampleur dont on ne trouve d'exemples que chez les Romains, n'ont envoyé qu'un dessin relatif aux travaux d'alimentation d'eau de la ville de Chicago. On voit cependant encore, à l'Exposition de la régence de Tunis, des dessins intéressants relatifs à la restauration de l'ancien aqueduc de Carthage pour l'alimentation de la ville de Tunis.

On comprend donc que, pour donner une idée réelle de l'état de cette importante question dans les principaux pays du monde, nous soyons obligé de nous écarter un peu du simple examen des modèles et dessins réunis à l'Exposition et de nous appuyer sur les renseignements que nous avons pu recueillir en dehors, soit auprès des commissions étrangères, soit dans les publications des différents pays.

De cette étude ressortira d'ailleurs, non-seulement le développement le plus remarquable de tous les travaux qui tendent à l'assainissement des villes et qui intéressent à un si haut degré le bien-être matériel et moral des populations des grandes cités et des centres industriels, mais encore le progrès le plus soutenu et le plus marqué dans les méthodes et les appareils relatifs à l'exécution et à la mise en œuvre de ces travaux. D'ailleurs, sur aucun point, ce développement et ce progrès n'ont dit leur dernier mot. Partout nous avons constaté des études et des tentatives nouvelles, et l'on peut facilement prévoir, à la marche rapide suivie dans ces dernières années, que ce coup d'œil jeté sur la situation actuelle ne sera bientôt plus qu'une revue rétrospective et ne marquera plus qu'un jalon planté sur le chemin d'un progrès sans limites.

Les travaux, matériel et appareils qui ont pour but l'assainissement des villes se divisent naturellement en quatre catégories :

1° Les travaux d'alimentation en eau ;

2° Les travaux, matériel et appareils de distribution d'eau ;

3° Les travaux d'égout et de drainage des habitations;

4° Les travaux relatifs à l'utilisation des produits des égouts, et en général des déjections des villes.

Nous parcourrons successivement ce qui se rattache aux trois premières catégories; la quatrième sort du cadre qui nous a été tracé. Nous compléterons ensuite cet examen des travaux municipaux par ce qui est relatif aux·chaussées des villes et à leur entretien.

CHAPITRE I.

TRAVAUX RELATIFS A L'ALIMENTATION EN EAU DES VILLES.

Les villes s'alimentent en eau, soit à l'aide de machines à vapeur ou de moteurs hydrauliques qui, par l'intermédiaire de pompes, puisent et élèvent, pour la distribuer, l'eau des rivières qui les traversent ou les avoisinent, soit par les dérivations de cours d'eau ou de sources plus ou moins éloignés, qu'elles dirigent sur un point culminant de leur enceinte ou des environs, par des canaux à ciel ouvert ou par des conduites souterraines.

Nous ne nous arrêterons pas aux puits artésiens et aux autres moyens secondaires qui peuvent contribuer pour une part à l'alimentation d'une ville, mais qui ne sauraient en constituer la base.

Les anciens, qui n'avaient pas à leur disposition les machines que la science moderne a créées, ont eu recours aux dérivations; les Romains y ont été d'ailleurs conduits par l'importance qu'ils attachaient, avec raison, au point de vue de l'hygiène et de la salubrité, à la limpidité, à la pureté et à la fraîcheur des eaux, qualités qu'on ne trouve réunies que dans les eaux de sources, qu'ils allaient souvent chercher à de grandes distances. Avec les premiers pas de l'industrie, ont commencé les applications des machines hydrauliques, puis de la machine à vapeur, à l'élévation des eaux.

Depuis cette époque, ces deux systèmes sont toujours en

présence lorsqu'il s'agit de créer dans une ville un système
d'alimentation d'eau ou d'y développer ceux existants. En
effet, si les perfectionnements constants apportés dans les
moteurs hydrauliques et surtout dans les machines à vapeur
rendent leur emploi chaque jour plus avantageux, les progrès
réalisés depuis quinze ou vingt ans dans les procédés des
constructions hydrauliques permettent d'exécuter les grandes
dérivations d'eau dans des conditions bien autrement économiques que l'on ne pouvait le faire autrefois. D'une part, les
découvertes de notre illustre compatriote Vicat, en faisant
connaître la nature intime des ciments et en conduisant à leur
fabrication artificielle, ont développé rapidement l'emploi de
cette matière qui, dans le bassin de la Méditerranée, va faire
maintenant concurrence, comme prix même, aux meilleures
chaux hydrauliques. D'autre part, les perfectionnements de
l'art du fondeur permettent aujourd'hui de remplacer par des
conduites en fonte, allant à 1^{m}20 de diamètre et même au
delà, les petits tuyaux en plomb de 2 ou 3 centimètres que
les Romains ont employés quelquefois pour franchir, en conduite forcée, les vallées qu'ils traversaient cependant le plus
généralement à l'aide de ponts-aqueducs monumentaux.

Mais, si ces considérations économiques ont contribué au
développement si frappant et si remarquable des travaux d'a-
limentation d'eau dans ces dernières années, d'autres considérations dirigent avant tout les municipalités dans le choix
du système à adopter pour cette alimentation. C'est en premier lieu la qualité des eaux, en second lieu la quantité.

Pour les eaux destinées aux services publics, la qualité est
sans importance, et celles que l'on peut obtenir et distribuer
dans les conditions les plus économiques sont les meilleures.
Ce sont donc généralement les eaux de rivière. Il n'y a pas
une grande importance, en effet, à ce que ces eaux soient plus
ou moins troubles au moment des crues, plus ou moins
souillées par les déjections des centres de population d'amont
ou par celles de la ville même.

Mais la qualité de l'eau est capitale lorsqu'il s'agit de satisfaire aux besoins domestiques, à la boisson. Sous ce rapport, de bonnes eaux de source sont les meilleures ; elles présentent toujours, en effet, sur les eaux de rivière deux avantages importants : la limpidité et la fraîcheur, c'est-à-dire une température sensiblement constante, froide en été, chaude en hiver, et toute ville qui a dans son voisinage des eaux de cette nature les a toujours choisies sans hésitation. Mais peu de villes sont assez privilégiées pour trouver, à des distances qui permettent d'amener, sans de trop grandes dépenses, des eaux de source de bonne qualité et suffisamment abondantes pour fournir à tous les besoins d'un grand centre de population.

On ne peut donc que s'étonner des vives controverses qui se sont élevées au sujet de ces eaux et des eaux de rivière lorsqu'il s'est agi, dans ces dernières années, d'approvisionner Paris de l'eau exclusivement nécessaire à ses usages domestiques. En effet, l'administration municipale de la ville, convaincue de l'incontestable supériorité de bonnes eaux de source pour le service privé, n'avait pas hésité, tout d'abord, à décider l'établissement d'un double réseau de distribution, l'un, affecté aux eaux de source, c'est-à-dire au service privé, l'autre, exclusivement consacré au service public, chacun de ces réseaux comportant d'ailleurs un service haut et un service bas.

Cette belle et large solution sera très-certainement adoptée dans plus d'une capitale de l'Europe, où déjà elle est discutée.

On est frappé d'ailleurs du développement que prennent les besoins d'eau dans une ville, d'autant qu'ils sont mieux satisfaits, lorsqu'on considère les résultats d'une expérience récente. On parlait généralement, il y a peu d'années encore, de 200 litres d'eau en moyenne, par jour et par habitant, comme d'une quantité maxima avec laquelle on devait pourvoir à tous les besoins.

C'est en Amérique, où les nécessités du bien-être matériel ont pénétré dans les masses et où les moyens d'y satisfaire

ont appelé promptement l'attention des administrations locales,
que l'insuffisance de cette quantité d'eau a été tout d'abord
constatée. Dès 1851, la consommation moyenne d'eau s'élevait, l'été, à Philadelphie, à 250 litres par habitant ; à New-
York on constatait, en 1853, pendant les grandes chaleurs, une
consommation, les samedis, de plus de 400 litres par habitant.

Si nous venons en Europe, et que nous considérions les
villes le plus abondamment pourvues, nous voyons Glasgow,
qui, en 1854, absorbe complétement sa dotation provisoire de
200 litres par habitant, en en consacrant 162 exclusivement
à ses usages domestiques, 38 litres restant, non pas seulement pour le service public, mais encore pour ses fabriques et
ses besoins industriels. Une pareille répartition paraît anor-
male en France, où la consommation des services publics, de
l'arrosage des rues, du lavage des ruisseaux, des fontaines
monumentales, etc., est toujours bien supérieure à celle du
service privé. En Angleterre, au contraire, elle est générale ;
à Londres, où la consommation est aujourd'hui de 136 litres
environ par habitant, on ne compte qu'une fontaine monumentale, et le service public de l'arrosage des rues et du
lavage des ruisseaux n'existe pour ainsi dire pas ; l'eau y est
presque exclusivement consacrée aux usages domestiques.
Lorsque le service public aura pris, dans les villes d'Angleterre, le développement qu'il a dans les principales villes de
France, et que, en France, les besoins domestiques seront devenus ce qu'ils sont en Angleterre ou en Amérique, la consommation s'élèvera facilement, de part et d'autre, à 300 ou
400 litres par habitant.

En parcourant rapidement les travaux relatifs à l'alimentation en eau des villes exécutés dans ces dernières années
dans les différents pays du monde, et spécialement ceux représentés à l'Exposition par des modèles ou des dessins, nous
verrons se développer l'application de ces principes qui ne
sont que déduits de cet examen.

§ 1. France.

Paris. — Paris s'est ressenti, plus que toute autre ville de France, de l'impulsion donnée par l'Empire à tous les travaux qui intéressent la santé et le bien-être matériel des populations. Le programme général de son alimentation comme de son assainissement a été tracé par le préfet de la Seine, M. le baron Haussmann, dans un remarquable rapport de 1854, avec cette ampleur de vue, cette prévision de l'avenir, qui marquent d'un cachet si saillant toutes les œuvres de son administration.

En 1854, Paris ne disposait, par jour, que de 148,000 mètres cubes d'eau, fournis pour la plus grande partie par le canal de l'Ourcq, création du premier Empire ; et, sur les 100,000 mètres cubes provenant de cette source d'alimentation, il ne pouvait, eu égard à l'insuffisance de son système de distribution, en utiliser que moitié ; il ne jouissait donc réellement que de 90,000 à 100,000 mètres cubes d'eau par jour, soit de moins de 100 litres par habitant, pour une population qui s'élevait déjà à plus d'un million d'âmes. Aujourd'hui, il dispose d'un minimum de 213,000 mètres cubes d'eau par jour, et est en mesure d'en profiter par les améliorations apportées à sa distribution intérieure. Il est vrai que sa population est de 1,600,000 habitants, ce qui ne fait encore ressortir qu'à 139 litres par habitant la quantité d'eau dont il jouit dès à présent ; mais les travaux se poursuivent. Dans trois ou quatre ans, ce chiffre sera porté à 200 litres environ par la dérivation des sources de la Vanne ; et des combinaisons se rattachant à une dérivation d'eau de la Loire, étudiée par une Compagnie pour desservir les plateaux de la Beauce, tendraient à doubler rapidement ce dernier chiffre.

L'administration municipale de Paris n'a rejeté aucune source d'alimentation. Tout en allant rechercher des eaux de source pour les besoins du service privé, à la suite des belles études hydrologiques du bassin de la Seine faites par le savant directeur actuel des eaux et des égouts de la ville, M. l'inspecteur général Belgrand, elle a installé depuis 1862 de nouvelles pompes à feu sur la Seine en amont de Paris et une usine hydraulique sur la Marne à Saint-Maur ; elle perce deux nouveaux puits artésiens ; elle augmente le débit du canal de l'Ourcq par l'installation de deux usines hydrauliques utilisant des chutes de la Marne, pour refouler de l'eau dans le canal pendant la saison des basses eaux.

L'aqueduc de dérivation des sources de la Dhuis, aqueduc souterrain de 130 kilomètres de longueur, construit dans des conditions qui lui permettront d'amener à Paris jusqu'à 40,000 mètres cubes d'eau par vingt-quatre heures, à 108ᵐ30 au-dessus du niveau moyen de la mer, ou à près de 80 mètres au-dessus des quais de la Seine, n'offre rien de remarquable que la simplicité et les principes d'économie qui ont présidé à sa conception et à son exécution ; il n'est représenté que par quelques photographies à l'Exposition du Champ-de-Mars. Les parties en conduite libre, qui présentent une pente uniforme de 0ᵐ10 par kilomètre, sont formées d'un cylindre ovoïde de 1ᵐ76 de hauteur sur 1ᵐ40 de largeur, en maçonnerie de meulière brute et de ciment de 20 centimètres d'épaisseur, y compris un enduit intérieur en mortier de ciment de 2 centimètres. La forme circulaire eut été la plus rationnelle au point de vue de l'économie, nous la verrons généralement adoptée ; mais la forme ovoïde donnait, dans ce cas particulier, une hauteur qui permet la visite facile de l'intérieur de l'aqueduc. Cette visite peut se faire, sans interrompre complétement le service, à l'aide de petits batelets et en abaissant seulement le plan d'eau normal. Les parties en conduite forcée ou siphons, à la traversée des vallées, présentent un développement total de 17 kilomètres environ et sont composées d'un cours de tuyaux en fonte d'un mètre de diamètre intérieur.

Tous les ouvrages d'art, les ponts sur les rivières et cours d'eau rencontrés, les regards espacés de 500 mètres en 500 mètres environ sur tout le parcours de la dérivation,

14^{**}

les déversoirs, etc., sont traités dans les mêmes principes de simplicité et d'économie ; tous sont en maçonnerie brute.

Cette dérivation a coûté 16 millions 1/2, dans lesquels sont compris 2 millions 1/2 d'acquisitions de terrain, de sources et d'indemnités d'usines ; en admettant qu'on dépense encore successivement de 2 à 3 millions pour l'exécution des dérivations secondaires qui doivent compléter les 40,000 mètres cubes d'eau en vue desquels elle est établie, le prix du mètre cube d'eau par vingt-quatre heures fourni par cet ouvrage ressortira à 500 francs, c'est-à-dire que le prix d'un mètre cube emmagasiné à plus de 80 mètres au-dessus de l'étiage de la Seine ressortira à $0^{fr},068$.

L'usine hydraulique de Saint-Maur a été installée sur la Marne, près du confluent de cette rivière avec la Seine, en amont de Paris, afin d'utiliser la force hydraulique résultant de la chute créée sur ce point par la coupure d'un circuit de la Marne, à élever de l'eau pour les services publics. Cette chute peut s'élever jusqu'à $4^m 10$ en basses eaux, et son volume est celui de la Marne même, c'est-à-dire qu'il est de 5 à 6 mètres cubes au plus bas étiage.

Indépendamment de sa large et belle disposition, dont on peut juger par le modèle exposé au Champ-de-Mars, cette usine est remarquable par les nouveaux moteurs hydrauliques qui y sont installés, c'est-à-dire par les *roues-turbines* de M. Girard. Les turbines ou roues à axe vertical adoptées jusqu'ici, tout en utilisant beaucoup mieux que des roues de côté ou à axe horizontal la force hydraulique, lorsque celle-ci est représentée par une chute et un volume d'eau à peu près constants, perdent notablement de leurs avantages lorsqu'elles ont à tirer parti d'un volume d'eau variable pour compenser les variations de la chute ; la roue-turbine de M. Girard, sorte de turbine à axe horizontal, tout en gardant les avantages de ces moteurs hydrauliques, n'en présente pas les inconvénients ; elle peut compenser, par le débit d'un plus grand volume d'eau, la diminution de la chute, et, si son rendement est toujours le meilleur à l'étiage, son effet utile reste le même, malgré une diminution considérable de la hauteur de chute.

A Saint-Maur, M. Girard a installé quatre roues-turbines, de 12 mètres de diamètre et de 120 chevaux chacune ; à l'étiage, c'est-à-dire avec une chute de 4^{m}10, elles ont donné un rendement de 64 pour 100 en eau montée ; avec la diminution de la chute leur rendement a diminué ; néanmoins, avec une chute réduite à 2 mètres, elles donnaient le même effet utile ; enfin, la chute diminuant encore, elles marchaient lorsque les deux turbines du système Fourneyron, de 100 chevaux chacune, qui complètent l'ensemble de l'usine, étaient arrêtées. Par un système ingénieux de fermeture et d'ouverture des vannes de l'appareil distributeur, ces grandes roues s'arrêtent et se mettent en marche avec la facilité et la rapidité des machines à vapeur les plus sensibles. Elles ne reviennent toutes posées, en y comprenant les pompes qu'elles commandent, qu'à 500 francs par force de cheval.

Si l'on comprend dans les dépenses de création de cette usine l'acquisition des moulins sur l'emplacement desquels elle est installée, les indemnités y relatives, l'ouverture de la dérivation souterraine qui crée la chute en coupant le circuit de la Marne, enfin les conduites de refoulement allant aux réservoirs de distribution, les 40,000 mètres cubes qu'elle peut élever en moyenne par vingt-quatre heures, à 70 mètres de hauteur environ, reviennent à 7,600,000 francs ; ce qui fait ressortir à 190 francs le prix du mètre cube d'eau par vingt-quatre heures, soit à 0^{fr},026 le prix d'un mètre cube élevé à une hauteur moyenne effective de 70 mètres.

L'usine du quai d'Austerlitz, installée en 1864, nous montre enfin le type le plus récent des machines à vapeur et des pompes adoptées à Paris pour l'élévation de l'eau destinée à l'alimentation d'une ville.

Cette usine, placée sur la rive gauche de la Seine, dans la

partie amont de Paris, se compose de deux machines semblables, du système Woolf, d'une puissance de 120 chevaux sur
l'arbre du volant à la vitesse de dix-huit tours par minute ,
faisant marcher chacune deux pompes verticales de 0^m70 de
diamètre, constituant un système à double effet. Ces pompes
aspirent l'eau dans un puisard alimenté par un aqueduc de
120 mètres de longueur, qui va chercher au milieu de la Seine
de l'eau toujours plus pure que celle des rives ; cet aqueduc
comprend ainsi 80 mètres de tuyaux en tôle de 0^m80 de diamètre immergés dans le lit de la Seine à 2 mètres en moyenne
au-dessous de l'étiage. Les machines rendent, chacune, jusqu'à
100 chevaux, en eau montée, et peuvent donner, marchant
ensemble, 22,000 mètres cubes d'eau par vingt-quatre heures,
élevés à une hauteur moyenne effective de 50 mètres environ.
La dépense totale d'installation de l'usine, non compris les
acquisitions de terrain a été de 710,000 francs ; les machines
seules ressortent à 1,430 francs environ par force de cheval.

Quant aux frais d'exploitation, ces machines travaillant
vingt-quatre heures par jour, ils varient, par cheval utile en
eau montée, de 850 à 900 francs par an. Le mètre cube d'eau,
élevé à une hauteur moyenne effective de 50 mètres environ,
ressort ainsi à 0^{fr},022 ou à 0^{fr},030 environ, en tenant compte
de l'intérêt des dépenses de première installation.

Lyon. — M. Aristide Dumont, qui a installé à Lyon le système d'alimentation d'eau de cette seconde ville de l'empire,
a envoyé à l'Exposition quelques dessins relatifs à ces travaux.
C'est un système d'alimentation par machines à vapeur qui remonte à une dizaine d'années. Il se compose de trois machines,
chacune de 170 chevaux en eau montée. Elles alimentent
deux réservoirs principaux d'altitude différente, qui divisent
le service de la ville en haut et bas service. Deux machines
marchant ensemble peuvent donner par vingt-quatre heures
30,000 mètres cubes d'eau qui ne ressortent pas, eu égard
au bas prix du charbon à Lyon, à 0 fr. 02 par mètre cube.

Lyon, dont la population est de 300,000 âmes environ, dispose ainsi de 100 litres d'eau par jour et par habitant. L'installation générale du système ne présente rien d'ailleurs qu'il y ait lieu de signaler.

Saint-Étienne. — Bien que le réservoir du Furens, représenté à l'Exposition du Champ-de-Mars par un modèle des plus intéressants, soit destiné principalement à régler les crues de ce cours d'eau torrentiel et à assurer l'alimentation constante des usines inférieures, il appelle naturellement l'attention sur les travaux qui alimentent la ville de Saint-Étienne. En effet, il permet à cette ville d'y prendre, en cas de sécheresse, le complément d'eau qui peut lui être nécessaire et d'y faire des prises exceptionnelles et momentanées pour le lavage général de ses égouts.

Une dérivation d'eau constitue d'ailleurs la base normale de l'alimentation de cette ville. Le débit de cette dérivation, qui est au minimum de 17,000 mètres cubes par vingt-quatre heures pour une population de 100,000 habitants, résulte du produit de 250 à 300 sources captées parmi les sources du Furens, à 19 kilomètres de Saint-Étienne, au pied du mont Pilate. Le collecteur principal, aqueduc en maçonnerie de 1^m30 de hauteur sur 0^m80 de largeur, se développe sur la rive droite de la vallée du Furens, en longeant le réservoir où il complète, au besoin, son alimentation. L'ensemble des travaux de cette dérivation et du réservoir a coûté environ 4 millions.

Nous ne pouvons nous étendre davantage sur les travaux de cette nature exécutés en France ; nous n'avons indiqué que les plus importants ou les plus récents, ceux signalés à notre attention par l'Exposition du Champ-de-Mars; mais, nous l'avons dit, sous l'impulsion du gouvernement, toutes les villes de l'empire se préoccupent de cette question, en étudiant ou en exécutant les travaux qui doivent compléter leur alimentation. *Marseille*, si magnifiquement dotée par l'aqueduc de dérivation des eaux de la Durance, construit, il y a trente ans, pour satisfaire à la fois, par une dérivation de 8 mètres cubes d'eau en moyenne par seconde, à l'alimentation de la ville et à l'irrigation des campagnes environnantes, Marseille ne peut plus admettre, pour le service privé, ces eaux si souvent troubles, impossibles à filtrer en grand, et elle arrivera, au système de la double canalisation. *Bordeaux* a complété assez récemment son système d'alimentation. *Rouen* discute depuis plusieurs années cette question importante ; elle a écarté le système d'élévation d'eaux de la Seine par machines à vapeur, malgré les difficultés que présente la dérivation qu'elle poursuit, des sources de Robec. *Toulouse* complète son alimentation par de nouvelles prises d'eau dans les alluvions de la Garonne. *Amiens* ajoute à ses anciennes roues hydrauliques de nouvelles *roues-compteurs* du système *Sagebien* (1). *Nice* dérive des eaux de source.

§ 2. — Angleterre.

Ainsi que nous l'avons dit, on ne voit à l'Exposition ni modèles, ni dessins relatifs aux travaux d'alimentation en eau et d'assainissement que poursuivent la plupart des villes quelque peu importantes de la Grande-Bretagne. Il est impossible cependant de ne pas signaler la nouvelle extension donnée dans ces dernières années à l'approvisionnement en eau de Londres et de Glasgow.

Londres. — Londres, qui est alimentée par l'intermédiaire de huit Compagnies différentes, consomme journellement 450,000 à 500,000 mètres cubes d'eau pour une population de 3 mil-

---

(1) Ces roues, dans le cas d'un volume d'eau considérable à débiter, sont bien supérieures aux roues de côté ordinaires, et elles ont sur les turbines l'avantage d'un rendement soutenu malgré la diminution de la hauteur normale de la chute d'eau. On a constaté à Amiens, dans des conditions ordinaires, un rendement en eau montée de plus de 75 pour 100; et, à Trilbardou, où une roue de ce système, de 11 mètres de diamètre et de 6 mètres de largeur, vient d'être montée à l'usine hydraulique que la Ville de Paris installe sur la Marne, on a trouvé un rendement de 65 pour 100 environ, avec une chute réduite à près de moitié de la chute normale.

lions d'habitants, soit 136 litres environ par jour et par habitant. Cette dotation est sensiblement la même que celle de Paris, mais elle se consomme tout différemment; la plus grande partie est consacrée au service de l'intérieur des habitations, tandis qu'à Paris on n'en compte pas plus d'un tiers affecté à ce service; les deux autres tiers se dépensent sur la voie publique.

En 1850, Londres ne pouvait disposer que de 200,000 mètres cubes d'eau par jour; il y avait insuffisance, et le Parlement, par divers actes de 1852, autorisa les Compagnies à prendre journellement dans la Tamise jusqu'à concurrence de 450,000 mètres cubes d'eau; dès 1856, ces Compagnies pouvaient en distribuer 370,000 et l'accroissement de service qui leur permet de donner aujourd'hui près de 500,000 mètres cubes d'eau par jour à Londres, ne leur a pas coûté moins de 100 millions, soit 330 francs environ pour un mètre cube par jour, sans parler de la dépense journalière nécessitée par l'élévation et la filtration de ces eaux. Ces 500,000 mètres cubes d'eau sont distribués par l'intermédiaire de machines à vapeur dont la force totale n'est pas de moins de 11,000 chevaux. Près de 300,000 mètres cubes sont pris dans la Tamise, en amont de Londres; et 200,000 à 225,000, à peine, proviennent d'une source différente (*River Lea*).

L'accroissement si rapide à Londres de la consommation d'eau, qui y a plus que doublé en quinze ans, ainsi que l'indiquent les chiffres que nous venons de citer, appelle d'ailleurs l'attention la plus sérieuse de la municipalité. En effet, la Tamise, à l'étiage, ne débite pas à Hampton, en amont de Londres, plus de 15 mètres cubes par seconde, soit 1,296,000 mètres cubes par vingt-quatre heures. C'est donc le tiers de ce débit qui est déjà concédé au préjudice des riverains d'aval. Aussi de nouveaux plans sont-ils mis en avant en vue de remédier à ce grave inconvénient, et les plus vastes projets de dérivation d'eau sont-ils étudiés; c'est ainsi que M. Bateman, auteur de la dérivation du lac Katrine, à Glasgow, et l'un des ingénieurs les plus éminents de l'Angleterre, propose d'aller chercher des eaux de sources à 300 kilomètres de Londres, moyennant une dépense de 250 millions et d'amener ainsi un million de mètres cubes d'eau par jour à 80 mètres au-dessus de la Tamise.

Glasgow. — Rien encore à l'Exposition ne signale les magnifiques ouvrages, terminés en 1860, qui peuvent assurer à la ville de Glasgow, moyennant quelques travaux supplémentaires, un approvisionnement journalier de 225,000 mètres cubes d'eau dérivés du *lac Katrine* et des lacs voisins, Venechar et Dundrie, soit, pour une population de 485,000 âmes, près de 560 litres par jour et par habitant.

Cette dérivation se compose d'un aqueduc de 42 kilomètres environ de longueur ; 36 kilomètres sont en maçonnerie et en conduite libre d'une section intérieure de 2^m40 de largeur sur 2^m40 de hauteur sous clef, avec pente de 0^m158 par kilomètre ; 6 kilomètres sont en siphons formés jusqu'à présent d'une seule conduite en fonte de 1^m20 de diamètre, mais préparés pour en recevoir deux autres semblables ; ces siphons servent à traverser trois larges et profondes vallées. Les ouvrages de prise d'eau dans les lacs sont remarquables par l'ampleur avec laquelle ils sont traités, spécialement ceux du lac Venechar. La plus grande partie de l'aqueduc en conduite libre, a dû être ouverte en souterrain ; sur 36 kilomètres de longueur, il ne présente pas moins de soixante-dix tunnels ; celui qui existe à la sortie même du lac Katrine s'étend à 183 mètres en contrebas du sommet de la montagne et a plus de 2 kilomètres de longueur ; le dernier, qui précède immédiatement le réservoir de service, a 2,400 mètres de longueur et est ouvert presque entièrement dans le porphyre.

L'ensemble de ce magnifique ouvrage a coûté 23 millions ; à cette dépense il convient d'ajouter 17 millions d'indemnités allouées aux Compagnies qui avaient le monopole de l'alimentation de la ville et qui puisaient dans la Clyde et refoulaient, à une hauteur de 90 mètres, à l'aide de machines à

vapeur, une eau insuffisante et de plus en plus corrompue par
les déjections de cette grande cité industrielle. Aujourd'hui
que la dérivation du lac Katrine n'apporte encore à Glasgow
que 87,000 mètres cubes d'eau, cette dépense de 40 millions
fait ressortir à 450 francs le prix du mètre cube par 24 heures
ou à 0 fr. 063 le prix d'un mètre cube d'eau.

A ces 87,000 mètres cubes s'ajoutent 13,400 mètres cubes
provenant d'une dérivation spéciale qui alimente la partie sud
de la ville et assure un approvisionnement total de 100,000
mètres cubes à une population de 485,000 habitants, soit un
peu plus de 200 litres en moyenne à chaque habitant.

Manchester. — Nous ne pouvons quitter l'Angleterre sans
citer encore Manchester dont la population a presque doublé
depuis dix ans. Les travaux considérables de drainage et de
dérivation que cette ville a exécutés, pour une somme de
32,500,000 francs, lui assurent un approvisionnement d'eau
qui est aujourd'hui de 114,000 mètres cubes par vingt-quatre
heures pour une population de 600,000 habitants, soit de
190 litres par jour et par habitant.

§ 3. — États-Unis.

Nous avons déjà signalé l'importance que les États-Unis
attachent depuis longtemps à de larges approvisionnements
d'eau pour l'alimentation des villes, et les travaux de premier
ordre qu'ils ont exécutés dans ce but. Leur exposition nous en
donne un exemple intéressant. C'est un dessin des travaux
que vient de faire M. Chesbrough, ingénieur des États-Unis,
pour assurer, dans des conditions plus larges et plus saines,
l'alimentation en eau de Chicago, ville de l'Illinois qui compte
une population de 230,000 habitants.

Chicago. — Cette ville, située au bord du *lac Michigan*, y
puisait directement, à l'aide de machines à vapeur, l'eau nécessaire à ses besoins; mais de larges dépôts de vase qu'ac-

cumulaient sur la rive les déjections de la ville, infectaient de plus en plus les eaux destinées à son alimentation. Le prolongement des conduites de prise d'eau n'apportait au mal qu'un remède temporaire. Les travaux proposés et exécutés par M. Chesbrough ont pour but de trancher cette difficulté en établissant la prise d'eau au milieu même du lac à plus de 3 kilomètres de la rive.

Cette prise d'eau se fait dans la paroi d'une colonne en fonte de 2^m75 de diamètre intérieur, s'élevant de 1^m80 environ au-dessus du niveau des eaux ordinaires du lac et formant le revêtement d'un puits, descendu à 21 mètres au-dessous de ce niveau dans une couche de marnes bleues compactes, dures et parfaitement sèches ; ce puits est mis en communication à sa partie inférieure avec la rive et, de là, avec la bâche où puisent les pompes d'alimentation, par un aqueduc souterrain de 3,220 mètres de longueur et de 1^m54 de diamètre, en maçonnerie de briques de 22 centimètres d'épaisseur. Cet aqueduc, sensiblement horizontal, a été ouvert depuis la rive du lac, à l'aide d'un puits de même diamètre que le puits de prise d'eau, et descendu dans la même couche de marnes bleues à 22 mètres en contre-bas du niveau du lac. L'eau siphonne dans l'aqueduc et remonte par ce puits jusqu'à l'entrée d'une galerie qui aboutit à la bâche de prise d'eau des pompes, où elle se nivelle naturellement avec les eaux du lac. Là, elle est prise par des pompes à double effet, commandées par deux machines de 100 chevaux chacune environ, et refoulée dans un château d'eau de 48 mètres de hauteur, d'où elle se distribue dans la ville.

La partie supérieure de la colonne de prise d'eau en fonte qui s'élève au-dessus du fond du lac est défendue par un coffrage en charpente rempli d'enrochements, formant une enceinte, de 7 à 8 mètres d'épaisseur, traversée à diverses hauteurs de canaux de prise d'eau et laissant à l'intérieur un vide assez large pour que, à côté du premier puits, on puisse en foncer un second déjà prévu.

La galerie souterraine par laquelle l'eau siphonne à 22 mètres en contre-bas du niveau des eaux ordinaires du lac, est un ouvrage des plus remarquables par son importance et par la perfection avec laquelle il a dû être exécuté pour travailler en conduite forcée sous une pression de plus de deux atmosphères. Ouvert par son extrémité de rive sur 2,530 mètres, c'est-à-dire sur plus des trois quarts de sa longueur, il a été commencé en mai 1864 et terminé à la fin de décembre 1866.

Washington. — Si l'aqueduc souterrain de Chicago est le seul ouvrage relatif à l'alimentation en eau des villes que les États-Unis aient envoyé à l'Exposition du Champ-de-Mars, nous ne pouvons cependant pas passer sous silence les travaux de l'*aqueduc du Potomac*, terminé il y a deux ans à peine, et qui fournit à Washington, capitale des États-Unis, ville de 70,000 âmes environ, 300,000 mètres cubes d'eau par vingt-quatre heures.

Dès 1842, *New-York*, alimenté jusque-là par des eaux de puits excessivement dures, que l'extension des manufactures et des cimetières rendaient de plus en plus mauvaises, inaugurait un aqueduc souterrain de 66 kilomètres de longueur, qui assure journellement à ses 1,100,000 habitants 160,000 mètres cubes d'eau dérivés de la rivière *du Croton ;* cet ouvrage, qui a donné lieu aux travaux les plus importants, notamment à la construction du pont-aqueduc du Harlem-River, composé de quinze arches de 24 mètres d'ouverture et de 30 mètres de hauteur, jeté sur le bras de mer qui sépare New-York du continent, n'a pas coûté moins de 67 millions. *Philadelphie*, avec une population de 240,000 habitants, disposait, à la même époque, de 68,000 mètres cubes d'eau, élevés de la *Delaware* à l'aide de huit roues hydrauliques et de deux machines à vapeur. *Boston*, ville de 360,000 âmes, jouissait de 45,400 mètres cubes dérivés du *lac Cochituate* par un aqueduc souterrain de 38 kilomètres environ de longueur. Seule, Washington, la capitale des États-Unis, n'était pas pourvue d'un système d'alimentation d'eau.

Relativement à sa population, c'est aujourd'hui la ville la plus largement alimentée, et, sous ce rapport, aucune, ni dans les temps modernes, ni dans le monde ancien, ne peut lui être comparée ; Rome elle-même n'était dotée par ses nombreux aqueducs que de 1,800 litres d'eau par jour et par habitant ; Washington peut en recevoir aujourd'hui 4,300 !

Ce volume d'eau est dérivé du Potomac, immédiatement au-dessus des grandes chutes de ce fleuve, à 28 kilomètres environ en amont de Washington, et est amené à 43^{m}50 au-dessus du niveau de la mer, dans un réservoir de 14 hectares de superficie pouvant contenir près de 800,000 mètres cubes d'eau, par un aqueduc souterrain entièrement en conduite libre et en maçonnerie de 2^{m}75 de diamètre intérieur.

Commencée en 1853, interrompue par la guerre de la sécession, terminée enfin il y a deux ans à peine, cette dérivation, projetée et exécutée par M. Meigs, ingénieur des États-Unis, n'a qu'une longueur de 21 kilomètres et n'a coûté que 14 millions environ, y compris le réservoir de distribution ; le prix du mètre cube d'eau par jour revient ainsi à moins de 45 francs, c'est-à-dire que le prix d'un mètre cube d'eau ne ressort qu'à 0 fr. 0065. Elle comprend des ouvrages d'art de premier ordre, notamment la plus grande arche en maçonnerie qui existe, celle du pont-aqueduc jeté sur le ravin de Cabin-John et dite arche de l'Union ; cette arche a 67 mètres d'ouverture avec une épaisseur à la clef de 1^{m}27 et 6 mètres de largeur entre les têtes ; c'est l'arc d'un cercle de 40^{m}71 de rayon ayant une flèche de près de 18 mètres.

Une disposition remarquable est, en outre, à signaler dans les ponts que comporte la partie d'aqueduc en conduite forcée, composée de deux tuyaux en fonte de 0^{m}76 de diamètre, qui s'étend du réservoir de distribution jusque dans l'intérieur de la ville. Tous ces ponts sont formés par les conduites mêmes, disposées en arcs métalliques, reliées entre elles et contreventées par des croix de Saint-André ; un coffrage en bois les préserve de l'action trop directe des variations atmosphériques.

Telle est la disposition du pont de College-Branch, d'une ouverture de 36 mètres, surbaissé au dixième. Mais le plus remarquable et le plus important de ces ouvrages est le pont de Rock Creek, d'une portée de 61 mètres en arc de cercle, surbaissé au sixième; les deux conduites d'eau supportent, en effet, un tablier en charpente pour le passage d'une route. Eu égard à cette destination spéciale, eu égard à la portée considérable des arcs, le diamètre des tuyaux en fonte, dont les conduites sont composées, est porté, à cette traversée, de 0^m76 à 1^m22, et leur distance d'axe en axe de 2^m75 à 5^m50; ces tuyaux sont à brides et revêtus intérieurement d'une chemise en bois de 7 centimètres d'épaisseur, qui réduit à 1^m08 de diamètre leur section libre. Nous n'avons pu savoir d'une manière précise comment se comportent ces conduites d'eau sous les vibrations que leur transmettent les mouvements de la circulation sur le tablier qu'elles supportent; néanmoins le système fonctionne régulièrement.

Ajoutons enfin que l'alimentation de la partie la plus élevée de Washington, que ne pourrait atteindre directement l'eau tirée du réservoir de distribution, est assurée par un petit réservoir situé au point culminant de Georgetown, faubourg de Washington; l'eau est refoulée du premier réservoir dans ce réservoir secondaire par une pompe que commande une turbine dont l'eau motrice est tirée des conduites principales.

§ 4. — Espagne.

Madrid. — Dans ce mouvement qui pousse tous les peuples vers le bien-être matériel largement étendu aux masses, l'Espagne n'est pas restée en arrière; son climat fait d'ailleurs ressentir le besoin de larges distributions d'eau, et sa capitale a voulu donner l'exemple par un ouvrage digne du pays qui compte parmi ses principaux monuments les aqueducs de Ségovie, de Tarragone, etc. Elle a voulu satisfaire, non-seulement aux besoins mêmes de sa population de 320,000 habitants, mais encore à l'irrigation des campagnes qui l'environnent, et elle a terminé, il y a deux ans à peine, les travaux nécessaires pour dériver 200,000 mètres cubes d'eau par vingt-quatre heures du Rio de Lozoya. Sur les 600 litres par habitant que représente ce volume d'eau, les cinq sixièmes sont affectés aux irrigations; 100 litres seulement sont réservés à l'assainissement de la ville et aux besoins de sa population.

Le barrage de prise d'eau, en maçonnerie, de 30 mètres de hauteur, forme dans la vallée même du Rio de Lozoya un réservoir d'alimentation de plus de 3 millions de mètres cubes. On a éprouvé les plus grandes difficultés à l'étancher et il a retardé de plusieurs années la mise en service de l'aqueduc de dérivation, commencé dès 1851.

Cet aqueduc souterrain, dit *canal d'Isabelle II*, a une longueur de 76 kilomètres, depuis la prise d'eau jusqu'au réservoir de distribution, situé à 111^{m}20 au-dessus du niveau des basses eaux du Manzanarès; il présente une section de 2^{m}15 de largeur sur 2^{m}80 de hauteur sous clef. Sa pente est de 0^{m}20 par kilomètre; elle est portée à 0^{m}67 dans les parties ouvertes en souterrain où l'on a pu diminuer ainsi la section tout en assurant le même débit; sur les ponts-aqueducs que présente la dérivation, elle est de 1^{m}50 par kilomètre et la section de l'aqueduc y est réduite à 1^{m}39 de largeur sur 1^{m}39 de hauteur. C'est une modification analogue que l'on a apportée, dans la dérivation de la Durance, au célèbre pont-aqueduc de Roquefavour pour en réduire autant que possible l'importance.

Cette dérivation, jetée à travers un pays désert privé de voies de communication et n'offrant aucune ressource, se présentait dans les conditions d'exécution les plus difficiles et les plus onéreuses; on a lutté contre ces difficultés en recherchant avant tout la simplicité dans les constructions, et en écartant autant que possible les grands ouvrages d'art. Le pont-aqueduc le plus important que présente la dérivation n'a que 120 mètres de longueur sur 28 mètres de hauteur. Les grandes vallées rencontrées sont franchies à l'aide de conduites forcées, com-

posées de quatre cours de tuyaux en fonte de 0^{m}92 de diamètre intérieur; trois suffisent au débit normal de l'aqueduc;
le quatrième est une réserve en cas d'accident à l'un des trois
autres.

L'ensemble de ces travaux, qui font le plus grand honneur
au gouvernement et au corps des ponts et chaussées d'Espagne, notamment à MM. del Valle et Ritera qui en ont successivement dirigé l'exécution, a coûté 40,600,000 francs; ce
chiffre de dépense fait ressortir à 203 francs le prix du mètre
cube par vingt-quatre heures et à 0 fr. 028 le prix d'un mètre
cube d'eau.

Madrid, nous l'avons dit, n'est pas la seule ville d'Espagne
qui se soit occupée dans ces dernières années de pourvoir à
son alimentation en eau : *Xérès* et *Valence* ont exécuté des
dérivations importantes qui viennent d'être mises en service.
On voit dans les albums de l'exposition espagnole des dessins
intéressants relatifs à l'aqueduc de dérivation et au réservoir
de Xérès inauguré en 1865. *Tolède, Cordoue, Cadix, Barcelone* ont commencé des travaux analogues ou poursuivent dans
le même but des études importantes.

§ 5. — Autriche.

Vienne. — L'Autriche n'a rien à l'Exposition qui soit relatif
à l'alimentation en eau des villes, et cependant, à Vienne, cette
question est à l'ordre du jour. Vienne est alimenté en majeure partie par les eaux de puits nombreux, dépendant
des habitations; ces puits constituent même le seul moyen
d'alimentation de certains quartiers. En dehors de quelques
eaux de sources sans importance, les eaux dites *de l'Empereur Ferdinand* complètent l'alimentation des autres parties
de la ville. Ce sont des eaux tirées du Danube et élevées
par des machines à vapeur, d'une force totale de 220 chevaux,
qui fournissent par jour 10,000 mètres cubes d'eau au
maximum.

On comprend que cette installation, qui date d'une trentaine d'années, soit considérée comme tout à fait insuffisante pour une ville de près de 700,000 habitants, et un projet complet, qui ne peut tarder à être mis à exécution, a été étudié en vue de dériver, à une hauteur de près de 88 mètres au-dessus de l'étiage du Danube au pont Ferdinand, plusieurs sources situées aux environs de Brunn et d'un débit ensemble de 90,000 à 110,000 mètres cubes par vingt-quatre heures. Ces sources, au nombre de trois, dites *de l'Empereur, Stixenstein* et *Alta*, seront d'abord réunies par des dérivations secondaires dans un réservoir commun, d'où elles seront amenées à la colline des Roses, près Vienne, par un aqueduc souterrain de près de 107 kilomètres; l'estimation de ce projet s'élève à la somme de 25 millions et demi, non compris les trois réservoirs et le réseau de conduites de distribution qu'il comporte, et qui augmentent la dépense totale de plus de 12 millions.

§ 6 — Prusse.

Berlin. — La Prusse n'a rien envoyé non plus, qui soit relatif à cette question, et il ne paraît pas que l'alimentation de Berlin présente quelque particularité qui mérite d'être signalée. Cette ville, largement satisfaite par des puits nombreux qui donnaient, jusque dans ces dernières années, une eau excellente, limpide et fraîche, ne se préoccupe que depuis peu de son alimentation; ce n'est que depuis peu, en effet, que ses puits se corrompent par le mélange des eaux impures qui s'infiltrent à travers les terres dans une ville sans égouts. Il y a une douzaine d'années, cependant, une compagnie anglaise a monté, au bord de la Sprée, à l'amont de Berlin, des machines à vapeur qui distribuent l'eau de cette rivière dans la ville; mais la Sprée elle-même se corrompt par les eaux industrielles; l'on n'a, toutefois, le projet que de développer ce système en remontant la prise d'eau d'une dizaine de kilomètres sur la rivière.

§ 7. — Régence de Tunis.

Tunis. — Il nous reste enfin à signaler un travail important, représenté par quelques dessins, à l'exposition de la Régence de Tunis : la restauration de *l'aqueduc de Carthage.*

Cet aqueduc, construit par les empereurs Adrien et Septime Sévère, coupé par les Vandales, réparé par Bélisaire, enfin détruit par les Arabes, puis par les Espagnols, vient d'être restauré par Son Altesse le Bey, pour l'alimentation de Tunis et des principaux centres de population qui l'environnent. Les eaux qu'il dérive proviennent des monts Djoukar et des monts Zaghouan. Il présente une longueur totale de 130 kilomètres, dont 34 kilomètres composent la branche des monts Djoukar.

Sur les 96 kilomètres de la branche principale qui part des monts Zaghouan pour aboutir au port de la Goulette, 41 kilomètres environ sont en conduites forcées, composées d'une double ligne de tuyaux en tôle et bitume (tuyaux Chameroy), variant de 0^m30 à 0^m55 de diamètre intérieur. Plusieurs ponts considérables portent l'aqueduc à la traversée des cours d'eau et des vallées que rencontre la dérivation. Le plus important est celui jeté sur l'Oued Miliane pour le siphon de 8,800 mètres de longueur qui franchit cette vallée. Il sert à la fois de route et d'aqueduc.

L'ensemble de ces travaux, exécutés par un ingénieur français, M. Collin, assure un approvisionnement de 20,000 mètres cubes d'eau à une population que l'on peut évaluer à 300,000 habitants.

CHAPITRE II.

TRAVAUX, MATÉRIEL ET APPAREILS RELATIFS A LA DISTRIBUTION DES EAUX.

Nous examinerons successivement maintenant les travaux des réservoirs de distribution, les appareils de filtrage des eaux, les conduites de distribution, enfin la distribution proprement dite à la rue et dans les habitations.

§ 1. — Réservoirs.

Les réservoirs règlent la distribution de l'eau ; ils maintiennent dans la canalisation une pression sensiblement constante en ses différents points et préviennent les inconvénients graves qui résultent des distributions directes sur les conduites de refoulement.

Dans le cas de l'alimentation par dérivation de sources ou de cours d'eau, le réservoir représente d'ailleurs l'approvisionnement nécessaire de plusieurs jours, approvisionnement que l'on doit prévoir pour le cas d'accident, de visites, de travaux d'entretien dans l'aqueduc de dérivation. Dans le cas d'une alimentation par machines, des machines de réserve font le service de celles qui sont en réparation, et le réservoir n'est purement et simplement qu'un régulateur n'ayant pas besoin d'une grande capacité. C'est ainsi que la distribution des eaux de Paris ne comportait au maximum, en 1862, qu'une réserve d'eau de 80,000 à 85,000 mètres cubes répartie entre vingt-deux réservoirs.

Mais l'exécution de la dérivation des eaux de sources de la Dhuis a eu, comme complément nécessaire, l'établissement d'un nouveau et vaste réservoir couvert, construit, dans le cours des années 1864 et 1865, sur les hauteurs de Ménilmontant, à l'extrémité aval de la dérivation et destiné à en emmagasiner et à en distribuer les eaux. C'est un bassin de plus de deux hectares de superficie pouvant contenir, sur 5 mètres de hauteur, à une altitude de près de 80 mètres au-dessus des quais de la Seine, un volume d'eau de 100,000 mètres cubes. Entièrement en maçonnerie brute de moellons ou de meulière avec mortier de chaux hydraulique ou de ciment, il offre, dans ses dispositions et dans son exécution, le même caractère de simplicité et d'économie que présente la dérivation sur tout son parcours. Il se compose de deux compartiments distincts dans lesquels les eaux peuvent être dirigées à volonté; une conduite spéciale permet, d'ailleurs, de jeter directement les eaux dans le réseau de la distribution. Les fondations et le système de couverture de ce réservoir sont les seules parties de la construction qui méritent une mention spéciale.

Placé à flanc de coteau dans les marnes vertes, il importait à la solidité de l'ouvrage que ses fondations fussent assises sur les marnes du gypse; elles ont été, par suite, descendues à une profondeur de 6 à 8 mètres en contre-bas du radier, à l'aide de piliers correspondant aux piliers de la couverture; on a profité de cette fondation pour établir un second réservoir sous une partie du premier, en déblayant entre les piliers la couche des marnes vertes. On a constitué ainsi, au centre du réservoir des eaux de la Dhuis, un second étage de réservoir pouvant contenir 31,000 mètres cubes d'eau sur une hauteur qui varie de 2^{m}50 à 4^{m}00; ce second étage sert à emmagasiner et à distribuer les eaux de la Marne refoulées par les machines hydrauliques de Saint-Maur.

La couverture du réservoir, isolée des murs de pourtour, afin de prévenir les poussées que pourraient leur transmettre les effets de la dilatation sur des longueurs de 150 à 200 mètres, appelle l'attention par sa légèreté. Elle est composée de voûtes d'arête de 5^{m}40 de portée, surbaissées au neuvième, faites de deux rangs de briquettes posées à plat avec mortier de ciment, et recouverte d'une chape en même mortier; le tout présentant une épaisseur totale de 8 centimètres environ. Un système de voûtes semblables, mais d'une moindre portée, avait été déjà adopté aux réservoirs de Belleville et de Gentilly. L'ensemble de cette couverture, qui repose sur une série de plus de 400 piliers de 5 mètres de hauteur sur 0^{m}60 de côté au sommet, est chargé d'une couche de terre de 0^{m}40 d'épaisseur que recouvrent de vertes pelouses et des plates-bandes de fleurs.

En dehors de l'acquisition des terrains nécessaires à leur

établissement, ces réservoirs ont coûté 3,640,000 francs. Ils peuvent contenir jusqu'à 131,000 mètres cubes d'eau ; le mètre cube de capacité utile revient ainsi à 27 fr. 78. Aux réservoirs de Passy, d'une capacité totale de 37,000 mètres cubes, il ressort à 22 fr. 12 ; aux réservoirs de Gentilly, où l'on peut emmagasiner 6,000 mètres cubes, il ressort à 17 fr. 80; enfin aux réservoirs de Belleville, où la partie exécutée et en service présente une capacité de 18,000 mètres cubes, il ressort à 27 fr. 50.

A Londres, l'ensemble de la distribution des eaux, basée, pour la plus grande partie, sur le système des machines, ne comprend qu'une surface totale de 7 hectares environ de réservoirs couverts, tandis que l'importance des réservoirs de Manchester permet d'y constituer un approvisionnement de 1,360,000 mètres cubes d'eau, et que, à Glasgow, la dérivation des eaux du lac Katrine alimente un réservoir découvert de 28 hectares environ de superficie, pouvant contenir 2,250,000 mètres cubes d'eau à 94 mètres au-dessus du niveau de la Clyde.

Le canal d'Isabelle II, dont nous avons parlé plus haut, est complété à son extrémité aval, aux portes de Madrid, par deux magnifiques réservoirs couverts. Le réservoir du *Champ-des-Gardes*, terminé et en service, dont on voit le modèle complet à l'Exposition, a une surface d'un peu plus d'un hectare et peut contenir 69,000 mètres cubes d'eau, emmagasinés à 111^{m}20 au-dessus du niveau des basses eaux du Manzanarès au pont de Tolède, ou à 10^{m}40 au-dessus du point le plus élevé de Madrid ; il est recouvert par un système de voûtes en plein cintre et en berceau s'appuyant sur des pieds-droits en granit largement évidés. Ces voûtes présentent, au-dessus du radier du réservoir, une hauteur de 9 mètres sous clef. Le second réservoir, beaucoup plus important, est en construction ; il occupera une surface de 3 hectares 38 ares et pourra contenir 177,000 mètres cubes d'eau. Son système de construction est analogue à celui du réservoir du Champ-des-

Gardes; toutefois sa couverture présentera plus de légèreté, par la substitution de voûtes surbaissées aux voûtes en plein cintre; elle reposera sur plus de 1,000 piliers en granit de 6 mètres de hauteur et de 0^{m}54 de côté au sommet.

En Amérique, où les principales villes, New-York, Washington, Boston, sont alimentées par des dérivations, on attache une très-grande importance à de larges approvisionnements d'eau et l'on tend à augmenter constamment les réservoirs et leur capacité.

C'est ainsi qu'à New-York, où l'on avait construit en même temps que l'aqueduc du Croton, c'est-à-dire dès 1842, un réservoir découvert de 1 hectare 38 ares, pouvant contenir 95,000 mètres cubes d'eau sur une profondeur de 11^{m}40, on a inauguré, en 1862, au centre même du parc de la ville, le plus grand réservoir de distribution d'eau qui existe; ce réservoir, de 38 hectares 78 ares de superficie, pouvant emmagasiner près de 4 millions de mètres cubes d'eau sur 10 mètres de profondeur, a coûté 7 millions et demi, non compris une somme de 2 millions et demi pour l'acquisition des terrains sur lesquels il est établi.

A Washington, en terminant dans ces dernières années l'aqueduc du Potomac, on a exécuté le réservoir de distribution de Georgetown que comportait le projet de cette dérivation, réservoir de 14 hectares 88 ares de superficie pouvant contenir 635,000 mètres cubes d'eau.

On voit, en résumé, que la question des réserves d'eau a donné lieu, dans ces dernières années, tant en Europe qu'en Amérique, aux travaux les plus remarquables et les plus importants.

§ 2. — Systèmes de filtrage.

Les difficultés que présente le problème du filtrage des eaux de rivière sur une grande échelle, n'ont pas été surmontées et la question en est toujours au même point.

Il faut noter, cependant, l'application remarquable des cloisons perforées à la clarification des eaux ; ce système donne, en effet, d'excellents résultats ; il consiste à faire participer à la vitesse d'écoulement toute la masse d'eau qui traverse un bassin de dépôt, en faisant appel à ces eaux vers l'aval, par une cloison verticale percée de trous répartis sur toute sa hauteur; il a été appliqué dès 1828 par M. Parrot, ingénieur des mines, à la clarification des eaux de lavage des minerais, et on le retrouve dans la méthode de traitement des eaux d'égout de Leiscester. M. l'inspecteur général Belgrand l'a appliqué avec un succès complet dans les réservoirs de Ménilmontant, pour hâter la précipitation des sables extrêmement fins que les eaux de la Dhuis peuvent entraîner dans certains moments. Ce n'est pas le filtrage, mais c'est une préparation au filtrage, de nature à débarrasser les eaux de la plus grande partie des matières en suspension et à prévenir ainsi l'encrassement trop rapide des filtres, un des obstacles les plus sérieux du filtrage en grand.

Les *filtres naturels* auxquels la situation de certaines villes permet de recourir, donnent généralement de bons résultats. On augmente ceux de Toulouse, qui comptent parmi les plus anciens, en prolongeant les galeries ouvertes dans les graviers d'atterrissement de la Garonne, galeries dans lesquelles se font les prises d'eau.

Un des points remarquables de la distribution des eaux de Lyon est certainement l'essai qu'elle comporte de l'application de ce système de filtres à la clarification des eaux du Rhône. On a creusé sur le bord du fleuve, à 3 mètres en contre-bas de l'étiage, une galerie et des bassins filtrants ; les eaux y arrivent suffisamment claires, mais la filtration est lente ; elle dépend de la différence de niveau des eaux dans le fleuve et dans la galerie. Pour augmenter cette dénivellation, on avait installé une petite machine alimentaire de 32 chevaux qui aspirait énergiquement l'eau dans la galerie de filtration, mais les sables venaient avec l'eau et les murs des galeries se minaient. On a porté alors à

4,500 mètres carrés, les surfaces filtrantes ; dans ces conditions ce n'est encore que lorsque le fleuve est à 1 mètre au moins au-dessus de l'étiage que l'on peut avoir les 20,000 mètres nécessaires à la ville de Lyon, c'est-à-dire 4^m45 par mètre carré de surface filtrante ; au-dessous de ce niveau la quantité d'eau fournie est insuffisante. Ce n'est pas l'étendue des surfaces filtrantes qu'il importe d'augmenter, c'est le développement des galeries de filtration. Dans ces conditions le mètre carré de surface filtrante est d'ailleurs revenu à 150 francs environ.

Ce même système des filtres naturels est aussi appliqué à Vienne (Autriche), et y a donné lieu, il y a peu d'années, à des travaux intéressants. En 1838, lors de l'installation des conduites de l'Empereur Ferdinand, les eaux étaient tirées du Danube par l'intermédiaire de canaux latéraux, sans communication apparente avec le fleuve et descendus à 2^m50 en contre-bas de son niveau ordinaire ; mais, lors des basses eaux, ces canaux ne fournissaient plus une quantité suffisante aux besoins de l'alimentation. On y a substitué récemment une galerie souterraine en maçonnerie de 1^m60 de hauteur sur 0^m30 à 0^m40 de largeur, établie parallèlement au Danube, à 200 mètres environ de distance et à 5 mètres en contre-bas de son niveau moyen. Il est peu probable que, dans cette situation, elle soit alimentée par les eaux du Danube ; elle fournit en tous cas une eau excellente à boire. Sa longueur est de 450 mètres ; il conviendrait de la porter à 650 pour qu'elle pût fournir régulièrement les 10,000 mètres cubes d'eau par vingt-quatre heures, qui doivent alimenter les conduites de l'Empereur Ferdinand. Cette galerie a coûté 1,300 francs le mètre environ.

Il paraîtrait que pour le filtrage en grand des eaux d'Alexandrie (Égypte), on a installé avec succès des *filtres artificiels* se rapprochant autant que possible des conditions des filtres naturels : l'eau circule sur un filtre en gravier, dans des canaux de briques, avec une vitesse de 0^m25 à 0^m30 par seconde ; le développement de ces canaux est calculé de telle sorte que les cinq sixièmes de l'eau filtrent dans le parcours ; le sixième qui coule à l'extrémité a pour ainsi dire nettoyé le filtre, en entraînant les matières qui ne peuvent se déposer à la vitesse de 0^{m}25 à 0^{m}30.

A Londres, on s'en tient toujours au filtre en gravier, composé de couches successives allant du sable le plus fin jusqu'au gros gravier. L'eau arrive à la surface, traverse ces couches d'une épaisseur totale de 1^{m}50 environ et est recueillie dans les drains et aqueducs qui s'étendent par-dessous. Ces filtres donnent de 6 à 8 mètres cubes par vingt-quatre heures et par mètre carré de surface filtrante, sous une charge de 1^{m}50 à 2 mètres d'eau ; les différentes compagnies, qui se partagent l'alimentation en eau de la ville, ont encore augmenté dans ces dernières années leur développement et ils représentent aujourd'hui une surface filtrante totale de 18 hectares 75 ares. Le même système est appliqué à Berlin pour le filtrage des eaux de la Sprée ; il n'y donne que de très-médiocres résultats.

A Paris où, à proprement parler, aucun système de filtrage en grand n'est appliqué, le *filtre Vedel-Bernard*, à haute pression, est celui qui sert d'une manière générale à la clarification des eaux vendues dans les fontaines marchandes de la ville. C'est un cylindre en tôle hermétiquement clos, dans lequel sont placées des couches successives de déchets d'éponge ou de laine préparée au tannate de fer, de grès, de charbon et de gravier ; l'eau qui arrive en pression à la partie supérieure, sort dans les mêmes conditions à la partie inférieure après avoir traversé ces couches de matières filtrantes et désinfectantes. Sous une charge de 15 mètres, 1 mètre carré de surface filtrante donne 190 mètres cubes d'eau par vingt-quatre heures. Ce filtre se nettoie par le lavage des éponges et de la laine.

Dans les habitations, nous avons toujours pour la fontaine de ménage le *filtre en pierre ;* cependant, quelques appareils nouveaux qui tendent à s'y substituer méritent d'appeler l'attention.

Le principe essentiel du *filtre Bourgoise* est le feutre fortement comprimé, rendu imputrescible par une préparation de cachou et maintenu entre deux grilles métalliques galvanisées ; ce filtre affecte diverses formes, suivant l'usage auquel on le destine : filtre de poche, filtre à siphon, filtre de ménage ; il a un débit beaucoup plus considérable que le filtre de pierre, et se nettoie facilement par le renversement du courant ; il se complète avec avantage par l'addition d'une couche de charbon superposée au filtre proprement dit, indépendante de ce filtre et facilement renouvelable.

Le grand appareil à pression de M. Bourgoise se rapproche beaucoup du filtre Vedel-Bernard, dont il ne diffère que par la nature des couches filtrantes, où l'on trouve le feutre substitué au grès et au gravier ; l'eau y marche d'ailleurs de bas en haut et le nettoyage s'en opère par renversement du courant. Ce système de nettoyage ne doit pas donner de résultats plus satisfaisants avec ce filtre qu'avec le filtre Vedel-Bernard, pour lequel on a dû y renoncer ; d'ailleurs, quelque bien préparée qu'elle soit, une matière animale ne peut jamais être employée, sans inconvénient, à la clarification d'une eau destinée à l'alimentation. Dans le filtre Vedel-Bernard le grès, le charbon et le gravier corrigent l'effet des éponges et de la laine.

Dans le *filtre Burcq* on revient au filtre de pierre, écartant ainsi complétement les inconvénients de l'emploi des matières filtrantes organiques, soit animales, soit végétales. On obtient d'ailleurs une filtration plus rapide qu'avec les filtres ordinaires, en raison de la nature de la pierre artificielle dont il est formé ; cette pierre, fabriquée avec la terre à poterie de grès, est rendue plus ou moins poreuse suivant la nature du liquide à filtrer, par un mélange de sciure de bois ou de toute autre matière analogue qui se brûle à la cuisson de la terre. Ce filtre se prête, comme le filtre Bourgoise, aux diverses formes de filtre de poche, filtre à siphon, filtre de ménage. Il se nettoie aussi par le renversement du courant et au besoin par l'action d'une brosse à la surface extérieure. L'inventeur se propose de l'appliquer à la filtration en grand des eaux d'un fleuve sous la forme d'un bateau-filtre, dans lequel cette pierre remplacerait la couche de gravier que traversent les eaux dans les filtres naturels de Toulouse, de Lyon, etc.

§ 3. — Conduites de distribution.

Le type de la conduite de distribution est toujours représenté, à Paris, par la conduite *en fonte* avec *joints à bagues*. Cette conduite y est exclusivement adoptée aujourd'hui pour la pose en égout, par la facilité d'exécution de son joint, soit à froid, soit à chaud et par la facilité de sa dépose. Pour la pose en terre, elle ne présente pas de garanties suffisantes. M. l'ingénieur en chef Mille en a d'ailleurs fait ressortir tous les avantages, dans sa notice sur les eaux, les égouts et le gaz, à l'Exposition Universelle de Londres, en 1862; nous n'y insisterons pas. Cependant ce système n'a presque pas pénétré hors de France, où l'on emploie toujours le *joint à emboîtement et cordon;* ce n'est qu'en Angleterre et en Belgique qu'on trouve quelques applications du joint à bagues.

Nous n'avons trouvé qu'en Angleterre le *joint à emboîtement précis*, employé dans la distribution d'un grand nombre de villes, notamment à Glasgow, dans les conduites forcées de grand diamètre de la dérivation du lac Katrine; il présente en effet des sujétions sérieuses de fabrication, de pose et de dépose.

Les divers systèmes de *joints en caoutchouc vulcanisé* que l'on remarque à l'Exposition comportent toujours avec eux les inconvénients de la matière même dont ils sont formés; il est impossible d'avoir du caoutchouc vulcanisé parfaitement homogène; trop vulcanisé, le caoutchouc devient cassant; vulcanisé d'une manière insuffisante, il se décompose peu à peu. Nous signalerons toutefois, parmi ces joints, celui de M. Marini et celui de M. Delperdanche, qui sont en progrès sur le joint Petit, par la forme simplifiée des tuyaux à réunir et l'indépendance du joint, spécialement dans le système Delperdanche, où les joints sont à bagues en caoutchouc serrées par un collier à vis, et qui donne de bons résultats, notamment dans la distribution d'eau de Valenciennes.

Avec la diminution du prix de la fonte qui a baissé de près de 30 pour 100 depuis dix ans, les *tuyaux Chameroy*, en tôle et bitume, perdent chaque jour des avantages de leur emploi dans les distributions d'eau. Ils présentent encore cependant une économie de 20 pour 100 sur les tuyaux en fonte, et sont d'un très-bon usage, là où il y a peu de raccords, de sinuosités, de coudes dans la conduite, de variations brusques de pression ; c'est-à-dire qu'ils peuvent être employés avec sécurité pour conduire les eaux, beaucoup plutôt que pour les distribuer.

Les *tuyaux en ciment* sont bons et avantageux dans les mêmes conditions ; les tuyaux en ciment de Grenoble, employés dans la dérivation des eaux de Nice, fonctionnent parfaitement sous une pression de trois atmosphères. Nous en dirons autant des *tuyaux en terre cuite émaillée*, des tuyaux Doulton, Joseph Cliff, etc., de Londres, des tuyaux Zeller d'Ollwiller (Haut-Rhin) avec joints en ciment.

Ces derniers sont particulièrement remarquables par leur belle exécution ; ils présentent sur les tuyaux en fonte une économie de 20 pour 100 ; ils ont sur eux, et surtout sur les tuyaux en tôle et bitume, l'avantage d'une durée indéfinie ; ils ne subissent à l'intérieur aucune altération et ne favorisent pas les incrustations, les obstructions ; leur assemblage se fait à l'aide de manchons, c'est-à-dire qu'ils sont uniformément droits, par conséquent d'une exécution facile et sûre. Ils ont été adoptés dans la canalisation d'un grand nombre de villes, non-seulement en France (Lunéville, Thann, Mulhouse, Soissons, etc.), mais à l'étranger, notamment en Suisse et en Italie.

Les tuyaux anglais qui s'assemblent à emboîtement ne présentent pas la même finesse, la même perfection d'exécution ; mais, rendus en France, ils ne reviennent encore qu'à moitié prix. Toutefois leur véritable place et leur meilleur usage est dans le drainage des habitations.

Nous avons dit que l'administration municipale avait adopté à Paris, un double réseau de canalisation, l'un, affecté aux eaux de source pour le service privé, l'autre, consacré au service public ; chacun d'eux comportant d'ailleurs un service haut et un service bas. Les conduites dont se compose ce double réseau, ont jusqu'à 1^{m}10 de diamètre ; elles sont placées dans les égouts, au fur et à mesure que se complète le vaste drainage souterrain de la ville, sur consoles jusqu'au diamètre de 0^{m}60, sur colonnettes en fonte au delà de ce diamètre.

Le *robinet d'arrêt* placé sur ces conduites est toujours l'ancien robinet-vanne de la ville, construit par M. Herdevin ; la vanne en coin, dressée sur ses deux faces, s'emboîte exactement entre les deux siéges inclinés que présente le corps même du robinet. Ce corps cylindrique a permis d'arriver en toute sécurité au robinet-vanne de 0^{m}80 de diamètre, le plus grand que l'on ait abordé jusqu'ici ; ce robinet pèse 3 tonnes et ne coûte pas moins de 2,200 francs.

Dans ceux de MM. Fortin-Herrmann, d'un bon usage et adoptés dans un grand nombre de distributions d'eau, la vanne, dressée sur une seule face, est appuyée contre son siége par un galet, qui presse le plan incliné de la face opposée. Mais il n'est guère possible de dépasser avec ses formes aplaties les diamètres de 0^{m}40 ou de 0^{m}50. La même observation s'applique à un nouveau robinet que l'on remarque à l'Exposition, le robinet Schroo, dont les dispositions simples, les vannes mobiles autour d'un axe horizontal paraissent offrir de sérieuses garanties d'étanchéité et de bon entretien.

A Londres, où les égouts ne sont pas construits dans des conditions qui permettent d'y placer les conduites d'eau, ces conduites sont reçues dans des galeries spéciales ; la plupart du temps, toutefois, elles sont en terre.

Les réseaux de distribution intérieure des différentes villes
d'Europe et d'Amérique ont pris naturellement, dans ces dernières années, un développement en rapport avec l'augmentation de leur approvisionnement en eau : Paris notamment,
qui ne comptait en 1854 que 213,000 mètres de conduites de
tout diamètre, en a aujourd'hui 1,340,000 mètres.

§ 4. — De la distribution proprement dite.

Depuis 1862, époque à laquelle M. l'ingénieur en chef Mille
a décrit dans le rapport du Jury international le mode de la
distribution des eaux, tant pour le service public que pour
le service privé, peu de modifications y ont été apportées,
soit en France, soit à l'Étranger.

Service public. — L'Angleterre ne se préoccupe toujours
que du service privé, et, à part quelques fontaines publiques,
pour puisage (*Drink-fountain*), on n'y trouve encore que la
bouche à incendie.

En France, c'est la *borne-fontaine*, que remplace dans les
grandes villes, à Paris notamment, la *bouche sous-trottoir*. La
bouche sous-trottoir doit atteindre un double but : lavage du
ruisseau et prise à haute pression pour l'arrosage et l'incendie. Il faut y ajouter pour la borne-fontaine le puisage avec
repoussoir. Nos principales maisons et notamment MM. Fortin-Herrmann, entrepreneurs des travaux de fontainerie de la
ville, ont amené à un grand degré de perfection ces appareils,
ainsi que tous ceux que comporte le service privé.

Dans la bouche sous-trottoir, le jet débouche verticalement;
il est coiffé d'une coupelle, ou calotte renversée contre
laquelle l'eau vient briser sa pression et d'où elle s'écoule sans
vitesse au ruisseau; la distance de cette coupelle à l'orifice du
jet est calculée, suivant la pression de l'eau au point considéré,
pour donner sensiblement un débit déterminé, débit qui est à
Paris, de 2 litres par seconde; en ouvrant le couvercle de
la bouche auquel est fixée la coupelle, l'extrémité du jet est

dégagée et l'on y visse soit le tuyau de prise pour arrosage, soit celui d'incendie.

Dans la borne-fontaine le jet se présente latéralement, de manière à donner sur le sommet la place du robinet à repoussoir pour puisage. Ce robinet est en même temps robinet de jauge.

Service privé. — Paris, que nous avons déjà signalé comme un modèle, relativement à l'ampleur avec laquelle il a compris pour le présent, et prévu pour l'avenir, la question de son alimentation, se distingue encore par l'installation du service privé.

Dans les principales villes d'Angleterre et des États-Unis, ce service présente une importance bien plus considérable par suite d'habitudes qui ne pénètrent que lentement et difficilement parmi nous, mais son organisation n'y est pas comparable.

A Londres, rien de plus simple, mais rien aussi de moins satisfaisant. Le service ne se fait que successivement, et par quartier, pendant deux heures sur vingt-quatre. Il faut pendant ce temps que chaque maison fasse son approvisionnement, remplisse son réservoir. L'approvisionnement se fait seul il est vrai ; le trop plein s'écoule naturellement à l'égout ; mais, si, par suite de besoins exceptionnels, le réservoir se vide avant la fin de la journée, il faut attendre au lendemain.

A Paris, le réseau complet de la distribution doit être constamment en service. Chaque maison a sa *prise d'eau* sur la conduite de la rue. L'établissement de cette prise se fait d'ailleurs régulièrement, aujourd'hui, en laissant la conduite en charge, à l'aide d'un collier dans lequel on visse le robinet, qui formera robinet d'arrêt et par l'œil duquel on perce la conduite. Un tuyau de plomb relie cette prise à la maison; sur ce tuyau et contre la façade de la maison se trouve le *robinet de jauge* que précède un nouveau robinet d'arrêt à la disposition de l'abonné.

La jauge est une lumière, qui est percée dans un obturateur
en cuivre et dont l'ouverture, faite par tâtonnement, résulte de
la pression de l'eau au point considéré et du débit concédé en
vingt-quatre heures. Avec le robinet de jauge, il faut un réservoir dans le haut de la maison pour emmagasiner l'écoulement continu. Le plus souvent la distribution est à robinet
libre ; c'est un forfait consenti avec l'abonné, en admettant une
consommation de 45 litres par habitant, de 5 litres par mètre
de cour ou jardin, de 100 litres par cheval, de 100 litres par
voiture.

Le système de *distribution par compteur*, séduisant en théorie, n'est pas admis à Paris. Il existe cependant de bons
compteurs ; nommons, en Angleterre : le compteur Kennedy,
cylindrique à colonne d'eau et à contre-poids ; le compteur
Chadwick du même genre, mais qui ne trace plus comme celui
de Kennedy le chemin parcouru par le piston ; le compteur
Lewis, compteur à volume, moins précis, mais plus simple et
moins coûteux ; en France : le compteur Babeaud, très-bon
compteur, à colonne d'eau et à contre-poids, angulaire et non
plus cylindrique, à l'abri de toute variation du volume engen-
dré ; le compteur Herdevin qui n'est que le compteur Kennedy,
perfectionné par la suppression de la valve à contre-poids,
remplacée par un tiroir distributeur et que l'on voit fonctionner
à l'Exposition de la manière la plus régulière ; enfin le compteur Lenoir, qui jauge dans un appareil clos, où la charge nécessaire pour le service s'établit par l'intermédiaire de l'air
renfermé dans l'appareil, et comprimé par l'introduction de
l'eau. Mais les meilleurs sont susceptibles de dérangements ;
ils nécessitent un entretien très-suivi ; ils coûtent cher d'acquisition aux abonnés ; ceux qui sont basés sur la mesure d'une
capacité, et présentent ainsi quelque garantie, occasionnent une
perte de charge qui augmente rapidement avec le débit ; enfin,
tous exigent, de la part des compagnies, un contrôle coûteux de
la consommation. A côté de ces inconvénients, on ne doit pas attendre du système de distribution par compteurs de grands avan-

tages pratiques ; la consommation de l'eau est assez constante ; elle ne varie pas comme celle du gaz, et l'abonnement à forfait est, en définitive, la solution pratique à laquelle on doit tendre.

En Angleterre, où le système de distribution par compteur est admis, il ne se développe pas, par les mêmes raisons qui l'ont fait exclure du service de Paris : à Glasgow, où l'on distribue l'eau à 100,000 familles, il y a 500 compteurs ; à Londres, la proportion est la même.

Entrée dans la maison, l'eau s'y élève par la conduite ascensionnelle en plomb et rencontre à chaque étage le *distributeur*, caisse en zinc avec trop-plein assurant l'écoulement à l'égout en cas d'accident. Une soupape à flotteur qui prévient le *coup de bélier* y introduit l'eau tangentiellement par la partie inférieure. Cet ensemble forme un système simple, d'un bon fonctionnement, facile à visiter, à entretenir, et dont on voit à l'Exposition le modèle complet installé par MM. Fortin-Herrmann.

Divers systèmes nouveaux, ayant pour but de prévenir le coup de bélier, se produisent au Champ-de-Mars, à côté de la soupape à flotteur. Cette soupape atteint le but en fermant lentement le robinet. MM. Broquin et Lainé ont adopté dans leur robinet à repoussoir une disposition ingénieuse qui s'oppose de même au brusque arrêt de l'eau, en ne permettant à la soupape que de remonter lentement pour s'appuyer sur son siége ; c'est d'une manière analogue que MM. Clément et Crozy préviennent le coup de bélier dans le robinet à repoussoir de leur borne-fontaine.

Dans le cas de grandes masses d'eau en mouvement, le réservoir d'air est toujours le meilleur moyen de prévenir les coups de bélier ; mais cette solution n'a pu s'appliquer jusqu'ici à petite échelle dans la distribution intérieure de l'habitation ; l'air du réservoir est rapidement dissous et entraîné, et l'appareil ne fonctionne plus. M. Saintpère a eu l'heureuse idée d'obvier à cette difficulté en isolant l'air par une couche d'huile qui flotte à la surface et est recueillie, lorsque l'eau baisse et quitte l'appareil, dans une coupelle placée à la partie inférieure.

Nous ne dirons rien des appareils qui tendent à lutter contre le coup de bélier par l'élasticité du caoutchouc ; ils ne présentent généralement aucune durée, ni, par conséquent, aucune garantie sérieuse.

§ 5. — Utilisation, comme force motrice, de l'eau d'alimentation.

Au sujet de l'utilisation, comme force motrice, de l'eau à haute pression que renferment les conduites de distribution de nos villes, nous n'avons guère qu'à renouveler les vœux qu'émettait, en 1862, M. l'ingénieur en chef Mille. Cependant, nous voyons à l'Exposition un *monte-charge* (système Édoux) dont le succès, la simplicité et le fonctionnement régulier sont de nature à appeler l'attention des architectes qui participent à la transformation de la ville de Paris. La pression de l'eau agit sous un piston creux en fonte de 15 ou 20 mètres de longueur, qui se meut dans un corps de pompe descendu dans le sol à égale profondeur et qui supporte la plate-forme sur laquelle on s'élèverait sans fatigue aux divers étages de la maison. C'est le système de la grue Armstrong, réduite à son premier élément, à l'action directe du piston.

Signalons encore, dans le système de *télégraphie atmosphérique*, dont on a commencé le réseau sous Paris, pour soulager le service de la télégraphie électrique, un type simple et susceptible de se généraliser, de l'utilisation comme force motrice de l'eau à haute pression des conduites de distribution : un réservoir peut communiquer, d'une part, avec la conduite de distribution d'eau, d'autre part, avec un second réservoir, où l'air est refoulé lorsqu'on introduit l'eau dans le premier ; cet air comprimé, mis en communication avec la conduite d'envoi, y chasse rapidement par sa détente le petit cylindre porteur des dépêches ; le réservoir rempli d'eau se vide à l'égout.

Dans les constructions de Paris, on a utilisé, d'une manière restreinte, mais plus simple encore, la force ascensionnelle de

16**

l'eau de la conduite de distribution, en dirigeant cette eau jusqu'au sommet projeté de l'édifice; là, elle se déverse dans une caisse en tôle et fait contre-poids, par l'intermédiaire d'une chaîne passant sur une poulie, aux matériaux de construction à élever.

Enfin, à Lyon, cette utilisation de la force motrice de la conduite de distribution paraît descendre dans la pratique de l'atelier; de petites turbines, mues par des prises d'eau faites sur la conduite, donnent aujourd'hui le mouvement à un certain nombre d'ateliers de dévidage de soie.

Il y a longtemps, du reste, que, en Amérique, on est entré dans cette voie et nous pouvons citer notamment la ville de Boston où, depuis plus de dix ans, des presses servant à imprimer l'un des journaux les plus répandus de la ville, fonctionnent sous l'impulsion de la force motrice tirée de la conduite d'eau de la rue.

CHAPITRE III.

TRAVAUX D'ÉGOUTS ET DE DRAINAGE.

---

§ 1. — Canalisation, travaux d'égouts.

La création ou le développement du système de canalisation de la voie publique et de drainage de l'habitation, sont la conséquence naturelle et forcée de l'extension des travaux relatifs à l'alimentation en eau d'une ville.

Aussi, peut-on juger déjà de l'importance des travaux d'égouts exécutés dans ces dernières années, par l'extension donnée aux distributions d'eau, et de l'étendue du réseau des égouts des différentes villes que nous avons parcourues, par l'abondance des eaux qui les alimentent.

Pour la grandeur du plan, d'après lequel est tracé leur système de canalisation, par l'importance des travaux qui y ont été exécutés, dans ces dernières années, Paris et Londres attirent, tout d'abord, l'attention et méritent un examen spécial. Londres n'a envoyé, nous l'avons dit, aucun dessin ni modèle de ces travaux ; mais le service municipal de la ville de Paris a exposé un modèle de la grande galerie d'égout et d'une maison du boulevard de Sébastopol ; un modèle du collecteur des quais de la rive droite ; enfin, divers plans et cartes qui permettent de suivre, dans son ensemble et dans ses détails, son système de canalisation et de drainage.

Paris.—Il y a treize ans, Paris comptait déjà un développement considérable de galeries d'égout (163,000 mètres), mais aucun plan d'ensemble n'avait présidé à leur exécution. En 1854, dans son mémoire sur les eaux de Paris, M. le baron Haussmann traçait le programme du magnifique réseau qui se ramifie aujourd'hui sous la cité tout entière et débouche en Seine, par deux grands collecteurs, en un point situé à 20 kilomètres à l'aval de Paris, suivant le contour du fleuve, ou à 1,800 mètres, en ligne droite, de l'enceinte fortifiée.

De ces deux collecteurs généraux, celui de la rive droite, d'une longueur de près de 4,600 mètres, présente le plus grand type (type n° 1) adopté dans la canalisation de Paris ; sa section est de 5ᵐ60 de largeur aux naissances, et de 4ᵐ40 de hauteur sous clef, avec deux banquettes et une cuvette présentant 3ᵐ30 de largeur et 1ᵐ35 de profondeur. Il forme, pour ainsi dire, l'extrémité du collecteur des quais, rive droite, de section moindre (type n° 3), et a pour tributaires plusieurs autres collecteurs secondaires (notamment ceux des Coteaux et de Rivoli), dans lesquels viennent aboutir, par un certain nombre d'artères principales, les égouts de toute la rive droite.

Le collecteur général de la rive gauche, du même type que le collecteur secondaire des quais de la rive droite, part de la Bièvre qu'il reçoit, gagne au pont Saint-Michel les quais de la rive gauche et les suit jusqu'au pont de l'Alma, où il doit traverser la Seine au moyen d'un siphon composé de deux conduites de 1^m00 de diamètre chacune, échouées en contre-bas du lit du fleuve. Au delà, il se dirige vers Asnières, pour aboutir en Seine au même point que le collecteur de la rive droite. De ce collecteur secondaire, partent un certain nombre d'égouts principaux qui se ramifient sur toute la partie rive gauche de la ville, pour en recueillir les eaux.

Si nous descendons maintenant dans le détail de ce vaste système, nous voyons une série d'égouts de douze types différents, depuis celui du grand collecteur de la rive droite, jusqu'au branchement qui conduit, à l'égout de la rue, les eaux ménagères et pluviales de chaque maison; ce dernier type d'égout a 2^m30 de hauteur sous clef, sur 1^m30 de largeur aux naissances, c'est-à-dire qu'il est encore dans des dimensions qui en rendent faciles la visite et le nettoyage à bras d'homme. De ce type, on s'élève à celui du grand collecteur, en passant par les types à simple banquette, à double banquette avec rails pour les wagons-vannes employés au nettoiement de la cuvette, et par les intermédiaires de grandeurs diverses. Paris présente ainsi, aujourd'hui, un développement d'égouts de toute section de plus de 600,000 mètres courants.

L'égout est généralement dans l'axe de la rue; toutefois, dans toute rue de plus de 20 mètres de largeur, on a un égout sous chaque trottoir, pour diminuer la longueur des branchements qui partent des maisons. Des regards, placés de 50 en 50 mètres, en facilitent la visite et l'entretien.

Les types adoptés dans chaque cas particulier résultent, non-seulement de la quantité d'eau à écouler, mais encore des conduites de distribution qui doivent y trouver place. L'égout reçoit, en outre, les faisceaux de fils du réseau électrique de Paris, mais les conduites de gaz en sont exclues par suite des risques d'accidents graves qu'elles y introduiraient.

Les galeries d'égout sont construites en maçonnerie de meulière avec mortier de chaux hydraulique; plus souvent en maçon-

neric de meulière avec mortier de ciment; l'emploi du ciment
permet un décintrement plus prompt de la voûte, une réduction
d'un tiers dans les épaisseurs de la maçonnerie, une exécution
par conséquent plus rapide, en résumé, une moins longue interruption de la circulation sur la voie publique. L'intérieur
est revêtu d'un enduit mince en mortier de ciment, qui en
facilite singulièrement le bon entretien, le nettoiement et
l'éclairage.

On admet encore, depuis plusieurs années, pour la construction des galeries d'égout, le béton aggloméré (dit *béton Coignet*) composé d'un mélange fortement comprimé de sable,
de chaux hydraulique et de ciment, dans la proportion d'un
mètre cube de sable pour 0^{m}20 de chaux hydraulique et
50 kilogrammes de ciment Portland. Ainsi employée en dehors
des actions atmosphériques trop directes, cette matière donne
de bons résultats et des résultats économiques.

Après ce qu'en a dit M. l'ingénieur en chef Mille, dans le
rapport sur l'Exposition de 1862, nous n'avons pas à revenir
sur le système si ingénieux et si remarquable du curage des
égouts par bateaux et wagons-vannes. Il fonctionne de la manière la plus satisfaisante et est passé depuis longtemps dans
la pratique journalière du nettoiement des égouts de la ville ;
à peine pouvons-nous citer, comme perfectionnement accessoire plus récent, la vanne formant barrage mobile sur le parcours du collecteur et permettant de le décomposer en biefs
où l'eau, sans vitesse, ne gêne plus la remonte du bateau-
vanne.

Londres. — A Londres, des difficultés résultant de la disposition des lieux, de la marée dont les effets se font sentir jusqu'en amont de la ville, du niveau de certains quartiers
qui s'étendent à 1 et 2 mètres en contre-bas des hautes mers,
ont rendu la solution beaucoup plus difficile, beaucoup plus
dispendieuse, et ont nécessité l'emploi de moyens tout différents.

On a encore sur chaque rive un système analogue de grands collecteurs, écoulant vers la Tamise, à 22 kilomètres en aval du pont de Londres, les eaux recueillies par les égouts secondaires qui se ramifient jusqu'à l'habitation; mais, au lieu des types à cuvette et à grandes sections de la canalisation de Paris, on a adopté des types circulaires à petites sections qui n'admettent plus le curage artificiel et qui exigent, par conséquent, l'écoulement continu et la vitesse pour prévenir les dépôts et pour assurer le fonctionnement régulier du système; l'écoulement en rivière par la gravitation seule n'est plus possible; il faut, sur la rive nord, relever une partie des eaux; il faut, sur la rive sud, les relever en totalité, pour ne les écouler qu'au moment où la mer, commençant à descendre, les entraînera au loin. De grands réservoirs doivent par conséquent permettre de les emmagasiner dans l'intervalle, afin d'en assurer l'écoulement continu.

Trois étages de collecteurs drainent la rive nord. Le champ du collecteur inférieur, dont les eaux doivent être relevées, est réduit autant que possible ; il draine cependant encore plus de 6,000 hectares. Les collecteurs des étages haut et moyen se réunissent à Oldfort, dans un vaste réservoir en maçonnerie qui forme la tête de l'émissaire de la rive nord et peut se décharger, en cas d'accident, dans la rivière Lea, qui débouche directement dans la Tamise. La section de ces collecteurs construits en maçonnerie de brique et ciment est circulaire, et leur diamètre, qui varie de 1^m20 à 3^m40, est calculé sur la quantité de liquide que ces collecteurs ont à évacuer et sur une vitesse de 0^m60 à 0^m70 par seconde reconnue nécessaire pour y prévenir tout dépôt.

Le collecteur du bas étage, qui se rattache au plan d'endiguement de la Tamise, joint à Abbey Mills l'émissaire de la rive nord dans lequel ses eaux doivent être relevées de 11 mètres de hauteur. L'usine d'Abbey Mills se compose de huit machines à vapeur d'une force totale de 1,140 chevaux, capables de relever, à cette hauteur de 11 mètres, plus de 7 mètres cubes par seconde, soit l'énorme quantité de 648,000 mètres cubes par vingt-quatre heures.

L'émissaire général de cette rive a, depuis Oldfort, une longueur de 8,800 mètres environ ; sa pente est de 0ᵐ38 par kilomètre ; sa section, de 7 mètres carrés ; il aboutit, à plus de 22 kilomètres à l'aval du pont de Londres, au vaste réservoir couvert de Barking Creek, d'une surface de près de 4 hectares et d'une capacité utile de 154,000 mètres cubes. De ce réservoir, où les eaux s'emmagasinent pendant dix heures sur douze, elles s'écoulent dans la Tamise pendant les deux premières heures seulement de la marée descendante. Le cadre de cette note ne nous permet pas d'entrer dans le détail des dispositions et du fonctionnement de ce réservoir et de l'usine d'Abbey Mills, non plus que dans l'étude des nombreux ouvrages de premier ordre motivés par les difficultés d'exécution du grand émissaire nord, dont le prix de revient ne s'est pas élevé à moins de 2 millions par kilomètre.

Trois étages de collecteurs drainent de même la rive sud. Les deux collecteurs, haut et moyen, dont la section atteint vers l'aval jusqu'à 2ᵐ15 de diamètre, se joignent sans se confondre, à New-Cross, et, avant de recevoir à Deptford les eaux du collecteur inférieur, traversent la rivière de Deptford Creek, par laquelle une partie de leurs eaux peut être au besoin écoulée directement vers la Tamise.

Le collecteur inférieur de la rive sud, d'une section circulaire de 1ᵐ20 de diamètre, draine une surface de 5,000 hectares environ. A Deptford, où commence l'émissaire général de cette rive, il joint les collecteurs supérieurs dans lesquels ses eaux sont relevées de 5ᵐ40 à l'aide de quatre machines à vapeur, d'une force totale de 500 chevaux, capables d'élever à cette hauteur 5 mètres cubes par seconde.

Enfin l'émissaire général de la rive sud, canal circulaire de 3ᵐ50 de diamètre et de 12 kilomètres de longueur, aboutit à la Tamise vers Crossness Point, à 3 kilomètres à l'aval de Barking Creek ; mais son niveau ne lui permettrait d'y déverser ses eaux qu'à basse mer ; en conséquence, une usine, composée de quatre machines de 125 chevaux chacune, comme à Deptford, y est installée pour élever les eaux dans un réservoir d'une surface de plus de 2 hectares et demi et d'une capacité utile de 114,000 mètres, analogue d'ailleurs à celui de la rive nord.

Ce vaste système, projeté par M. Bazalgette, l'ingénieur en chef, directeur des travaux, et décidé, il y a dix ans à peine, après de longues discussions, est aujourd'hui presque complétement terminé. Il comprend 132 kilomètres de canaux et n'a pas coûté moins de 105 millions ; mais ses résultats sont complets, et satisfont à tout ce qu'on en attendait pour l'assainissement de Londres et du fleuve, dans lequel cette ville puise, jusqu'ici, la majeure partie des eaux nécessaires à son alimentation.

Après avoir examiné les deux grands systèmes de canalisation créés, d'ensemble pour ainsi dire, dans le cours de ces dix années, à Paris et à Londres, nous ne pouvons rien voir dans les pays étrangers qui puisse leur être comparé.

Il nous suffira de répéter que ces travaux de drainage, conséquence obligée de ceux de l'alimentation en eau, ont été partout l'objet d'études et de travaux en rapport avec l'importance des centres de population, et de signaler la ville de Madrid qui, il y a dix ans, ne comptait pas un seul égout et dont la canalisation souterraine présente aujourd'hui un développement de plus de 72 kilomètres de galeries. Toutes les maisons de cette ville sont, dès à présent, en communication avec ce réseau d'égouts, par lequel elles déversent leurs eaux pluviales et ménagères et la totalité de leurs vidanges ; ce réseau aboutit au Manzanarès par un grand nombre d'émissaires, servant de canaux pour l'irrigation du versant cultivé qui s'étend entre la ville et la rivière.

§ 2. — **Drainage des habitations et appareils hygiéniques.**

Nous venons de voir qu'à Madrid le drainage des habitations

est général et complet; c'est le système adopté à Londres où, en 1847, les fosses d'aisances ont été supprimées en principe et où elles le sont en fait aujourd'hui d'une manière générale. On y a substitué l'écoulement direct à l'égout par des tuyaux en poterie de faible diamètre, en même temps qu'on a adopté le système des égouts à petite section.

Les appareils hygiéniques sont en Angleterre les mêmes que ceux produits à la dernière Exposition : ce sont toujours les *appareils Jennings*, avec siphon prévenant le retour des odeurs dans l'appartement ; leurs principes, leurs dispositions n'ont pas changé ; c'est le même soin et la même ampleur dans l'installation, la même recherche du confort le plus complet ; on doit cependant y signaler une dépense d'eau excessive, quelquefois plus fâcheuse qu'utile.

Paris, sous le rapport du drainage de l'habitation, était fort en retard sur Londres, il y a peu d'années encore ; il a fait de grands progrès, facilités par sa transformation. Ainsi que nous l'avons vu, chaque maison a son branchement de grande section qui la met en communication avec l'égout. Si nous prenons le type le plus complet, nous trouvons ce branchement prolongé sous la maison et fermé seulement par une grille au droit du mur de façade. La conduite d'eau du service y est placée ; les tuyaux des eaux ménagères et pluviales, ainsi que les tuyaux de chute des cabinets d'aisances, y aboutissent.

Les tuyaux des eaux ménagères plongent dans une cuvette qui forme *fermeture hydraulique* et prévient l'accès des odeurs de l'égout dans la maison ; c'est la cuvette Godefroy ou la cuillère déversoir du système Guinier, préférable par sa simplicité et la facilité de son nettoyage. La fermeture hydraulique Vigneulle-Brepson, perfectionnement de la coupelle avec anneau renversé du système Fortin-Herrmann, est plus compliquée ; elle trouve néanmoins une application avantageuse, là où les engorgements sont à craindre. Quant à la coupelle système Fortin-Herrmann, par la facilité de son entretien, elle remplace avantageusement, dans les divers appareils de toilette, le siphon des appareils Jennings.

De la cuvette où elles aboutissent, les eaux ménagères sont dirigées à l'égout par une conduite spéciale, soit en fonte, soit en poterie, reposant sur le radier du branchement.

L'écoulement total des vidanges à l'égout est interdit ; chaque tuyau de chute aboutit à l'appareil séparateur, à la tinette-filtre du système Richer ou du système Pâris ; les liquides s'écoulent par un tuyau en caoutchouc qui se branche sur la conduite des eaux ménagères, tandis que la tinette-filtre s'enlève, lorsqu'il est nécessaire, par le même branchement, et sort sur la voie publique par le regard de l'égout, sans bruit ni odeur pour l'habitation. Ce système de séparation des solides et des liquides qui tient le milieu entre le système anglais de l'écoulement total à l'égout et celui de la fosse fixe, détourne des eaux d'égout une cause puissante d'infection, et prévient la perte de la partie des matières, que l'on peut transformer le plus rapidement en un engrais facilement utilisable.

La *ventilation* de la chambre des tinettes, à l'extrémité du branchement, par le moyen d'un conduit en poterie qui s'élève jusqu'au faîte de la maison, complète le système. L'appel de l'air dans ce conduit peut être activé avantageusement par un des appareils de ventilation Noualhier, Serron ou Lemaistre. Dans l'appareil Noualhier, le vent qui s'engouffre dans le conduit de bas en haut produit une sorte d'aspiration et d'appel de la colonne d'air inférieure. Le même effet s'obtient dans l'appareil Serron par une hélice intérieure mise en mouvement par une boule formée d'ailettes qui couronne l'appareil et que le vent fait tourner. L'action de l'appareil Lemaistre ne dépend plus du vent, mais il exige l'intervention de l'homme ; c'est un ventilateur ordinaire placé sur le parcours du conduit et mis en mouvement par le mécanisme du tourne-broche.

Cet ensemble fonctionne sur plusieurs points de l'Exposition où l'on remarque le bon agencement et la parfaite propreté des installations faites par M. Renard, de la compagnie chaufournière de l'Ouest.

Dans l'intérieur de l'habitation, les appareils Havard pour *siéges d'aisances* sont toujours le plus généralement employés. Ils sont d'un fonctionnement simple et régulier. Toutefois, l'appareil à tirage Guinier paraît très-digne d'attention, par la facilité de surveillance et d'entretien que présente son mécanisme extérieur. La position du mécanisme de l'appareil Dalmas mérite aussi une mention spéciale ; cet appareil présente d'ailleurs des avantages précieux sur les navires par la commande de sa cuvette qui ne peut s'ouvrir spontanément par surcharge ou sous l'action des coups de mer.

Les divers appareils qui tendent à la séparation des solides et des liquides dès le départ de la cuvette même, ne paraissent pas donner jusqu'ici des résultats bien pratiques ; leur utilité est d'ailleurs contestable.

CHAPITRE IV.

CHAUSSÉES ET MATÉRIEL SERVANT A LEUR ENTRETIEN.

Les pays étrangers n'ont fait à l'Exposition Universelle aucun envoi de nature à fixer sur la constitution des chaussées qu'ils ont adoptées, non plus que sur le mode et le matériel d'entretien qu'ils y appliquent.

L'exposition russe comprend cependant le modèle d'une chaussée adoptée par la municipalité de Varsovie. C'est une sorte de châssis alvéolaire en fonte de 0^m08 à 0^m10 de hauteur dont les cellules intérieures sont remplies de gravier ou de pierre cassée fortement damée. Cette chaussée peut être excellente pour la ville de Varsovie, mais elle ne saurait satisfaire à ces circulations exceptionnelles que présentent les villes de Londres et de Paris, et qui y donnent naissance aux problèmes les plus difficiles concernant l'établissement et l'entretien des voies publiques.

Il s'agit en effet de constituer et d'entretenir dans ces villes des chaussées qui puissent satisfaire à une circulation de plus de 20,000 voitures par jour, car c'est à ce chiffre que s'élève la circulation moyenne, soit sur le pont de Londres, soit sur les boulevards intérieurs de Paris.

Rien malheureusement, à l'Exposition, ne nous apprend les modifications qu'ont pu subir la constitution et le mode d'entretien des principales chaussées de Londres, dans ces dernières années. Nous ne pouvons donc que nous borner à signaler ces modifications et ces progrès en ce qui concerne la ville de Paris. Les produits exposés par M. Chabrier de la compagnie des asphaltes et par M. Sébille, et les diverses machines relatives à l'entretien des voies publiques, qui sont réunis à l'exposition française, nous guideront dans cet examen.

Le fait le plus important à signaler dans la constitution des chaussées de la ville de Paris est, sans contredit, l'adoption des *voies en asphalte comprimé* et l'impulsion donnée, en ce moment même, à leur développement. Les premières applications de l'asphalte, faites à Paris, à la construction des chaussées, datent de 1850; elles ne donnèrent pas de bons résultats. La roche asphaltique était employée dans des conditions qui ne lui permettaient pas de faire suffisamment corps et de former une masse parfaitement homogène, première condition d'une bonne résistance ; elle était cimentée par un mélange d'huile de résine et de goudron, dont l'évaporation et la décomposition occasionnaient bientôt la destruction rapide de la chaussée. C'est en substituant à ce mélange l'action de la chaleur, pour agglutiner la roche asphaltique, que l'on est parvenu à constituer une chaussée parfaitement homogène, d'une grande résistance, ayant, sur la chaussée pavée, les avantages du macadam, c'est-à-dire moins bruyante, fatiguant moins les voitures et les chevaux, et, d'un autre côté, ne présentant pas les inconvénients du macadam, c'est-à-dire la poussière, la boue, les entraves continuelles que son entretien apporte à la circulation. Bien entretenue, elle est d'ailleurs peu glissante ; il suffit d'en enlever la boue grasse par de fréquents lavages et de la sabler légèrement ; des dépôts de sable sont faits dans ce but, de distance en distance, dans des chambres pratiquées sous les trottoirs des voies asphaltées.

La chaussée en asphalte est constituée aujourd'hui par une couche de béton de chaux hydraulique, de 0^m10 d'épaisseur, sur laquelle on répand et on pilonne fortement de l'asphalte réduit en poudre et chauffé à une température de 140 degrés environ. La roche est broyée à l'usine, puis chauffée et désagrégée dans des fours spéciaux d'où elle sort en poudre ; elle est immédiatement portée sur le chantier, étendue à une température encore voisine de celle à laquelle elle sort du four, et comprimée soit avec des pilons en fer chauffés, soit avec de lourds cylindres en fer maintenus à une température assez élevée par un foyer central. Le prix du mètre carré d'établissement de ces chaussées est de 14 francs, pour une épaisseur d'asphalte comprimé de 0^m04 ; ce prix augmente de 1 franc par chaque centimètre d'excédant d'épaisseur. Leur entretien est facile ; il se fait par l'enlèvement complet des parties usées. Il ne paraît pas devoir revenir annuellement à plus de 1 franc à 2 francs par mètre.

Toutefois, les voies pavées et macadamisées ont encore aujourd'hui une importance bien autrement considérable ; on comptait, en effet, à Paris, à la fin de 1867, près de 4,900,000 mètres carrés de chaussées pavées, et 2,150,000 mètres carrés de chaussées macadamisées, pour 160,000 mètres carrés de chaussées asphaltées.

Nous n'avons rien à dire des *voies pavées* ; leur entretien n'a pas changé ; leurs inconvénients et leurs avantages sont connus depuis longtemps ; on tend toujours à substituer au gros pavé de grès cubique de 0^m22 de côté, les pavés en porphyre de plus petites dimensions.

L'établissement et l'entretien des *voies macadamisées* présentent, au contraire, un grand intérêt par les études auxquelles ils ont donné lieu et par les perfectionnements incessants que l'on y apporte.

Les voies larges et aérées sont celles où le macadam trouve son application la plus convenable et la plus avantageuse. On tend, du reste, de plus en plus aux chaussées mixtes, à larges accotements de pavés ou même d'asphalte, qui soulagent la partie centrale et en permettent l'entretien sans entraver autant la circulation, maintenue ainsi sur les bas côtés.

La meulière de choix, qui ne revient pas, à Paris, à moins de 17 francs le mètre cube, est toujours la base de l'empierrement ; sur certaines voies, où une circulation excessive rend plus sensibles que partout ailleurs les obstacles qu'y apportent les réparations et l'entretien, on emploie le porphyre, malgré son prix presque double.

On attache de plus en plus d'importance à la résistance sensiblement égale, c'est-à-dire à la grosseur uniforme des matériaux d'un même emploi ; par le même principe, leur mise en œuvre se fait d'abord sans aucun mélange ; ce n'est qu'après plusieurs cylindrages et lorsque la chaussée est déjà parfaitement assise, qu'on y répand le sable et les détritus qui doivent en remplir les vides à l'aide de nouveaux cylindrages.

En ce qui concerne l'entretien des chaussées macadamisées, la circulation excessive à laquelle elles sont généralement soumises tend à en exclure de plus en plus le système des rechargements partiels, remplacés par les rechargements généraux ; le lavage à grande eau y est largement appliqué ; enfin l'emploi des machines s'y développe et tend à y prendre une importance croissante, avec la nécessité d'opérer avant tout rapidement.

Les rechargements partiels, au milieu d'une circulation aussi active, ne peuvent se faire que dans de mauvaises conditions : les matériaux sont dispersés avant de s'être assis ; ils font difficilement corps avec la chaussée ; les rechargements généraux permettent l'emploi de moyens plus puissants, l'emploi du cylindrage avec les rouleaux compresseurs et de l'arrosage par les tonneaux : c'est la reconstitution d'une voie neuve.

Le lavage à grande eau débarrasse la chaussée de la couche de poussière qui s'est durcie à sa surface par les arrosages et la circulation des voitures ; cette couche de poussière, sous l'action d'une pluie fine, se transforme en une boue grasse qui s'attache aux roues et occasionne une désagrégation rapide de la chaussée.

Matériel d'entretien. — Les machines qui s'appliquent à l'entretien sont spécialement les rouleaux compresseurs à chevaux et à vapeur, et les balayeuses. En Amérique et en Angleterre on emploie, en outre, des machines à casser et à trier les pierres, suivant leur grosseur; mais on n'en voit à l'Exposition aucun type, et jusqu'ici celles essayees à Paris n'ont été trouvées ni assez satisfaisantes ni assez avantageuses.

Parmi les *rouleaux compresseurs,* on remarque à l'Exposition du Champ-de-Mars, un cylindre système Bouillant, cylindre à chevaux, muni d'un rail entourant l'appareil; sur ce rail se meut le point d'attache de l'attelage, qui n'a qu'à tourner pour changer la marche de l'appareil; ce rouleau comporte d'ailleurs un nouveau perfectionnement: la charge supplémentaire, qui se compose ordinairement de pavés placés à l'avant et à l'arrière dans des caisses en bois, est obtenue par du gravier ou mieux encore par de l'eau placée dans un cylindre en tôle qui occupe l'intérieur du rouleau lui-même; l'appareil a ainsi moins de longueur, une plus grande légèreté pour le transport à vide ; il présente, en outre, une facilité extrême pour le chargement et le déchargement; le grand modèle pèse 5 tonnes environ et de 8 à 9 avec sa charge supplémentaire; c'est celui principalement employé à Paris. Le système Houyau (aujourd'hui Dézaunay), que l'on trouve à côté du précédent, est l'ancien cylindre à couronne tournante; il fait toujours un bon service, sans présenter cependant tous les avantages du rouleau compresseur Bouillant.

Le *rouleau à vapeur* fait un travail plus régulier que les précédents; il entrave beaucoup moins la circulation ; il évite les pieds des chevaux qui désagrégent et éparpillent les matériaux à comprimer ; il est plus rapide et plus économique ; mais son emploi, au milieu d'un mouvement continuel de voitures comme à Paris, a l'inconvénient d'effrayer les chevaux ; la crainte des accidents en a par suite fait restreindre l'emploi aux heures où la circulation est la moins active, et c'est la nuit qu'on fait maintenant tous les cylindrages au rouleau à vapeur. On voit à l'Exposition le rouleau à vapeur Gellerat (système Ballaison), qui donne, dans le service de la ville de Paris, les meilleurs résultats et le fonctionnement le plus régulier; il se compose de deux cylindres mis en mouvement par la même machine motrice; il marche en avant, en arrière, et peut tourner dans une courbe de 13 à 14 mètres de rayon ; son poids varie de 17 à 30 tonnes, suivant ses dimensions.

La *balayeuse mécanique* Tailfer, que l'on trouve à côté du cylindre Gellerat, est la seule qui ait passé jusqu'ici dans la pratique du balayage de la ville de Paris. Elle est simple, d'un fonctionnement régulier, et, tout en occupant peu d'espace, elle fait le service de huit à dix ouvriers ; elle se compose d'un balai de piazzava (espèce de jonc d'Amérique), cylindrique et placé obliquement à l'arrière d'une légère voiture à un cheval ; ce rouleau balayeur, auquel une des roues de la voiture imprime un mouvement rotatif par l'intermédiaire d'une chaîne sans fin et d'engrenages coniques, repousse à l'une de ses extrémités la boue qui est reprise par une seconde machine et est rejetée ainsi successivement jusqu'au ruisseau.

Mais le problème à résoudre serait, non-seulement de balayer, mais d'enlever la boue; la balayeuse Joinneau a tenté d'arriver à ce résultat : un balai, monté sur une chaîne sans fin, chasse la boue sur un plan incliné jusque dans la caisse ou tombereau, à l'arrière duquel l'appareil est monté; cette balayeuse n'a pu cependant passer encore dans la pratique, en raison de la grande quantité d'eau qu'elle enlève avec la boue et qui ne se sépare que trop lentement dans le tombereau. Ce n'est que par le repos sur les bas côtés de la chaussée que le sable se dépose et peut être mis de côté pour servir de matières d'agrégation dans les rechargements, tandis que l'eau s'écoule sans inconvénient à l'égout.

Nous citerons, enfin, parmi les machines relatives à l'entretien, l'éboueur Marmet, qui a pour but de racler la boue épaisse des chaussées; il est composé d'une série de palettes mobiles montées sur deux roues; un homme seul le traîne; mais, au milieu de la circulation active de Paris, cet appareil est peu maniable et n'a pu entrer encore définitivement dans la pratique de l'entretien.

Trottoirs. — Dans toutes les voies importantes de Paris, où les trottoirs ont des largeurs considérables, on trouve le dallage en mastic bitumineux de 0^m015 d'épaisseur, reposant sur un lit de béton de chaux hydraulique de 0^m10 et soutenu du côté de la voie publique par une bordure généralement en granit. Ce mastic bitumineux est composé de roche asphaltique réduite en poudre, de bitume naturel et de sable graveleux qu'on y mélange au moment de l'emploi. Ce dallage ne revient qu'à 6 francs environ le mètre carré. Mais, dans toutes les rues de 20 mètres de largeur et au-dessous, les propriétaires riverains sont tenus à l'établissement du trottoir en granit, dont le prix n'est pas de moins de 24 francs le mètre carré.

Ce prix élevé a naturellement provoqué de nombreux essais ayant pour but de remplacer le granit par un dallage artificiel d'un prix moins élevé et présentant néanmoins les mêmes garanties de résistance et de durée. Le *dallage Sébille* à base d'ardoises ne revient qu'à 16 francs le mètre carré et paraît donner de bons résultats; la ville de Paris en a autorisé l'emploi, mais, jusqu'ici, à titre provisoire et sous certaines réserves, eu égard au peu de durée des expériences faites. Ce produit, que **M.** Sébille a appliqué aussi comme pavage aux nouveaux abattoirs de la ville, se compose d'un mélange de débris d'ardoises réduits en poudre fine, de sable et de brai, chauffé, trituré et fortement comprimé. Il s'emploie en dalles de 7 à 8 centimètres d'épaisseur, rejointoyées au ciment et posées sur une couche de béton de 10 centimètres.

Voies plantées. — Nous signalerons, en terminant, le développement que prennent les voies plantées dans l'intérieur de la ville, au grand profit de la santé publique. Aujourd'hui, toute voie de plus de 26 mètres de largeur est bordée, sur chaque contre-allée, d'une rangée d'arbres ; à partir de 36 mètres, il y en a deux ; pour des largeurs de plus de 40 mètres, on forme quelquefois, au milieu, un plateau planté, séparé de chaque côté, de la façade des maisons, par une chaussée et par un trottoir ; dans tous les cas, on satisfait autant que possible à la condition que les lignes d'arbres soient placées à 5 mètres au moins de distance de la façade des maisons, que l'intervalle qui les sépare soit également de 5 mètres, et qu'elles soient éloignées de 1^m50 de la bordure des trottoirs. Ces arbres sont d'ailleurs l'objet de soins particuliers : une vaste cuvette est creusée à leur pied ; une grille mobile en fonte recouvre cette cuvette pour que la terre toujours meuble s'imprègne facilement de l'eau d'arrosage ; des lignes de drains portent même cette eau jusqu'aux racines des arbres, qu'ils enveloppent et qu'ils aèrent en même temps ; enfin, un système particulier de canalisation du gaz prévient dans ces voies plantées l'infection du sol si nuisible à la végétation ; les conduites maîtresses sont enveloppées dans un petit aqueduc en maçonnerie et les conduites de distribution sont entourées d'un système de drains qui assure l'écoulement à l'air libre du gaz provenant des filtrations et des fuites. C'est à ces conditions seulement qu'une végétation, à peu près normale, peut se développer, en effet, entre ces lignes de hautes constructions, au sein de l'atmosphère viciée d'une grande ville.

VIII

EMPLOI AGRICOLE DES EAUX D'ÉGOUT,

PAR M. MILLE,

Ingénieur en chef des ponts et chaussées.

---

§ 1. — Exposé.

S'il est un principe admis aujourd'hui, c'est que l'assainissement d'une ville exige de l'eau et des égouts. L'eau doit tomber en gerbes des fontaines monumentales, ou jaillir de la lance du cantonnier, pour laver la surface des rues ou arroser les squares : elle doit couler en abondance dans l'habitation, à la cuisine, au cabinet de toilette, au water-closet. Après qu'elle a servi, il faut qu'elle s'échappe vers l'égout, pour aboutir au collecteur qui se décharge au dernier émissaire, jusqu'ici, la rivière. Mais là commence l'embarras. La rivière reçoit des eaux boueuses et sales, qui déposent en route, qui infectent à l'aval le courant dans lequel la campagne met ses prises de distribution, ses écoles de natation, sa navigation de plaisance. Est-il permis de nuire à autrui, et l'obligation de ne pas nuire ne grandit-elle pas à mesure que les centres de population qu'on assainit se comptent par centaines de mille âmes ? Que faire ? Retourner aux voies naturelles, restituer à la terre tout ce qui lui a dû la vie ; voilà ce qu'indique l'expérience. La restitution est pratiquée de toute antiquité à l'égard du fumier, considéré comme l'engrais normal : elle existe, à l'égard des vidanges, dans les pays de culture avancée, la Flandre, l'Alsace, comme à l'égard des boues, dans la banlieue de Paris. Il ne saurait y avoir exception pour les eaux d'égout : il faut les rendre à la terre.

Le difficile est de trouver un moyen pratique de faire cette restitution. On transporte facilement, au moyen du tombereau, des fumiers, des boues, des vidanges même ; on les enfouit, on les travaille à la charrue. Ce sont des matières riches sous un petit volume ; mais des masses énormes de liquides pauvres, comment les expédier au loin, comment les incorporer au sol ?

§ 2. — Irrigations de Valence.

Pour nous, le type de l'éternelle fécondité, c'est l'inondation du Nil. De même, dans nos pays, les terres les plus riches sont les alluvions colmatées, baignées par les crues. Qu'est-ce que le val de la Loire, sinon le don du fleuve, comme l'Égypte est le don du Nil ? Et là, pourtant, la proportion des troubles est moins forte que dans les eaux d'égout.

Dans l'ancienne Rome, on ne voit aucun exemple d'application : la *cloaca maxima* versait directement au Tibre l'eau des quatorze aqueducs. Le progrès vient avec les Arabes, qui ont apporté en Europe l'irrigation. L'Arabe avait vu dans le désert l'eau changer le sable en oasis de verdure. Devenu, en Espagne, civilisé et instruit, il imagina les barrages en rivière, l'utilisation de la pente, les canaux d'arrosage ; l'irrigation s'étendit sur la côte occidentale de la Méditerranée, depuis l'Andalousie jusqu'en Roussillon. La conquête chrétienne, au XIIIe siècle, trouva la plaine de Valence arrosée par sept dérivations du Xucar ; en même temps, l'usage existait en ville d'envoyer au ruisseau public, par des conduites en poterie ou en briques, toutes les eaux sales de l'habitation. L'infection grandissant avec la population, le conquérant don Jayme d'Aragon ordonna que, chaque jour, le canal de Cuart, l'une des sept branches de la plaine, coulerait pendant deux heures

sur vingt-quatre, pour laver les égouts. Il sortait ainsi de la
ville un ruisseau fangeux qui se rendait à la mer. Près des
murs, les riverains retirèrent d'abord le fumier et la boue qui,
desséchés au soleil sur la berge, devenaient de l'engrais; puis,
plus loin, ils barrèrent le courant et l'obligèrent à passer dans
leurs rigoles de culture. Le résultat fut que, dans la Huerta de
Valence, citée avec raison comme une merveille, la portion la
plus riche borde aujourd'hui le canal trouble qui porte avec
lui l'eau et l'engrais.

§ 3. — Prairies du Milanais.

A Milan, les circonstances furent semblables. Milan, tête
de la Lombardie au moyen âge, avait une ceinture de fossés
dans lesquels on envoyait les immondices des rues et les résidus des fabriques de laine. Le courant s'écoulait vers le Pô
par un vieux lit, la Vettabia, qui traversait les terres de
l'abbaye de Chiaravalle (Clairvaux) occupée par les moines
de Cîteaux. La tradition veut que ce soit saint Bernard lui-
même qui ait eu l'idée de jeter ces eaux grasses et impures
sur les prés de l'abbaye. L'effet fut excellent. Il augmenta
quand on y joignit l'eau des *fontanili*, des sources artésiennes,
qui circulent sous le gravier de la plaine ; puis, quand François
Sforza, au XVe siècle, après avoir dérivé de l'Adda le canal de
la Martesana, attribua un mètre cube par seconde et par jour
au lavage des égouts de Milan, l'irrigation s'étendit alors sur
environ 1,500 hectares : l'industrie et le travail sans repos du
paysan lombard y créèrent les marcites, prairies qui donnent
jusqu'à huit coupes par an, nourrissent trois vaches laitières
par hectare, et sont devenues le point d'appui de la fabrication
du fromage parmesan.

§ 4. — Prairies d'Édimbourg.

A Édimbourg, les prairies d'irrigation, les *craigentinny
meadows,* datent du commencement du siècle : elles parurent

après l'arrivée en ville des sources de Crawley. Un ruisseau, le Foulburn, qui passe sous Holyrood, emportait à la mer le produit des égouts. Il y avait de la pente, on fit des barrages ; l'eau inonda les sables, les couvrit de verdure, et l'on eut, là encore, une fabrique de nourriture verte pour les vaches laitières.

Ces faits, séparés par le temps et la distance, s'observèrent, quand les deux villes qui dirigent le mouvement en Europe, Londres et Paris, furent en face d'une grande difficulté : l'assainissement de la rivière.

§ 5. — Projet de Londres.

Londres, la première, employa, vers 1820, les machines à vapeur pour se procurer l'approvisionnement d'eau. Les compagnies puisaient dans la Tamise, et délivraient l'eau, à heure fixe, dans les citernes des maisons. La qualité, le régime étaient mauvais, mais il y avait abondance. L'eau, comme le gaz, pénétra partout. Le water-closet s'introduisit dans les habitudes ; il fallut lui ouvrir les égouts, jusque-là fermés aux vidanges. Il fallut, de plus, arriver à un drainage général des habitations et des rues. Le flot infect revenait à la Tamise d'où il était parti, s'emmagasinant dans les collecteurs pendant les heures de la haute mer, puis nageant à la surface, poussé et repoussé par la marée. Ces conditions déplorables furent accusées par les ravages du choléra de 1848. Des enquêtes s'ouvrirent ; poursuivies par des esprits vigoureux, à la tête desquels se plaça M. Chadwick, elles aboutirent à la théorie de la réforme sanitaire. L'eau la plus pure était nécessaire ; elle devait être livrée à discrétion et à robinet libre ; une fois salie, il fallait qu'elle retombât à l'égout, et le dernier émissaire devait, non pas verser son tribut au fleuve, mais le rendre à la terre : c'est parce qu'on rompait l'ordre de la Providence, qu'on rencontrait l'infection et la peste. L'illustre Liebig éleva la voix et prédit la ruine à un pays qui dévorait la substance des autres, et jetait à la mer la vraie richesse, l'engrais. Ce débat, agité pendant dix ans avec la même passion qu'une question politique, apporta la lumière et fixa les décisions. Les prises d'eau furent remontées dans la Tamise au-dessus des limites de la marée; la distribution à robinet libre devint la règle. Des collecteurs latéraux reçurent le débit des égouts et, par de gigantesques travaux, les conduisirent jusqu'en mer. Enfin, la restitution, reconnue comme un bien, obtint son projet définitif.

Un aqueduc de 70 kilomètres de parcours continue l'émissaire et lui prend l'eau au moment où elle va tomber au fleuve maritime, à Crossness, pour la conduire jusqu'à l'embouchure de la Tamise, aux sables de Maplin. Formé d'un tube en briques de 3^{m}60 de diamètre, placé, grâce à des machines élévatoires, au-dessus d'une surface arrosable de 12,000 hectares, l'aqueduc doit remplir une double fonction. En route, il livrera l'engrais liquide aux exploitations agricoles, comme on distribue l'eau pure dans les villes; à l'extrémité, il colmatera 8,000 hectares de sable endigués qui, stériles aujourd'hui, prendront la valeur des terres de première classe, parce qu'elles seront propres aux cultures épuisantes. — Le projet doit coûter 50 millions qu'on demande à l'intérêt privé.

§ 6. — Études à Paris.

A Paris, l'assainissement a été la préoccupation constante de l'administration municipale. Qu'on se rappelle les travaux exécutés depuis vingt ans, les grandes voies, les squares, l'eau de source amenée sur la ceinture des hauteurs, le drainage conçu sur des proportions telles qu'elles n'existent nulle part, et se terminant par un collecteur modèle qui roule de 1 à 2 mètres à la seconde! L'œuvre pourtant n'est pas terminée : la Seine est salie. L'Administration, par l'organe du maître de la science chimique, M. Dumas, a déclaré que la rivière devait être pure, et que la restitution était un devoir de la ville vis-à-vis de la campagne. Mais, avant de statuer, il fallait connaître ce qui s'était fait à l'étranger, et ce qu'on vient de lire est le résumé des documents recueillis.

L'ingénieur, auquel on avait confié les missions d'étude, concluait en proposant deux canaux d'arrosage : l'un, dans la vallée de la Seine, à travers les grèves de Gennevilliers; l'autre, sur les plateaux de sable qu'on trouve entre Montmorency et Pontoise. Les barrages créés en rivière pour la navigation suffisaient d'ailleurs à procurer la force motrice utile au refoulement. Mais l'irrigation, si favorable pendant la sécheresse d'été, cesse l'hiver; et, alors, les colmatages qui succéderaient aux arrosages, ne deviendraient-ils pas des foyers d'infection? Les maires des communes traversées ne proscriraient-ils pas, au nom de la salubrité, les bassins et les rigoles de la culture? La banlieue de Paris ne pouvait pas devenir inhabitable.

Une idée fut émise qui rallia les esprits. M. Lechâtelier, ingénieur en chef des mines, proposa d'appliquer à l'épuration des eaux d'égout le procédé qui lui avait réussi pour la défécation des jus de betteraves, l'emploi du sulfate d'alumine. L'alumine forme, en effet, avec les matières organiques, une laque qui se précipite en quelques heures et laisse les eaux à peu près clarifiées et imputrescibles. On pourrait donc, dès que la salubrité l'exigerait, travailler chimiquement les liquides, et se débarrasser des eaux claires, en ne gardant qu'un dépôt qu'on vendrait comme engrais. L'Administration décida qu'il serait fait des essais sur une échelle pratique, et y affecta un premier crédit de 100,000 francs. Ces essais sont aujourd'hui assez avancés pour que les faits qu'ils ont mis en lumière soient considérés comme certains.

Il s'agissait de comparer les deux procédés, agricole et chimique.

Le premier soin fut d'installer un laboratoire et de lui donner l'eau, le gaz, les appareils d'évaporation et de réduction. Le laboratoire avait à analyser chaque jour le liquide d'égout, à fournir la courbe continue de la composition des eaux dans les douze mois de l'année.

On installa ensuite le travail industriel, en plaçant au collecteur d'Asnières une machine de quatre chevaux et une pompe à force centrifuge refoulant chaque jour 500 mètres cubes vers un champ d'essai d'un hectare et demi. Les bandes du champ sont livrées à la culture, qui, parcourant l'échelle de la végétation, fait à la fois des fourrages pour la nourriture des animaux, des légumes pour la Halle, des fleurs pour la parfumerie. Le milieu appartient à la défécation : il présente deux bassins de 100 mètres de long sur 10 mètres de large, où les liquides noirs viennent tomber après avoir reçu un filet de réactif, 200 grammes de sulfate d'alumine par mètre cube. Le courant s'étale dans le bassin, y passe très-lentement, dépose en route les matières empâtées dans un réseau d'alumine, et sort à l'état d'eaux blondes par des trous percés dans une cloison filtrante en planches de sapin. Rien de plus simple que l'installation : tout est à ciel ouvert; de petits canaux dirigent l'eau vers les rigoles de la culture: des goulottes en bois la mènent aux bassins. Ordinairement le partage du débit se fait ainsi : les heures du matin et du soir appartiennent à l'arrosage agricole, et le milieu de la journée à la défécation chimique.

La production des fourrages, des légumes, des fleurs, a bien réussi. Les maïs, les betteraves, les choux, sont d'un développement, d'une vigueur de verdure qui frappent l'attention. Les pois, les haricots, les pommes de terre, donnent des récoltes abondantes, et même sont recherchés par les consommateurs délicats. La rose de Provins, le réséda, la framboise, ont tout leur parfum. Cela tient à ce que l'eau noire ne touche jamais les feuilles : elle circule au fond des rigoles; c'est là que les racines viennent puiser, en opérant la décomposition sous l'action de la lumière et au grand air.

Dans les bassins, la décoloration et la décomposition n'exigent pas dix heures. L'eau, noire à la bouche, devient ver-

dâtre peu après qu'elle a reçu le filet de réactif, s'éclaircit et
passe au barrage, transparente et opaline. L'engrais, laissé
sur le fond, se dessèche aisément dès qu'il est en couche
mince de 0^m10 environ. Du noir, il passe au brun, se fendille,
se perce de trous, prend l'aspect et la légèreté du liége. D'ailleurs, très-peu d'odeur, soit à la défécation, soit dans les rigoles. L'air, la lumière, les grandes surfaces amènent une
combustion presque immédiate des dégagements sulfurés ou
carbonés.

C'est le laboratoire qui va tout résumer. Il a déjà livré, pour
une période de six mois, les courbes essentielles : la composition des matières suspendues ou dissoutes dans un mètre
cube d'eau d'égout, et la composition des deux éléments auxquels conduit le traitement par l'alumine, le dépôt d'engrais
et l'eau blonde. Un mètre cube contient environ 3 kilogrammes
de substances diverses : azote, acide phosphorique, alcalis,
matières organiques et terres. Or, le dépôt garde la moitié de
l'azote, tout l'acide phosphorique, la presque totalité des matières organiques et terreuses; l'eau blonde a retenu la moitié
de l'azote et tous les alcalis. De là, des indications précises.
On peut apprécier les eaux d'égout : brutes, elles valent 0,10
du mètre cube, et l'engrais qu'elles abandonnent vaut 18 francs
par tonne. Si donc l'on considère l'ensemble des 200,000 mètres qui, tous les jours, s'en vont à la Seine, il y a là une mine
d'où l'on peut tirer 7 millions et demi par an.

Une autre conséquence jette la lumière sur la question entière. Dans les rigoles d'arrosage se déposent des plaques
grises, qu'on ne peut comparer qu'à du feutre. Eh bien, ce
feutre des rigoles est identique avec le liége des bassins, car
l'analyse donne :

INDICATION DES ÉLÉMENTS.	DÉPÔT	
	des bassins.	des rigoles.
Azote.............	7	7
Acide phosphorique...................	7	7
Matières organiques..................	227	259
Matières terreuses..................	759	727
	1,000	1,000

Cet accord, cette harmonie montrent que la science répète encore ici la nature : la filtration dans le sol ou la précipitation chimique ne sont que deux voies conduisant au même but; à nous d'employer l'arrosage ou la défécation suivant les besoins du lieu, du temps, de la saison. Et la salubrité est ici désintéressée ; dès qu'on opère sur de grandes surfaces, avec de l'air et de la lumière, la transformation des sulfures noirs et infects en sulfates bruns et fixes se fait sans que nos sens en soient blessés.

§ 7. — Résumé.

Nous pouvons donc aujourd'hui marcher avec sécurité dans la route où Valence, Milan, Édimbourg nous ont précédés, en créant des types de perpétuelle fécondité, mais sans s'inquiéter assez de l'hygiène publique, et nous constatons qu'il existe deux procédés d'utilisation des eaux d'égout.

La voie naturelle peut employer, à la façon des contrées méridionales, l'irrigation, qui permettra de parcourir l'échelle entière de la végétation, depuis l'herbe des nourrisseurs jusqu'aux légumes de primeurs et aux fleurs de parfumerie.

La voie industrielle peut fabriquer, par précipitation, des engrais, et écouler, en rivière ou sur les prairies, des eaux clarifiées, efficaces encore, comme des sources de montagne. Aucun danger d'ailleurs pour l'assainissement, dès qu'on travaille par couches minces, sur de grandes surfaces.

Les deux procédés n'en font qu'un et ne diffèrent que par le temps employé. La voie naturelle est lente, mais elle utilise tout; la voie industrielle est rapide, mais elle exige des sacrifices d'argent qui ne seront pas moindres que 0 fr. 01 c. par mètre cube. La séparation d'ailleurs est impossible, et le succès est au régime qui développera la *distribution*, en s'appuyant sur l'*épuration*.

§ 8. — Boues et vidanges.

Pour compléter l'ensemble des résidus d'une ville il faut parler encore des boues et des vidanges.

Les boues récoltées par un nettoyage quotidien des chaussées sont généralement employées par les cultivateurs de la banlieue de Paris. Apportées à pied d'œuvre immédiatement, laissées à l'exposition de l'air pendant six mois, le long des chemins ,elles constituent un engrais très-favorable aux vignes, aux fruitiers, aux gros légumes. Les vins d'Argenteuil, les cerises de Montmorency, les choux de Saint-Denis lui doivent leur qualité et leur abondance. Mais, à mesure que la ville grandit et que les prescriptions de salubrité deviennent plus sévères, la récolte et le transport des boues sont plus difficiles à obtenir des cultivateurs de la banlieue : c'est en jetant les immondices aux égouts qu'on assurera le nettoiement des chaussées.

Les vidanges sont, à Paris, une préoccupation grande. Le cube à emporter des maisons particulières chaque nuit est de 2,000 mètres cubes. Le cube que les pompes à vapeur du dépotoir refoulent à 10 kilomètres, jusqu'aux bassins de Bondy, est de 500,000 mètres cubes par an, auxquels il faut ajouter 50,000 mètres cubes de matières demi-solides, que l'aspiration ne prend pas et que les bateaux apportent en petites tonnes à la voirie. Là s'opère la transformation en produits agricoles, poudrette et sulfate d'ammoniaque.

La poudrette est le dépôt solide qui se forme dans des bassins de décantations successives. Il y a dessiccation à l'air

sur terre pleine, puis pulvérisation et tamisage. La poudrette
est un bon engrais, une sorte de guano, facile à transporter et
à serrer, ayant une clientèle importante d'acheteurs. Mais la
fabrication en est barbare : elle exige trois ans, et perd 19/20
de matières utiles. On songe à l'améliorer en substituant
surtout la dessiccation sous hangars ventilés, à la simple exposition à l'air. On espère réduire à six mois les délais et affranchir le pays de la dispersion des gaz infects.

Les liquides riches sont au contraire travaillés en vingt-
quatre heures, par le procédé de distillation des alcools de
betteraves; le carbonate d'ammoniaque se dégage dans l'appareil à l'état gazeux, et, aussitôt condensé par les réfrigérants,
il est converti en sulfate d'ammoniaque, que l'on vend seul, ou
mélangé à la poudrette, pour l'enrichir. Les résultats sont
bons, mais les frais de fabrication sont trop élevés.

Outre la grande entreprise de Bondy, il y a deux tentatives
dignes d'intérêt. On peut employer les vidanges à l'état naturel, comme on le fait en Flandre, ou essayer d'en précipiter
les éléments essentiels, l'azote et l'acide phosphorique, en
rejetant le reste comme un *caput mortuum*. — La maison
Gargan a créé des wagons qui alimentent en engrais les gares
de Champagne, à 200 kilomètres de Paris. MM. Blanchard et
Château emploient comme réactif le phosphate acide de magnésie et de fer. Il y a fixation des sulfures par le fer, et précipitation de phosphate ammoniaco-magnésien, à l'état pâteux.
On perd les eaux et l'on convertit la pâte en poudrette. D'un
côté comme de l'autre, les frais sont écrasants, et la période
commerciale n'a pas commencé : l'appui, les sacrifices sont
nécessaires.

En attendant des progrès que la science des transports ou
de l'industrie chimique atteindra, il faut, si nous ne nous
trompons, faire de l'assainissement par l'eau et les égouts ;
l'eau est le dissolvant et le véhicule, l'égout est une sorte de
réservoir commun. L'utilisation des eaux d'égout doit se placer
en tête des nécessités d'une ville.

IX

TRAVAUX MARITIMES,

par M. Charles MARIN,
Ingénieur des ponts et chaussées.

—

CHAPITRE I.

CONSIDÉRATIONS GÉNÉRALES.

Le développement rapide des moyens de communication sur terre et sur mer devait provoquer un développement analogue des ports maritimes, qui ne sont autre chose que de vastes gares de transit, établies entre les grandes routes de l'Océan et l'immense réseau des voies de communication terrestres. L'industrie des travaux maritimes a su se placer à la hauteur de sa mission ; elle met sous nos yeux des conceptions d'ensemble bien raisonnées, dont les aménagements donnent une ample satisfaction aux nouvelles exigences de la navigation ; des types de digues et de môles, savamment combinés par l'étude attentive des effets de la mer, et d'une construction économique, rapide et sûre ; des procédés simples et ingénieux pour l'exécution des travaux sous-marins ; des constructions solides et bien agencées pour les grandes écluses et les formes de radoub qu'il fallait approprier aux dimensions croissantes des types des constructions navales ; des procédés remarquables appliqués au désengorgement des ports par le dragage ou par les chasses ; des engins mécaniques puissants pour soulever et

manier d'énormes masses indivisibles ; enfin, des observations
patiemment poursuivies, à l'effet de combattre les corrosions
éprouvées par les matériaux de construction dans l'eau de mer.

La collection remarquable de dessins, de cartes et de modèles, réunie et exposée par les soins du Ministère des Travaux
publics de France et la notice publiée à l'appui, donnent une
idée très-complète de l'état actuel de l'industrie des travaux
maritimes, qui prend une importance toujours croissante.

La France, dont le mouvement commercial maritime dépasse
18 millions de tonneaux par an, a affecté, aux travaux extraordinaires de ses ports de commerce, des sommes qui se sont
élevées en quinze ans, depuis l'avénement de l'Empire, à
environ 160 millions, sans compter les dépenses prélevées sur
les budgets de la marine et de la guerre pour les cinq grands
ports militaires, et pour les grands travaux maritimes d'Alger
et des autres ports du littoral africain. Indépendamment des
développements qu'elle a donnés à ses anciens ports de commerce, notamment au Havre, à Bordeaux, à Dunkerque, à
Boulogne, elle a créé, de toutes pièces, de grands établissements maritimes, parmi lesquels on peut citer les nouveaux
ports de Marseille, les bassins à flot de Saint-Nazaire, le nouveau port de commerce de Brest.

L'Angleterre, de son côté, n'a rien négligé pour tenir
ses grands établissements à la hauteur de sa puissante
marine militaire et de ses immenses relations maritimes,
qui représentent un mouvement d'environ 30 millions de
tonneaux par an ; dans ces dernières années des sommes
considérables, votées par le Parlement, sont venues s'ajouter
à celles fournies par l'initiative de l'industrie privée pour
accroître continuellement les docks et les havres, pour
créer des ports de refuge et continuer la construction d'immenses brise-lames. Il est à regretter que cette grande nation,
qui développe ses travaux maritimes avec tant de hardiesse, et
qui est si riche en types de construction pleins d'originalité,
ne se soit fait représenter à l'Exposition de 1867 que par un

seul modèle, d'ailleurs fort instructif, celui du port de Sunderland. Les importants travaux de Portland, de Holyhead et de Douvres, et tant d'autres, sur lesquels, du reste, nous aurons soin de revenir dans le cours de ce rapport, auraient fourni des types très-intéressants à mettre en regard des types français.

Nous aurons à exprimer les mêmes regrets à l'égard de la Belgique et de la Hollande, où l'industrie des travaux maritimes n'est cependant pas restée inactive, comme le témoignent plusieurs ouvrages considérables, parmi lesquels on peut citer : en Belgique, la création d'une grande écluse de chasse à Ostende et l'établissement du nouveau bassin à flot d'Anvers, avec une écluse à sas de 24^{m}80 d'ouverture et un grand bassin de radoub pour le service des bâtiments transatlantiques ; en Hollande, la construction, entre Amsterdam et la mer, d'un grand canal maritime, et celle d'un grand bassin de radoub au Nieuwediep.

L'Italie, aussitôt qu'elle a été constituée, s'est empressée de consacrer une portion notable de ses ressources, environ 30 millions en six ans, à l'extension et à l'amélioration des ports de commerce existants, et à la création de nouvelles stations de refuge et de mouillage. Avec son littoral de 3,300 kilomètres de développement, sans compter les îles ; avec une population maritime de 150,000 hommes et un matériel naval de 17,000 navires, l'Italie est arrivée déjà à un mouvement maritime annuel de 6,500,000 tonnes, que l'achèvement des chemins de fer de la péninsule et l'ouverture de l'isthme de Suez ne peuvent qu'accroître rapidement. Le gouvernement italien a exposé une collection d'atlas très-intéressants et qui représentent les travaux exécutés ou projetés dans ses différents ports, notamment à Gênes, Livourne, Naples, Palerme, Brindisi, Ancône, Ravenne, etc. Les travaux du vaste arsenal maritime en construction à la Spezzia doivent absorber à eux seuls une somme de 40 millions, dont une portion notable est aujourd'hui dépensée.

L'Espagne a exposé aussi des atlas renfermant des projets soigneusement étudiés par ses ingénieurs, et elle poursuit, autant que ses ressources financières le lui permettent, le prolongement de ses môles et jetées d'abri, notamment à Tarragone, à Barcelone, à Valence et à Alicante.

Les grandes guerres civiles qui ont déchiré l'Amérique dans ces dernières années, ont dû détourner, au profit de la création d'une puissante marine militaire et d'engins de destruction formidables, les efforts et les ressources qui auraient pu être consacrés à l'amélioration des ports, et c'est à cette cause qu'il faut probablement attribuer l'absence complète, dans l'exposition américaine, de types appartenant à l'industrie des travaux maritimes. L'Europe néanmoins ne pourra que gagner à observer d'un œil attentif les œuvres de ces hardis pionniers; c'est à leur initiative que nous devons déjà les premiers essais de plusieurs machines et procédés ingénieux, parmi lesquels on peut citer les mines sous-marines, les bassins de radoub flottants, et les plates-formes flottantes permettant de haler les navires à sec.

Après ces considérations générales, destinées à faire ressortir, au point de vue international, l'immense importance de l'industrie des travaux maritimes, nous allons envisager les divers éléments dont elle se compose, dans l'ordre indiqué au commencement de cet article, en essayant de mettre en évidence les progrès les plus notables qu'elle a réalisés et les procédés rationnels ou les méthodes classiques que l'expérience a consacrées.

Nous prendrons naturellement pour base de cette étude la collection de dessins et de modèles la plus complète, celle exposée par le Ministère des Travaux publics de France ; nous examinerons les différents types, en ayant soin de les apprécier comparativement avec les principaux ouvrages des autres nations maritimes ; mais nous nous bornerons toujours à une description très-succincte, car la notice publiée par les soins du Ministère contient tous les éclaircissements nécessaires à l'intelligence et à l'étude complète des objets exposés.

CHAPITRE II.

DISPOSITIONS D'ENSEMBLE DES PORTS.

En dehors des considérations techniques qui doivent diriger l'ingénieur dans le projet d'ensemble d'un port, et qui ont pour base l'étude attentive des courants, des vents régnants et de la marche des alluvions, quelques principes essentiels paraissent s'affirmer de plus en plus au point de vue économique général :

1° On a reconnu que pour les grands établissements maritimes, pour ceux qui sont le plus favorablement placés au confluent des grandes voies de communication de terre et de mer, ou bien à proximité de grands centres de production ou de consommation, il faut combiner les dispositions d'ensemble des ouvrages en prévision de la possibilité d'une extension presque indéfinie, suivant la progression toujours croissante des relations commerciales. L'application de ce principe, dont les bassins de Liverpool en Angleterre fournissaient un si bel exemple, a présidé en France à l'étude du plan d'ensemble des nouveaux ports de Marseille. Une série de môles, enracinés à terre, forme une suite de bassins, couverts par une digue parallèle au rivage, qui laisse entre elle et les têtes des môles un chenal, permettant une communication commode entre tous ces bassins. Ce programme ainsi largement conçu rend possible l'addition successive d'ouvrages analogues s'harmonisant avec les ouvrages antérieurs, avec lesquels ils paraîtront faits d'un seul et même jet ; il suffit d'ajouter de nouveaux môles à la suite de ceux qui existent, et de les couvrir par un prolongement correspondant de la digue, pendant que la ville elle-même continue à s'étendre parallèlement sur le rivage. Grâce à

l'application de ce large programme, Marseille, qui possédait, en
1844, 29 hectares de surface d'eau et 2,700 mètres de quais,
a pu s'accroître sans difficulté en vingt ans de 61 hectares de
surface d'eau et de 6,300 mètres de quais représentant une
dépense de 34 millions; et ces travaux n'étaient pas encore
terminés, qu'un nouveau décret du 24 août 1863 décidait la
création du bassin Impérial de 48 hectares, avec 5,000 mètres
de quais et douze formes de radoub, ouvrages aujourd'hui en
pleine exécution.

2° Une largeur de vue analogue préside maintenant à l'établissement des avant-ports, qu'il faut mettre en relation avec
la multiplicité et la rapidité des mouvements de la marine à
vapeur et avec la grandeur croissante des types des constructions navales. C'est ainsi que l'avant-port du Havre a dû être
agrandi, et que la largeur de son chenal a dû être portée successivement, dans ces dernières années, de 48 mètres à
64 mètres d'abord, puis à 80, largeur analogue à celle des
passes de Liverpool. C'est ainsi que Marseille, déjà dotée de
petits avant-ports aux deux extrémités des bassins existants,
appelle de tous ses vœux l'établissement d'un immense brise-
lame au large, qui formerait une rade en avant de ses bassins,
vaste salle d'attente accessible en tout temps, affectable au
stationnement provisoire des navires venant du large et qui
remplirait à Marseille les mêmes fonctions que remplissent, à
Londres la Tamise, à Liverpool la Mersey, à New-York l'Hud-
son. Dans le même ordre d'idées, on a été amené quelquefois
à creuser les ports à marée jusqu'à une profondeur suffisante
au-dessous des basses mers, pour permettre, à peu près en tout
temps, l'entrée et la sortie des bâtiments. Le port militaire intérieur de Cherbourg et le nouveau port de commerce de Brest
fournissent deux grands exemples de cette disposition, motivée
par les facilités à donner aux mouvements de la flotte à Cherbourg, et à l'escale des Transatlantiques à Brest.

3° La nécessité d'apporter dans la manutention des marchandises une organisation méthodique, de nature à réaliser

les deux conditions devenues indispensables aux opérations de
la marine commerciale, la rapidité et l'économie des transbor-
dements, a conduit à des principes nouveaux pour la disposition d'ensemble des quais de débarquement.

On cherche aujourd'hui à obtenir, dans une surface d'eau
donnée, le plus grand développement de quais possible, et à
mettre ce développement dans un rapport convenable avec le
tonnage annuel du port. L'exemple de Liverpool, qui présente
une longueur de quais de 27,000 mètres pour un mouvement
d'environ 8 millions de tonnes, montre que ce rapport, d'ailleurs essentiellement variable avec la nature des marchandises et la régularité des arrivages, se rapproche cependant du
chiffre moyen de 300 tonnes par mètre courant de quai.

La disposition la plus avantageuse consiste à établir une série
de bassins d'opération, séparés par des quais saillants, et formant ainsi une suite de redans qui sont reliés entre eux par
un chenal longitudinal affecté à la circulation. Les exemples
les plus heureux de cette disposition éminemment rationnelle
nous sont fournis par les bassins de Liverpool, par les docks
Victoria à Londres, par les nouveaux ports de Marseille, et l'on
s'en est heureusement inspiré dans le projet du port de commerce de Brest. Quelquefois même on a été conduit à sacrifier
complétement les conditions d'alignement et de symétrie.
Ainsi, pour desservir l'immense mouvement des charbons à
embarquer au port de Sunderland, les quais ont été disposés
en une série de redans irréguliers, placés à des hauteurs variables, qui permettent d'accoster beaucoup de navires à la
fois, et auxquels viennent aboutir des voies ferrées s'épanouis-
sant en un immense réseau ; on est arrivé ainsi à dépasser de
beaucoup le chiffre de 300 tonnes par mètre courant de quai.

4° La largeur des quais a dû être augmentée successivement, d'abord pour fournir le passage de voies ferrées se
reliant aux gares des chemins de fer, ensuite pour rendre possible l'établissement sur les quais eux-mêmes de vastes magasins,
notamment de ces grands entrepôts où les marchandises simi-

laires sont arrimées régulièrement, cataloguées et représentées par des *warrants*, qui leur permettent de passer de main en main, sans se déplacer réellement, et en n'acquittant les droits de douane qu'à la sortie de l'entrepôt. Le mérite de l'application de cet utile principe économique revient à l'Angleterre qui possède depuis longtemps de vastes entrepôts, à Londres, à Liverpool, etc. La France est entrée dans cette voie au Havre et à Marseille. Le type qui paraît le plus propre à desservir le mouvement des marchandises destinées aux entrepôts consiste en un quai de 60 à 80 mètres de largeur, sur lequel on place : d'abord, à 2 mètres environ de l'arête, un hangar de pesage et d'échantillonnage, puis une rue de circulation, puis un grand magasin, auquel on donne généralement quatre étages au-dessus du rez-de-chaussée, dont une façade est affectée à l'entrée, l'autre à la sortie des marchandises, et qui renferme les divers engins mécaniques nécessaires à la manutention.

5º L'agrandissement et le perfectionnement des formes des navires, l'application des propulseurs à vapeur, et surtout l'usage de coques en fer ont rendu indispensable un entretien continu et très-soigné du matériel naval. Il en résulte que tout grand établissement maritime doit tenir à la disposition des bâtiments qui le fréquentent, des moyens commodes et rapides qui en permettent la visite et la réparation : ce sont les bassins de radoub, dont l'emplacement doit être choisi à proximité du stationnement des navires et dont les dimensions doivent être graduées suivant la grandeur variable des divers types qui fréquentent le port, le tout afin de diminuer autant que possible la lenteur et le prix de revient des manœuvres occasionnées par la visite et le radoub.

L'exposé succinct qui précède montre quel vaste champ d'observations est ouvert à l'art des constructions maritimes, et comment il a su rester, dans les conceptions d'ensemble, à la hauteur de sa mission, en se pénétrant des besoins nouveaux, résultant des transformations du matériel naval, et en envisageant avec hardiesse le développement incessant des grandes relations commerciales, qui se multiplient si rapidement dans l'ancien monde et se propagent jusqu'aux continents les plus lointains.

Il ne nous reste plus qu'à examiner, au point de vue technique, les principaux éléments des constructions elles-mêmes.

CHAPITRE III.

DIGUES ET MÔLES A LA MER.

A la suite des grandes expériences auxquelles avait donné lieu la fondation en enrochements de la digue de Cherbourg, et grâce à l'application en grand des blocs artificiels de béton, essayée avec succès en 1834 par M. Poirel au port d'Alger, un système de construction rationnel a prévalu définitivement en France, et il est représenté à l'Exposition par plusieurs types remarquables, savoir : la digue du bassin Napoléon à Marseille, celle du nouveau port de commerce de Brest, la fondation du fort Chavagnac à Cherbourg, et celle du fort Boyard.

Ce système consiste essentiellement à former sous l'eau une jetée à pierres perdues, en classant les enrochements par catégories, de manière qu'ils augmentent de volume à partir du noyau central, et à défendre avec de gros blocs artificiels le talus du large, jusqu'à une profondeur convenable au-dessous des basses mers. Sur la fondation ainsi établie de manière à émerger un peu au-dessus des marées basses, on vient faire reposer une muraille épaisse qu'on élève jusqu'à une hauteur variable au-dessus des hautes mers.

Un système différent a été pratiqué jusqu'à ce jour en Angleterre, où il a reçu des applications en grand, surtout à Plymouth, à Portland et à Holyhead ; il consiste à mélanger systématiquement les matériaux gros et petits, dans le but de diminuer les vides, et à employer autant que poss.ble, pour l'immersion des enrochements, d'immenses ponts de service accessibles par des wagons.

Entre ces deux systèmes, l'avantage paraît devoir rester au premier, car il diminue beaucoup le cube des matériaux en permettant d'employer du côté du large des talus raides se rapprochant de 45°, tandis que les talus en enrochements doivent descendre dans les tranches d'eau supérieures à 1/7 ou 1/8. Les transports s'effectuant au moyen de chalands ou de flotteurs, ingénieusement disposés pour faciliter l'embarquement, le transport et l'immersion des gros blocs, on ne perd rien au point de vue de l'économie et de la rapidité des opérations ; car la moyenne par mois s'est élevée à Marseille à 24,000 mètres cubes, dont 4,000 mètres cubes de gros blocs, tandis que, en Angleterre, malgré l'emploi exclusif d'enrochements, on n'a pas dépassé les chiffres suivants, savoir : pour un môle isolé à Plymouth, 10,000 mètres cubes par mois ; pour des digues enracinées à terre, à Portland 30,000 mètres cubes, à Holyhead 40,000 mètres cubes. Le mélange systématique des enrochements n'arrive pas à réduire la proportion du vide au-dessous de 0,28, tandis qu'elle est au plus de 0,33 dans le système français, et les tassements de la fondation sous-marine restent sensiblement les mêmes. Mais un grave inconvénient se rencontre dans le système anglais, quand il s'agit d'élever une muraille au-dessus de la fondation à pierres perdues ; car il faut étaler sur le talus du large les matériaux entassés dans la largeur restreinte du pont de service ; il faut, en outre, enraciner assez profondément, dans le massif des enrochements de la jetée basse, les parties de cette muraille le plus exposées au ressac, et l'on est condamné, en conséquence, à des déblais longs et coûteux qu'il faut exécuter après coup et souvent en contre-bas des basses mers ; au contraire, à l'abri des gros blocs artificiels qui recouvrent le talus du large, il suffit d'établir la muraille sur les enrochements, convenablement arasés un peu au-dessus des marées basses.

Le tableau suivant donne l'indication des principaux môles à la mer exécutés en France et en Angleterre et fait ressortir comparativement leur importance et leur prix de revient.

FRANCE.	LONGUEUR.	PROFONDEUR moyenne au-dessous des basses mers	DÉPENSES		PÉRIODE d'exécution.	OBSERVATIONS.
			totales.	par mètre courant.		
—	mètres.	mèt. c.	millions	fr.		
Cherbourg............	3.750	12 00	67	18,600	1784—1853	Môle isolé, nombreux tâtonnements.
Alger.................	1.900	18 00	30	16,000	1842—1860	Digues en majeure partie isolées.
MARSEILLE Digues et quais de la Joliette.......	3.000	11 50	15	5,500	1845—1852	
Digues du bassin Napoléon........	2.000	17 00	19	10,100	1859—1865	
Fort Boyard..........	100 sur 60	4 50	7	»	1804—1866	Môle isolé.
Fort Chavagnac à Cherbourg..............	150 sur 120	10 00	5	»	1854—1864	do
ANGLETERRE. —						
Plymouth.............	1.600	10 00	40	25,000	1817—1851	do
Portland.............	2.410	17 00	34	14,000	1850—1860	Digue enracinée à terre.
Holyhead.............	2.250	15 00	37	16,500	1854—1865	do
Aurigny..............	1.000	15 00	16	16,000	1847—1859	do
Jersey...............	1.030	10 00	8	7,500	1846—1856	do

N. B. Pour comparer les prix de revient, il faudrait tenir compte des différences existant entre les massifs des murailles élevées au-dessus du niveau des basses mers.

Les énormes dépenses et les difficultés de construction des grands môles à la mer, leur influence assez difficile à calculer d'avance sur les courants et la marche des alluvions, ont motivé quelques tentatives dans le sens de l'établissement de jetées à claire-voie et de brise-lames flottants. Mais ces ten-

tatives ne paraissent pas devoir aboutir , au moins quant à
présent, à des résultats pratiques.

CHAPITRE IV.

DIVERS PROCÉDÉS D'EXÉCUTION DE TRAVAUX SOUS-MARINS.
EMPLOI DES SCAPHANDRES.

Les perfectionnements remarquables des appareils à plonger ont mis à la disposition de l'ingénieur, pour l'exécution des
travaux sous-marins, des instruments précieux dont nous
croyons utile de dire ici quelques mots, en les envisageant au
point de vue de leur application aux travaux hydrauliques.

La cloche à plonger, après avoir été, pendant le siècle dernier, l'objet de tentatives sérieuses, auxquelles se rattachent les
noms de Papin et de Coulomb en France, de Halley et de
Spalding en Angleterre, avait abouti, sous la main de Smeaton,
à un instrument commode, qui fut employé avec succès, en
1779, aux fondations des piles du pont d'Hexham, sur la Tyne,
et, en 1788, aux travaux du port de Ramsgate. Les ingénieurs
français ont perfectionné cet instrument et l'ont appliqué heureusement en 1811 au pont de Bordeaux, puis à Cherbourg,
à Toulon et au Havre. En 1843, M. de la Gournerie, au
port du Croisic, mettant en pratique l'idée de Coulomb
pour l'établissement d'un sas à air, et, apportant dans la construction de l'appareil les perfectionnements de la mécanique
moderne, réalisa une cloche à plonger en tôle, dans laquelle
on peut pénétrer par un sas à air sans interrompre les travaux,
où l'injection de l'air comprimé a lieu par des pompes à
vapeur, et qui a permis un travail sous-marin rapide et relativement économique.

Mais la cloche à plonger, malgré les services qu'elle a
rendus et qu'elle est appelée à rendre encore dans des circonstances spéciales, est un instrument lourd et encombrant, et

dans ces derniers temps, on lui a préféré généralement l'emploi du scaphandre, qui est plus maniable et plus économique.

Le scaphandre, dont les meilleurs types sont dus à MM. Siebes et Heinke, en Angleterre, et à M. Cabirol, en France, se compose d'un casque fermé hermétiquement et relié à un vêtement imperméable. L'homme y est entièrement plongé dans l'air comprimé, qu'on y envoie par des pompes, au moyen d'un tube flexible ; ses mains seules, qui traversent des manchettes en caoutchouc sont dans l'eau. Le vêtement imperméable est d'un seul morceau ; il est fait en toile ou en coton doublé d'une épaisse couche de caoutchouc ; il se termine à la hauteur des épaules par une bande de cuir, qu'on serre dans une pèlerine métallique en cuivre. C'est sur cette pèlerine qu'on vient visser le casque en cuivre étamé, que l'on fixe ensuite avec une clavette. Ce casque porte sur sa face antérieure quatre glaces protégées contre les chocs par des grillages en cuivre ; sur l'arrière vient se fixer, avec une soupape s'ouvrant de dehors en dedans, le tuyau à air qui est fait en toile caoutchoutée, appliquée sur une hélice intérieure en fil de fer étamé ; sur le côté droit se trouve une soupape s'ouvrant de dedans en dehors et par laquelle s'échappe en bulles, à travers l'eau, l'air aspiré par le plongeur, et celui en excès fourni par la pompe. M. Cabirol a ajouté à la hauteur de la bouche une troisième soupape à air, que le plongeur peut ouvrir plus ou moins, pour faire varier la quantité d'air qu'il veut garder dans son vêtement. Par-dessus le vêtement imperméable, le plongeur chausse des brodequins en cuir, portant de fortes semelles en plomb ; il boucle une ceinture en cuir portant le fourreau d'un poignard, qui lui permettrait de couper sous l'eau ce qui lui ferait obstacle ; sur le dos et sur la poitrine, il porte des poids en plomb suspendus au casque de fer par des crochets et reliés à la ceinture. Enfin la ceinture reçoit le dormant d'une corde maniable, dont l'autre extrémité est tenue à la surface de l'eau par un homme intelligent, qui reste ainsi constamment en communication avec le plongeur. Dans le but de réaliser une injection d'air à peu près continue, la pompe est ordinairement formée de trois corps, dont les pistons sont menés par les vilbrequins d'un même arbre mû par les manivelles ; un quatrième corps de pompe sert à envoyer constamment de l'eau dans un bassin qui entoure les pompes à air, afin de rafraîchir l'air envoyé au plongeur. Un petit manomètre indique la pression, laquelle doit toujours être un peu supérieure à celle correspondant à la profondeur d'eau où l'ouvrier doit descendre.

On doit à MM. Rouquayrol-Denayrouse un perfectionnement récent, appelé peut-être plus spécialement à rendre service à bord des bâtiments de la flotte, mais dont l'application aux travaux sous-marins présente aussi un sérieux intérêt. Au lieu de placer le plongeur dans une atmosphère d'air comprimé, en communication directe avec les pompes, MM. Rouquayrol-Denayrouse font déboucher le tuyau à air dans un réservoir en fer ou en acier fixé sur le dos du plongeur, et que l'on peut remplir avec de l'air comprimé à moyenne ou à haute pression, suivant la profondeur à laquelle il s'agit de descendre sous l'eau. Au-dessus de ce réservoir, et séparée de lui par une simple cloison, est une chambre à air, dont le fond supérieur est un plateau, attaché par un bord flexible aux parois de la chambre et pouvant ainsi monter ou descendre un peu, suivant que la pression de l'air intérieur sera plus ou moins forte que celle de l'eau ambiante. La cloison séparative du réservoir et de la chambre à air est traversée par une petite soupape conique dont la tige se relie à l'axe du plateau mobile supérieur, en sorte que les mouvements de ce plateau pourront commander l'ouverture ou la fermeture de la petite soupape, si l'on a calculé convenablement les surfaces respectives. Le tuyau d'aspiration du plongeur vient se fixer sur la chambre à air. Si celle-ci est pleine d'air à la pression de l'eau ambiante, la petite soupape du réservoir se trouve naturellement fermée par l'excès de pression de l'air comprimé dans ce réservoir ; mais, si le plongeur aspire, la pression diminue un peu dans la chambre sous le plateau mobile, et devient inférieure à celle de l'eau ambiante ; immédiatement le plateau s'abaisse et ouvre la soupape du réservoir, l'air comprimé s'échappe et vient rétablir dans la chambre à air la pression de l'eau ambiante ; alors le plateau mobile se relève et referme la soupape du réservoir. On voit que le mouvement de la soupape suivra exactement le mouvement de la respiration du plongeur. Celui-ci respirera donc toujours sans gêne et sans effort de l'air à la pression de l'eau ambiante ; il sera affranchi de la fatigue et de la gêne, résultant de l'injection directe, plus ou moins régulière, opérée par la pompe ; il portera avec lui un réservoir lui permettant de vivre pendant quelques minutes isolé dans l'eau, et lui donnant, par conséquent, en cas d'accident, tout le temps nécessaire pour remonter à la surface ; enfin l'on pourra facilement alimenter avec la même pompe deux plongeurs travaillant à des niveaux différents. A ces différents titres, le régulateur de MM. Rouquayrol-Denayrouse constitue un perfectionnement précieux. On peut, du reste, adapter cet appareil au vêtement ordinaire du scaphandre, afin de protéger le plongeur contre le froid ou contre l'effet mordant de la chaux ; ou bien on peut l'employer seul et sans vêtement spécial, en plaçant tout simplement entre les lèvres du plongeur une embouchure à deux soupapes, l'une d'inspiration, l'autre d'expiration ; ce qui permettra de faire descendre instantanément un plongeur au fond de l'eau, comme cela peut être nécessaire dans certaines circonstances, surtout à bord des navires.

Le scaphandre a été appliqué couramment depuis un certain nombre d'années dans les travaux maritimes en Angleterre et en France ; on est arrivé à former rapidement des plongeurs qui peuvent rester deux ou trois heures sous l'eau, et qui font généralement chacun deux stations par jour. Le supplément de salaire qui leur est alloué est ordinairement de 4 à 5 centimes par minute passée sous l'eau. L'usage de cet instrument précieux combiné avec le développement de la construction des blocs artificiels en béton ou en maçonnerie, a amené une innovation des plus heureuses pour la fondation des murailles à une grande profondeur au-dessous de l'eau. Sur un fond déblayé et dressé par la main du scaphandrier, on vient échouer et arrimer des blocs superposés à sec, ou à bain de mortier, ce qui dispense de recourir à des épuisements souvent difficiles, ou au coulage du béton dans des encoffrements en charpente, procédé coûteux, sujet à des avaries par l'agitation de la mer, et aux malfaçons, par suite de la difficulté de se débarrasser complétement de la laitance.

Le nouveau système de fondations sous-marines au moyen de blocs a reçu déjà des applications nombreuses et variées. En Angleterre, on a élevé les murailles supérieures des môles à la mer, en superposant de grands libages formés de gros blocs naturels en parement, et de petits blocs artificiels en béton par derrière. A Cette, M. l'ingénieur Régy a fondé heureusement des murs de quai en superposant à sec, par carreaux et boutisses, de gros blocs de béton qui n'avaient pas trouvé d'emploi au brise-lame. A Toulon, pour l'établissement d'une pile en maçonnerie à l'entrée de la darse Missiessy, on a exécuté les parements au moyen de blocs de 1 mètre cube en maçonnerie de moellons smillés, construits à terre, puis échoués et arrimés à la main sous l'eau par assises de 0^{m}80 de hauteur; on remplissait les joints en mortier de ciment coulé du haut par un tube en tôle ; l'intervalle des deux maçonneries de parements ainsi exécutées était rempli en béton au fur et à mesure de l'élévation des assises successives, et l'on a obtenu ainsi un parement en matériaux résistants, et qui n'a pas coûté plus qu'un parement en béton derrière un vannage jointif. Le prix moyen de la maçonnerie de la pile n'a pas dépassé 34 francs par mètre cube. Au port Napoléon à Marseille, on a fondé tous les murs de quais au moyen de blocs de béton de 10 mètres cubes, fabriqués à terre, embarqués sur des chalands au moyen de grues et de chemins de fer, puis arrimés régulièrement par les scaphandriers avec l'aide d'une mâture flottante. Ces blocs sont disposés en parpaings à joints contrariés, sur trois assises successives descendant à 6 mètres de profondeur au-dessous de l'eau ; une seule mâture flottante posait ainsi 240 blocs par mois.

Cette méthode de fondation a reçu de M. Maîtrot de Varennes, dans les travaux de fondation des murs de qua du port de commerce de Brest, des perfectionnements ingénieux et une application plus hardie dont il est essentiel de dire ici quelques mots.

Les blocs sont exécutés en maçonnerie de moellons avec mortier de ciment de Portland ; ils cubent 45 mètres et pèsent 100,000 kilogrammes. On les construit à terre sur des plates-formes isolées, pouvant glisser sur une cale en charpente inclinée à 0^m06 par mètre. Le mouvement de glissement est commandé par deux chaînes sans fin, mues par une locomobile et dont la tension est réglée par de petits appareils ingénieusement disposés. Chaque bloc est évidé, non loin des angles, suivant quatre petites cheminées verticales, dans lesquelles on introduit des tiges de fer en forme de T, faciles à placer et à retirer. Ces tiges permettent de suspendre le bloc au moyen de chaînes à un chaland que l'on amène à marée montante au-dessus de ce bloc, quand il est descendu sur son ber au bas de la cale. Le chaland est en tôle ; il a un faible tirant d'eau de 1^m75 seulement, sous une charge de 125 tonneaux, et il porte une série de puits fermés en dessous par des portes en tôle, qui ne dépassent pas, étant ouvertes, le dessous horizontal du chaland. On a ainsi un appareil qu'on emploie indifféremment à l'échouage des enrochements ordinaires, ou bien au transport et à l'arrimage des gros blocs. Pour ce dernier objet on installe quatre treuils dont les chaînes, descendant par quatre des puits, vont saisir les tiges qui traversent le bloc et le soulèvent. Le chaland, conduit par un petit remorqueur, va s'embosser à l'emplacement convenable ; on laisse descendre doucement ce bloc, en se guidant sur la position de ceux déjà posés. On parvient ainsi à arrimer régulièrement ces énormes blocs et à les superposer sur deux assises, en laissant entre eux des joints verticaux de 0ᵐ05 seulement. D'ailleurs, le système ingénieux qui permet d'enlever et de replacer facilement les tiges de suspension en forme de T qui traversent le bloc, laisse toute facilité pour le relever et rectifier l'échouage en cas de besoin. La précision de manœuvres ainsi obtenue ne nuit pas à leur rapidité, car on peut échouer ainsi couramment, avec un seul appareil, trente blocs par mois, ce qui correspond à 1,350 mètres cubes de maçonnerie.

Le système de fondation au moyen de gros blocs échoués et arrimés régulièrement sous l'eau, sur un fond dressé au scaphandre, a reçu sous une autre forme, de 1860 à 1862, une application ingénieuse dans l'établissement d'un batardeau en maçonnerie, destiné à la formation d'une grande enceinte à épuiser, pour la construction de deux formes de radoub au port d'Alger; il fallait ici obtenir, en pleine eau et dans des profondeurs de 8 à 14 mètres, un mur continu et bien étanche, et, par conséquent, il paraissait indispensable de le former de béton coulé sur place; mais, au lieu d'employer un encoffrement continu très-long, auquel le ressac n'aurait pas manqué de causer des avaries graves, les ingénieurs du port d'Alger ont eu l'heureuse idée d'échouer des encoffrements isolés, de 11 mètres de longueur sur 5ᵐ30 de largeur, à distance les uns des autres, et qu'on a remplis de béton, en se réservant de venir combler, après coup, les intervalles par un procédé analogue. Les grandes caisses sans fond ont été embarquées sur une cale et échouées, au moyen d'une mâture flottante, sur une base préalablement arasée sous l'eau, avec du béton de ciment de Vassy, le tout d'une manière analogue à l'échouage et à l'arrimage des gros blocs. Le mur d'enceinte en maçonnerie, ainsi exécuté dans des eaux profondes et agitées, n'a pas coûté plus de 30 francs par mètre cube.

En dehors de ces grands travaux de fondation, où l'application du scaphandre fournit un précieux moyen d'exécution, il ne faut pas oublier les dérasements de roche et les déblais qu'on exécute maintenant sous l'eau avec la plus grande facilité.

L'explosion de mines américaines, au moyen de touques remplies de poudre, coulées sur le rocher, et auxquelles on met le feu à pleine mer, en utilisant la charge d'eau comme bourrage, ne réussit pas toujours ; cette méthode, appliquée avec succès à Brest, au dérasement de la roche La Roze, était impuissante contre le granit d'un haut-fond situé dans le chenal de Cherbourg. Le scaphandre a permis d'aller attaquer cette roche au moyen de charges de poudre de 50 à 75 kilogrammes, descendues dans des puits forés au trépan sur 0^{m}40 de diamètre et 2 ou 3 mètres de profondeur. Un petit échafaudage, formé d'un trépied facile à échouer et à déplacer, sert à manœuvrer le trépan, et deux radeaux sont employés au service des scaphandriers chargés de diriger le trépan, de bourrer les mines et d'enlever les déblais provenant des explosions.

Les travaux de fondation des ouvrages maritimes rencontrent souvent, dans la présence de couches de vase profondes, des difficultés aussi sérieuses que celles inhérentes aux travaux sous-marins que nous venons d'énumérer. Dans ce cas encore l'art des constructions a résolu ces difficultés par une méthode ingénieuse et qui est devenue classique, à la suite des applications heureuses qu'on en a faites à Saint-Nazaire, à Rochefort, et tout récemment, sur une très-grande échelle, au port militaire de Lorient, pour la fondation de piles de ponts et de murs de quais. A travers une couche de vase de 12 à 15 mètres d'épaisseur, on a descendu jusqu'au rocher de grands puits de forme rectangulaire de 3 mètres sur 6 mètres, dont les parois maçonnées ont 1 mètre à 1^{m}20 d'épaisseur et reposent sur une plate-forme en charpente à section triangulaire pour former tranchant. La plate-forme étant échouée sur la vase, on maçonne constamment sur le haut du puits au fur et à mesure de sa descente, que l'on provoque en déblayant la vase à l'intérieur ; les épuisements à faire sont peu coûteux, et on régularise l'enfoncement, en adoptant une marche rationnelle, basée sur l'observation des effets de déversement qui se produisent, et sur la recherche de leurs causes. Quand on est ar-

rivé près du rocher, on achève la maçonnerie en sous-œuvre
en enlevant le cadre en charpente et on remplit l'intérieur
du puits en béton. Cette méthode est simple et économique,
puisque le mètre cube de maçonnerie des puits, ainsi descendus à 15 ou 18 mètres au-dessous des hautes mers, ne ressort
qu'à 43 fr. 60.

CHAPITRE V.

GRANDES ÉCLUSES ET FORMES DE RADOUB.

Les dimensions des grandes écluses à la mer et des formes
de radoub ont dû croître progressivement avec celles des types
du matériel naval. Le type habituel des vaisseaux de guerre à
hélice exige une largeur de 19 mètres ; les grands transatlantiques à roues demandent 25 mètres. C'est ce dernier chiffre
appliqué à Saint-Nazaire, à Liverpool, à Anvers, et projeté pour
le port de commerce de Brest, qui paraît marquer aujourd'hui
la limite supérieure adoptée couramment ; cependant, on a
construit exceptionnellement, à Liverpool et au Havre, une
écluse de 30^{m}50.

La partie la plus intéressante de la construction de ces grands
ouvrages, c'est le mode de fermeture. Celui qui est resté
jusqu'à présent le plus en usage et qui s'est très-bien prêté à
l'augmentation progressive des dimensions, consiste en deux
portes busquées en bois dont les écluses de Liverpool, de
Southampton, de Great-Grimsby, en Angleterre, de Saint-
Nazaire, du Havre et de Dunkerque, en France, nous offrent
des types étudiés avec le plus grand soin. Chacune des portes
offre l'aspect d'un cadre formé d'un poteau tourillon, d'un
poteau busqué et d'une série d'entretoises horizontales, rendues
solidaires entre elles par des montants et des bordages qui
viennent raidir le tout dans le sens vertical.

Les expériences remarquables de M. l'ingénieur en chef

Chevallier ont démontré qu'un tel système présente le grand avantage de reporter sur le buse une portion notable de la charge (environ $\frac{4}{10}$ de la pression totale) et de répartir le surplus entre les diverses entretoises, de telle sorte que la pression sur l'entretoise la plus chargée se trouve ramenée à un minimum (environ $\frac{8}{10}$ de la pression totale divisée par le nombre des entretoises) ; ce système est donc éminemment propre à résister à la poussée de l'eau. Quant au gauchissement par l'effet de la pesanteur qui tend à se produire quand les vantaux sont séparés, on s'y oppose, soit par de fortes écharpes susceptibles de serrage, soit par de grandes roulettes dont on se réserve le moyen de régler convenablement la charge, soit enfin, quand c'est possible, par des bracons en bois qui viennent trianguler le cadre formé par les pièces horizontales et par les pièces verticales. Deux modèles remarquables figurent à l'Exposition de 1867 :

1° Les portes de la grande écluse de la citadelle, au Havre, de 30ᵐ50 de largeur, sont formées chacune d'un seul cadre comprenant le poteau tourillon, le poteau busqué, et les entretoises horizontales. Celles-ci sont des poutres armées, faites avec des pièces de sapin courbées à la vapeur ; il n'y a pas de bracon ; les entretoises sont reliées entre elles, indépendamment d'un épais bordage, par des montants qui raidissent la porte et lui donnent une grande résistance contre la poussée de l'eau. L'action de la pesanteur est combattue à la fois par des écharpes partant de la tête du poteau tourillon et par des roulettes placées sous l'entretoise inférieure.

2° Dans les portes de l'écluse du bassin à flot de Dunkerque, de 21 mètres d'ouverture, on a employé des cadres triangulés par un système de bracons et d'écharpes analogues à ceux des portes ordinaires des canaux ; mais pour éviter une trop grande inclinaison de ces bracons et écharpes, on a formé chaque vantail en ajoutant, l'un au bout de l'autre, deux cadres ainsi triangulés et on a assuré l'invariabilité du système, en augmentant la force des grands tirants horizontaux, qui relient les poteaux tourillons et busqués, et qui, étant placés à l'aval du bordage, peuvent se resserrer, au besoin, facilement, quand les portes sont en charge.

Bien que les types de portes busquées en bois soient restés une solution très-convenable, au point de vue de la facilité d'emploi que présentent les grandes pièces de sapin dont elles sont essentiellement composées, les ingénieurs, s'inspirant des grands exemples de constructions en tôle aujourd'hui si répandues et si variées, ont une tendance à substituer le fer au bois dans la construction des portes d'écluses, et l'on ne peut qu'espérer d'utiles résultats des études dirigées dans cette voie. On peut citer déjà d'heureuses applications faites récemment en Angleterre pour la fermeture de grandes écluses de 24^m40 à Jarrow (Tyne), et aux docks Victoria à Londres. Les portes busquées en tôle forment, quand elles sont fermées, un arc continu qui n'a à résister qu'à la pression longitudinale. Les entretoises, reliées par quelques cloisons verticales pour faciliter la répartition des pressions, et revêtues d'un doublage à l'amont et à l'aval, forment des caisses creuses qui servent à lester convenablement la porte et permettent ainsi d'annihiler les effets de la pesanteur ou de la sous-pression ; l'étanchéité de la fermeture est d'ailleurs obtenue par des fourrures en bois s'appliquant contre le busc et les chardonnets.

La facilité que présente la tôle pour former de grands caissons étanches, a même conduit, dans certains cas, à substituer aux portes busquées un panneau unique formé d'une grande caisse en tôle qu'un lestage convenable permet de faire flotter au moment de la manœuvre, et de faire tourner autour de gros pitons fixés dans les bajoyers, et qui n'ont plus qu'à guider la rotation. Le dessus de la porte est utilisé comme pont pour les piétons et même pour les voitures. Cette application remarquable a été faite, il y a déjà longtemps, à Bristol pour une écluse de 16 mètres, et elle a été renouvelée récemment avec succès en Écosse, à Alloa, pour une écluse de 12 mètres et à Dundee, pour une de 21 mètres.

Le prix de revient plus élevé que pour les portes en bois, et l'incertitude qui règne encore sur les moyens d'assurer la conservation de la tôle dans l'eau de mer, sont les deux causes qui empêchent, pour le moment, les ingénieurs de marcher d'un pas plus assuré dans cette voie nouvelle, qui ne peut qu'être féconde en utiles résultats.

Les grands bassins de radoub sont des constructions qui, à part les aménagements intérieurs nécessaires au calage, à l'épontillage et à la réparation des navires, sont analogues aux écluses à sas. Mais ici la rapidité de manœuvre, pour la fermeture et l'ouverture du bassin, étant moins nécessaire que dans les écluses, on se contente généralement d'une fermeture flottante formée par un bateau-porte en tôle que l'on vient échouer, avec l'intermédiaire d'un matelas élastique ou de fourrures en bois, contre des rainures pratiquées dans les maçonneries.

Le bateau-porte flottant, ainsi disposé, fournit un excellent moyen de fermeture, mais il est lent, et, par ce motif, on a quelquefois eu recours à des portes busquées dont on trouve des exemples à Liverpool, à New-York et à Southampton. Mais, en général, la dépense d'établissement des maçonneries de ces grands ouvrages est telle que le sacrifice à faire pour l'allongement des bajoyers n'est pas en rapport avec l'avantage à recueillir par une plus grande rapidité de manœuvre. Ce sont même les énormes dépenses, les lenteurs et les difficultés d'exécution inhérentes à la construction des grandes formes de radoub en maçonnerie, qui ont conduit à des tentatives répétées sous plusieurs formes, et dont quelques-unes ont abouti à un résultat sérieux.

Nous nous contenterons de citer ici : l'appareil Clark aux Victoria Docks à Londres, les plates-formes flottantes destinées à haler les navires à sec en les remontant sur des rails au moyen de presses hydrauliques (États-Unis), les formes flottantes en bois de Philadelphie (États-Unis), enfin les grands docks flottants en tôle, construits en Angleterre, et expédiés

dans divers ports, notamment à l'Arsenal Royal maritime de
Carthagène (Espagne). Mais nous devons nous borner ici à
une simple indication de ces appareils flottants, dont on
trouvera la description et l'appréciation dans un rapport de
la classe 66.

CHAPITRE VI.

DÉSENGORGEMENT DES PORTS.

Deux moyens sont appliqués pour combattre l'engorgement
que les alluvions de diverses natures, galets, sables ou vases,
tendent à produire dans un grand nombre de ports.

Dès le siècle dernier, on a construit des bassins de chasse,
destinés à emmagasiner de grandes masses d'eau, qu'on lance
à marée basse, de manière à déterminer un courant rapide qui
entraîne les alluvions et les repousse en dehors des jetées. Là,
il est indispensable qu'elles soient reprises et entraînées par
les courants généraux du littoral, afin d'éviter la formation de
barres à l'entrée des chenaux.

Ce procédé, qui exige l'établissement d'ouvrages définitifs et
coûteux, a quelquefois conduit à des mécomptes. Cependant
il continue à rendre d'excellents services dans certains ports,
où il est manié avec intelligence, d'après une étude raisonnée
du régime des courants et de la marche des alluvions sur le
littoral. Aussi a-t-on développé encore dans ces derniers
temps quelques ouvrages affectés au service des chasses, notamment dans les ports d'Ostende et de Dunkerque.

L'effet des chasses, à Dunkerque, vient d'être singulièrement
amélioré par une heureuse application en grand des guideaux,
faite par M. Plocq. Dans le but de soutenir le courant des
chasses à la sortie du chenal, tout en évitant la prolongation
des jetées fixes, qui provoquerait un allongement correspondant de l'estran, modifierait le régime des courants et ren-

drait plus difficile l'entrée du port, on emploie une jetée basse mobile échouée de basse mer et qu'on enlève au moment de l'étale ou du renversement des courants de marée du littoral. Dans ce but, on forme une flottille de trente grands guideaux de 10 mètres de longueur sur 6 à 7 mètres de largeur, qui est manœuvrée par 150 hommes et échouée au moyen de longues béquilles, que l'on peut hausser ou baisser à l'aide de petites chèvres établies à demeure sur les guideaux. On réalise ainsi une jetée basse de 300 mètres de longueur en prolongement de la jetée de l'est, par des profondeurs d'eau de 2 mètres à 3 mètres à basse mer. Ce moyen, appliqué cinq ou six jours de suite, pendant une période de vives eaux où la mer est assez calme, permet aux chasses de redresser la passe et de l'élargir aux dépens des sables envahissants de l'Ouest, sur une étendue que le régime naturel des apports des alluvions ne peut regagner qu'en plusieurs mois. La dépense ressort à 4,000 francs par guideau de 10 mètres de longueur.

La difficulté de bien calculer d'avance les effets à attendre des chasses, et plus souvent encore l'impossibilité de recourir à ce moyen (dans la Méditerranée, par exemple), ont provoqué dans les travaux maritimes l'emploi en grand des dragues.

Nous ne dirons rien des perfectionnements si remarquables apportés dans ces puissants instruments de travail ; mais il convient de signaler ici un appareil spécial, ingénieusement combiné en raison des circonstances locales. Les eaux vaseuses de la rade de Saint-Nazaire déposent dans le chenal et dans le bassin à flot une épaisseur de vase qu'on évalue annuellement à 1^m55 par mètre carré de bassin, et à 14^m27 par mètre carré de chenal. Malgré cette énorme quantité de dépôts, on est parvenu à assurer l'entretien du port moyennant une dépense annuelle relativement très-faible : 69,000 francs par an. L'idée ingénieuse due à M. l'inspecteur général Tostain, développée et mise en pratique par les ingénieurs de Saint-Nazaire, consiste à pomper

les vases avant qu'elles aient dépassé la densité de 1,19. On
emploie pour cela un bateau en tôle à la fois pompeur et
porteur, dont la machine s'attèle successivement sur les
pompes et sur l'hélice ; on pompe la vase au moyen de
tuyaux articulés formant suçoirs, et on va la décharger au
large, à 1,200 ou 1,500 mètres de distance, en ouvrant de simples clapets. Les vases dont la densité a dépassé 1,19 sont
enlevées par des dragues ordinaires. Les résultats annuels se
résument ainsi : 356,000 mètres de vase dont trois quarts
pompés et un quart dragué, représentant une dépense totale
de 69,000 francs, savoir : 39 centimes par mètre cube de vase
pompée et 72 centimes par mètre cube de vase draguée.

CHAPITRE VII.

ENGINS MÉCANIQUES APPLIQUES DANS LES PORTS.

La manutention des marchandises et celle des diverses pièces
entrant dans la construction des navires, nécessitent l'emploi
d'apparaux puissants, se prêtant à des manœuvres rapides avec
le secours de forces mécaniques, et qu'il faut cependant pouvoir installer au bord des quais en encombrant le moins possible l'espace réservé à la circulation.

Le problème a été résolu de la manière la plus heureuse par
M. Armstrong, qui a fait, avec un succès constant, de nombreuses applications de son système, en Angleterre, depuis 1851.

Un accumulateur emmagasine le travail d'une machine à
vapeur, sous la forme d'eau comprimée, dans un cylindre, sous
une pression d'environ 50 atmosphères, et un réseau de conduites de pression permet d'utiliser, rapidement et instantanément, une portion du travail disponible en l'appliquant à une
grue, à un treuil, à la manœuvre de portes d'écluses, etc. Ce
système ingénieux, qui est aujourd'hui complétement passé
dans la pratique et dont les appareils hydrauliques ont été

pourvus de tous les mécanismes de sécurité nécessaires, a reçu
une intéressante application au port de Lorient, pour la manœuvre rapide des vannes d'une forme de radoub. L'appareil a été construit par M. Neustadt, et il est représenté
à l'Exposition par un modèle. L'accumulateur utilise le
travail disponible de la machine d'un atelier voisin, et d'ingénieuses combinaisons règlent automatiquement les relations de cet accumulateur avec la machine, de manière à
rendre l'emprunt de force fait à celle-ci aussi régulier que
possible.

On doit au même constructeur une heureuse application
de la tôle, pour l'érection d'un de ces grands apparaux de
transbordement et de mâtage, dont la présence au bord
des quais des bassins est nécessaire pour la mise au levage
des énormes masses indivisibles et encombrantes, telles que
grands mâts, machines et chaudières, qui entrent dans l'armement des navires. Aux grandes mâtures en bois appliquées
encore récemment en Angleterre pour le levage de charges
de 30, 40 et 50 tonnes, M. Neustadt a substitué deux grandes
bigues doubles en tôle, inclinées, dont les pieds s'appuient
sur des rotules portées par des massifs de maçonnerie, et
placées respectivement à 2 mètres et à 25 mètres de distance
de l'arête du quai. Les deux bigues sont réunies en tête par
l'intermédiaire d'articulations avec un pont de service de
23 mètres de longueur et 1ᵐ 30 de largeur, portant le chariot de roulement auquel on suspend les poids. L'ensemble
de la machine forme ainsi un grand parallélogramme articulé dont la base supérieure est élevée de 41 mètres au-
dessus du niveau du quai et forme une saillie de 19ᵐ50
au delà de son arête. La fixité du système est maintenue
par des haubans disposés en arrière, formés de bielles en fer
accolées et ancrées solidement sur des massifs de maçonnerie.
D'autres haubans latéraux assurent le contreventement. Une
machine, recevant la vapeur d'un générateur placé dans un
atelier voisin, est installée à 7 mètres au-dessus du quai sur

a bigue d'arrière. Cette machine commande, isolément ou simultanément, deux treuils destinés, l'un aux mouvements verticaux, l'autre aux mouvements horizontaux et, au moyen de chaînes de Gall, ces treuils actionnent le chariot placé sur le pont de service supérieur. Toutes les manœuvres peuvent ainsi se faire du bas, mécaniquement, avec célérité et sécurité; des mécanismes de sûreté arrêtent automatiquement l'introduction de la vapeur, quand le fardeau est arrivé aux limites de sa course; la grande hauteur et l'énorme saillie du pont de service permettent d'exécuter toutes les manœuvres nécessaires à l'armement du navire, sans le déplacer; enfin, cet appareil puissant, capable de manier des charges de 50 à 60 tonnes, ne produit aucun encombrement sur le quai et se trouve facilement accessible par les wagons qui, au moyen de voies ferrées, le mettent en relation avec les divers ateliers de l'arsenal.

Cette grande machine, construite au port militaire de Toulon en 1864-1865, a employé 390,000 kilogrammes de fer et a coûté 400,000 francs, plus 100,000 francs pour la construction des massifs de maçonnerie.

CHAPITRE VIII.

CONSERVATION DES MATÉRIAUX DE CONSTRUCTION DANS L'EAU DE MER.

Les diverses corrosions que l'eau de mer fait subir aux matériaux de construction qui y sont immergés, notamment aux mortiers, au bois et au fer, ont été constamment l'objet d'observations et d'études attentives de la part des ingénieurs des travaux maritimes.

Les chaux et ciments sont appréciés, au point de vue de leur qualité et de leur fabrication, dans la partie du Rapport qui traite spécialement des matériaux de construction. Deux de ces produits, le ciment de Portland, dans les eaux de l'Océan, là chaux du Theil, dans celles de la Méditerranée, paraissent offrir toutes les garanties désirables, et tendent à être employés presque exclusivement dans les constructions les plus importantes baignées par l'eau de mer. Ce sont, du reste, les deux seuls produits sur lesquels on puisse compter en ce moment d'une manière certaine.

Pour les autres mortiers, les expériences faites laissent encore des doutes sur leur conservation indéfinie, surtout quand ils sont soumis au contact renouvelé de l'eau de mer. Certains mortiers, qui avaient bien résisté à Cherbourg pendant une période de cinq ans et même de onze ans, ont montré ensuite des traces d'altération. De là un surcroît de précautions à prendre, notamment pour la fondation des grands ouvrages dont la stabilité doit être mise à l'abri de toute éventualité possible. C'est dans cet esprit que les murailles du fort Chavagnac, à Cherbourg, malgré l'emploi exclusif du mortier de Portland au-dessous des hautes mers de mortes eaux, ont été protégées par un parement extérieur en pierres de taille, et aussi par une assise inférieure exécutée tout entière avec de grands libages ; le tout, dans le but d'isoler autant que possible les maçonneries intérieures du contact de l'eau de mer se renouvelant facilement.

La préservation des bois contre les ravages des tarets est une des questions les plus graves qui soient aujourd'hui à l'état d'étude. En dehors des procédés coûteux et d'une application souvent difficile, de mailletage et de doublage métallique, on a poursuivi, non sans succès, depuis quelque temps, en Angleterre, en Belgique, en Hollande et en France, d'autres procédés de conservation, basés principalement sur l'injection des bois par diverses matières, notamment par l'huile lourde de goudron, qui est un des résidus de la fabrication du gaz. Un atelier spécial de créosotage a été créé en France en 1864, au port des Sables-d'Olonne, sous la direction de M. l'ingénieur en chef Forestier, qui a exposé une collection de bois soumis à l'action des tarets, et qui a résumé dans une intéressante notice les principaux résultats des expériences faites jusqu'à ce jour. Les bois créosotés à fond ont bien résisté à l'action du ver taret; mais on ne peut pas encore considérer le procédé de créosotage comme une solution bien efficace du problème ; car il paraît résulter d'essais faits en Belgique par M. l'ingénieur Crépin, que les bois qu'on avait cru devoir injecter à très-haute pression pour que l'huile en pénétrât bien toutes les fibres, avaient subi une altération fâcheuse et perdu une partie notable de leur force et de leur élasticité. Malgré cela les expériences de créosotage se recommandent tout spécialement à l'attention des ingénieurs et des divers gouvernements par l'importance du but à atteindre; car un procédé de conservation infaillible produirait certainement une heureuse révolution dans les travaux maritimes, en raison de l'économie et des facilités remarquables que présente l'emploi d'une matière, qui restera toujours la moins coûteuse, la plus souple et la plus facile à travailler.

La conservation du fer dans l'eau de mer a aussi été l'objet de recherches attentives ; divers procédés de peinture ou de doublage ont été imaginés ; ces travaux seront mieux appréciés dans le rapport sur l'industrie des constructions navales, qui emploie aujourd'hui le fer en si grande quantité et qui, à ce titre, est la plus intéressée dans la question. Cependant les ingénieurs des travaux hydrauliques doivent suivre avec attention les recherches de leurs collègues des constructions navales, car les progrès réalisés dans l'une de ces deux branches d'industrie connexes, ne manqueraient pas d'exercer sur l'autre la plus heureuse influence.

X

ARSENAUX ET ÉTABLISSEMENTS DE LA MARINE MILITAIRE,

par M. PASQUIER-VAUVILLIERS,

Ingénieur en chef des ponts et chaussées.

CHAPITRE I.

CONSIDÉRATIONS GÉNÉRALES.

Les travaux exécutés dans les arsenaux de la marine militaire se partagent en travaux hydrauliques et travaux des bâtiments civils.

Les travaux hydrauliques ou travaux à la mer sont analogues à ceux des ports de commerce.

Les travaux des bâtiments civils comprennent des travaux de voirie, tels que chaussées, égouts, conduites d'eau et de gaz, et des constructions civiles et militaires, telles que magasins, ateliers, bureaux, casernes, hôpitaux, etc.

Les chiffres suivants, qui représentent en nombres ronds la valeur estimative de l'ensemble des constructions de toute nature qui constituent aujourd'hui les arsenaux de la marine française, donnent une idée de l'importance de ces divers travaux :

	TRAVAUX à la mer.	BATIMENTS civils.	TOTAL.
Arsenal de Cherbourg....	128.000.000 (1)	42.000.000	170,000,000
— de Brest.........	15,000,000	52.000,000	67,000,000
— de Lorient......	9,000.000	21.000.000	30,000,000
— de Rochefort....	12,000.000	18,000.000	30,000,000
— de Toulon.......	31,000,000	36,000,000	67,000.000
Totaux............	195.000,000	169,000,000	364,000,000

(1) Dans ce chiffre, la digue, les fondations des forts qui la défendent, et celles du fort Chavagnac entrent pour une somme de 73 millions de francs.

Ces évaluations ne comprennent ni la valeur de l'outillage des ateliers, ni celle des établissements, relativement peu importants, qui sont disséminés sur les côtes et dans les ports de commerce, ou situés à l'intérieur de l'empire.

CHAPITRE II.

TRAVAUX HYDRAULIQUES DES ARSENAUX.

Les travaux à la mer des ports de guerre ne diffèrent pas, quant aux procédés suivis pour leur exécution, des travaux maritimes des ports de commerce. Nous ne reviendrons donc pas sur cette question, qui a été traitée, avec tous les détails qu'elle comporte, dans un rapport spécial ; nous nous bornerons, à ce sujet, à indiquer les différences essentielles qui existent entre ces deux genres de ports, et à développer les considérations qui motivent les dispositions, et les conditions d'établissement généralement adoptées pour les ouvrages hydrauliques des ports militaires.

L'industrie des transports par mer est appelée à desservir des ports qui se rattachent à des centres de commerce préexistants ; ces ports présentent, en général, des difficultés plus ou moins grandes d'accession, et par suite la marine commerciale est conduite à construire des navires en vue de la navigation à laquelle ils sont destinés et de la profondeur d'eau qu'offrent les ports et bassins dans lesquels ils doivent entrer.

C'est ainsi que le tirant d'eau des paquebots transatlantiques a été réglé sur la profondeur des passes des ports d'attache de ces paquebots : le Havre, Saint-Nazaire et Bordeaux ; par exception, la profondeur du nouveau port de commerce de Brest est limitée au tirant d'eau des paquebots de la ligne du Havre à New-York qui devaient y faire escale.

La marine militaire est dans une situation toute différente : les types qu'elle est appelée à créer doivent satisfaire aux nécessités, pour ainsi dire inflexibles, qu'imposent les progrès continus des moyens d'attaque ; et, par suite, l'emplacement des ports militaires et les dispositions de leurs ouvrages hydrauliques sont commandés par la forme et les dimensions des plus grands bâtiments de guerre.

L'impossibilité matérielle d'approprier les ouvrages hydrauliques d'un port militaire aux exigences résultant de l'augmentation des dimensions, et notamment du tirant d'eau (1) des types adoptés pour la marine de guerre, conduirait nécessairement à l'abandon de ce port ; c'est par ce motif que d'anciens arsenaux, tels que ceux de Dunkerque, le Havre, Saint-Servan, ont été successivement délaissés.

D'un autre côté, il n'est pas nécessaire qu'une rade existe en avant d'un port de commerce ; le Havre et Marseille n'ont que des rades foraines. Mais il est indispensable qu'un port de guerre soit précédé d'une rade vaste et sûre et en même temps facilement accessible. Des bâtiments amarrés à quai dans un avant-port, et, à plus forte raison, dans des bassins,

---

(1) Le tirant d'eau de l'ancien vaisseau de 74 canons était de 6ᵐ 80, et sa longueur de 60 mètres. Le vaisseau à voiles, à trois ponts, de 120 canons, avait 72 mètres de longueur ; son tirant d'eau n'excédait pas 8ᵐ 20. Aujourd'hui les grands bâtiments de guerre ont jusqu'à 120 mètres de longueur et 9 metres de tirant d'eau.

perdraient un temps précieux dans les manœuvres qu'exigerait la sortie, surtout dans l'Océan, où, par l'effet des marées, les entrées de la plupart des ports ne sont accessibles aux grands bâtiments qu'au moment de la haute mer. Une flotte n'est donc réellement disponible, c'est-à-dire prête à obéir immédiatement à un ordre de départ, que mouillée en rade. Aussi, toutes les fois que l'existence d'une rade naturelle n'a pas déterminé la position du port militaire, comme à Toulon, à Brest et à Portsmouth, on a dû, comme à Cherbourg et à Plymouth, créer avant tout ce complément indispensable d'un arsenal maritime.

De même, on trouve toujours une rade abritée à proximité, en dedans ou en dehors, de l'embouchure des rivières profondes sur lesquelles des arsenaux ont été installés. C'est ainsi qu'à la sortie de la Charente, on rencontre à l'île d'Aix et aux Trousses les deux rades de Rochefort ; à Port-Louis, dans le Scorff, la rade de Lorient ; à Sherness et dans la Tamise, le mouillage du port de Chatham établi sur la Medway.

On doit enfin faire remarquer que les ports de commerce, même ceux de médiocre importance, ont des bassins à flot, tandis qu'aucun ouvrage de ce genre n'existe, en France, dans les arsenaux de la marine militaire.

Un bassin à flot a été construit à Cherbourg, mais il n'a jamais été utilisé que comme annexe de l'avant-port.

Cependant les Anglais adoptent cette disposition pour leurs ports de guerre, et ils construisent actuellement à Portsmouth trois bassins à flot, qui auront ensemble une superficie de 21 hectares, et à Chatham trois bassins semblables, qui auront ensemble une superficie de 29 hectares.

A Portsmouth, les bassins sont précédés d'un avant-port qui sera creusé à la profondeur de $9^{m}25$ au-dessous des plus basses mers et constituera une souille dans laquelle les plus grands bâtiments seront à flot à toute heure de marée.

A Chatham, un sas mettra les bassins en communication avec le lit de la Medway, qui, au moyen de quelques dragages, deviendra, même aux plus faibles marées de mortes eaux, accessible aux plus grands bâtiments.

CHAPITRE III.

BATIMENTS CIVILS DES ARSENAUX.

§ 1. — Considérations générales.

Dans les ports de commerce, aucune dépendance ne se rattache aux ouvrages hydrauliques qui sont exécutés par l'État.

Les moyens de construction et de réparation et les approvisionnements de toute nature que nécessitent les armements du commerce sont fournis par l'industrie privée, au fur et à mesure des besoins. Ces besoins, d'ailleurs, se reproduisent périodiquement chaque année et à des époques qui peuvent être prévues à l'avance.

L'industrie pourvoit de même à la construction et à l'exploitation du matériel et des magasins qu'exigent la manutention et la conservation des marchandises.

Il n'en est pas de même des ports de guerre ; à chacun d'eux se rattachent des dépendances d'une importance considérable. On voit, en effet, par ce qui a été dit précédemment, que pour les ports de guerre français, la valeur estimative de ces dépendances (1) s'élève à 169 millions de francs ; elle dépasse notablement celle des ouvrages hydrauliques qui, si l'on fait abstraction des dépenses afférentes à la construction de la digue de Cherbourg et des ouvrages de défense qui s'y rattachent, s'élève à 122 millions de francs.

Indépendamment des constructions affectées à un service militaire, c'est-à-dire des casernes des troupes de la marine et des marins des équipages de la flotte, des hôpitaux et autres établissements analogues à ceux que le service de la guerre

____

(1) Les bâtiments civils des cinq ports de guerre français occupent ensemble une suface couverte de plus de 700,000 mètres.

construit et entretient dans les places fortes, les dépendances des arsenaux comprennent d'immenses magasins où sont conservés en approvisionnement le matériel de tout genre, les vivres et les munitions de guerre nécessaires à l'armement à bref délai et au ravitaillement ultérieur des bâtiments de la flotte ; elles comprennent, en outre, des ateliers de toute espèce au moyen desquels la marine militaire construit elle-même ses plus grands bâtiments, et serait en mesure de pourvoir très-rapidement à la réparation des avaries les plus graves dans les coques, les machines, le matériel d'armement et le matériel de guerre.

Les dépendances des ports de guerre n'ont pas toujours eu un développement aussi considérable que celui qu'elles ont acquis de nos jours, par suite des progrès de l'industrie et des modifications qui ont été apportées au matériel de la marine militaire.

En 1830, les ateliers à métaux des arsenaux de la marine se réduisaient à quelques feux de forge ; tous les travaux dans les ateliers s'exécutaient à bras d'homme ; la flotte se composait exclusivement de bâtiments à voiles.

A partir de cette époque, des machines motrices et des machines-outils ont été successivement introduites dans les arsenaux, et aujourd'hui tous les ateliers des ports de guerre sont dotés du puissant outillage qu'exigent la construction et l'entretien d'une flotte de combat exclusivement composée de bâtiments à vapeur à grande vitesse et fortement cuirassés.

Une revue rapide des divers établissements de la marine française, indiquant le caractère spécial de chacun d'eux, les transformations qu'ils ont subies et les améliorations qui y ont été introduites, permettra, du reste, d'apprécier les travaux accomplis pendant ces dernières années.

§ 2. — Arsenal de Cherbourg.

L'arsenal de Cherbourg est de création récente ; jusqu'en

1840, il est resté limité par une enceinte fortifiée d'une étendue très-restreinte, construite à titre provisoire au commencement du premier empire.

Les magasins et ateliers de ce port se composaient alors uniquement de constructions provisoires élevées à la fin du siècle dernier pour la construction des cônes de la digue.

En 1840, la rade de Cherbourg n'était pas abritée, la digue n'était encore, sur la plus grande partie de sa longueur, qu'un écueil sous-marin dont quelques points seulement émergeaient à basse mer.

A partir de cette époque, une grande activité a été imprimée aux travaux ; l'achèvement de la digue a été poursuivi ; l'enceinte de l'arsenal a été agrandie ; des constructions importantes, savoir : le magasin général, la garniture, les casernes, les ateliers à bois et à métaux, les ateliers et magasins de l'artillerie, l'établissement des vivres, etc., ont été élevées autour de l'avant-port et des deux bassins. Un hôpital, qui contiendra 1,100 lits, est en voie d'exécution ; il remplacera une ancienne abbaye qui sert aujourd'hui d'hôpital provisoire. Tous ces bâtiments sont en maçonnerie. Les plus anciens comportent des planchers et des charpentes en bois ; dans les plus récents, le fer a été employé à la construction les planchers et des charpentes.

En général, on n'a trouvé à Cherbourg aucune difficulté pour la fondation des édifices de l'arsenal. Tous sont fondés sur le rocher, sauf toutefois l'établissement des subsistances, qui a dû être assis sur des pieux dans presque toute son étendue. Les dessins de cet édifice ont figuré à l'Exposition Universelle ; ils donnent une idée du mode de construction adopté pour les établissements de l'arsenal de Cherbourg.

Bien que l'arsenal soit encore incomplet, la valeur estimative des bâtiments qu'il renferme est considérable, relativement à celle des constructions similaires des autres ports. Cela tient, en grande partie, à ce que ces bâtiments étant de construction récente, leur prix de revient est plus élevé que celui de la plupart des bâtiments des autres ports, qui, établis il y a un ou deux siècles, ont donné lieu à des dépenses notablement moindres que celles qu'il faudrait faire aujourd'hui pour élever ces mêmes constructions.

§ 3. — Arsenal de Brest.

L'arsenal de Brest est établi sur les deux rives de la Penfeld, dont le lit constitue une sorte d'avant-port de plus de 3,000 mètres de longueur et de 100 mètres de largeur.

Les premières constructions de cet arsenal datent de plus de deux siècles ; elles ont donné lieu à des dépenses considérables, que justifient d'ailleurs leur étendue et les travaux accessoires que leur établissement a nécessités.

La Penfeld est, en effet, tellement resserrée entre deux coteaux que, pour obtenir sur ses rives l'emplacement nécessaire à l'assiette des constructions qui bordent les quais, il a fallu exécuter des déblais de rochers considérables.

L'emplacement manquant sur ces quais pour des constructions nouvelles, l'arsenal a dû s'étendre sur les plateaux voisins.

C'est ainsi que l'on a placé sur le coteau de la rive gauche un hôpital qui peut recevoir 1,200 malades, et sur celui de la rive droite le groupe des ateliers à métaux des Capucins, qui occupent à eux seuls une superficie de 25,000 mètres carrés. Les dispositions de ces vastes ateliers, qui sont outillés de façon à pouvoir occuper 1,000 à 1,200 ouvriers, sont remarquables, et on n'a à regretter que les obstacles que la situation de ces ateliers sur le plateau apporte à leurs communications avec le reste de l'arsenal. Les dessins de ces importantes constructions ont figuré à l'Exposition.

A Brest, comme à Cherbourg, on n'a rencontré aucune difficulté pour la fondation des édifices, qui sont tous construits en maçonnerie.

§ 4. — Arsenal de Lorient.

La plus grande partie des constructions de l'arsenal de Lorient a été élevée par la Compagnie des Indes, qui, en 1770, a définitivement cédé à l'État son port, ses établissements, son matériel naval et ses approvisionnements. Alors, comme aujourd'hui, l'arsenal s'étendait sur les deux rives du Scorff, dont le lit constitue le port proprement dit. Sur la rive droite sont groupés les casernes, les magasins et ateliers de l'arsenal ; sur la rive gauche, les chantiers de construction.

Les établissements réinstallés ou nouvellement construits sont : sur la rive droite, les ateliers à bois et à métaux ; sur la rive gauche, un atelier pour la construction des bâtiments en fer.

Ces constructions nouvelles sont, du reste, d'une très-grande simplicité.

Sur certains points de l'arsenal, l'épaisseur de la couche de vase qui recouvre le rocher a donné lieu, surtout pour les ouvrages hydrauliques, à des difficultés de fondation. Le modèle des fondations des piles du pont de Caudan, qui relie les parties des deux rives du Scorff occupées par l'arsenal de Lorient, indique les divers modes de fondation en usage dans ce port.

§ 5. — Arsenal de Rochefort.

L'arsenal de Rochefort est établi sur la rive droite de la Charente, à 20 kilomètres environ de son embouchure. Le lit de la rivière constitue le port.

Rochefort fut créé port militaire en 1666 ; quelques années après, d'importantes constructions, notamment la corderie, le magasin général, l'établissement des subsistances et une fonderie de canons, étaient mises en service.

Aujourd'hui l'arsenal occupe la rive droite du fleuve sur une longueur de 1,900 mètres.

L'hôpital, dont les dispositions méritent d'être remarquées, date du siècle dernier.

Parmi les constructions récentes, les plus importantes sont : le groupe des ateliers à métaux, les bâtiments de la direction d'artillerie et la caserne des marins.

Enfin, il convient de citer les travaux de forage artésien exécutés dans l'enceinte de l'hôpital. Ce forage a été poussé jusqu'à la profondeur de 876 mètres. L'eau a été rencontrée à 816 mètres au-dessous du niveau de la mer ; elle a jailli pendant plusieurs jours, mais, depuis, son niveau s'est abaissé ; sa température était de 41 degrés. Il est probable que le tubage s'est fissuré et que les eaux se perdent dans les couches de sables verts que l'on a rencontrées à une petite profondeur du sol ; on s'occupe de l'installation d'une colonne d'ascension étanche.

La fondation des édifices présente à Rochefort de très-sérieuses difficultés. Le rocher est souvent à une profondeur que les pieux ne peuvent atteindre ; on donne alors aux pilots la plus grande longueur possible, et on limite leur charge à un poids inférieur à celui qui déterminerait leur enfoncement. Ces difficultés de fondation deviennent très-sérieuses pour les édifices dans lesquels on doit établir de puissantes machines susceptibles d'imprimer aux maçonneries de fortes vibrations.

§ 6. — Arsenal de Toulon.

Toulon est le plus ancien de nos arsenaux maritimes : la vieille darse existait dès l'année 1610. Un siècle plus tard on construisait la nouvelle darse, ainsi que la plus grande partie des bâtiments qui l'entourent.

En 1836, on reconnut la nécessité d'agrandir l'arsenal, encore limité par ses anciennes fortifications, et l'on créa à l'est de la petite rade le chantier de construction de Mourillon.

En 1853, les terrains de Castigneau furent ajoutés à l'arsenal, et une nouvelle darse fut ouverte ; enfin, cet agrandissement n'ayant pas été jugé suffisant, des travaux ont été entrepris et s'exécutent aujourd'hui, dans le but d'étendre jusqu'au fort Malbousquet l'enceinte fortifiée du port, de réunir à l'arsenal les terrains de Missiessy et d'ouvrir sur cet emplacement une quatrième darse.

Sur les quais de la nouvelle darse de Castigneau, on a construit des ateliers de machines de la même importance que ceux du plateau des Capucins à Brest. Le grand appareil de transbordement et de mâtage, dont le modèle a figuré à l'Exposition, se rattache à ces ateliers.

Sur ces mêmes quais, on poursuit la construction d'un établissement pour les subsistances, qui doit occuper une superficie totale de 24,000 mètres, presque double de celle qu'occupe l'établissement de Cherbourg. Les dimensions et l'outillage de l'établissement des subsistances de Toulon doivent être réglés en vue de la fabrication de 50,000 rations, au moins, par jour.

Le dérasement des anciennes fortifications a, d'ailleurs, rendu disponibles, dans l'enceinte de l'ancien arsenal, des emplacements dont on a profité pour améliorer et développer certains ateliers, et notamment ceux du service de l'artillerie.

L'hôpital Saint-Mandrier, construit de 1830 à 1840 sur la rive sud de la grande rade, doit être cité pour ses bonnes dispositions.

Les terrains sur lesquels est établi l'arsenal de Toulon étaient autrefois des marais, qui se sont successivement élevés par alluvion ; la fondation des édifices exige donc des précautions spéciales.

Les constructions importantes sont maintenant élevées sur des radiers généraux en béton, dont l'épaisseur est proportionnée aux poids à supporter, et qui reposent sur des pieux dont la tête est empâtée dans le béton du radier.

Ce mode de fondation a été appliqué aux nouvelles constructions de Castigneau ; il a donné d'excellents résultats.

CHAPITRE IV.

USINES DE LA MARINE.

Aux arsenaux de la marine se rattachent des usines situées à l'intérieur de l'empire ; elles sont dirigées, soit par le service des constructions navales, soit par le service de l'artillerie de marine.

Les usines dirigées par le service des constructions navales sont : l'usine d'Indret (Loire-Inférieure), qui, créée il y a trente ans environ pour la construction des chaudières et des machines alors en usage, a dû accroître ses moyens de fabrication et de production à raison de l'augmentation de la puissance des machines des bâtiments de la flotte ; les usines de la Chaussade (Nièvre), qui, primitivement établies pour la fabrication des câbles-chaînes et des ancres, ont dû, tout récemment, recevoir l'outillage nécessaire à la préparation des plaques de blindage.

Par suite de ces nouvelles exigences, les ateliers de ces usines ont reçu un accroissement considérable, et aujourd'hui l'ensemble des constructions de ces deux établissements représente une valeur de plus de 9 millions de francs.

Les usines dirigées par les services de l'artillerie sont : les fonderies de Ruelle (Charente), de Nevers (Nièvre) et de Saint-Gervais (Isère), qui ont dû être mises en état de fabriquer les nouveaux types de canons et d'affûts adoptés pour le service de la flotte.

L'étendue des ateliers, et par suite la puissance de production de ces fonderies, a été plus que doublée.

CHAPITRE V.

TRAVAUX HYDRAULIQUES ET BATIMENTS CIVILS DES COLONIES.

Le département de la marine possède dans toutes les colonies des établissements particuliers. Toutefois, aucun d'eux n'a le caractère d'un arsenal permanent.

Les constructions sont le plus souvent établies à faux frais, et uniquement en vue de satisfaire aux besoins du moment.

On poursuit cependant à Saïgon la construction d'ateliers d'une certaine importance au moyen desquels on pourra, avec le secours de petits bassins de raboub en bois et d'un dock flottant, pourvoir à la réparation des canonnières et des bâtiments dont le poids ne dépassera pas 4,000 tonnes.

La marine a, en outre, contribué dans une large proportion à l'exécution de travaux à la mer dont les colonies ont été dotées pendant les dernières années.

Parmi ces travaux, il convient de citer :

A la Martinique, une forme de radoub en maçonnerie de 130 mètres de longueur et 9 mètres de profondeur, qui aura coûté, y compris le bateau-porte et les machines d'épuisement, 3,800,000 francs.

A Dakar (Sénégal), un môle en enrochements de 360 mètres de longueur, qui assure un abri aux paquebots de la ligne du Brésil et aux bâtiments de guerre de la station.

A la Réunion, le port de Saint-Pierre, encore inachevé, qui se composera de jetées en blocs naturels de basalte de 10 à 15 mètres cubes, couronnées par des massifs en maçonnerie.

A Pondichéry, une estacade, ou pier, élevée sur des palées formées par des pieux à vis en fer ; la longueur totale de cette estacade est de 188 mètres ; son extrémité est en dehors des brisants de la côte si dangereux de ces parages, en sorte qu'aujourd'hui le chargement et le déchargement des marchandises s'opère en toute sécurité à l'extrémité du pier. L'établissement de cet ouvrage, si important pour l'avenir de la colonie, aura coûté 500,000 francs.

Enfin, avec le concours du service des phares et balises de la métropole, le département de la marine a pourvu à l'éclairage des côtes de nos colonies. Les constructions les plus remarquables exécutées pour ce service sent les phares de premier ordre établis à la Nouvelle-Calédonie sur l'îlot Amède, et en Cochinchine à l'entrée de la rivière de Saïgon.

CHAPITRE VI.

RÉSUMÉ ET CONCLUSION.

En résumé, les principales modifications apportées depuis vingt ans à l'état des arsenaux et autres établissements de la marine ont été motivées par la transformation du matériel naval. Ces modifications, qui ont nécessité une extension de la superficie des arsenaux, sont caractérisées, en ce qui concerne les travaux hydrauliques, par l'augmentation des dimensions des ouvrages hydrauliques, par l'accroissement et l'amélioration des moyens de visiter et de réparer les bâtiments à flot, et, en ce qui concerne les bâtiments civils, par la création de grands ateliers à métaux, qui sont organisés de telle sorte que la réparation des plus graves avaries dans les coques, les cuirasses et les machines peut être exécutée aussi rapidement que possible.

Les autres dépendances des ports de guerre, c'est-à-dire les établissements qui constituaient les arsenaux dans leur état ancien, ont été aussi modifiées : on a amélioré les conditions hygiéniques des casernes et des hôpitaux ; on a introduit dans tous les ateliers des machines motrices et des machines-outils qui ont augmenté leur puissance de production ; on a transformé les magasins en vue de mieux assurer la conservation des approvisionnements, de rendre les délivrances plus promptes et la surveillance plus facile; mais, en somme, ces améliorations sont de même ordre que celles que l'on constate dans les ateliers similaires de l'industrie; elles n'ont pas modifié le caractère spécial de ces établissements, et répondaient d'ailleurs à des besoins constatés, pour la plupart, depuis longtemps.

Les arsenaux de toutes les puissances maritimes ont subi des transformations analogues, particulièrement en Angleterre, où, après avoir doté les anciens établissements de toutes les améliorations dont ils étaient susceptibles, on poursuit activement à Portsmouth et à Chatham l'exécution de travaux d'agrandissement qui ont pour but exclusif l'accroissement des moyens de visite et de réparation des coques des bâtiments à flot, que possédaient déjà ces arsenaux, et la création de vastes ateliers de construction et de réparation pour les machines. Ces importants travaux sont évalués à 67 millions de francs.

XI

CALES ET BASSINS DE RADOUB, DOCKS FLOTTANTS, ETC.

par M. PASQUIER-VAUVILLIERS,

Ingénieur en chef des ponts et chaussées.

CHAPITRE I.

OBSERVATIONS GÉNÉRALES.

Les modèles et dessins d'ouvrages destinés à la construction, à la visite et à la réparation du matériel naval qui ont figuré à l'Exposition universelle de 1867, méritent pour la plupart d'être remarqués ; ils mettent en évidence des perfectionnements incontestables ; aucun d'eux toutefois ne constitue un progrès nouveau. Des ouvrages similaires, reposant sur les mêmes principes et offrant, à très-peu près, les mêmes dispositions générales, ont figuré aux Expositions précédentes, soit à Paris en 1855, soit à Londres en 1862. Il suit de là que le principal intérêt qu'offre l'étude des dessins et modèles relatifs à la partie du matériel de la navigation qui nous occupe, réside dans l'examen des progrès accomplis en vue de satisfaire aux exigences des nouveaux types de bâtiments créés dans ces dernières années, et dans la comparaison des dispositions auxquelles chaque pays a donné la préférence.

La marine du commerce et la marine de guerre ont, en effet, subi une véritable transformation. D'une part, les dimensions des navires et leur tirant d'eau ont été notablement augmentés; leurs formes ont été affinées et le fer est devenu d'un emploi courant pour la construction des grands navires; d'autre part, tous les bâtiments de guerre et un grand nombre de navires du commerce ont été munis de machines; l'emploi de l'hélice comme propulseur s'est généralisé et paraît devoir être définitivement préféré à l'emploi des roues à aubes; enfin la vitesse est devenue une qualité indispensable, et cette qualité ne se conserve qu'à la condition que les carènes soient fréquemment nettoyées. Il est donc aujourd'hui nécessaire d'être en mesure de mettre à sec rapidement et économiquement les plus grands bâtiments, sans compromettre leur solidité, sans les déformer, quel que soit leur état, chargés ou à lège, et de pouvoir effectuer cette opération non-seulement au point de départ, mais encore en cours de navigation. Tel est, en somme, le but que l'industrie et l'art de l'ingénieur ont dû se proposer et qui a dû être atteint dans l'intervalle des trente dernières années. Jusque-là, on s'était résigné à opérer lentement l'application aux grands navires des moyens employés jusqu'alors, savoir : l'abatage en carène, le remontage sur cale, exigeaient que le bâtiment fût désarmé et complétement déchargé; des formes en maçonnerie existaient déjà depuis longtemps, mais elles étaient en nombre assez restreint et semblaient pour ainsi dire exclusivement réservées aux arsenaux militaires. D'ailleurs, ces formes étaient en général peu profondes, et l'on n'y admettait le plus souvent que des navires désarmés.

§ 1. — Cales de construction.

Les ouvrages destinés à la construction des navires n'avaient

aucune transformation à subir pour répondre à toutes les exigences du nouveau matériel de navigation.

Les cales de construction sont, en effet, restées ce qu'elles
ont toujours été : un plan incliné, en général de $\frac{1}{8}$ à $\frac{1}{12}$, que
l'on consolide de façon à obtenir, pour les accores qui doivent
soutenir le bâtiment pendant la construction, des points d'appui suffisamment résistants. Le navire une fois construit est
débarrassé de ses accores, et il reste soutenu par un ber
qu'il entraîne avec lui à la mer, en glissant de son propre poids
sur des coulisses suiffées. On ne saurait rien imaginer de plus
simple que cette combinaison. Les seuls perfectionnements à
signaler résultent de l'application faite en Angleterre et en
Hollande de l'emploi du fer dans la construction de la charpente des cales couvertes et de l'emploi du verre dans la construction des toitures. On a ainsi obtenu une économie dans
les dépenses d'établissement et constitué des ouvrages sous
lesquels, eu égard à la nature du climat, les travaux s'exécutent dans de meilleures conditions. Enfin, dans certains ports,
on a installé sous les cales couvertes des treuils roulant sur
des rails placés à la partie supérieure des poteaux qui supportent les toitures, et l'on est ainsi arrivé à effectuer rapidement et économiquement les manœuvres qu'exigent le levage
et la mise en place des pièces de membrure.

En France, on paraît avoir préféré l'emploi des couvertures
mobiles et renoncé, au moins quant à présent, à construire
des cales couvertes. Aucun spécimen de ces ouvrages n'a
d'ailleurs figuré à l'Exposition. En somme, sauf les perfectionnements de détail mentionnés ci-dessus, les cales de construction, telles qu'elles étaient autrefois disposées, ont, au
moyen d'allongements proportionnés à l'augmentation en longueur des bâtiments, satisfait à tous les besoins.

§ 2. — Ouvrages destinés à la visite et à la réparation des navires.

Pour les ouvrages destinés à la visite et à la réparation des navires, la situation était toute différente. Le moyen le plus usité, l'abatage en carène, était devenu inapplicable à la plus grande partie des nouveaux types et notamment aux bâtiments pourvus de machines. Les formes en maçonnerie, que l'on épuisait après les avoir fermées, soit par des portes busquées, soit par des bateaux-portes, n'avaient pas des dimensions suffisantes. Dans les ports à marée, on échouait les bâtiments sur des grils de carénage, et on profitait du moment de la basse mer pour les visiter et les réparer ; mais l'emploi de ce moyen ne pouvait être généralisé. Enfin, on avait quelquefois remonté des navires sur des cales de reconstruction ; mais cette opération, qu'il fallait pratiquer au moyen de câbles en chanvre et à bras d'homme, présentait pour les grands navires des difficultés presque insurmontables ; on n'y avait recours que dans les cas extrêmes.

C'est de 1830 à 1840 que datent les perfectionnements apportés aux formes sèches et les essais sérieux d'appareils destinés à les remplacer.

En Angleterre et en France, on s'appliqua surtout à construire de grandes formes en maçonnerie et à agrandir celles déjà existantes ; mais les États-Unis d'Amérique s'engagèrent dans une tout autre voie. Effrayés par l'importance du capital à immobiliser pour la construction des formes en maçonnerie (1), les ingénieurs américains s'appliquèrent immédiatement à la recherche et à la création d'appareils nouveaux destinés à remplacer les formes. Après avoir essayé des grils à glissières et des grils roulants, au moyen desquels on remontait les bâtiments sur cale, les Américains construisirent des grils qui étaient soulevés au moyen de verrins, puis ils substituèrent aux verrins des chaînes commandées par des presses hydrauliques. Mais ces engins n'étaient d'une application facile que pour les bâtiments d'un tonnage assez restreint, et c'est alors

____

(1) Des formes en maçonnerie, construites aux États-Unis, avaient coûté : à Boston, 3,665,000 fr.; à Norfolk, 5,039,000 fr.; à New-York, 11,487,000 fr.

que fut construit à Philadelphie le *Sectional floating dry dock*, qui était composé de neuf caisses ou sections pouvant être employées isolément et soulever ensemble un bâtiment de 6,000 tonnes, puis enfin le dock flottant équilibré, ou *Balance floating dry dock*, qui diffère du précédent en ce que les sections rendues solidaires peuvent néanmoins être épuisées isolément, ce qui permet de donner au dock à flot telle position d'équilibre que l'on veut.

Enfin, pour n'avoir pas à construire autant de docks flottants que l'on aurait de bâtiments à réparer ou à visiter, les Américains imaginèrent de transformer le dock flottant en un simple engin de soulèvement. Le bâtiment, une fois soulevé, passait du dock flottant à terre en glissant ou en roulant sur une cale horizontale, et l'appareil devenait immédiatement disponible pour le soulèvement d'un autre navire.

Tous ces ouvrages étaient en service vers l'année 1850, et, en somme, on y trouve les dispositions générales, ou tout au moins l'idée première des appareils construits et exposés en 1867 par les ingénieurs anglais, savoir : les dispositions générales des docks flottants exposés par MM. Rennie, de Londres, Randolph et Elderg, de Glasgow, et l'idée première de l'appareil hydraulique appliqué par M. Edwin Clark aux docks Victoria, à Londres.

CHAPITRE II.

PRINCIPAUX OUVRAGES EXPOSÉS.

Ces appareils comportant tous les perfectionnements apportés jusqu'à ce jour à ce genre d'ouvrages, il est intéressant d'en faire une description sommaire, et, en y ajoutant la description de la forme de radoub en maçonnerie exposée dans la section française, on aura une connaissance complète des progrès réalisés jusqu'à ce jour.

Les docks flottants anglais, et celui dont le modèle est exposé par le Ministère de la Marine Royale des Pays-Bas, se composent essentiellement d'un caisson inférieur ou ponton partagé par des cloisons longitudinales et transversales en compartiments étanches. Ces cloisons donnent au ponton une raideur suffisante pour qu'il ne puisse pas se déformer, soit pendant le soulèvement, soit après l'émersion. La hauteur du ponton varie selon les dimensions du dock. Elle est portée à 5 mètres pour un dock projeté par MM. Randolph et Elderg pour la colonie anglaise des Bermudes, et au moyen duquel un bâtiment de 9 mètres de tirant d'eau pourrait être soulevé en une heure et demie. Des caissons latéraux, s'étendant le plus souvent dans toute la longueur du dock, augmentent la raideur du ponton. Ces caissons sont fortement reliés au ponton inférieur ; leur hauteur est telle que, lorsque le dock est enfoncé pour recevoir un navire, la partie supérieure de ces caissons reste au-dessus de l'eau et constitue des quais flottants. D'autre part, les dimensions transversales et le mode de construction de ces caissons latéraux sont tels qu'ils donnent, pour l'accorage horizontal, tous les points d'appui dont on peut avoir besoin. Enfin, ces caissons portent les machines d'épuisement, les treuils et cabestans nécessaires pour amener le navire en place sur le ber, disposé pour le recevoir. Les tuyaux d'aspiration des pompes comportent des branchements distincts aboutissant à chacun des compartiments étanches du ponton inférieur du dock. On peut alors sans difficulté maintenir, pendant toute la durée des manœuvres, ce ponton sensiblement horizontal.

Ces dispositions se retrouvent dans tous les docks flottants ci-dessus mentionnés, qui ne diffèrent entre eux que par leurs dimensions et leurs formes extérieures. Les uns, savoir : les docks de Saïgon et de Callao, exposés par MM. Randolph et Elderg, et celui de Sourabaïa (Java), exposé par la marine des Pays-Bas, sont rectangulaires en plan ; les autres, savoir : celui qui a été exécuté par M. Rennie pour le port de Carthagène (Espagne), et celui qui a été projeté pour la colonie anglaise des Bermudes, comportent un prolongement en pointe du ponton inférieur, destiné à faciliter le déplacement du dock après l'émersion. Enfin, la face intérieure des caissons latéraux est ou verticale, ou à petits gradins, suivant l'usage adopté par les Anglais et les Américains pour les formes en maçonnerie, ou à larges et hautes banquettes, comme les parois des bassins de radoub construits en France.

Le dock flottant de Saïgon peut soulever des bâtiments du poids de 4,000 tonnes et de 7^{m}50 de tirant d'eau. Ceux de Carthagène et des Bermudes sont réputés pouvoir soulever des bâtiments de 10,000 tonnes et de 8^{m}50 à 9 mètres de tirant d'eau.

Le dock flottant de Carthagène est complété par un bassin à faible tirant d'eau, dont le fond a été dressé horizontalement et consolidé. Le dock flottant, portant le bâtiment à réparer, assis sur un chariot reposant sur quatre rails fixés au ponton, est amené dans ce bassin et échoué dans une situation telle que les rails du ponton se trouvent au niveau et dans le prolongement des rails d'une cale de halage, sur laquelle le navire est conduit au moyen de presses hydrauliques. Le même bassin sert d'entrée à trois cales de plus de 200 mètres de longueur et sur lesquelles six bâtiments peuvent être mis en réparation, tout en laissant le dock flottant disponible pour les navires dont l'état ne comporte qu'une simple visite ou un nettoyage de carène. Ces dernières dispositions sont sans doute ingénieuses, mais elles n'offrent pas pour les grands bâtiments et surtout pour les bâtiments en bois une sécurité suffisante ; pendant toute la durée des manœuvres, nécessairement assez longues, du soulèvement, de l'entrée au bassin et du halage sur cale, les flancs du navire ne sont appuyés que par le ber, et l'on perd ainsi l'un des principaux avantages du genre de dock flottant employé par M. Rennie pour Carthagène, c'est-à-dire la possibilité d'appuyer le navire par des accores horizontaux, aussitôt que la quille repose sur les tins et que ses flancs sont en contact avec le ber.

Cet inconvénient se retrouve d'ailleurs dans tous les appareils de halage sur cale. Il faut cependant reconnaître que l'emploi du dock flottant comme élévateur rend l'opération du halage sur cale plus facile et plus sûre. La pente de la cale peut être en effet très-faible ; de plus, l'on évite la grande fatigue que supporterait le bâtiment échoué par une extrémité jusqu'au moment où, émergeant en partie, il reposerait complétement sur le ber. On éviterait, il est vrai, ce dernier inconvénient, qui est en somme le plus grave, en halant les bâtiments par le travers, mais, jusqu'à présent, ce moyen n'a pas été mis en pratique.

On trouve cependant, dans l'exposition française, le modèle d'une cale ainsi disposée et proposée par MM. Moulinié et Labat pour le port de Bordeaux ; mais cette cale n'est pas terminée, elle n'a pas encore été expérimentée, et il est à craindre que, quelque précaution que l'on prenne, on n'arrive pas à répartir convenablement la traction sur toute la longueur du ber et à obtenir la même vitesse sur les dix-huit coulisses suiffées qui servent de glissières. Ces difficultés sont du même ordre que celles que l'on a rencontrées dans le lancement par le travers du *Great-Eastern;* elles augmentent en raison du poids du bâtiment à haler à sec ; lorsque ce poids est considérable, elles se compliquent des déformations qui, sous l'influence d'une forte pression, peuvent modifier les surfaces en contact. En somme, le halage direct sur une cale inclinée, alors même qu'on l'exécuterait en prenant le bâtiment par le travers, ne paraît, quant à présent, praticable avec sécurité que pour les bâtiments d'un tonnage restreint.

L'application la plus importante et la mieux entendue que l'on ait à signaler du halage sur cale est l'emploi qui en a été fait en Angleterre pour la conservation des canonnières, qui ont été par ce moyen remisées à terre sous des hangars couverts. Les canonnières soumises à cette opération n'avaient pas plus de 35 mètres de longueur ; leur poids total était donc relativement faible; de plus, elles n'étaient remontées à sec qu'après avoir été désarmées.

L'appareil de visite et de radoub exposé par M. Clark se compose de deux rangs de colonnes creuses en fonte, enfoncées dans le sol et remplies de béton sur 4 mètres de hauteur; toutes les colonnes d'un même rang sont reliées par leur tête à l'aide d'un pont fixe qui sert aux manœuvres. Ces deux rangs de colonnes forment deux estacades parallèles, entre lesquelles se manœuvrent les navires à soulever et les pontons qui doivent les supporter après le levage. Dans chacune de ces colonnes est un cylindre à piston plein communiquant avec un système de pompes destinées à comprimer l'eau sous les pistons des cylindres. La tige de chaque piston porte une traverse qui se meut avec elle; cette traverse est guidée dans son mouvement par les colonnes qui renferment les cylindres. Pour cela, ces colonnes présentent, dans un même plan diamétral, des fentes dont la longueur est en rapport avec la course du piston, et dans lesquelles se meuvent les traverses, lesquelles portent à leurs extrémités des tiges pendantes qui supportent des poutres en fer allant d'une colonne à celle qui lui fait face sur le rang opposé. Cette poutre est horizontale, lorsque les pistons sont au bas de leur course; elle s'élève lorsque l'eau comprimée est introduite sous les pistons, et on peut, en manœuvrant convenablement les robinets d'admission de l'eau comprimée, régler comme on le veut son ascension. L'appareil de M. Clark comporte seize poutres de ce genre, et, par conséquent, trente-deux colonnes et trente-deux presses. Sur ces poutres, descendues au point le plus bas de leur course, s'échoue un ponton, dont les dimensions en longueur et en hauteur sont en rapport avec celles du bâtiment à soulever.

Ce ponton, destiné à supporter le navire après le soulèvement, est divisé en compartiments qui se vident spontanément lorsque le ponton émerge. Dès que le navire a été amené entre les colonnes, dans la position qu'il doit occuper, on fait agir les presses ; au moment où les traverses du ponton arrivent en contact avec la quille, on cale le bâtiment avec des coins, et les presses, continuant leur action, font émerger le navire, que l'on accore le plus tôt possible. Lorsque le ponton, arrivé au-dessus du niveau de l'eau, s'est vidé par ses vannes et ses clapets, on abaisse les poutres ; le navire reste supporté par le ponton ; il est alors mené dans un bassin spécial pour y subir les réparations dont il a besoin, et l'appareil reste disponible pour une nouvelle opération. Le levage, à partir du moment où le navire a été arrêté en place sur le ponton, s'opère avec une très-grande rapidité, et, on peut le dire, avec une régularité remarquable ; mais les opérations préliminaires demandent des précautions minutieuses, que le vent entrave souvent. Enfin, pour éviter la déformation des pontons sous la charge du bâtiment et de ses accores, on a été conduit à donner à ces pontons une grande épaisseur, ce qui diminue d'autant le tirant d'eau des navires que l'appareil peut recevoir.

Suivant M. Clark, l'appareil des docks Victoria pourrait soulever des bâtiments du poids de 3,500 tonnes, ce qui suppose que la pression sous les pistons peut être portée à 240 atmosphères environ. Le tirant d'eau est limité par la course des pistons, qui est de 7^{m}62 ; mais de cette course il faut déduire, pour avoir le tirant d'eau des navires que l'appareil peut soulever, l'épaisseur des pontons qui, pour des longueurs de 40 à 75 mètres, varie de 1^{m}55 à 1^{m}91. Le tirant d'eau des plus grands bâtiments auxquels l'appareil peut être appliqué est donc limité à 5^{m}60.

Les perfectionnements apportés aux formes en maçonnerie ont consisté à leur donner des dimensions en rapport avec celles des bâtiments actuellement en usage, et à les munir d'appareils d'épuisement d'une plus grande puissance. Dans les ports de guerre, cette puissance est aujourd'hui telle que quatre heures au plus suffisent pour l'entrée au bassin, la mise à sec et l'accorage pour une visite des plus grands bâtiments.

Les bateaux-portes se construisent maintenant en tôle ; leurs dispositions sont très-simples, et telles que leur manœuvre est devenue très-facile. Ces bateaux sont employés en France à la fermeture de presque toutes les formes. En Angleterre, on trouve, au contraire, un grand nombre de formes fermées par des portes de flot.

Un seul modèle de forme en maçonnerie, celui de la forme double du Salou, exécutée au port militaire de Brest, a figuré à l'Exposition ; elle reproduit les dispositions généralement usitées en France, et qui sont, d'ailleurs, connues par les modèles exposés soit à Paris, en 1855, soit à Londres, en 1862, c'est-à-dire par les modèles des formes de Toulon et de Cherbourg, construites par MM. Bernard, Noël et Reibell. Toutefois, la forme du Salou offre ceci de particulier, que, établie dans une presqu'île, entourée par la Penfeld, on a pu lui ouvrir deux entrées et la disposer de telle sorte qu'elle constitue à volonté ou une forme unique de 225 mètres de longueur utile, ou deux formes distinctes qui peuvent être remplies et épuisées isolément. Les deux formes simples ainsi obtenues auraient encore la longueur nécessaire pour recevoir les plus grands bâtiments de guerre.

CHAPITRE III.

COMPARAISON DES DIVERS SYSTÈMES DES OUVRAGES EXPOSÉS.

Au point de vue des services que l'on peut en attendre, on doit classer sur la même ligne les formes de radoub et les docks flottants du genre de ceux de Carthagène, de Saïgon, de Callao, des Bermudes, que les Américains ont désigné sous le nom de *balance floating dry dock*. Ces appareils offrent les mêmes facilités pour les manœuvres et des conditions analogues de sécurité ; ils permettent de commencer l'étayement par un accorage horizontal qui peut être mis en place aussitôt que la quille vient porter sur les tins disposés pour la recevoir. On ne saurait objecter l'accident arrivé, à Callao, au dock flottant construit par M. Randolph. Ce dock flottant a, en effet, chaviré sous le poids d'une frégate cuirassée; mais des accidents de nature à compromettre absolument les navires se produiraient de même dans les formes en maçonnerie, si l'on n'opérait pas avec les précautions et la précision que comporte une opération aussi délicate que celle de mettre debout sur leur quille des bâtiments surchargés dans les hauts, comme le sont les bâtiments cuirassés. Avec les formes en maçonnerie, comme avec les docks flottants dont il s'agit, on peut mettre à sec les plus grands bâtiments. La durée de la manœuvre est sensiblement la même; elle dépend uniquement de la puissance des machines qui, dans les formes en maçonnerie, ont à épuiser l'eau contenue entre le bâtiment et les parois de la forme, et, dans les docks flottants, un poids d'eau équivalent au poids du bâtiment augmenté du poids de l'excès d'eau introduit dans les caisses étanches pour faire enfoncer le ponton inférieur à la profondeur nécessaire.

L'appareil construit par M. Clark est, sans contredit, une des plus merveilleuses applications que l'on ait faites du principe de la presse hydraulique. Mais, au point de vue des services qu'il est appelé à rendre, on doit reconnaître que le navire n'est, pendant toute la durée du soulèvement, soutenu que par des coins; qu'il faut attendre que le ponton ait émergé pour commencer l'accorage, et que, dans tous les cas, cet accorage ne peut être aussi complet que dans les formes en maçonnerie et les docks flottants à caissons latéraux. Sous ce rapport, ce système présente les mêmes inconvénients que les cales de halage, et l'on a de plus à redouter la déformation des pontons.

Enfin, la puissance de l'appareil dont le modèle est exposé est limitée; il ne peut être employé pour des bâtiments de plus de 3,500 tonneaux de déplacement, et de 5^{m}60 de tirant d'eau. Pour obtenir une plus grande puissance, il faudrait augmenter ou la pression ou le diamètre des cylindres ; dans tous les cas, il faudrait donner une plus grande amplitude à la course des pistons, et il est à craindre que, dans cette voie, l'on ne soit arrêté par les difficultés pratiques que présenterait alors l'exécution des organes principaux de l'appareil. La rapidité de manœuvre que l'on attribue à l'appareil Clark paraît pouvoir être obtenue avec les formes en maçonnerie et les docks flottants, surtout si l'on tient compte de la durée des manœuvres préliminaires, qui sont, avec l'appareil Clark, plus longues et plus minutieuses.

Le prix de revient des appareils, pris dans l'état où le constructeur les livre, ne suffit pas pour apprécier les avantages qu'ils peuvent présenter au point de vue économique.

Les formes en maçonnerie capables de recevoir les plus grands navires, et telles qu'on les construit dans les ports militaires, coûtent, en France, selon les difficultés que l'on rencontre dans les fondations, de 2,500,000 francs à 3 millions, y compris les puissants appareils d'épuisement dont on les munit et le bateau-porte. Mais lorsque l'on construit un groupe de formes, certaines dépenses et notamment celles relatives aux machines d'épuisement, ne se répètent pas ; c'est ainsi que, à Cherbourg, la dépense faite pour le groupe des quatre formes nord n'a pas atteint la somme de 8 millions. Le dock flottant de Saïgon a coûté, livré sous palan à Glasgow, 850,000 francs, non compris, par conséquent, les frais de montage et de transport. Ce dock, qui ne peut soulever que des navires du poids de 4,000 tonnes, pesait approximativement 2,250 tonnes. Un dock flottant capable de soulever les plus grands bâtiments (1) coûterait au moins 1,500,000 francs dans les mêmes conditions.

---

(1) Le *Warrior* déplace en charge 9,000 tonnes ; le *Solferino*, dans les mêmes conditions, déplace 7,000 tonnes ; la *Gloire*, 5,800 tonnes ; ces bâtiments tirent de 8^{m}50 à 9^m d'eau. Les plus grands paquebots anglais et français *Scotia*, *Napoléon III*, déplacent en charge 6,500 tonnes et tirent de 6^{m}70 à 6^{m}80 d'eau.

La forme sèche constitue un ouvrage complet qui n'a besoin d'aucun accessoire ; il suffit que l'on trouve à ses abords le tirant d'eau nécessaire pour faire flotter le navire. Pour le dock flottant, il faut un emplacement complétement abrité, une fosse dans laquelle il y ait une hauteur d'eau suffisante pour que le fond du dock puisse être convenablement abaissé, et, par suite, l'introduction dans un port d'un dock flottant nécessite des travaux importants, dont le prix doit être ajouté à celui du dock lui-même. Enfin, la forme en maçonnerie est un ouvrage d'une durée séculaire qui, convenablement exécuté, ne donne lieu qu'à de faibles dépenses d'entretien ; le dock flottant, s'il est construit en fer, et, à plus forte raison, s'il est construit en bois, n'a qu'une durée limitée, et exige pour son entretien des dépenses considérables. Il en est de même du dock Clark ; le prix de l'appareil élévateur est relativement peu élevé, mais son installation nécessite des travaux accessoires qui augmentent considérablement les dépenses. L'appareil de ce genre projeté pour le port de Marseille devait coûter 2,350,000 francs, y compris cinq pontons de 40 à 75 mètres de longueur, mais non compris le bassin d'évolution et les cellules pour les réparations.

En somme, bien qu'elles exigent l'immobilisation immédiate d'un capital plus considérable, les formes en maçonnerie paraissent être préférées, au moins en Europe, aussi bien dans les ports de commerce que dans les ports de guerre, à tout ce qui a été imaginé pour les remplacer (1).

Ce fait, que la France seule a donné un spécimen de forme en maçonnerie, alors que l'Angleterre et la Hollande ont présenté de nombreux spécimens de docks flottants ou hydrauliques, n'implique pas une préférence pour tel ou tel genre d'appareils.

On continue, dans les ports de commerce et dans les arse-

____

(1) A Liverpool, où l'industrie particulière exploite vingt-quatre formes en maçonnerie, les taxes à payer pour l'usage de ces formes sont inférieures à celles établies pour l'usage du dock Clark ou dock Victoria.

naux anglais, à construire des formes en maçonnerie, et c'est, en définitive, à des stations lointaines, à des ports où les ressources en ouvriers et en matériaux manquent absolument, que sont destinés les docks flottants dont les modèles figurent à l'Exposition; cependant, des formes en maçonnerie ont été établies à Sydney (Australie), par l'Angleterre, et à la Martinique, par la France.

Quant au dock Clark ou dock Victoria, il convient de constater que, bien que cet appareil ait, à raison de ses dispositions particulières et de la précision remarquable de ses manœuvres, fixé à un haut degré l'attention des ingénieurs, son emploi ne s'est pas vulgarisé. Il n'a pas été reproduit, même en Angleterre; et en France, après des études sérieuses et même des négociations entamées pour son application au port de Marseille, on a définitivement donné la préférence aux formes en maçonnerie.

XII

PHARES,

par M. Léonce REYNAUD,

Inspecteur général des Ponts et Chaussées.

—

CHAPITRE I.

OBSERVATIONS GÉNÉRALES.

L'éclairage des côtes a pris depuis quelques années une importance qu'il n'avait pas autrefois, et qu'expliquent les exigences nouvelles de la navigation maritime, qui, non-seulement s'est développée dans une forte proportion, mais encore a dû sortir de ses anciens errements, en ce qui est de la rapidité des transports. Réduire la durée de ses opérations est, pour la navigation au long cours, obéir à l'une des tendances les plus prononcées de l'époque ; pour le cabotage, c'est plus : c'est une question de vie ou de mort, en présence de la concurrence des chemins de fer. Aussi voit-on que nos ports de relâche, si fréquentés naguère, sont presque constamment déserts aujourd'hui. Que les vents soient contraires, que les dangers du littoral soient prochains, de nuit comme de jour, il faut marcher et même atterrir, et la première condition est que des feux, suffisamment rapprochés, signalent la route à suivre, les écueils à éviter. Des considérations d'un autre ordre ont d'ailleurs également engagé les puissances maritimes dans la voie bienfaisante qu'elles ont poursuivie avec ardeur : les sentiments d'humanité, le respect de la vie humaine, qui sont une des gloires de notre temps, ont eu une large part à ce mouvement.

A la Grande-Bretagne appartient l'honneur d'avoir doté son littoral de phares nombreux, alors que les autres nations laissaient le leur dans une obscurité presque complète.

Il résulte des documents que nous avons pu nous procurer qu'en 1830, l'on ne trouvait en France que 63 phares, en Espagne que 15, en Russie que 18, aux États-Unis que 130 ; que l'Italie et la Hollande n'en avaient qu'un fort petit nombre à cette époque ; que la plupart de ces feux étaient de très-faible portée ; enfin qu'il n'y en avait pas un seul sur les côtes de Turquie. Mais, depuis lors, la France la première, les autres puissances ensuite, ont exécuté d'importants travaux de ce genre ; l'Angleterre a continué les siens, et l'on comptait au 1er janvier 1867 sur les côtes des Iles-Britanniques 556 phares de divers ordres ; à la même date, il y avait en France, l'Algérie non comprise, 291 phares ; en Espagne 151, en Italie 145, en Hollande 115, en Russie 103, en Turquie 114 et aux États-Unis 413. Les nouveaux feux établis de 1862 à 1867 sont au nombre de 68 pour l'Angleterre, 37 pour la France, 58 pour l'Espagne, 53 pour l'Italie, 21 pour la Hollande, 31 pour la Russie et 55 pour la Turquie. Les États-Unis en ont inauguré 14, indépendamment de ceux qui, détruits pendant la guerre civile, ont été rétablis depuis la paix. Ces chiffres prennent plus d'intérêt, lorsqu'on les compare au développement des côtes auxquelles ils se réfèrent, ainsi que le permet le tableau qui suit :

NOM de LA PUISSANCE MARITIME.	NOMBRE de feux de divers ordres au 1er janvier 1867.	DÉVELOPPEMENT du littoral en kilomètres.	ESPACEMENT moyen des feux en kilomètres.
France.................	291	3 806	13,08
Grande-Bretagne........	556	9 204	16,55
Espagne................	151	3 130	20,73
Italie.................	145	5 473	37,74
Hollande (1)...........	115	1 685	14,65
Russie d'Europe........	97	11 955	123,24
Russie d'Asie..........	6	16 798	2799,61
Turquie d'Europe.......	41	4 195	102,31
Turquie d'Asie.........	73	6 251	85,62
États-Unis.............	413	13 057	31,61

(1) La plupart des feux de la Hollande, éclairant des canaux intérieurs, sont de très-faible portée.

Un mot d'explication paraît nécessaire au sujet des développements de côtes portés sur ce tableau. Ils ont été mesurés sur des polygones de cinq milles marins de côté, circonscrits à chaque continent ou île de grande dimension, et l'on a pris le plus petit polygone enveloppant pour les archipels condensés, tels que ceux des Hébrides et des Shetland. On a fait ainsi abstraction de toutes les petites anfractuosités qui sont sans importance pour l'objet dont il s'agit, et l'on est sorti de la vérité matérielle pour être moralement vrai. Sur les fleuves ouverts à la navigation maritime, on a fait entrer les deux rives en ligne de compte jusqu'au point où s'étend l'éclairage; ainsi, sur la Loire, jusqu'à Paimbœuf, et, sur la Gironde, jusqu'à Pauillac. Les côtes de Russie n'ont été comptées, sur la mer Glaciale, que jusqu'à la frontière d'Asie, et, sur l'Océan Pacifique, que jusqu'au cap est du détroit de Behring, parce qu'il n'y a, pour ainsi dire, pas de navigation dans le long intervalle, en partie inconnu, qui sépare ces deux points dans le nord. La mer Noire et la mer d'Azof ont été mesurées, mais les mers intérieures ont été laissées de côté.

Les puissances maritimes ne se sont pas bornées, d'ailleurs, à augmenter le nombre de leurs phares et à en établir sur des écueils, où les marins les plus compétents doutaient du succès; un premier pas a été fait dans une direction où il est évident que les nations civilisées sont appelées à s'engager, dans le double intérêt de l'humanité et des relations maritimes.

A l'entrée du détroit de Gibraltar, sur la côte d'Afrique, est un cap tristement célèbre, le cap Spartel, qui a été le théâtre de nombreux sinistres, et, entre autres, en 1860, de la perte totale de la frégate-école du Brésil, où périrent 250 hommes. Or, le Maroc n'a pas de marine; ses sujets bénéficient des naufrages qui se produisent sur son littoral, et il était par conséquent fort peu disposé à élever un phare dont les étrangers seuls recueilleraient les bienfaits. Mais la France, prenant l'initiative, a exercé encore ici sa précieuse influence, elle a concouru à l'exécution des travaux par l'envoi d'un ingénieur et de plusieurs ouvriers, et, grâce à elle, un feu de premier ordre est allumé sur le cap redoutable, depuis le 15 octobre 1864, et a déjà prévenu bien des malheurs.

Ce phare est entretenu aux frais des nations étrangères, au nombre de dix, qui s'y sont reconnues intéressées, et son service est confié à des Européens, sous la surveillance d'une commission composée des consuls à Tanger de ces diverses puissances.

Les autres progrès accomplis dans l'éclairage maritime du globe depuis la dernière Exposition Universelle portent, en ce qu'il y a de fondamental, sur la disposition des appareils d'éclairage, les modes de production de la lumière et la construction des édifices. Ils vont être successivement passés en revue.

CHAPITRE II.

Deux noms dominent dans l'histoire des appareils d'éclairage : celui de Teulère, ingénieur de la généralité de Bordeaux, qui a inventé les réflecteurs paraboliques, en 1783 ; celui d'Augustin Fresnel, qui, aux plus importants travaux scientifiques sur la lumière, a ajouté, en 1822, l'invention des phares lenticulaires. Tous nos appareils actuels, si diverses que soient leurs dispositions, se rattachent à l'une ou à l'autre de ces créations.

Quatre établissements, dont trois en France et un en Angleterre, sont consacrés à la fabrication des appareils lenticulaires et des divers ouvrages et mécanismes qui s'y rattachent. Ce sont ceux de MM. Henry-Lepaute, Sautter et Cie, Barbier et Fenestre, à Paris, et de M. Chance, à Birmingham. Des expériences photométriques, faites sur les principaux appareils d'éclairage admis à l'Exposition, établissent que les produits de ces diverses usines atteignent presque à la perfection, et, si l'un des constructeurs n'a pas obtenu une aussi haute récompense que les autres, il faut l'attribuer uniquement au retard qu'a éprouvé son exposition, retard dû à des causes indépendantes de sa volonté.

Outre les remarquables progrès dans l'exécution, d'importantes innovations ont été introduites depuis quelques années pour la disposition des appareils lenticulaires.

L'une d'elles est due à M. Chance.

Elle permet de diriger utilement vers l'horizon maritime une plus grande quantité des rayons lumineux divergeant du côté des terres qu'on ne l'avait fait jusqu'alors. Deux systèmes différents étaient employés à cet effet : dans les phares français, on a eu recours jusqu'à présent à des réflecteurs sphériques exécutés en cuivre argenté ; dans quelques phares d'Angleterre, on avait donné la préférence à des anneaux en verre de section triangulaire et posés verticalement, remplissant le même office par une double réflexion totale, précédée et suivie d'une réfraction. Le premier présentait l'avantage de l'économie dans les frais d'établissement, le second, le mérite d'une moindre absorption de rayons lumineux. Mais à tous deux est attaché un grave inconvénient, qui les rend peu efficaces et fait comprendre le motif pour lequel les ingénieurs français ont donné la préférence au moins dispendieux : l'image de la flamme qu'ils renvoient au foyer est renversée, d'où il suit que s'ils étaient exactement centrés, une grande partie des rayons réfléchis seraient projetés sur le bec de la lampe, qui les arrêterait, en même temps qu'il serait échauffé par eux outre mesure. On est donc obligé de disposer les réflecteurs de telle sorte que le point le plus brillant de l'image soit reporté au-dessus du foyer de l'appareil, et il en résulte que la plupart des rayons recueillis par eux plongent après leur passage à travers le tambour dioptrique, et sont perdus pour l'éclairage à grande distance, qui est l'objet essentiel. M. Chance a eu l'heureuse idée de placer horizontalement les anneaux à double réflexion totale ; l'image n'est plus renversée, elle se superpose exactement à la flamme, dont elle augmente l'intensité lumineuse dans une forte proportion. Des expériences photométriques ont établi que le réflecteur d'appareil de premier ordre, exposé par lui, restitue utilement environ les $\frac{75}{100}$ des rayons qu'il reçoit. Cette disposition nouvelle paraît de nature à être avantageusement employée en plusieurs circonstances.

Des appareils exposés par la commission des phares d'Écosse et remarquablement exécutés montrent comment, en combinant un réflecteur de ce genre avec des lentilles dioptriques et des prismes verticaux à réflexion totale, on peut distribuer la lumière émanée du foyer en faisceaux disposés suivant les directions et présentant l'amplitude qu'exigent les circonstances locales. L'un d'eux concentre tous les rayons lumineux dans un espace angulaire de 45°.

Nous devons ajouter, pour rendre hommage à la vérité, que M. l'ingénieur Degrand, alors attaché au service des phares de France, avait eu, en 1850, la même pensée que M. Chance, et avait calculé les profils à adopter ; mais aucune occasion ne s'était présentée d'y donner suite, et elle était tombée dans l'oubli. Cette observation ne tend donc nullement à enlever au constructeur anglais le mérite de l'invention.

A mesure que les phares se multiplient, il devient nécessaire de leur assurer un plus grand nombre de caractères distinctifs, afin de prévenir des méprises qui pourraient avoir de funestes conséquences. Un système d'appareils, récemment adopté par la Commission des phares de France, produit ce qu'on appelle un feu scintillant, c'est-à-dire un feu dont les éclats se succèdent à de très-courts intervalles et sont séparés par des éclipses totales, ce qui le distingue très-nettement de tous ceux qui sont actuellement allumés sur nos côtes.

Chacun des constructeurs français a exposé un appareil de ce genre, qui est exécuté avec la plus grande précision, et dans les meilleures conditions mécaniques.

On remarque également à l'Exposition un appareil beaucoup moins important, mais présentant des apparences analogues et qui paraît appelé à de nombreuses applications. Il consiste en un simple réflecteur parabolique devant lequel un écran passe rapidement à des intervalles de quatre secondes. Des réflecteurs de ce genre sont fréquemment employés, quand les rayons lumineux émanés du foyer doivent être maintenus dans un espace angulaire très-restreint, comme lorsqu'il s'agit de signaler la direction d'une passe étroite, et quand il n'est pas nécessaire d'ailleurs d'assurer au feu une grande portée, ce qui est le cas le plus habituel. Les courtes éclipses que produit le passage de l'écran ont pour objet d'empêcher que le phare ne soit confondu avec les autres feux allumés dans les mêmes parages. Un appareil de cette espèce a été installé en 1865, sur l'île de Patiras, dans la Gironde, et d'autres sont en construction pour être placés sur divers points de notre littoral. Ce système est moins favorable à l'économie de la lumière que ne le serait un appareil lenticulaire disposé de manière à ne pas donner plus de divergence au faisceau lumineux ; mais il a le mérite d'être beaucoup moins dispendieux. Il y a lieu de donner la préférence à l'une ou à l'autre disposition, suivant la distance à laquelle on se propose de porter la lumière.

L'huile minérale a été substituée depuis quelques années à l'huile de colza dans tous les feux de quatrième ordre des côtes de France, et, la forme de sa flamme étant toute différente de celle qui avait servi de base aux calculs des anciens appareils, on a dû adopter de nouveaux profils, pour tirer le parti le plus utile du combustible préféré. Un appareil placé au sommet d'une tourelle en tôle, établie sur la rive gauche de la Seine, offre un exemple intéressant des dispositions auxquelles se sont arrêtés les ingénieurs français. Il se compose de six lentilles annulaires, en partie dioptriques, en partie catadioptriques, qui produisent de vifs éclats colorés en rouge, se succédant de vingt en vingt secondes.

L'application toute récente de la lumière électrique à l'éclairage des phares a exigé plus de modifications encore dans la disposition des appareils lenticulaires. Il fallait s'assurer une divergence convenable, sans dépasser d'ailleurs une certaine limite, et l'on devait proscrire les montants verticaux, qui, dans les phares alimentés à l'huile, ne déterminent qu'une réduction peu importante de l'intensité lumineuse dans un espace angulaire très-restreint, mais qui auraient pour effet de produire une occultation complète, alors que le foyer lumineux est réduit à moins d'un centimètre de diamètre. Il était essentiel, en outre, de ne pas obliger les gardiens à regarder constamment une flamme d'une intensité redoutable, pour s'assurer si elle se maintenait bien exactement au foyer de l'appareil et même de leur faire reconnaître le moindre déplacement avec plus de précision que ne le permet l'observation directe.

Il a été satisfait à ces diverses conditions dans les deux phares du cap de la Hève, qui, après des expériences poursuivies pendant plusieurs années, tant à Paris que sur place, ont été éclairés à la lumière électrique à partir du 2 novembre 1865.

Les appareils n'ont que 30 centimètres de diamètre ; ils ont reçu les profils qu'exigeaient la forme et les dimensions du foyer lumineux. La lanterne, dont les dimensions sont très-restreintes, n'a point de montants dans toute l'étendue de l'horizon maritime, et l'appareil n'en a que de très-faibles, lesquels sont inclinés de manière à ne produire qu'une réduction d'intensité tout à fait insignifiante ; enfin une petite lentille, placée dans l'angle mort de l'appareil, renvoie contre la paroi opposée de la chambre une image très-amplifiée de la lumière, qui permet au gardien de juger sans fatigue s'il s'est produit, malgré le régulateur, une déviation appréciable dans la hauteur du foyer lumineux.

Chaque appareil est muni de deux régulateurs qui glissent sur de petits chemins de fer, et saisissent le courant dès que, parvenus à la fin de leur course, ils ont, par cela même, placé le point lumineux au foyer de l'appareil. Il suffit de quelques secondes pour substituer un de ces mécanismes à l'autre. Deux appareils lenticulaires sont superposés dans chaque lanterne, afin que le service ne soit pas exposé à être interrompu si l'un d'eux éprouvait un accident, et des commutateurs, placés à portée du gardien, permettent de faire passer instantanément la lumière de l'un à l'autre.

Deux machines magnéto-électriques sont affectées à chacun des phares, également par mesure de précaution ; mais on les met toutes deux en mouvement, lorsque, l'atmosphère étant peu transparente, il y a intérêt à augmenter l'intensité lumineuse.

Des dessins très-complets rendent compte de toutes les dispositions qui ont été adoptées pour cette première application de la lumière électrique sur les côtes de France.

L'intensité lumineuse des phares de premier ordre de la Hève était évaluée à 630 becs de lampe carcel, lorsqu'ils étaient alimentés à l'huile ; elle s'élève aujourd'hui à 5,000 becs, quand une seule machine magnéto-électrique est en fonction, et elle est plus que doublée, quand les deux machines y concourent.

Ces phares sont à feu fixe, et celui qui est allumé en Angleterre, sur la pointe de Dungeness, présente le même caractère ; mais il était évident que la lumière électrique pouvait s'appliquer avec avantage aux phares à éclipses, moyennant certaines modifications dans la disposition des appareils. La question a été étudiée par les ingénieurs français, et trois systèmes présentant des caractères différents sont exposés par le ministère des Travaux publics dans un pavillon spécial.

Le premier se compose d'un appareil à feu fixe, de 30 centimètres de diamètre, qu'enveloppe sur toute sa hauteur un tambour formé de dix-huit lentilles cylindriques verticales, embrassant chacune un angle de 20°, et excentrées de manière à produire une divergence horizontale de 6°40. Les éclats se succèdent de deux en deux secondes, et leur durée est moitié de celle des éclipses.

Le second appareil présente un feu fixe varié par des éclats qui se succèdent de minute en minute, et sont accompagnés d'éclipses de très-courte durée. Les éclats sont produits par des lentilles à éléments verticaux, sous-tendant chacune un angle de 60°.

Le troisième est destiné au phare de premier ordre à éclipses de trente en trente secondes du cap Grisnez. Ses lentilles à éléments verticaux, au nombre de huit, embrassant chacune un angle de 45°, sont excentrées de manière à donner une divergence horizontale de 18°, et laissent à découvert les trois anneaux catadioptriques inférieurs, de telle sorte que les éclipses ne soient pas totales. La durée des éclats est de douze secondes, tandis que celle des éclipses est de dix-huit secondes.

Si précieuse que soit la lumière électrique pour l'éclairage du littoral, deux motifs principaux s'opposent à sa propagation. En premier lieu, la plupart des grandes puissances maritimes ont déjà établi des phares de premier ordre sur tous les points qu'il est le plus essentiel de signaler aux navigateurs, et il est difficile de se résoudre à l'abandon d'appareils d'un prix fort élevé, dont l'intensité était jugée bien suffisante jusque dans ces derniers temps, et auxquels d'ailleurs la découverte d'un nouveau mode de production de la lumière pourrait rendre tous leurs mérites ; en second lieu, la multiplicité et la complication relative des mécanismes font craindre que le nouveau système ne présente pas assez de sécurité pour qu'on puisse, sans quelque imprudence, l'appliquer sur des points isolés où la surveillance des ingénieurs ne saurait être très-active. Une disposition adoptée par la Commission des phares de France, pour le phare du cap Grisnez, paraît offrir une heureuse solution du problème.

Ainsi que le montrent les dessins exposés, elle consiste à conserver l'appareil existant, et à installer l'appareil électrique sur la plate-forme extérieure, dans la hauteur du soubassement de l'ancienne lanterne. Un simple renvoi de mouvement permet à la machine de rotation de faire tourner à volonté l'un ou l'autre appareil. Un des organes qui concourent à l'éclairage électrique vient-il à se déranger, une lampe à huile est allumée immédiatement dans l'ancien appareil, et, si le phare perd de son intensité, ce n'est pas au point de compromettre la sécurité des navigateurs.

Le tableau qui suit fait connaître les intensités des divers appareils d'éclairage dont on vient de parler.

NATURE de L'APPAREIL.	MODE de production de la lumière.	INTENSITÉ des éclats en becs de carcel.	CARACTÈRE DU FEU.
Appareil lenticulaire de 1er ordre, de 1m84 de diamètre, composé de 24 panneaux.	Huile de colza.	2 475	Feu scintillant à éclipses de 4 en 4 secondes.
Appareil lenticulaire de 4e ordre, de 0m375 de diamètre, composé de 6 panneaux.	Huile de schiste.	200	Feu à éclipses de 20 en 20 secondes.
Réflecteur parabolique, de 0m50 d'ouverture, avec écran.	Huile de colza.	200	Feu scintillant à très-courtes éclipses de 4 en 4 secondes.
Appareil lenticulaire formé d'un appareil de 0m30, entouré d'un tambour de 18 lentilles.	Électricité.	20 000	Feu scintillant à éclipses de 2 en 2 secondes.
Appareil lenticulaire de 0m30 de diamètre, à feu fixe, avec 3 lentilles mobiles.	Électricité.	Feu fixe. 5 000 Éclats.. 73 500	Feu fixe, varié par des éclats de minute en minute.
Appareil lenticulaire de 0m30 de diamètre, composé de 8 panneaux de lentilles annulaires.	Électricité.	45 000	Feu à éclipses de 30 en 30 secondes.

Les chiffres afférents à la lumière électrique sont ceux que donne une seule machine magnéto-électrique ; ils s'élèvent à plus du double, lorsqu'on met en mouvement les deux machines, que comporte chaque phare éclairé de la sorte.

CHAPITRE III.

MODES DE PRODUCTION DE LA LUMIÈRE.

Après avoir été alimentés au bois, à la houille, quelques-uns même avec des chandelles de suif, la plupart des phares le sont aujourd'hui au moyen de l'huile, et principalement de l'huile de colza, qui, de toutes les huiles grasses, a été reconnue la plus convenable pour ce service. Mais, depuis quelques années, deux autres modes de production de la lumière se sont fait jour et présentent des avantages marqués sur les précédents : la combustion des huiles minérales et les courants électriques.

Les huiles minérales sont des hydrocarbures dont l'origine est diverse ; les unes, connues sous le nom de pétrole, forment des dépôts sur divers points du globe, surtout dans l'Amérique du Nord ; les autres s'extrayent par la distillation de certains schistes, et ont reçu le nom d'huile de schiste. Quand leur combustion est convenablement réglée, ces huiles produisent une flamme beaucoup plus éclatante, par unité de surface, que celles des meilleures huiles ordinaires, et elles sont en outre notablement moins dispendieuses que les autres. Aussi se sont-elles rapidement propagées, malgré les inconvénients qu'elles présentent. Malheureusement, à raison de la quantité d'oxygène qu'elles exigent pour bien brûler, on n'est pas parvenu à produire avec elles des flammes comparables à celles que donnent les lampes à mèches multiples, et leur application à l'éclairage des côtes a dû se borner aux appareils lenticulaires de quatrième ordre, qui ne comportent que des lampes à une seule mèche. Avec un appareil établi en vue de ce nouveau combustible, on obtient un éclat double de celui qu'on aurait eu avec de l'huile de colza, et la dépense en huile est réduite de moitié environ.

C'est au contraire aux phares qui réclament beaucoup d'intensité, et à eux seuls, dans l'état actuel de la science, que convient la lumière engendrée par les courants électriques, et ce sont les machines magnéto-électriques qui ont permis de l'appliquer à l'éclairage maritime.

Ces machines sont traitées avec le développement qu'elles exigent dans un autre rapport, de même que leurs annexes obligées, les régulateurs de la marche des charbons, et nous n'avons à parler que de leur produit au double point de vue de l'éclat et du prix de revient de la lumière. Peut-être cependant n'est-il pas hors de propos de rappeler ici les noms des hommes, quelques-uns célèbres, d'autres obscurs, dont les découvertes ont concouru le plus efficacement à faire entrer les courants électriques dans la pratique de l'éclairage. Peu de mots d'ailleurs y suffiront.

Vient en première ligne OErsted, qui signale l'action d'un courant sur l'aiguille aimantée; puis interviennent successivement Ampère, qui fait des aimants avec des courants ; Faraday, qui montre que réciproquement des aimants engendrent des courants ; Pixii, qui met en évidence ce dernier ordre de phénomènes, au moyen d'un instrument que Clarke améliore bientôt, et qui, amplifié par divers constructeurs, devient la machine magnéto-électrique actuelle ; enfin un simple ouvrier, aujourd'hui contre-maître de la compagnie *l'Alliance*, M. Joseph Van Malderen, qui a l'heureuse idée de supprimer le commutateur employé au redressement des courants et augmente par là, dans une forte proportion, l'intensité de la lumière.

Une machine magnéto-électrique de la compagnie *l'Alliance*, composée de six disques de seize bobines chacun, donne une lumière dont l'éclat peut être évalué à 200 becs de carcel ; placée au foyer d'un appareil catadioptrique à feu fixe de 0^m30 de diamètre, cette lumière envoie sur toute la circonférence un faisceau lumineux dont l'intensité est égale à 5,000 becs environ. Nos phares de premier ordre à feu fixe, alimentés à l'huile, ne donnent pas plus de 630 becs.

Les dépenses annuelles d'un phare électrique sont un peu plus considérables que celles d'un phare de premier ordre, éclairé à l'huile, parce que le personnel est plus nombreux ; mais celles de premier établissement sont moindres, et le prix de l'unité de lumière est de beaucoup inférieur. Ainsi, pour les deux phares de la Hève, qui sont éclairés à la lumière électrique depuis 1865, les différentes dépenses ont été évaluées ainsi qu'il suit dans l'un et l'autre mode d'éclairage :

OBJET DE LA DÉPENSE.	MONTANT DE LA DEPENSE.	
	ÉCLAIRAGE A L'HUILE.	ÉCLAIRAGE ÉLECTRIQUE.
Frais de premier établissement des appareils.......................	94 000 fr. 00	72 800 fr. 00
Dépenses annuelles.................	15 157 fr. 40	17 000 fr 00
Unité de lumière envoyée à l'horizon..	0 fr. 00308	0 fr. 00040

La lumière électrique ne coûte donc pas, lorsqu'elle est produite dans les conditions qui viennent d'être exposées, la septième partie de ce que coûte la lumière résultant de la combustion de l'huile de colza.

Les machines magnéto-électriques employées pour les phares de France sont fournies par la compagnie *l'Alliance*, et les régulateurs de la marche des charbons sont dus à M. Serrin, qui a parfaitement su approprier ces mécanismes aux exigences du service.

CHAPITRE IV.

CONSTRUCTION DES ÉDIFICES.

A mesure que les phares se sont multipliés, de notables améliorations ont été introduites, tant dans leur distribution que dans leur système de construction, et les modèles et dessins d'édifices de ce genre exécutés en maçonnerie, qu'exposent diverses puissances maritimes, prouvent que l'art de l'ingénieur n'est pas plus stationnaire dans cette direction que dans les autres voies ouvertes à son activité.

On remarque dans cette catégorie les phares français de la Banche, des Triagoz, de l'île d'Ouessant, de la roche la Croix et des dunes de Contis, le phare espagnol du cap de

Palos, le phare anglais du Hanois, et le phare du cap Spartel (Maroc).

Ce dernier ne se recommande pas seulement par les services qu'il rend à une navigation des plus importantes ; l'édifice, qu'il fallait mettre à l'abri d'un coup de main de la part des indigènes, a reçu un grand développement, et sa construction a présenté les plus sérieuses difficultés, parce que l'endroit est complétement désert et que le pays, dépourvu de ressources en ouvriers ainsi qu'en matériaux, se montre peu favorable aux innovations. Il a fallu toute l'énergie et tout le dévouement de l'ingénieur, M. Jacquet, conducteur attaché à la direction des phares de France, pour surmonter les obstacles qui venaient incessamment entraver ses opérations.

Ce sont les phares métalliques qui témoignent surtout des progrès réalisés dans ces dernières années. Il en est trois dont les dispositions sont nouvelles, qui peuvent être présentés comme des types, et qu'il paraît convenable de signaler plus spécialement à l'attention du lecteur.

L'un d'eux, exposé par l'administration des Travaux publics d'Espagne, est représenté par un modèle remarquablement traité ; c'est le phare de deuxième ordre de l'île de Buda, à l'embouchure de l'Ebre. Il a été exécuté en Angleterre sur le projet de M. l'inspecteur général des ponts et chaussées d'Espagne, Lucio del Valle, et il a été allumé pour la première fois en 1864.

Le sol sur lequel il repose est couvert d'environ un mètre d'eau, et consiste en un sable vaseux sans consistance sur une grande profondeur. Huit pieux à vis occupent les sommets d'un octogone de 17 mètres de diamètre, pénétrent de 9 mètres dans le terrain, et sont solidement reliés à leur sommet entre eux et avec un pieu central. Ils supportent les montants inclinés, que maintiennent et consolident de nombreuses pièces accessoires, au-dessus desquels s'élèvent la lanterne et la plate-forme du phare. Les logements et magasins sont distribués dans deux étages revêtus extérieurement en tôle ondulée, dont le supérieur est établi en retraite, et dont le premier plancher domine de 7 mètres environ une large risberme en maçonnerie destinée à mettre la construction à l'abri des affouillements. Un escalier en fonte, renfermé dans une tour centrale de 2 mètres de diamètre, conduit jusqu'au sommet de l'édifice. La galerie supérieure est élevée à 45^{m}75 au-dessus des têtes des pieux, et le foyer de l'appareil domine de 53 mètres le niveau de la mer. Le poids de la construction métallique ne dépasse pas 183,000 kilogrammes.

Il y a de la hardiesse et même de l'élégance dans cette construction, qui résout de la manière la plus économique le difficile problème que les ingénieurs espagnols avaient à traiter.

Un autre phare métallique a été conçu dans un tout autre esprit par les ingénieurs français : c'est celui que l'administration des Travaux publics a exposé en dehors du palais, sur le bord du lac. Il doit être installé sur le plateau des Roches-Douvres, écueil très-redouté, situé à peu près à mi-distance entre l'île de Bréhat et celle de Guernesey, à 27 milles marins environ au large du port de Portrieux.

On l'a disposé de telle sorte que les pièces constituant l'ossature de l'édifice sont placées à l'intérieur au lieu de se montrer au dehors ; elles sont mises ainsi à l'abri des embruns de mer, cause énergique d'oxydation, et elles sont en outre d'une visite et d'un entretien faciles. On a réduit au minimum la surface exposée à l'air extérieur.

Seize grands montants, composés chacun de quinze panneaux sur la hauteur, constituent l'ossature. Chaque panneau est formé de fers à simple T, assemblés et rivés de manière à être parfaitement solidaires, et à ne pas se prêter à la déformation sous les plus fortes actions qu'on puisse prévoir. Ces panneaux se boulonnent les uns sur les autres, et sont maintenus dans leurs positions par des entretoises horizontales. Les feuilles de tôle du revêtement sont boulonnées sur les montants et les entretoises. La construction reposera sur un massif de maçonnerie auquel chacun des seize montants sera fixé par six forts boulons de scellement.

Un escalier en fonte occupe le centre de la tour. Au pied sont distribués les logements et magasins, que des cloisons en briques divisent et mettent à l'abri des variations de la température extérieure.

L'édifice a 48^{m}30 de hauteur depuis sa base jusqu'au niveau de la galerie qui entoure la lanterne, et son foyer dominera de 53 mètres le niveau des plus hautes mers.

Les poids et les dépenses, y compris le montage et le démontage dans l'enceinte de l'Exposition, ont été évalués ainsi qu'il suit :

16,880 kilog. de fonte ordinaire, à 0 fr. 40......	6,752 fr.	00
47,090 kilog. de fonte ajustée, à 0 fr. 55........	25,899	50
219,380 kilog. de fers et tôles, à 0 fr. 70.........	153,366	00
20,450 kilog. de fers ajustés, à 1 fr. 40..........	28,630	00
1,065 kilog. 50 de bronze, à 6 fr. 20...........	6,606	10
5,100 mètres superficiels de peinture au minium à deux couches, à 0 fr. 75 le mètre..............	3,825	00
Menuiserie, ferrures des portes et fenêtres et objets divers à régler à prix débattus.................	2,000	00
Somme à valoir pour dépenses imprévues........	22,721	40
TOTAL.........................	250,000 fr.	00

Un phare du même genre, exécuté également à Paris, et installé en 1865 sur l'un des îlots de la Nouvelle-Calédonie, est représenté à l'Exposition par un modèle qu'a établi, avec une rare perfection, le constructeur des deux phares, M. Rigolet.

Nous citerons enfin une construction beaucoup moins importante que les précédentes, mais qui est appelée à de plus nombreuses applications.

L'administration des Travaux publics de France a exposé sur la berge de la Seine une tourelle en tôle conforme à un type qu'elle a adopté pour les feux de port. La tôle est préférable à la pierre dans un édifice de ce genre, parce qu'elle a pour effet de réduire son diamètre, et d'en faciliter la translation ou le redressement, qui peuvent devenir nécessaires, soit qu'on prolonge la jetée dont il est appelé à signaler l'extrémité, soit que les maçonneries du musoir éprouvent quelque mouvement.

La tourelle a huit mètres de hauteur depuis son pied jusqu'à la plate-forme du couronnement, sur 1^m71 de diamètre à la base, et 1^m49 au sommet. Elle est octogonale et elle est formée de huit montants en fers à T dont les branches, pliées suivant l'angle voulu, se profilent au dehors et forment couvre-joints. Les panneaux en tôle sont boulonnés sur eux.

Une construction de ce genre ne coûte que 9,000 francs environ.

XIII

BALISAGE,

par M. DUMOUSTIER,

Chef de division au Ministère de l'Agriculture, du Commerce et des Travaux
publics.

Il existe le long de tout littoral maritime, à des distances
plus ou moins grandes des côtes, un certain nombre d'écueils
dont la présence est une cause de dangers redoutables pour
la navigation. Lorsque ces écueils se découvrent à mer basse,
que le fond en est suffisamment résistant et l'accès possible,
on les signale, suivant leur importance, par un phare, une
tour ou une simple balise. On a recours à des bouées quand
ils sont situés à une trop grande profondeur au-dessous du
niveau de la mer, ou même à des feux flottants, lorsque l'importance de la navigation ou des dangers exceptionnels commandent de fournir, la nuit comme le jour, des indications
plus précises aux navigateurs.

Nous n'avons pas à nous occuper des phares; ces travaux
appartiennent à la classe 65; nous n'avons à rendre compte
que des progrès réalisés dans le balisage proprement dit, c'est-
à-dire les balises, les bouées, les feux flottants et les signaux
en temps de brume.

Balises. — Un progrès considérable a été accompli, depuis
1855, dans l'établissement de ces ouvrages. Ce progrès consiste dans la substitution de tourelles en maçonnerie aux
balises à une seule branche en bois ou en fer, qui étaient

presque exclusivement employées. Ces tiges, même surmontées
d'une boule, comme on le fait en Angleterre, ont le double inconvénient d'être peu apparentes et de ne pas présenter une
grande résistance.

On avait déjà construit des tourelles en maçonnerie sur quelques écueils, mais on se croyait dans la nécessité de les exécuter en pierres de taille de grande dimension, de formes plus
ou moins compliquées et maintenues par des armatures en fer;
ces ouvrages étaient dès lors très-dispendieux. Un nouveau
mode de construction, adopté récemment par l'administration
française, et qui consiste à n'employer que de petits matériaux maçonnés en mortier de ciment, a permis de multiplier
l'emploi de ces tourelles ; on en compte aujourd'hui 174 sur
le littoral français. La plupart de ces tourelles portent des
échelles et des anneaux de sauvetage, et sont couronnées par
une balustrade ; elles offrent ainsi un abri aux naufragés qui
parviendraient jusqu'à elles. Quelques-unes d'entre elles sont,
en outre, surmontées de cloches dont les battants sont soulevés par le mouvement de la mer.

Bouées. — Aux anciennes bouées en bois, de trop petites
dimensions, on a substitué, dans ces dernières années, des
bouées en tôle de fer, de grandes dimensions; ces bouées sont
composées de compartiments étanches, ce qui les maintient à
flot, même quand elles ont reçu de fortes avaries. Quelques-
unes sont munies de cloches et de miroirs, presque toutes
portent des voyants dont les formes varient de manière à présenter un caractère distinctif. Des bouées en forme de bateau,
plus grandes qu'aucune de celles en usage, ont été mouillées
à l'embouchure de la Loire; elles s'aperçoivent à de grandes
distances et se comportent bien à la mer. Le prix de revient
ne permet malheureusement pas d'en généraliser l'emploi. Un
système uniforme de coloration a été adopté en France pour
les bouées, de même que pour les balises. Tous ceux de ces
ouvrages que le navigateur doit laisser à droite, en se diri-

geant vers le port, sont peints en rouge; ceux qu'il doit laisser
à gauche sont peints en noir; ceux qu'il peut ranger indifféremment d'un côté ou de l'autre ont reçu des bandes alternativement rouges et noires. Le même mode de coloration a été
appliqué sur une partie des côtes d'Angleterre. Le nombre
des bouées du littoral français est, en ce moment, de 498; on
n'en comptait que 195 en 1855.

Feux flottants. — On donne ce nom à un bâtiment mouillé
dans le voisinage de l'écueil à signaler, et sur lequel on entretient des feux pendant toute la durée de la nuit. Ces bâtiments
se distinguent de ceux du commerce en ce que l'on s'attache
à leur donner les formes reconnues les meilleures pour diminuer, par les gros temps, le tangage comme le roulis, c'est-à-dire toutes les oscillations de nature à nuire à la visibilité des
feux en faisant incliner plus ou moins les mâts qui les supportent. En termes techniques, ce sont des navires à quille,
mais à varangues plates relevées et isolées de l'avant, arrière
arrondi et voûtes pleines. Dans quelques-uns, indépendamment de la quille proprement dite, il y a, de chaque côté
de celle-ci, des fausses quilles ou pièces longitudinales fixées
en saillie sur les flancs du navire, de manière à augmenter la
résistance aux oscillations transversales. Ces navires ont un,
deux, ou trois mâts, selon le nombre de feux qu'ils doivent
porter. Leurs dimensions ordinaires varient de 21 à 25 mètres
de longueur de quille, avec 150 à 180 tonnes de capacité. Ils
sont généralement construits en bois; quelques essais de construction en fer ont été faits en Angleterre; les résultats n'ont
pas paru satisfaisants. L'une des questions les plus importantes
est celle qui concerne l'amarrage, lequel prévient autant que
possible le déplacement des feux. On emploie, dans ce but,
des ancres très-lourdes et des chaînes d'un très-fort calibre.

La première application de ce mode de balisage appartient
à l'Angleterre; l'allumage des deux feux de Dudgeon et de Nore
date de 1734 à 1735. On compte en ce moment quarante-six phares

flottants sur les côtes du Royaume-Uni. Il en existe également un assez grand nombre en Amérique. La France n'en possède que sept, l'éclairage de nos côtes ne paraît pas en nécessiter un plus grand nombre. Le premier a été allumé en 1845, sur le banc de Talais, à l'embouchure de la Gironde, les autres sont d'installation très-récente; parmi ces derniers, il faut citer le ponton mouillé aux abords du plateau sous-marin de Rochebonne, à 33 milles à l'ouest de l'île de Ré, par 50 mètres de profondeur d'eau de basse mer, sur un fond de gravier parsemé de têtes de roches. La mer est tellement redoutable en cet endroit que la question de savoir s'il était possible d'y maintenir un navire paraissait fort douteuse aux marins les plus expérimentés. On y a employé un bâtiment de 350 tonneaux, bien supérieur au tonnage admis jusqu'alors.

Signaux pour les temps de brume. — Les signaux sonores à faire pendant les brumes, pour indiquer aux navigateurs l'entrée d'un port ou la position d'un danger, ont été l'objet de nombreuses études tant en France qu'en Angleterre et aux États-Unis. Les instruments les plus répandus sont, après les cloches, les sifflets et les trompettes à air comprimé au moyen d'un manége à chevaux ou d'une petite machine à vapeur. Les cloches ne peuvent porter le son à de grandes distances, et il est des positions où elles sont insuffisantes. Des expériences faites à Paris, à l'atelier central des phares, ont établi que, à égalité de dépense, la trompette est l'appareil sonore le plus avantageux. On paraît être arrivé à la même conclusion en Angleterre. Une trompette à air comprimé vient d'être installée sur la pointe de Dungeness (Angleterre), et une autre l'a été sur le cap de l'île d'Ouessant (France), le plus avancé vers l'ouest. La trompette de l'île d'Ouessant se fait entendre pendant deux secondes à des intervalles de dix secondes. On lui imprime un mouvement de rotation de manière à diriger successivement le pavillon sur tous les points de l'horizon maritime. L'air est comprimé au moyen d'une machine à vapeur de

3 chevaux, qui est chargée, en outre, du mouvement de l'instrument et de la manœuvre d'introduction d'air comprimé. La dépense de combustible est de 5 à 6 kilogrammes par heure. La portée de cette trompette est de 4 à 5 milles marins par les temps calmes.

XIV

MATÉRIEL ET PROCÉDÉS DE PISCICULTURE FLUVIALE,

PAR M. COUMES,

Inspecteur général des ponts et chaussées.

———

La pisciculture fluviale a été représentée, pour la première fois, à l'Exposition universelle de 1867, par un ensemble de produits sérieux. Elle s'y est révélée sous un jour nouveau, en y exhibant tout à la fois son matériel et ses procédés les plus perfectionnés, ainsi que les résultats obtenus dans divers pays. Bien que pratiquée avec succès chez plusieurs peuples de l'antiquité et du moyen âge, cette branche d'industrie, susceptible de rendre de grands services à l'alimentation publique, était demeurée à peu près stationnaire jusqu'à ces dernières années, où l'application de méthodes scientifiques lui a fait faire un pas décisif. L'Exposition de 1855 nous avait à peine initiés à la construction des échelles à saumons, qui devaient amener une révolution dans le mode de peuplement de certaines rivières de l'Irlande et de l'Ecosse. L'Exposition de 1862 n'avait rien montré de remarquable relativement à la pisciculture.

En 1867, au contraire, la France, la Grande-Bretagne et le royaume de Suède et de Norwége ont fait connaître, par l'intermédiaire de leurs administrations publiques, de quelques associations et de plusieurs exposants particuliers, les efforts développés pour répandre les nouvelles doctrines de la conservation et de la reproduction du poisson d'eau douce.

Parmi les exposants, il y a lieu de distinguer au premier rang l'Administration française des Ponts et Chaussées, à laquelle on doit la création de l'établissement de pisciculture de Huningue; le Bureau des Travaux Publics d'Irlande, qui a fourni les plans des échelles à poissons construites sous sa direction ; les associations de Suède et de Norwége, qui, avec le concours du gouvernement, ont repeuplé plusieurs rivières.

§ 1. — Pisciculture fluviale en général.

Pour tracer avec méthode les progrès réalisés dans la *pisciculture fluviale*, la seule dont il soit ici question, il est essentiel de rappeler que ces progrès sont dus surtout à des procédés de deux ordres distincts, qui ont laissé bien loin derrière eux les traditions d'une pratique peu éclairée. Les uns, pénétrant, en quelque sorte, les mystères de la création, donnent la vie au poisson par la fécondation artificielle, et assurent ensuite son développement au moyen d'un outillage spécial pour l'incubation et l'éclosion des œufs ; les autres, perfectionnant les moyens de transport des œufs fécondés et des poissons vivants, ont permis de résoudre des problèmes très-délicats d'acclimatation ; d'autres enfin, procurant aux poissons voyageurs les moyens de libre locomotion dans les cours d'eau interceptés par des obstacles naturels ou des barrages, ont favorisé singulièrement leur reproduction.

Ces branches diverses vont être l'objet d'un examen sommaire.

La *fécondation artificielle*, qui s'effectue de main d'homme, sans le secours d'aucun appareil particulier, a été représentée, en 1867, au moyen de dessins photographiques exposés par l'établissement gouvernemental de Huningue, qui opère tous les ans sur des masses considérables d'œufs de la famille des salmonidés, et les distribue gratis, à titre d'encouragement, pour peupler les rivières propres à ces espèces les plus estimées des eaux douces. Cette découverte, faite au siècle dernier dans le Hanovre, puis oubliée, et remise à jour en France, il y a vingt-cinq ans, par un humble pêcheur des Vosges, est entrée définitivement dans la pratique depuis quinze ans seulement, et se trouve appliquée maintenant dans tous les pays.

Les *appareils d'incubation et d'éclosion* des œufs fécondés ont passé par plusieurs phases avant d'atteindre leur perfection actuelle. A la simple boîte grillée dans laquelle l'inventeur Jacobi déposait primitivement les œufs sur le fond d'un cours d'eau, ont succédé d'abord divers appareils dérivés du même principe, et plus ou moins bien appropriés à leur destination, comme en a exposé la Norwége ; mais le plus rationnel et le plus commode de ces appareils est celui imaginé par le savant académicien qui, de nos jours, a introduit dans la pisciculture des améliorations capitales. Cet appareil se prête aux exploitations modestes, comme aux plus considérables, en multipliant ses éléments, ainsi qu'aux expériences délicates des laboratoires, et permet de suivre le développement successif des œufs jusqu'à leur éclosion, sans les déplacer et en les soustrayant à toutes les mauvaises influences. Il figure dans les montres de plusieurs exposants, tantôt en métal léger, tantôt en poterie, tantôt en bois ; il est entré dans la fabrication courante, et le modèle le plus répandu est celui qui est propagé par le laboratoire du collége de France, ainsi que par l'établissement de Huningue, dont les échantillons ont été exposés.

Les *moyens de transporter des œufs fécondés* à de grandes distances par plusieurs modes d'emballage, en conservant la vitalité des œufs, ont été appliqués pour la première fois dans de vastes proportions par l'établissement de Huningue. Cet établissement a exposé les divers systèmes en usage, desquels il résulte une simplification considérable, sous le rapport de la dépense, dans les peuplements par la fécondation artificielle et les moyens de triompher des obstacles inhérents à la durée du trajet et aux variations atmosphériques. En combinant ces procédés avec l'emploi de la glace comme enveloppe ralentissant l'expansion de la vitalité, l'on est parvenu à vaincre les difficultés d'acclimatation des salmonidés dans les pays les plus lointains.

C'est ainsi qu'en 1864, d'habiles pisciculteurs anglais ont pu faire parvenir en Australie, après plusieurs essais, des œufs fécondés de saumon et de truite, contenus dans des boîtes placées dans des glacières qu'on avait installées à bord des vaisseaux; on fit éclore ces œufs à leur arrivée, après un voyage de trois mois, et on obtint de jeunes poissons qui furent déposés dans des rivières, où ils ont grandi, et ont déjà accompli leur première migration à la mer, à la suite de laquelle ils se reproduiront naturellement, créant ainsi dans ces colonies des richesses alimentaires nouvelles.

Les *appareils de transport des poissons vivants* ont été bien perfectionnés depuis peu d'années, principalement par l'établissement de Huningue, qui s'est livré à de nombreuses expériences, avant d'adopter définitivement les modèles qu'il a exposés en 1867. C'est en renouvelant l'air contenu dans l'eau, à l'aide d'injecteurs d'un système simple et économique, que l'on parvient à faire voyager, sans mortalité sensible, des poissons placés dans de petits récipients.

Les transports faits à plusieurs reprises, sous la conduite des agents de l'établissement de Huningue et du service de la navigation de la Loire, pour entretenir, pendant la durée de l'Exposition, l'approvisionnement de l'aquarium d'eau douce en poissons de grande taille venant des régions de l'est et de l'ouest de la France, ainsi que de la Suisse et de l'Allemagne, ont mis en évidence la supériorité des appareils dont il s'agit.

§ 2. — Plans et modèles d'établissements de pisciculture artificielle.

L'Exposition de 1867 a fait ressortir par les modèles présentés les tentatives fructueuses faites, en France, en Suède et en Norwége, pour l'application de la pisciculture artificielle au peuplement des lacs, des étangs et des cours d'eau. En première ligne on doit citer, indépendamment des appareils de détail déjà décrits, les photographies qui représentent l'ensemble de l'établissement français de Huningue, lequel fonctionne aujourd'hui avec la régularité et la précision d'une manufacture. On a pu remarquer aussi des modèles en relief d'établissements fondés en Suède et en Norwége pour peupler des rivières, ainsi que les dessins de diverses petites installations pour des peuplements locaux en France. Malheureusement, les exposants dans cette partie sont peu nombreux, et l'on a eu le regret de ne pas voir figurer à l'Exposition de 1867 des établissements qui ont acquis de la célébrité, tels que celui de Stormontfield, près de Perth, en Ecosse, et d'autres, qui ont été fondés avec succès : à Londres, au jardin zoologique; en Prusse, par la Société de Çrefeld; en Belgique, au jardin botanique de Bruxelles ; en Hollande, par la Société du jardin d'acclimatation d'Amsterdam, et dans plusieurs autres pays. Tous ont pris modèle sur l'établissement de Huningue, dont ils reproduisent plus ou moins les dispositions essentielles.

Aquariums d'eau douce. — Les aquariums sont devenus aujourd'hui les auxiliaires indispensables de la pisciculture pratique et de la science pure; ils permettent d'étudier la croissance et les habitudes des poissons et de pénétrer dans l'intimité de leur vie. Si plusieurs exposants ont présenté des modèles de petites dimensions propres à figurer dans des serres ou des appartements, et pleins d'intérêt par la combinaison des abris rocailleux et des plantes aquatiques, l'on doit au concours éclairé du Ministère français de l'Agriculture, du Commerce et des Travaux publics, la construction du vaste aquarium d'eau douce, dont les proportions et les aménagements ont dépassé tout ce qui avait été exécuté auparavant dans ce genre, et qui a charmé les visiteurs par ses dispositions simples, économiques et bien appropriées à leur objet. On a pu placer ainsi sous les yeux du public des spécimens remarquables de toutes les espèces habitant les lacs, les étangs et les rivières. La forme de grotte en maçonnerie était justifiée d'ailleurs par la nécessité de maintenir dans les bacs une température modérée pendant l'été, et de fournir aux poissons les refuges qui leur conviennent.

§ 3. — Échelles à poissons.

Les échelles à poissons, inventées en Écosse il y a trente ans, ont pour but de procurer aux poissons voyageurs, et principalement à ceux de la famille des salmonidés, la liberté de locomotion qui leur est indispensable pour se reproduire dans les sommités des cours d'eau, en franchissant, à des époques périodiques, les chutes et les barrages. Les échelles concilient, de la manière la plus heureuse, les besoins naturels de la reproduction de ces espèces estimées, avec les intérêts de l'industrie et de l'agriculture. En effet, pour que les poissons puissent monter dans les échelles, il suffit d'y dériver dans la saison du frai un faible volume d'eau dont la privation ne saurait porter un préjudice notable ni' aux usines ni aux irrigations, à une époque de l'année où le débit des rivières est assez abondant.

Déjà, en 1855, la Grande-Bretagne avait envoyé à Paris des modèles de quelques échelles fonctionnant plus ou moins bien, et qui servirent de point de départ aux essais faits en France sur plusieurs rivières.

L'Exposition de 1862 n'a montré aucun appareil de cette sorte. Mais, en 1867, la Grande-Bretagne, la France, la Suède et la Norwége, les seuls pays où jusqu'à présent ces ouvrages aient été construits, ont présenté des spécimens d'un grand intérêt.

Le Bureau des Travaux publics d'Irlande, chargé de contrôler la construction des échelles à poissons, a exhibé les modèles recommandés par les commissaires des pêcheries, et dont l'application a donné les résultats les plus merveilleux, en favorisant le peuplement de cours d'eau dans lesquels les saumons n'avaient jamais pu pénétrer auparavant, ou dont ils avaient été expulsés par les barrages usiniers. La pêcherie de Ballysadare, près de Sligo, au nord de l'Irlande, celle de Galway, à l'ouest du même pays, et une foule d'autres, ont pris un développement considérable, depuis que les échelles à saumons y ont été appliquées.

La Suède a exposé une échelle construite entièrement sur le modèle de celles de l'Irlande, et qui a eu un plein succès. La France, enfin, a montré le modèle d'une échelle qui fonctionne bien sur la Vienne, à Châtellerault.

Les perfectionnements apportés pendant les dernières années dans la construction des échelles sont dus à des études et à des observations qui ont prouvé aux hommes de l'art que la condition capitale de la réussite est de placer le pied de l'échelle à l'endroit où l'instinct du saumon le pousse à essayer de franchir le barrage, et où l'entrée de l'échelle demeure aisément accessible en toute saison.

Parmi les divers systèmes essayés ou projetés, l'expérience a fait voir que le type de coursier incliné avec cloisons transversales pourvues d'orifices alternants à leurs extrémités, convenait le mieux aux poissons. On peut donc dire que dès à présent la science a dit à peu près son dernier mot sur ces utiles auxiliaires de la pisciculture.

L'application simultanée des échelles et de la fécondation artificielle peut aboutir en peu de temps aux résultats les plus étonnants, comme le prouve surtout l'exemple de la pêcherie de Galway qui a décuplé de valeur dans une période de seize années. Aussi, les lois de la Grande-Bretagne ont-elles posé des règles touchant l'exécution des échelles ; et c'est ce qui a engagé le gouvernement français à publier, en 1865, une loi déterminant les conditions d'établissement de ces ouvrages sur nos cours d'eau.

X V

SAUVETAGE,

par M. DUMOUSTIER.

Chef de division au Ministère de l'Agriculture, du Commerce et des Travaux publics.

—

Le respect de la vie humaine est un des caractères distinctifs des civilisations modernes. La plupart des progrès réalisés depuis le commencement du siècle, dans toutes les branches de l'activité sociale, portent cette empreinte; l'art naval s'en est inspiré. En même temps, en effet, que la science et le génie armaient la marine militaire de ses gigantesques engins de défense, et donnaient à la marine commerciale des sécurités plus grandes et des rapidités inconnues jusqu'alors, une troisième marine, qu'on pourrait appeler la marine de sauvetage, se créait et se développait sous l'action fécondante des idées chrétiennes : le dévoûement et la charité. Cette marine de sauvetage a pris, dans ces dernières années, un rapide essor. Elle a conquis sa place parmi les plus importantes institutions, et l'Exposition de 1867 constate les progrès considérables de son outillage spécial.

A toute époque, lorsque la tempête assaillait les côtes et jetait au rivage des navires brisés et des épaves humaines, le dévouement de la population est venu en aide aux naufragés; mais ce dévouement devenait souvent stérile, faute d'une organisation qui, en réglant les efforts, multipliât les forces et garantît le succès. C'est cette organisation que les sociétés de sauvetage ont créée. Nous ferons connaître, en peu de mots,

le fonctionnement de ces sociétés, les engins qui composent
leur matériel et les divers appareils de sauvetage imaginés par
de nombreux inventeurs.

§ 1. — Origine et état actuel des sociétés de secours aux naufragés.

La première société de sauvetage a pris naissance en Angleterre, dans le comté de Northumberland; elle date de 1824.
Elle a été formée par deux hommes de bien, dont la recon-
naissance publique a conservé les noms : sir William Hellary
et sir Thomas Wilson. Des sociétés semblables se sont, peu
après, organisées dans d'autres comtés; mais ces sociétés isolées, malgré l'énergie de leurs efforts, se développaient faible-
ment. En 1852, on reconnut qu'il serait préférable de réunir
toutes ces sociétés éparses en une vaste association qui, de
Londres, ferait rayonner l'œuvre sur tous les points du littoral
anglais. Le succès a répondu à l'attente. L'Institution royale
et nationale des *Life-Boats*, qui compte parmi ses adhérents
les plus grands noms de l'Angleterre, et dont les assemblées
annuelles sont présidées par le prince de Galles, possède aujourd'hui cent soixante-dix stations de canots, munis d'appareils
perfectionnés. De 1853 à 1866, la société a dépensé, pour ce
matériel, plus de 4 millions de francs, versés dans sa caisse
par la bienfaisance publique; elle a distribué de nombreuses
médailles et d'autres récompenses en argent pour faits de sauvetage. Sa prospérité s'accroît chaque année; en 1866, les recettes en dons, souscriptions et legs, ont dépassé un million de
francs. A côté d'elles, le *Board of Trade* (Ministère du Commerce) a installé de nombreuses stations de porte-amarres,
dont le service est confié aux gardes-côtes.

Le sauvetage, en Angleterre, est donc doté d'un service
complet divisé entre la Société royale et l'État. Le nombre de
personnes qui ont dû la vie à cette organisation, depuis la formation de la première société du Northumberland, dépasse
15,900.

En France, quelques sociétés locales se sont fondées dès l'origine de l'installation des sociétés anglaises, notamment à Boulogne, Calais et Dunkerque ; mais l'action très-restreinte de ces sociétés ne pouvait imprimer à l'œuvre du sauvetage un élan en harmonie avec la pensée généreuse qui a inspiré l'institution des *Life-Boats*. C'est en 1865 seulement, à la suite d'études entreprises de concert par l'administration de la Marine et celle des Travaux publics, qu'une société centrale s'est fondée, sous la haute protection de **S. M.** l'Impératrice, en vue de doter d'un service complet de sauvetage les côtes de l'Empire, y compris celles de l'Algérie et des colonies. Cette société a été reconnue d'utilité publique par un décret impérial du 19 novembre 1865. L'organisation de la Société des *Life-Boats* a servi de modèle à la Société française, avec cette différence, toutefois, que la Société française, en même temps que des stations de canots, comprend des stations de porte-amarres. Comme sa sœur aînée, elle puise ses ressources dans la générosité publique. Après deux ans d'existence, elle a reçu près de 800,000 francs. Son organisation doit comprendre environ 70 stations de canots et 350 à 400 stations de porte-amarres. Dans une période encore bien courte , elle a pu installer 33 stations de canots et préparer l'installation de 150 stations de porte-amarres. Au début de son fonctionnement, elle a déjà inscrit sur ses états de service le salut de 81 personnes ; des actes de sauvetage accomplis avec un héroïsme sans égal, ont mérité à leurs auteurs la plus haute récompense que l'État décerne aux serviteurs du pays. La Société française présente à l'Exposition des engins très-perfectionnés dont nous parlerons plus loin.

La Hollande a suivi l'Angleterre dans ses premiers essais ; la société fondée à Amsterdam, en 1824, a été réorganisée récemment sur les bases de la Société anglaise. Comme la Société française, la Société d'Amsterdam a organisé un double service de stations de canots et de porte-amarres et fait appel à la bienfaisance publique. Depuis son origine elle a pu sauver 1,750 personnes.

En Danemark, le service du sauvetage a été organisé par le gouvernement. On compte, dans ce pays, 35 stations; plus de 1,200 personnes ont dû leur salut aux appareils en usage dans cette contrée.

En Allemagne, une société s'est fondée à la même époque qu'en France ; cette société a son siége à Brême; elle embrasse toute l'Allemagne du Nord et poursuit son organisation avec une activité que ne découragent pas de nombreuses difficultés, qui tiennent à la nature des côtes de ce pays.

La Suède, l'Espagne, l'Italie, la Russie se préparent à entrer dans la même voie. L'Amérique imite l'Europe, et, jusque dans l'extrême Orient, le sauvetage fonctionne. Il existe en Chine, sur les bords du Jaug-thsé, une société de sauvetage qui rend des services considérables. Les diverses sociétés européennes ont établi entre elles des relations suivies; elles publient des statistiques et des documents du plus haut intérêt, et mettent à l'étude toutes les questions qui peuvent toucher la sécurité de la navigation. Une œuvre semblable, poursuivie dans une seule pensée de bien public, devait appeler toute la sollicitude du Jury international.

Il a été reconnu que les sociétés de sauvetage d'Angleterre et de France avaient rendu des services considérables à l'humanité, que la création d'un matériel aussi complet et aussi perfectionné, satisfaisant aux conditions multiples du problème, méritait une récompense de l'ordre le plus élevé.

§ 2. — Matériel de sauvetage.

Les engins de sauvetage proprement dits, c'est-à-dire les inventions ayant pour objet de diminuer d'une manière quelconque les sinistres de mer ou leurs conséquences, étaient en grand nombre à l'Exposition. On peut classer ces objets en trois catégories · les bateaux pour le service de terre à bord,

— les bateaux pour les navires, — les porte-amarres et les engins divers, tels que ceintures, bouées, radeaux, appareils pour amener les canots, ancres flottantes, etc., etc.

Bateaux.— La France aurait peut-être des titres à la priorité d'exécution des bateaux de sauvetage. Il résulte, en effet, d'un document qui a été publié, qu'en 1610, le chevalier de Launay de Razilly avait proposé un bateau insubmersible, et qu'au mois de juillet 1775 M. de Bernières, contrôleur général des ponts et chaussées, présenta un nouveau système qui fut expérimenté sur le bassin des Tuileries. Toutefois, ces tentatives paraissent être demeurées isolées. Des essais poursuivis en Angleterre, à la fin du siècle dernier, ont donné lieu immédiatement, au contraire, à des applications pratiques. En 1785, un Anglais, nommé Lukin, prit un brevet pour un bateau à double carène et pourvu de caisses à air sous le pont.

En 1790, Greathead produisit un système d'un nouveau genre, d'après lequel un grand nombre d'embarcations ont été construites. Mais ces bateaux ne se vidaient pas et ne se redressaient pas. On ne s'est occupé de ces deux propriétés indispensables aux bateaux de sauvetage que beaucoup plus tard, alors qu'un concours fut ouvert, à la suite de la formation des premières sociétés de sauvetage, pour la confection d'un type de bateau offrant les qualités les plus propres au service que l'on organisait.

Le type des embarcations à redressement spontané, le plus généralement employé, est connu sous le nom du *Royal national Life-Boats institution.* Ce type a reçu successivement diverses améliorations qui en ont fait le modèle le plus parfait de ceux qui ont été produits jusqu'à présent: la Société française l'a adopté.

Ce canot est pointu aux deux extrémités, un peu plus fin de l'arrière que de l'avant, et sans différence de tirant d'eau. L'arrière et l'avant, fortement relevés, sont protégés par des tambours en dos d'âne. Les dimensions principales varient

légèrement dans les embarcations françaises et anglaises ; le
canot français a 9^{m}78 de longueur de tête en tête au plat-
bord ; 2^{m}24 de largeur hors bordée au milieu, 0^{m}91 du plat-
bord, au-dessus de la quille au milieu, 1^{m}65 à l'étrave et
1^{m}60 à l'étambot. Le poids total de la coque, avec les
caisses à air, est de 2,140 kilogrammes. La quille est en
chêne d'un seul morceau ; une fausse quille en fer forgé
double le dessous de la première sur toute sa longueur. La
coque est formée de deux couches en bois d'acajou superposées et croisées à 45° ; ces couches ont ensemble une épaisseur de 16 centimètres et sont séparées par une toile imprégnée de glu marine. Le pont court de bout en bout ; son
élévation aux extrémités tend à ramener l'eau embarquée vers
le centre, où elle trouve issue par six tubes en cuivre. Ces
tubes ont leur orifice supérieure au niveau du pont, ils sont
fermés par des soupapes automotrices. Les caisses à air sont au
nombre de vingt-huit : deux formées à l'avant et à l'arrière par
la coque, les tambours et les cloisons verticales, quatorze dans
la cale et douze sous le pont. Les tambours sont recouverts
d'une toile imprégnée de glu marine et, par-dessous, de
plaques de liége que l'on imbibe d'huile de lin bouillie.
Les autres caisses, en bois et couvertes en toile, s'adaptent
aux formes de l'embarcation, suivant la place qu'elles occupent.
La propriété du redressement spontané est obtenue au moyen
de la fausse quille en fer et des coffres à air de l'avant et de
l'arrière. Lorsque le canot est chaviré, il porte sur les deux
coffres, dont la forme en dos d'âne est une cause d'instabilité.
Dans cette situation, le centre de gravité est très-élevé au-
dessus du plan de flottaison de tout le système ; le canot se
trouve dès lors en équilibre instable ; le plus léger mouvement du flot, même en mer la plus calme, détruit l'équilibre :
l'embarcation se retourne vivement alors et reprend son assiette ordinaire.

Les embarcations de sauvetage employées en Danemark se
vident d'elles-mêmes, d'après le même procédé que les ba-

teaux du type anglais, et renferment des caisses à air qui assurent leur insubmersibilité ; mais elles ne sont pas construites de manière à pouvoir se redresser spontanément. La légèreté et la stabilité sont considérées comme des conditions essentielles dans ces parages.

En Allemagne, il existe trois types de bateaux à redressement spontané; nous ne mentionnerons que celui qui est généralement adopté. Il se rapproche beaucoup du type anglais ; on peut signaler cependant les différences suivantes : le canot est construit en bordages longitudinaux et non en acajou croisé ; il n'a pas de quille en fer, mais le milieu de la cale est occupé, sur une longueur de 5 mètres, par une caisse remplie d'eau destinée à servir de lest. Cette caisse est traversée par six puits de décharge, munis de soupapes automotrices. La caisse à eau se remplit et se vide au moyen d'une soupape communiquant avec la mer. La stabilité paraît un peu supérieure à celle des canots anglais, mais ces derniers se vident en moins de temps ; le tirant d'eau du bateau allemand est de 0.70 au lieu de 0.45. Le poids de l'embarcation est, en outre, plus considérable.

Deux autres canots de sauvetage à redressement spontané ont été présentés. Le premier, construit par **M. Lahure**, du Havre, est entièrement en tôle d'acier. Ce canot frappe par son aspect de légèreté, le peu d'élévation de ses tambours, avant et arrière, la finesse de ses extrémités et les lignes verticales de l'étrave et de l'étambot. Le pont est en tôle fermé par des plaques autoclaves. La cale et les deux tambours extrêmes sont étanches et assurent l'insubmersibilité. L'évacuation de l'eau s'effectue par des dalots disposés de chaque côté sur deux rangs. La quille, formée par des feuilles de tôle formant un long tube rempli de goudron, sert de lest. Des caisses à air très-larges viennent affleurer les dalots de la rangée supérieure.

Une seconde embarcation porte le nom de **M. Moué**, du Havre ; la force de redressement est plus énergique dans cette embarcation que dans les autres ; cela tient à ce que, au-dessus du pont un seul des côtés est muni de caisses à air, s'étendant entre les deux tambours. Il en résulte que l'embarcation chavirée, la quille en l'air, ne se trouve pas en équilibre et se redresse très-vivement. Cette idée de caisses à air d'un seul bord conduira peut-être à la solution du problème des bateaux de sauvetage à fond plat, dont l'emploi serait très-utile sur certaines parties des côtes.

Bien que la Société des *Life-Boats* attache, avec raison, une très-grande importance au redressement spontané, elle emploie cependant, sur les côtes où les naufrages se produisent à de grandes distances de terre, des voiliers d'un type remarquable. Ces embarcations ont 13 mètres de long sur 3^{m}35 de large et 1 mètre de creux ; l'étrave et l'étambot sont presque verticaux, le plat-bord n'a qu'une faible tonture, l'avant et l'arrière ne portent pas de tambours, et la plus grande partie du fond du navire est remplie d'eau en communication avec la mer. Dans de telles conditions, le bateau ne saurait se redresser, une fois chaviré ; mais, en revanche, muni d'un lest liquide aussi considérable, il possède une stabilité et un poids tel qu'il peut être considéré comme presque inchavirable, même dans les plus forts brisants.

La Société des *Life-Boats* possède cinq stations pourvues de ces bateaux. Elle les considère comme excellents et sûrs, à la condition d'être manœuvrés par des marins très-habiles. Elle recommande de ne les employer que sous cette réserve et dans des parages où les *life-boats* à redressement ne pourraient accomplir leur mission.

Il importe que les canots de sauvetage soient constamment tenus en état de prendre la mer, et qu'on puisse rapidement les transporter à proximité du navire en détresse, et les lancer sur toutes les plages et par tous les temps. Afin d'obtenir ce résultat, le canot est toujours monté sur un chariot. Ce véhicule comprend un corps et un avant-train ; le corps représente une sorte de bec reposant sur un essieu fortement cintré, que supportent deux grandes roues. L'avant-train, dans le

chariot anglais, comprend deux roues établies de la même
manière que les grandes roues. Cet avant-train, dans le chariot français, n'a qu'une roue située sous les longrines.

Bateaux de sauvetage pour les navires. — L'Exposition de
l'Amirauté anglaise renferme deux spécimens très-remarquables de bateaux de sauvetage pour les bâtiments. En Angleterre,
les règlements obligent tous les paquebots à avoir un certain
nombre de canots de sauvetage. Les canots affectés à cet
usage jusqu'ici, étaient fort insuffisants ; leur seule propriété
était l'insubmersibilité obtenue au moyen de caisses à air.
L'Amirauté anglaise a fait faire un grand pas à cette question.
Elle a présenté deux canots, bordant l'un dix avirons à cou-
ples, l'autre six avirons en pointe, et disposés de manière à
pouvoir être employés au service ordinaire du bord, tout en
offrant, en cas de mauvais temps, autant de sécurité à l'équi-
page qu'un véritable *life-boat*. Le redressement spontané est
obtenu au moyen de caisses mobiles placées à l'avant et à
l'arrière, et retenues par des brides en fer. Ces caisses sont
mises en place, lorsqu'on veut se servir des canots par un gros
temps. La Compagnie transatlantique française se propose de
munir de caisses semblables les canots de sauvetage de ses
paquebots.

M. White, constructeur anglais, a exposé un grand nombre
de modèles d'embarcations insubmersibles pour navires de commerce et bateaux de plaisance. Il est l'auteur d'un type unique
et entièrement nouveau d'embarcations à vapeur insubmersibles, qui paraissent appelées à rendre de grands services.

Porte-amarres. — Le porte-amarres a pour but d'établir un
va-et-vient entre le navire ou la barque en détresse et le
rivage. Il consiste dans un projectile ou une fusée entraînant,
sans la rompre, une corde suffisamment résistante.

En Angleterre, on fait usage d'un petit mortier du poids de
70 kilogrammes, désigné sous le nom de mortier Manby. On

24**

paraît préférer cependant un appareil à fusées plus facile à manœuvrer, mais le tir et la conservation en sont difficiles ; l'emploi de ce moyen est en outre dispendieux : chacune de ces fusées coûte 25 francs. En Danemark, on se sert également de fusées. En France, on n'a pas admis les fusées ; on a successivement expérimenté plusieurs types de porte-amarres ; celui de M. Delvigne a paru réunir le plus de conditions de succès. Ce système a été adopté par la Société centrale de sauvetage ; il repose sur l'emploi de flèches lancées par une arme à feu. Il fallait trouver un mode d'attache qui permît de fixer la ligne à la flèche sans que cette ligne rompît. Le principe du coulant et de la bague appliqués à cet engin a complétement réussi. Des expériences nombreuses ont constaté qu'une flèche en métal, pesant plusieurs kilogrammes, se comportait aussi bien qu'une flèche en bois pesant 200 grammes. Grâce à l'ingénieuse application de M. Delvigne, la flèche porte-amarre en bois ou en métal est lancée par trois espèces de bouches à feu : les carabines ou les mousquetons de la douane, l'espingole et le pierrier, selon les portées que l'on veut obtenir. Les carabines et les mousquetons lancent les flèches à 70 mètres environ, l'espingole à 180 mètres, le pierrier atteint 330 mètres. Le service de cette artillerie de sauvetage est confié aux agents de la douane.

Appareils divers. — Divers engins de sauvetage ont en outre frappé l'attention. Au nombre des radeaux, nous citerons celui du capitaine Perry (États-Unis) ; ce radeau est composé de sacs cylindriques en toile caoutchoutée, sur lesquels on place un châssis en bois. Cet appareil a l'avantage de tenir très-peu de place à bord et d'être facilement transportable.

Ceintures. — Parmi les divers modèles de ceintures, deux sont à remarquer. L'une, imaginée par le capitaine Ward, de la Société des *Life-Boats ;* l'autre, par M. Tisserand, de France.

La première a été admise par les Sociétés de sauvetage anglaises et françaises, la seconde a été rendue réglementaire à bord des navires de la marine impériale de France. Ces engins, peu coûteux, sont d'une très-grande utilité et sont répandus par milliers sur tout le littoral des deux pays.

Cordes, ancres flottantes, etc. — A côté des ceintures, nous mentionnerons l'appareil Torrès. Cet appareil est composé d'une corde de 5 à 7 mètres, terminée à l'une de ses extrémités par une bouée en liége et par un œil garni dans toute sa longueur de cabillots en bois. Le prix en est très-minime, et son emploi rend journellement des services très-grands dans les ports. Les accessoires des bateaux de sauvetage renferment un petit appareil, dit ancre flottante, sorte de cône en toile muni de cerceaux qui, mis à ia traîne derrière une embarcation, l'empêche d'être jetée en travers et roulée par les lames. Il serait à désirer que tous les bateaux de pêche fussent munis de cet engin, peu coûteux et peu encombrant.

Il reste à dire un mot des engins destinés à faciliter la mise à l'eau des embarcations par un gros temps. Le problème de cette mise à l'eau intéresse essentiellement la navigation ; un grand nombre d'accidents sont, en effet, la conséquence de l'insuffisance des engins employés à bord pour cette opération.

Cinq appareils ont été présentés à l'Exposition : l'un porte le nom de MM. Brown et Level et appartient à l'Amérique ; les quatre autres, désignés par les noms de leurs inventeurs, MM. Clifford, Kynaston, May et Rogers, sont anglais.

Le système Brown et Level et l'appareil Clifford sont généralement appliqués, l'un en Amérique et l'autre en Angleterre ; les trois autres sont moins répandus. Le premier repose sur un système de décrochement fort ingénieux ; le second sur un système de poulie qui permet à un seul homme, placé dans l'embarcation, de l'amener. En France, on a expérimenté différents systèmes ; aucun n'est encore définitivement entré dans la pratique.

XVI

SERVICE MÉCANIQUE ET SERVICE HYDRAULIQUE
DE L'EXPOSITION,

par MM. JACQMIN et CHEYSSON,
Ingénieurs des ponts et chaussées.

———

Caractère spécial de la classe 52.

Une Exposition universelle a pour but immédiat la réunion, dans une même enceinte, des mille produits de l'art et de l'industrie, dont le rapprochement, fécondé par l'étude, contribue aux progrès de la civilisation. Mais, pour atteindre ce but, l'organisateur rencontre des difficultés sans nombre et se trouve d'abord en présence de certains besoins généraux auxquels il est impérieusement tenu de satisfaire, sous peine de voir son œuvre compromise, besoins qui naissent de la vaste agglomération d'hommes et de choses appelés sur un même point.

Plusieurs de ces besoins relèvent plus spécialement de la

science de l'ingénieur. Ce sont d'abord ceux qui s'imposent aux municipalités soucieuses de donner à leurs administrés les bienfaits d'une large distribution d'eau, d'une canalisation d'égouts, d'un éclairage public. Viennent ensuite ceux qui sont plus particuliers à une Exposition et qui concernent la manutention des produits exposés, la mise en mouvement des machines et l'assainissement de l'air du Palais.

Pour l'Exposition universelle de 1867, et d'après les bases sur lesquelles elle était constituée, ces divers besoins se résumaient dans les données suivantes :

Il s'agissait de distribuer l'eau et le gaz nécessaires à une ville de 100,000 âmes et de drainer un palais de 15 hectares, un parc de 30 hectares. Les produits exposés, pesant ensemble plus de 20,000 tonnes, et dont quelques-uns étaient d'un poids individuel considérable, devaient arriver dans un espace de temps très-court, quelques jours avant l'ouverture. Il fallait organiser des moyens de transport et de manutention assez puissants pour avoir mis ces objets en place au jour dit, sans encombrement ni désordre. La Commission Impériale avait pris, en outre, l'engagement de fournir gratuitement la force motrice à toutes les machines qui en exigeraient l'emploi pour leur fonctionnement. C'était, de ce chef, une force d'au moins 600 chevaux que l'on avait à distribuer dans la galerie des machines, sur un développement de 1,200 mètres et une superficie de 4 hectares. Enfin il était à craindre que l'air du Palais, vicié par des causes nombreuses, ne fût insuffisamment renouvelé par l'appel naturel. On devait donc pourvoir à la salubrité de l'atmosphère par une ventilation artificielle, lançant par heure un volume de plusieurs centaines de mille mètres cubes.

Ainsi, distribution d'eau et de gaz suffisante pour une ville de 100,000 âmes ; manutention d'une gare très-fréquentée ; mise en mouvement d'une usine de 600 chevaux et de 4 hectares ; ventilation d'une salle de 15 hectares et pouvant contenir 100,000 spectateurs, autant de problèmes qui empruntaient à leurs données mêmes une grande importance, et dont la solution, étroitement liée au succès de l'œuvre, devait être improvisée dans un temps très-court.

Pour les résoudre, la Commission Impériale aurait pu, suivant le mode usité dans les Expositions antérieures, se charger elle-même directement de ces divers services, et y faire face à l'aide de la régie ou de l'entreprise, par ses propres agents ou ses entrepreneurs. Elle a mieux aimé tirer la solution de son œuvre même, et transformer ces services en occasion de concours, en les confiant à forfait à des exposants, qu'elle associait ainsi à ses travaux. Ces coopérateurs ont eu la plus grande liberté pour toutes les dispositions de détail, à la condition de se conformer aux données d'un programme fourni par la Commission Impériale ; de sorte que le succès de ces services leur revient dans une certaine mesure.

Cet appel à l'initiative privée, toujours plus féconde et plus originale en ces matières que l'action administrative ; cette excitation salutaire de la concurrence entre les divers constructeurs attachés au même service et luttant entre eux de zèle et de perfection, pour conquérir les récompenses que décernent aux plus meritants l'opinion publique et le Jury ; cette association de nombreux collaborateurs intéressés à la réussite de l'œuvre commune, et y travaillant de toutes leurs forces ; en un mot, cette combinaison, qui a réduit le rôle de la Commission Impériale à la direction et à la coordination des impulsions individuelles, a produit tous les bons résultats qu'on en devait attendre.

Il y a là une expérience significative et qu'il est bon de ne pas laisser passer inaperçue, parce qu'elle consacre une solution susceptible de plus d'une application féconde.

Du moment que tous ces constructeurs d'appareils affectés aux besoins de l'Exposition recevaient le titre d'exposants et concouraient pour les récompenses, il devenait nécessaire de leur assigner, dans le règlement général, une classe particulière. Cette classe a été créée et porte le n° 52. C'est, à vrai dire, un démembrement de la classe suivante (n° 53, Mécanique générale). Mais, tandis que la classe 53 comprend les appareils simplement exposés pour eux-mêmes, la classe 52 se compose de ceux qui rendent un service à l'Exposition. De cette distinction dérivent, pour les rapports concernant ces deux classes, d'importantes différences dans le point de vue. La classe 53 envisage les objets dans leur valeur intrinsèque et mécanique, analyse leurs organes, leurs perfectionnements, leur supériorité relative. Pour la classe 52, au contraire, nous avons été conduits à renoncer presque complétement au cadre adopté dans les autres travaux du Jury, et, nous référant, pour l'appréciation technique des appareils, au rapport de la classe 53, nous avons dû surtout nous préoccuper de leur adaptation aux besoins de l'Exposition, et faire également une assez grande place à l'exposé de l'organisation des services, puisqu'ils constituent à vrai dire la raison d'être de la classe 52.

Après ces explications, destinées à préciser le point de vue auquel nous nous sommes placés en rédigeant ce Rapport, nous pouvons aborder notre sujet, c'est-à-dire le service mécanique et le service hydraulique. Quant à l'éclairage au gaz, à la manutention et à la ventilation, ils font l'objet de rapports spéciaux, et nous ne les avons mentionnés dans notre Exposé que pour signaler tout ce qui entre dans le cadre de la classe 52.

CHAPITRE I.

SERVICE MÉCANIQUE.

§ 1. — Précédents du service mécanique.

Importance de la mise en mouvement des appareils exposés. — Il est à peu près impossible à la presque totalité des visiteurs de comprendre l'usage auquel est destinée une machine qui reste immobile. Les hommes spéciaux eux-mêmes ne peuvent se rendre un compte exact de la valeur d'organes qu'ils ne voient pas fonctionner, et, dans les anciennes Expositions, les galeries qui renfermaient les machines n'attiraient qu'un bien petit nombre de personnes.

Les sacrifices souvent considérables faits par les exposants demeuraient ainsi à peu près stériles ; le public prenait peu d'intérêt à des appareils dont le but lui échappait presque complétement, et ne pouvait se faire qu'une idée très-imparfaite du rôle considérable que les machines remplissent dans le travail moderne.

La Commission de l'Exposition de 1855 a réalisé, à cet égard, un grand progrès, et tout le monde se rappelle l'accueil fait par les visiteurs à la longue galerie annexe, construite le long de la Seine. Pour la première fois, le public de l'Exposition entrait librement dans un grand atelier en activité, et les visiteurs se pressaient autour des appareils à l'aide desquels l'homme assouplit et transforme les matières qui semblent les plus rebelles.

Système suivi en 1855. — Le système adopté en 1855 présentait toutefois un inconvénient sérieux. En réunissant dans une seule et même galerie tous les appareils qui devaient fonctionner sous les yeux du public, on renonçait à tout classement méthodique, puisqu'une même industrie avait à la fois des machines dans le palais des Champs-Élysées et dans la galerie annexe, et l'on ne pouvait étudier les unes et les autres sans de constants déplacements, aussi préjudiciables à la rapidité qu'à la sûreté de l'examen.

Le service mécanique de 1855 comprenait huit générateurs, d'une force nominale de 350 chevaux, et distribuant la vapeur aux machines motrices par une canalisation souterraine de plusieurs centaines de mètres de longueur.

La transmission aérienne recevant les poulies qui donnaient

le mouvement aux appareils exposés était formée d'un arbre unique, élevé de 5 mètres au-dessus du sol, long de 480 mètres, et placé au centre de la galerie. Ses supports étaient espacés de 8 mètres, et soutenaient en outre, à 6 mètres au-dessus du sol, une passerelle de service de 0^{m}80 de largeur.

Toutes ces dispositions ne furent pas également heureuses. Sur plusieurs points, les exposants ne purent pas obtenir toute la force dont ils avaient besoin, et d'assez vives réclamations furent adressées à ce sujet à la Commission. Malgré ces imperfections, on peut dire que la galerie des machines de 1855 eut un grand et légitime succès.

Système suivi en 1862. — La Commission anglaise prit, en 1862, des dispositions analogues à celles qui avaient été adoptées à Paris en 1855. Six générateurs à foyer intérieur, réunis dans un bâtiment spécial, envoyaient la vapeur dans une conduite souterraine, circulant sous le plancher de la galerie, et fournissant à chaque appareil, à l'aide d'une prise spéciale, la vapeur dont il avait besoin. Malgré les enveloppes de feutre qui protégeaient les tuyaux de distribution, la longueur de ces tuyaux était trop grande pour qu'on pût prévenir, surtout vers leurs extrémités, de notables pertes de pression et d'abondantes condensations.

Dans tous les cas, on pouvait faire à l'Exposition anglaise le reproche encouru par l'Exposition française : le classement général était abandonné ; les machines les plus dissemblables, par cela seul qu'elles marchaient, étaient réunies dans une même galerie, et le classement était sacrifié aux exigences impérieuses du moteur.

§ 2. — Études préalables à l'organisation du service mécanique
de 1867.

Dispositions du règlement général. — La question de savoir si les appareils exposés seraient mis en activité ne pouvait plus être discutée, et la Commission Impériale prit immédiatement, à cet égard, les engagements les plus précis. Les articles 36 et 46 du règlement général sont en effet conçus de la manière suivante :

« Art. 36. — Les constructeurs d'appareils exigeant l'em-
« ploi du gaz et de la vapeur doivent déclarer, en faisant
« leur demande d'admission, la quantité d'eau, de gaz ou de
« vapeur qui leur est nécessaire. Ceux qui veulent mettre des
« machines en mouvement indiqueront quelle sera la vitesse
« propre de chacune de ces machines et la force motrice dont
« elle aura besoin. »

« Art. 46. — La Commission Impériale fournit gratuitement
« l'eau, le gaz, la vapeur et la force motrice pour les machines
« qui ont donné lieu à la déclaration mentionnée à l'article 36.
« Cette force est en général transmise par un arbre de couche
« dont la Commission Impériale fera connaître, avant le
« 31 décembre 1865, le diamètre et le nombre de tours par
« minute.

« Les exposants ont à fournir la poulie sur l'arbre de couche,
« les poulies conductrices, l'arbre de transmission intermé-
« diaire destiné à régler la vitesse propre de l'appareil, ainsi
« que les courroies nécessaires à chacune de ces transmis-
« sions. »

Constitution d'une première Commission. — Les promesses les plus larges, on le voit, étaient faites aux exposants, et la Commission Impériale assumait ainsi une grande responsabilité. Un des premiers soins de M. le Commissaire Général fut de constituer une commission d'ingénieurs, à laquelle il demanda d'examiner quel système il y avait lieu d'adopter, pour donner satisfaction aux engagements contractés, en considérant comme hors de discussion les conditions ci-après :

Maintien absolu du classement méthodique ;

Adoption de la forme curviligne pour la galerie des machines ;

Interdiction de placer des foyers dans l'intérieur du Palais.

La Commission, composée de MM. Combes, Flachat, Bourdon, Maniel, Lechâtelier, J. Callon, Mangon, Jacqmin et Cheysson, consacra plusieurs séances à l'examen du programme qui lui avait été indiqué par M. le Commissaire Général. Après un examen approfondi, l'emploi de l'air comprimé ou de l'eau comprimée fut écarté et l'emploi de la vapeur reconnu comme seul capable de donner au service mécanique de l'Exposition une complète sécurité. Nous rappellerons très-sommairement les questions qui furent successivement abordées, soit par les membres de la Commission, soit par les ingénieurs dont elle crut devoir réclamer le concours.

Emploi de l'air comprimé. — L'air comprimé semblait au premier abord répondre à toutes les conditions du problème. On pouvait, en effet, avec des machines placées loin du Palais, amener l'air à une pression convenable, le répartir ensuite à l'aide d'une canalisation pour laquelle la forme curviligne du Palais ne présentait aucun obstacle, et distribuer ainsi à chaque appareil exposé, à la place même que le classement général lui assignait, la force qui lui était nécessaire; enfin l'air comprimé, à sa sortie de chaque appareil, contribuait à la ventilation du palais, en abaissant en même temps la température des galeries.

Au premier abord, la solution était donc séduisante. Malheureusement elle rencontrait de grandes difficultés : la première consistait dans la production même de l'énorme quantité d'air comprimé nécessaire à l'ensemble des services de l'Exposition, qui réclamaient une force de plus de 600 chevaux de 75 kilogrammètres. MM. les ingénieurs italiens chargés du percement du mont Cenis voulurent bien signaler à la Commission les différences considérables qui existaient entre la puissance des machines employées à la compression de l'air et le travail recueilli; les ingénieurs de l'établissement de Seraing confirmèrent ces déclarations, et, dans le projet qu'ils dressèrent d'un ensemble de machines destinées à fournir le volume d'air nécessaire, ils arrivèrent à un chiffre de dépense très-supérieur à la somme dont la Commission Impériale pouvait disposer pour ce service.

En second lieu, en supposant la première question résolue, on exprima la crainte que les appareils moteurs, construits par les exposants pour marcher à l'aide de la vapeur d'eau, se prêtassent mal à la substitution de l'air comprimé; il ne fallait plus songer à la condensation, et l'on pouvait douter que l'air comprimé donnât, pour les surfaces frottantes, une lubréfaction analogue à celle que produit la vapeur d'eau.

Enfin, et cette objection était la plus sérieuse, convenait-il de faire dépendre tout le service mécanique de l'Exposition d'un seul moteur? Le moindre incident survenu dans la marche de ce moteur déterminant l'arrêt de tous les appareils exposés, un accident sérieux aurait entraîné une grave perturbation.

Emploi de l'eau comprimée. — L'eau présentait à un plus haut degré peut-être les inconvénients signalés pour l'air comprimé. Celle qu'on aurait empruntée aux canalisations de la ville de Paris, en supposant que l'on pût en disposer, n'avait pas une pression suffisante. Il fallait recourir aux accumulateurs, et, par suite, à une immense installation; la force à l'intérieur du Palais ne pouvait être transmise que par des appareils spéciaux très-dispendieux à acquérir et sans emploi après l'Exposition; enfin, la rupture de conduites d'eau à haute pression placées en tout sens dans l'intérieur du palais eût donné lieu à de graves accidents.

Tous ces motifs firent écarter l'application de l'air ou de l'eau comprimée, et, dès lors, il ne restait que la vapeur d'eau comme base du service mécanique.

Emploi de la vapeur d'eau. — La vapeur d'eau avait d'abord un avantage incontestable. Son emploi ne comportait aucune incertitude, et on était sûr de n'avoir aucun mécompte dans la production de la force et dans sa distribution à tous les appareils qui devaient la consommer. Restaient à résoudre les questions relatives aux chances d'incendie que présentent les machines à vapeur et à la transmission de la force.

Une première solution fut indiquée à la Commission. Elle consistait à placer aux angles du Champ-de-Mars quatre machines à vapeur de 150 à 200 chevaux chacune, dont la force eût été transmise aux arbres intérieurs de l'Exposition par les câbles télodynamiques de M. Hirn, si usités en Allemagne. Mais cette solution ne put résister à un sérieux examen. Outre qu'elle aurait trouvé dans la forme curviligne du palais de très-sérieuses difficultés, elle se heurtait encore, quoique à un moindre degré, contre l'objection faite à un moteur unique. L'interruption dans la marche d'un seul moteur aurait privé de mouvement un quart de l'Exposition, et la rupture d'un câble télodynamique aurait pu produire de grands malheurs.

La combinaison définitive qui a prévalu a été de multiplier machines et générateurs, en distribuant neuf groupes de chaudières autour du Palais, à 30 mètres au moins de distance de son enceinte extérieure, et en répartissant dans la grande galerie 17 moteurs reliés aux générateurs par des conduites d'une longueur maxima de 100 mètres. On évitait ainsi les inconvénients de condensation et de perte de pression; on conjurait les chances d'incendie par l'éloignement des foyers, et celles d'interruption du service par son fractionnement même. En outre, la multiplicité des moteurs à l'intérieur se prêtait parfaitement au maintien du classement méthodique; elle diminuait en même temps les obstacles que la forme curviligne du bâtiment présentait à l'installation de longues transmissions.

Enfin, la présence des moteurs à l'intérieur augmentait beaucoup l'intérêt offert aux études des visiteurs; la grande galerie se trouvait ainsi transformée en une succession d'ateliers pour chacun desquels le public pouvait suivre la production de la force dans un générateur, sa transmission dans une machine motrice et sa répartition dans les appareils exposés.

Ces notions élémentaires, et cependant si peu connues, s'affirmaient, pour ainsi dire, à l'œil de chaque visiteur, et l'éducation industrielle de tous les pays ne pouvait que gagner à l'ensemble de ces démonstrations.

Accueilli dans toutes ses parties par la Commission Impériale, le programme que nous venons de tracer fut repris et développé par le comité d'admission de la classe 52.

§ 3. — Organisation du service mécanique.

Constitution du comité d'admission de la classe 52. — Le comité d'admission de la classe 52 fut, comme la Commission de 1855, uniquement composé d'ingénieurs, MM. Ch. Callon, Cheysson, Fessard, Fourneyron, Jacqmin, Mantion et Phillips. Les deux rédacteurs du présent Rapport eurent l'honneur d'être, l'un président et l'autre secrétaire de ce comité, dont la tâche différait essentiellement de celle donnée aux autres comités d'admission, en ce qu'elle comprenait, outre l'examen des demandes faites par les exposants, l'étude des propositions à soumettre à la Commission Impériale pour l'organisation des services rentrant dans la classe 52. M. Cheysson a, de plus, été chargé, comme chef de service du sixième groupe (classes 47-66) près la Commission Impériale, de présider à cette organisation, ainsi qu'à l'installation de la galerie des machines et du service hydraulique, et a fait exécuter, à ce titre, les divers projets ressortissant de la classe 52 (plateforme centrale (1), aménagement de la berge et des prises d'eau, réservoir Malakoff, chemin de fer, etc.).

Division du service en lots. — Nous avons dit que la conservation du classement méthodique des produits était une des conditions essentielles de l'organisation du service mécanique; mais le problème se compliquait encore d'une circonstance

---

(1) Il est juste d'indiquer ici la part qui revient dans l'étude de ce projet au comité de la classe 52, notamment à l'un de ses membres, M. Mantion. directeur du chemin de fer de Ceinture, et de noter l'utile coopération de M. Hangard, ingénieur des installations.

particulière : il n'était pas possible de profiter, pour l'installation des moteurs, des deux parties de la galerie tracées en ligne droite, parallèlement au grand axe du palais, c'est-à-dire de celles qui présentaient plus de facilités pour l'établissement de la transmission. Par suite de la forme oblongue du Champ-de-Mars, les espaces demeurés libres entre le bâtiment et les avenues Labourdonnaye et Suffren étaient trop étroits pour se prêter à la construction d'un bâtiment de chaudières et de sa cheminée, et avaient dû être exclusivement réservés à l'installation des portes Rapp et Suffren ; de sorte que, par une coïncidence fâcheuse, tout ce qui concernait le service mécanique ne pouvait être établi que dans les parties circulaires du bâtiment.

En tenant compte de ces sujétions nouvelles, la partie française a pu être divisée en huit lots, auxquels correspondent les classes ci-après :

1er lot, classes 55 et 56, confié à MM.				Thomas et T. Powell de Rouen et exigeant	60 chevaux.
2e	—	—	—	Lecouteux, de Paris.	45 —
3e	—	—	59 et 51,	— Le Gavrian et fils, de Lille	55 —
4e	—	—	51 et 50,	— Chevalier et Duvergier, de Lyon.....	30 —.
5e	—	—	47 et 53,	— Quillacq, d'Anzin...	30 —
6e	—	—	53 et 54,	— Renouard de Bussierre et Messmer, de Graffenstaden	35 —
7e	—	—	54, 57, 60 et 95	— Boyer, de Lille.....	30 —
8e	—	—	58, 60 et 95	— Mme Decoster, de Paris...	30 —

Total de la force dépensée par la section française... 315 chevaux.

Les lots 4, 5 et 6 sont séparés par des zones de calme, affectées aux classes de la carrosserie, des chemins de fer et des travaux publics, qui n'exigent aucune installation de force motrice et répondent à la partie droite ou à ses abords immédiats, comme il est dit plus haut.

Pour les sections étrangères, un lot fut réservé à chaque nation, savoir :

Belgique. — Lot confié à MM. Houget et Teston, de Verviers,
  et représentant.................... .... 40 chevaux
Prusse et États du Nord de l'Allemagne. — Lot confié à
  MM. Demeuse et Houget, d'Aix-la-Chapelle.   54   —
Bade, Hesse, Wurtemberg et Bavière. — MM. Farcot et ses
  fils, de Saint-Ouen................................   30   —
Autriche. — MM. Farcot et ses fils, de Saint-Ouen.......   20   —
Suisse.   —   —   —   17   —
États-Unis. — M. Flaud, de Paris......................   50   —
Angleterre. — Commission britannique................. 100   —

              Total pour les sections étrangères 311   —
              Total pour la section française............... 315   —

              Total général. .... 626 chevaux.

Outre cette force demandée à la vapeur, on a recouru à
l'emploi des moteurs à gaz, dont l'installation est simple et
n'entraîne l'établissement d'aucun générateur, pour les parties
de la galerie où il suffisait d'une faible puissance dynamique
et pour celles où le service était organisé, quand des exigences
mécaniques se sont révélées tardivement. C'est ainsi que cinq
moteurs d'une puissance totale de 9 chevaux ont été répartis
dans la galerie des machines. L'un d'eux, d'une force d'un
demi-cheval, faisait mouvoir les modèles de marine ; un autre,
de même force, a été disposé à dessein dans les petits ateliers
de travail manuel (classe 95), qui sont la véritable place de
ces moteurs, et où son emploi peut amener une révolution
d'une grande portée sociale en empêchant l'abandon du foyer
domestique.

Système général de transmission. — Le règlement de l'Exposition avait disposé d'une manière générale que la force serait transmise par un arbre de couche, mais sans préjuger en
rien la disposition de cet arbre. Fallait-il l'établir souterraine-
ment ou le placer sur des colonnes à 4 ou 5 mètres au-dessus
du sol ? Cette question fut étudiée avec la plus grande attention et résolue en faveur de la transmission aérienne.

Pour qu'une transmission souterraine pût être adoptée, il
eût fallu connaître de la manière la plus précise l'emplace-

ment de chaque appareil, afin de ménager dans la voûte ou le plancher de la galerie les espaces nécessaires au passage des courroies; on aurait dû, en outre, s'imposer, une fois ces passages ménagés, l'obligation de ne modifier en rien l'emplacement des machines. A l'époque à laquelle on se trouvait, il était absolument impossible aux constructeurs de renseigner la Commission Impériale sur les dimensions exactes des objets qu'ils comptaient exposer. Il eût été dès lors nécessaire d'attendre le dernier moment pour construire la galerie de la transmission souterraine, ajournement qui eût causé un immense embarras.

En plaçant, au contraire, l'arbre de transmission à l'extérieur, chaque exposant pouvait faire varier la position de sa poulie, quelquefois de plusieurs mètres, et chercher ainsi les combinaisons répondant le mieux aux nécessités de son installation. Dans tous les espaces restés libres en plan, on pouvait installer de nouveaux objets et trouver toujours sur l'arbre la place d'une poulie, tandis qu'avec une transmission souterraine, toutes ces additions eussent été très-difficiles, pour ne pas dire impossibles.

En second lieu, les courroies sortant du sol eussent, dans beaucoup de cas, été une cause de danger pour les promeneurs; tandis que, placées en entier au-dessus du sol, elles pouvaient être facilement évitées. Quant à la sécurité des ouvriers, elle était bien mieux sauvegardée par une transmission aérienne que par une transmission souterraine (1).

Plate-forme centrale. — Enfin, l'établissement d'une transmission aérienne double permettait la construction d'un promenoir central placé à 5 mètres au-dessus du sol et faisant le

____

(1) On a dû, dans quelques cas particuliers, recourir à une transmission souterraine qui comprend quatre segments et mesure une longueur totale de 71 mètres; ce qui a permis d'apprécier les inconvénients et les dangers du système.

tour de la galerie des machines. Nous n'avons pas à développer les motifs qui militaient en faveur de cette disposition, et il suffit de rappeler l'accueil qui lui a été fait par le public, pour la justifier de la manière la plus complète. En parcourant cette plate-forme, les visiteurs pouvaient jouir du spectacle grandiose de l'activité mécanique s'exerçant sous les formes les plus variées et les plus saisissantes, et suivre le travail des machines sans craindre d'être atteints par aucun de leurs organes.

On a critiqué l'emploi de la fonte dans la construction de la plate-forme, par cette raison qu'au milieu d'une galerie construite entièrement en fer, il eût été préférable de n'employer que ce dernier métal. Nous pensons qu'il n'y avait aucune solidarité à rechercher entre deux choses aussi dissemblables. Les métaux doivent être employés dans les conditions qui répondent le mieux à leur nature et à leur mode de résistance : des colonnes en fer auraient été grêles et d'un maigre aspect ; celles de fonte offrent aux yeux plus de vigueur et de résistance, sans compter que, dans une construction où l'on redoutait les vibrations, l'emploi de colonnes massives, et par conséquent en fonte, était naturellement indiqué.

Le promenoir central a une longueur totale de 1,195 mètres, qui se divise ainsi :

Parties servant à la transmission : 413 mètres.

Parties sans transmission : 782 mètres.

Les supports sont espacés de 3^{m}45 en moyenne, et sont disposés suivant un polygone dont les sommets correspondent aux fermes de la galerie et dont les côtés adjacents mesurent 13^{m}80 et comprennent entre eux un angle de 5 degrés. Cette longueur de 13^{m}80 et cet angle de 5 degrés sont les données qui définissent la transmission générale. Les arbres de couche reposent sur les entretoises en fonte, qui sont prolongées, en forme de chaise, au delà des colonnes. Leur longueur totale est de 721 mètres ; ce qui donne un total de près de 800 mètres avec la transmission souterraine.

A chaque sommet du polygone, c'est-à-dire de 5 en 5 supports, les colonnes deviennent doubles dans le cas du promenoir simple. Dans le cas de la transmission, elles sont quadruples et forment comme un beffroi.

L'attache des arbres de couche aux supports du promenoir était de nature à causer à l'ensemble de la construction des trépidations incommodes pour les promeneurs. En vue d'éviter cet inconvénient, on a doublé les supports dans toutes les parties qui reçoivent les arbres de couche ; le promenoir repose sur des colonnes placées à l'intérieur du faisceau de colonnes quadruples formant chaque sommet du polygone, et n'a aucun contact avec ces dernières. Sa portée est ainsi de 13^m80, sans appui intermédiaire. L'expérience a consacré entièrement l'avantage de cette disposition, qui réalise une indépendance complète entre le promenoir proprement dit et le système des transmissions.

Les colonnes sont réunies par des poutres en fer à treillis, dans le sens de la longueur de la plate-forme. Pour les parties avec transmission, chaque rive est occupée par deux de ces poutres, disposées parallèlement à quelques centimètres de distance, et se projetant verticalement l'une sur l'autre. La poutre intérieure, de $13^m 80$ de portée, supporte le promenoir et passe sur les colonnes intermédiaires sans les toucher. Quant à l'autre, elle n'est qu'une sorte de contreventement destiné à relier les colonnes de la transmission. Les bases de ces diverses colonnes sont formées par de larges patins rattachés, à l'aide de longs boulons, à des massifs en béton, dont le mortier contient 350 kilogrammes de ciment de Portland par mètre cube. Ces boulons étaient disposés d'avance, d'après un gabarit, et noyés ensuite dans le béton. Pour les colonnes d'angle des parties avec transmission, colonnes composées de deux systèmes de supports, l'un quadruple et l'autre simple, mais pourvus chacun de leur patin de fondation indépendant, le nombre de ces boulons logés dans un même massif est de douze.

Au-dessus de ce premier massif, servant à l'encastrement

des boulons et de leurs plateaux à nervures, est établi un second massif, d'un béton plus maigre, descendant jusqu'au terrain solide, et dont la hauteur a varié de 0^m50 à 3 mètres. Le nombre des piliers ainsi constitués est de près de 700.

Les boulons une fois fixés invariablement, le montage de la plate-forme eût été impossible, si l'on ne s'était pas ménagé un jeu de quelques centimètres, en reportant la pression des boulons sur les patins de fondation, non pas directement, mais par l'intermédiaire d'une cloche convexe, susceptible d'un léger déplacement.

La plate-forme a 4 mètres de largeur entre garde-corps, et comprend, par chacun des 16 secteurs du Palais, deux salons-garages de 4 mètres sur 3 mètres, situés en regard l'un de l'autre et garnis de sofas. Neuf escaliers tournants, de 3^m10 de diamètre, donnent, tous les 150 mètres environ, des moyens d'accès de la galerie au promenoir. En outre, deux escaliers d'honneur, à volée droite, sont disposés de part et d'autre du vestibule principal qui sépare la France de l'Angleterre, et qui constitue la seule interruption de la plate-forme, établie sans discontinuité sur tout le reste du développement de la grande galerie.

Il va d'ailleurs sans dire que, pour ces escaliers et garages, comme pour le promenoir proprement dit, on a dû s'imposer la condition de les rendre tout à fait indépendants de la transmission, ce qui n'a pu parfois s'obtenir qu'au prix de quelques complications.

Le poids du métal entrant dans la construction de la plate-forme est, pour la fonte, de 1,017 tonnes, et pour le fer, de 519 tonnes.

La dépense totale de la plate-forme, en y comprenant plancher, fondations, escaliers et garages, est de 626,216 fr. 98 et ressort à 528 fr. 21 par mètre courant.

Le travail a été divisé en trois lots, et confié aux usines de Marquise, Fourchambault et Mazières, qui ont pris sept mois pour les études de détail et la fabrication, et trois mois pour le mon-

tage, délais assez courts, eu égard au grand nombre de modèles
et aux difficultés de l'ajustage.

Marchés de force motrice. — Les diverses questions servant
de base à l'organisation du service mécanique une fois résolues, un projet de marché sur lequel nous allons revenir fut
soumis à un grand nombre de constructeurs, de manière à
appeler la concurrence et à faire entrer dans le domaine de
l'Exposition proprement dite la fourniture de la force motrice.

Quand les offres des constructeurs eurent été acceptées par
la Commission Impériale, la répartition des lots fut faite de
manière à mettre, autant que possible, ces entrepreneurs dans
les conditions où les plaçaient leurs relations de clientèle.
C'est ainsi que les constructeurs de Rouen et de Lille furent
chargés de faire marcher les appareils de filature et de tissage;
les constructeurs d'Alsace, les machines-outils, etc.

Pour l'étranger, la Commission Impériale attachait un grand
intérêt à ce que la force motrice fût organisée dans chaque
section par un exposant de la nation intéressée, de façon à ce
que l'entente pût être établie au moment même où chaque
Commission étrangère s'occuperait de son plan d'installation.
C'était, en outre, donner au service mécanique un caractère
international, destiné à rehausser l'intérêt du concours. La
Belgique, la Prusse et l'Angleterre acceptèrent avec empressement cette combinaison. Pour l'Autriche, les États de l'Allemagne du Sud, la Suisse et l'Amérique, la Commission Impériale dut recourir à des exposants français. (Voir p. 383 la division en lots.)

Les marchés de force motrice ont tous été faits sur un type
uniforme. Cette formule contenant des renseignements dé-
taillés sur l'organisation du service, nous pensons qu'il ne sera
pas sans intérêt de la reproduire presque *in extenso*, malgré
sa longueur.

Objet du traité. — Article 1er. L'entrepreneur soussigné
prend l'engagement, qui est accepté par la Commission Impé-

riale, de fournir la force motrice nécessaire aux appareils exposés dans la portion de la galerie des machines affectée aux classes n°ˢ...

Cette portion a une longueur de ..., mesurée suivant l'axe de la galerie. Les appareils à faire mouvoir occuperont le massif central de cette galerie, sur 23 mètres de largeur, et recevront leur mouvement de deux arbres de couche, supportés à 4ᵐ36 au-dessus du sol, sur les colonnes d'une plate-forme centrale qui sert en même temps à la circulation des visiteurs.

Production de la force. — Art. 2. La force motrice nécessaire à ce service sera produite par la vapeur d'eau.

Bâtiment du générateur. — Art. 3. Le bâtiment destiné à abriter le générateur aura les dimensions ci-après :

. . . .

Il sera placé parallèlement au chemin rayonnant, et son parement le plus rapproché du palais sera distant de 60 mètres de l'axe de la galerie des machines.

Cheminée. — Art. 4. La cheminée destinée à l'échappement des gaz de la combustion sera placée latéralement au grand côté du bâtiment le plus éloigné du palais. Elle sera en briques et aura une hauteur d'au moins 30 mètres.

Générateur. — Art. 5. Le générateur de vapeur consistera en une chaudière de.... mètres carrés de surface de chauffe. (*Définition de la chaudière.*). . . . .

Art. 6. Le générateur sera pourvu de tous les appareils de sûreté prescrits par le décret du 28 janvier 1865, dont toutes les prescriptions seront d'ailleurs obligatoires pour M...... Il sera muni, en outre, d'un appareil fumivore au choix de ce constructeur.

En cas d'une production trop abondante de fumée, la Commission Impériale se réserve le droit d'imposer à l'entrepreneur soussigné l'emploi exclusif du coke.

Distribution de la vapeur. — Art. 7. La machine motrice étant placée à l'intérieur de la galerie des arts usuels, la vapeur du générateur doit y être conduite par un tuyau placé dans un carneau.

Carneau. — Art. 8. Ce carneau aura, dans œuvre, une hauteur de 1^{m}60 et une largeur de 1 mètre.

Les parois seront en maçonnerie et auront une épaisseur suffisante pour résister à la poussée des terres et supporter les tuyaux qui y seront contenus. Son radier sera également maçonné.

Il sera recouvert par un tablier en bois, formé de madriers simplement jointifs de 7 à 8 centimètres d'épaisseur, et posés transversalement à sa longueur. Ce tablier sera apparent et formera plancher dans la galerie des arts usuels. Dans la traversée du jardin, il sera recouvert d'une couche de terre d'environ 30 centimètres, nécessaire pour la formation d'une pelouse.

Ce carneau vient couper à angle droit la galerie souterraine correspondant à la galerie des aliments. Dans la zone affectée à l'aérage, il est complétement interrompu ; dans celle qui est destinée aux caves, il est isolé des portions voisines par deux cloisons latérales et par une cloison de fond, dans laquelle est pratiquée une porte de communication.

Tuyaux de vapeur. — Art. 9. Les tuyaux de prise de vapeur seront en fonte. Leur assemblage s'effectuera par des joints à brides soigneusement dressés. Ils seront supportés par des crampons scellés dans une des parois du carneau, et analogues à ceux qu'emploie le service municipal de la Ville de Paris pour soutenir les conduites d'eau dans les égouts.

Art. 10 M...... est tenu de prendre toutes les précautions

nécessaires pour prévenir les inconvénients qui pourraient résulter de la condensation de la vapeur ou de la dilatation des tuyaux.

Distribution de la vapeur et écoulement de l'eau de condensation. — Art. 11. La vapeur produite par le générateur est conduite au tiroir de la machine motrice. Après avoir agi sur le piston, elle est condensée et va se perdre avec l'eau de condensation dans la conduite en ciment qui traverse à angle droit le carneau, et qui est établie le long de la paroi extérieure de la galerie des arts usuels pour recevoir les eaux pluviales du palais.

Le tuyau d'amenée de l'eau de condensation est posé dans le carneau à côté de celui de vapeur, et offre une pente calculée en vue du volume qu'il doit débiter.

Fourniture de vapeur à des appareils autres que le moteur. — Art. 12. Dans le cas où il serait nécessaire de fournir de la vapeur à des cylindres sécheurs ou à tout autre appareil faisant partie du secteur confié à M......, cette vapeur y serait conduite à l'aide d'un tuyau en fonte, placé dans une simple gaîne en bois, et entouré de substances non conductrices.

De petits regards seraient ménagés au droit de chaque joint sur cette gaîne, enterrée de 30 à 40 centimètres au-dessous du sol de la galerie.

Art. 13. L'échappement de la vapeur ainsi distribuée aurait lieu à l'aide d'un tuyau également en fonte, qui, dirigé d'abord horizontalement vers le caisson de la galerie des arts usuels le plus voisin de l'appareil alimenté, et du côté intérieur de cette galerie, pénétrerait ensuite dans le caisson, et déboucherait enfin dans l'atmosphère à 20 mètres au-dessus du sol de la galerie.

Dans la traversée de la galerie, ce tuyau est contenu dans une gaîne en bois, semblable à celle que décrit l'article précédent. A l'intérieur du caisson, il sera pris pour le soutenir des dispositions qui seront indiquées ultérieurement.

. . . .

Fourniture de l'eau. — Art. 15. L'eau nécessaire à la production de la vapeur sera également fournie gratuitement à M......
par la Commission Impériale, à l'aide de deux robinets mis à sa disposition, et dont l'un sera placé près du générateur, et l'autre près du condenseur.

Machine motrice. — Art. 16. Le mouvement sera donné aux arbres de couche par.... (*Définition du moteur*).... La surface occupée par cette machine est égale à .... mètres carrés. Sa forme est définie par le plan ci-annexé, qui contient en même temps les détails de l'installation projetée par M......

Art. 17. La solidité de l'assiette nécessaire pour un bon fonctionnement du moteur sera obtenue par les dispositions que devra prendre l'entrepreneur soussigné, mais ne pourra être demandée, même dans une faible mesure, à aucune des parties du Palais, telles que caissons, parois, toiture ou plate-forme.

Force de la machine. — Art. 18. La machine motrice fournira une force effective d'au moins .... chevaux de soixante-quinze kilogrammètres, mesurée sur l'arbre de couche; la Commission Impériale aura le droit de procéder à telles expériences qu'elle jugera convenable, pour constater si cette condition est remplie. Dans le cas où elle ne le serait pas, il pourrait y être suppléé d'office aux frais de l'entrepreneur, par telles mesures qu'il appartiendra.

Arbres de couche. — Art. 19. Les arbres de couche sont placés de part et d'autre de la plate-forme centrale, qui est établie par la Commission Impériale, ainsi que les consoles de support.

M..... s'engage à fournir et à poser la transmission générale avec ses paliers, ses manchons de jonction et ses embrayages, et, enfin, les poulies nécessaires pour lui donner le mouvement.

Le burinage des portées des consoles, pour un bon règlement des paliers, est également à sa charge.

Art. 20. Ces arbres sont en fer forgé. Ils ont 9 centi-

mètres de diamètre, excepté au droit même de l'attaque du
volant, où l'arbre extérieur est renforcé pour résister à la
flexion. Ils sont calibrés avec beaucoup de soin, tournés et
polis dans toute leur étendue. Ils offrent une surface méplate
ou une rainure générale qui permet l'ajustage des poulies en
un point quelconque de leur longueur.

Leur vitesse est de cent tours par minute. Ils sont formés d'éléments polygonaux ayant une longueur moyenne de
13^{m}792, et embrassant entre eux un angle de 174° 58′ 51″.

Attaque des arbres de couche. — Art. 21. Le mouvement
du volant se transmet à l'arbre de couche le plus voisin par la
disposition figurée au plan ci-annexé.

(*Description succincte de cette disposition*).

Les poulies adoptées seront en deux morceaux.

Art. 22. M.... sera tenu de prendre toutes les précautions
nécessaires pour empêcher la flexion de l'arbre de couche, et
le déversement de la galerie dans la portion où se fait cette
transmission de mouvement.

Art. 23. La rotation de l'arbre extérieur se communique
à son conjugué par une poulie correspondant à chacun des
éléments du polygone, de sorte que la ligne extérieure étant
continue et solidaire, la ligne parallèle intérieure puisse être
formée d'éléments brisés et indépendants.

Joints et embrayages. — Art. 24. La jonction de deux éléments contigus s'obtient par ... (*Définition du joint.*)

Cette communication peut être interrompue, à chaque joint,
par un débrayage à fourchette et levier, figuré, ainsi que le
joint lui-même, sur le plan ci-annexé.

Art. 25. M.... sera tenu d'entourer d'une balustrade
l'emplacement qui lui est affecté, et de recourir aux précautions d'usage, pour assurer la sécurité tant des visiteurs que
de ses ouvriers. Il devra également recouvrir, à ses frais, cet
emplacement d'un plancher soigné.

Calage des poulies. — Art. 26. Les poulies servant à

transmettre le mouvement de l'arbre de couche aux appareils exposés sont fournies par les exposants. Elles sont formées de deux moitiés distinctes, et le montage est à la charge de l'entrepreneur soussigné.

Durée du travail journalier. — Art. 27. La durée du travail journalier est fixée à sept heures et demie, de dix heures du matin à cinq heures et demie du soir, y compris une demi-heure de repos.

Art. 28. La Commission Impériale pourra, soit pour les opérations du Jury, soit pour toute autre cause, avancer de deux heures le commencement de la mise en marche de la machine; mais, dans ce cas, un repos supplémentaire de deux heures sera accordé à l'entrepreneur, la durée totale du travail journalier ne devant pas excéder sept heures et demie.

Art. 29. L'entrepreneur aura droit à un jour de repos par mois, pour les visites, lavages et menues réparations à effectuer, soit au générateur, soit à la machine motrice, soit aux transmissions. Ce jour de repos, quand il ne sera pas motivé par un accident, sera fixé par la Commission Impériale, de façon à ce que l'arrêt des machines ne soit pas simultané dans plusieurs sections.

Durée de l'entreprise. — Art. 30. La durée de l'entreprise est celle de l'Exposition elle-même, c'est-à-dire du 1er avril au 31 octobre 1867.

Art. 31. La Commission Impériale aura le droit de prolonger ou de diminuer cette durée, sans cependant que l'augmentation ou la diminution puisse excéder cinquante jours. Dans ce cas, il serait ajouté à la somme stipulée ci-dessous, ou il en serait retranché une somme fixe de (1)....., par chaque jour de marche au delà ou en deçà des limites qui viennent d'être fixées.

---

(1) Cette somme a été, dans chaque traité, calculée sur le prix de 1 fr. 50 par cheval et par jour.

Régularité du mouvement. — Art. 32. La machine motrice sera installée et conduite de telle façon que les exposants retrouvent, pour leurs appareils mis en mouvement par la transmission générale, la régularité d'allure à laquelle ils sont accoutumés dans leurs ateliers.

Entretien et graissage. — Art. 33. L'entrepreneur soussigné est tenu de veiller à l'entretien des appareils qu'il emploie et à leur graissage.

Les dispositions qu'il emploiera à cet effet seront combinées de manière à respecter la sécurité des ouvriers et à recueillir la graisse ou l'huile surabondantes.

Approvisionnement du combustible et enlèvement des cendres. Art. 34. M..... se conformera aux indications qui lui seront données pour les heures d'entrée de ses voitures destinées à l'approvisionnement du combustible ou à l'enlèvement des cendres.

Caractère des appareils fournis par l'entrepreneur. — Article 35. Le générateur, le moteur et l'ensemble des dispositions adoptées pour produire et transmettre la force motrice nécessaire au secteur seront considérés comme objets exposés, et, comme tels, inscrits au Catalogue, et admis au concours pour l'obtention des récompenses.

En conséquence, la fourniture et l'installation de ces appareils sont faites dans les conditions prévues par les articles 45 et suivants du règlement général ; c'est-à-dire qu'il n'est rien alloué de ce chef à M......

Propriété des matériaux de l'entreprise proprement dite. — Art. 36. Quant aux matériaux employés par ce constructeur pour son entreprise proprement dite, tels que ceux qui auront servi à la construction du bâtiment du générateur, du fourneau, du carneau ; à l'établissement de la tuyauterie et de la transmission, ils resteront, à la fin de l'entreprise, sa propriété et seront repris ou abandonnés par lui, s'il le juge préférable, en sorte que la Commission Impériale doit lui payer seulement la différence entre le prix de premier établissement et la valeur de reprise après emploi, en outre des frais afférents au fonctionnement du moteur.

Somme allouée à M...... — Art. 37. Par suite des diverses conditions qui définissent et caractérisent cette entreprise, la somme allouée à M...... est fixé à forfait à (1 ..... Elle comprend notamment le bâtiment du générateur, la cheminée, le carneau qui le réunit au moteur, la prise d'eau, la tuyauterie d'amenée et de condensation, la transmission, le combustible, l'entretien, le graissage, le personnel, le calage des poulies et autres accessoires fournis par les exposants; en un mot, l'ensemble des dépenses exigées par la production de la force motrice nécessaire aux classes n^{os} ..... et par sa transmission régulière à deux arbres de couche. . . . . . .

Délais d'exécution. — Article 40. L'entrepreneur soussigné s'engage à commencer ses travaux de maçonnerie avant le 1er mai 1866, et à avoir terminé l'installation complète de ses appareils au plus tard le 1er février 1867. A cette date les foyers seront allumés, et la transmission générale essayée. Les résultats de cette opération seront constatés par un procès-verbal sur le vu duquel sera payé, s'ils sont satisfaisants, le premier terme de l'allocation ci-dessus stipulée.

§ 4. — Opérations du Jury des récompenses.

Points de vue respectifs des Jurys des classes 52 et 53. — Les Jurys des classes 52 et 53 ont eu à juger quelquefois des machines exactement semblables. Mais, pendant que le Jury de la classe 53 pouvait se mouvoir dans le champ de la mécanique générale, le Jury de la classe 52 a dû, nous ne dirons pas se laisser uniquement guider par l'appréciation des ser-

---

(1. Cette somme a été calculée, dans chaque traité particulier, sur le pied de 600 francs par cheval dans la limite de la force énoncée à l'article 18. La force totale étant, d'après le détail indiqué plus haut, égale à 626 chevaux, la dépense s'est élevée de ce chef à 375,600 francs, ce qui donne, avec la plate-forme centrale, environ un million pour la dépense totale du service.

vices rendus à l'Exposition, mais au moins tenir compte de cette spécialisation des appareils soumis à son examen.

Dans tous les cas, une entente devait s'établir et s'est naturellement établie entre les membres représentant, dans le Jury de groupe, les classes 52 et 53, de façon à placer tous les constructeurs de machines dans des conditions d'appréciation identiques.

Câbles télodynamiques de M. Hirn. — Le Jury de la classe 52 a eu la bonne fortune de trouver, parmi les appareils inscrits au catalogue de sa classe, et soumis à son examen exclusif, les câbles télodynamiques de M. Hirn, qui ne rendent dans l'Exposition qu'un service secondaire, mais qui remplissent dans l'industrie un rôle déjà considérable. Nous allons faire connaître, avec quelques détails, les faits qui recommandent cette disposition mécanique.

Les questions relatives à la transmission de la force motrice ont une importance considérable, et tous les ingénieurs connaissent les solutions qui ont été proposées pour assurer cette transmission : succession d'arbres reliés les uns aux autres par des engrenages, emploi de poulies actionnées par des courroies qui se commandent successivement, envoi de la vapeur dans des conduites protégées contre le refroidissement par des enveloppes isolantes, envoi de l'eau ou de l'air comprimés. Applicables à des intervalles relativement faibles, ces solutions deviennent, pour ainsi dire, sans valeur dès que la distance augmente ; les organes intermédiaires absorbent alors en vibrations, en frottements, en résistances de toute nature, une part importante du travail moteur, et, pour un intervalle de plusieurs centaines de mètres, on ne retrouverait plus, à l'extrémité de la transmission, qu'une fraction minime du travail moteur.

M. Hirn s'est posé la question de la transmission de la force motrice d'une manière générale, c'est-à-dire indépendamment de l'intensité de la puissance à transmettre et de la distance à parcourir, et il a donné de ce grand problème une solution

si simple que les appareils dont il a proposé l'emploi semblent
ne rien présenter de nouveau. Jamais le caractère fondamental des grandes découvertes, la simplicité, ne s'est accusé si
nettement que dans les câbles télodynamiques. En les voyant
marcher, tout le monde pense que rien n'était plus facile à
faire, et cependant personne ne s'en était avisé avant M. Hirn.

Le Jury de la classe 52 a fait, à cet égard, une recherche
approfondie ; un de ses membres a compulsé les volumineux
registres qui contiennent l'énoncé des brevets d'invention pris
depuis un très-grand nombre d'années, et il n'a rien trouvé
qui eût le moindre rapport avec les câbles télodynamiques.

Les transmissions à grande distance reposent sur l'application d'un seul principe de mécanique, que l'on formule en
disant que : la puissance dynamique est mesurée par le produit
de la force multipliée par la vitesse avec laquelle elle se
meut ; de telle sorte que, dans le travail mécanique, la force
peut être, à volonté, convertie en vitesse, et la vitesse, en
force. Par application de ce principe, dans l'appareil de
M. Hirn, au point de départ du travail, la majeure partie de la
force est convertie en vitesse ; puis, à l'arrivée, la vitesse est
de nouveau convertie en force.

Une poulie d'un grand diamètre (3 à 4 mètres), marchant à
une vitesse de 100 à 150 tours par minute, commande, à l'aide
d'un fil métallique, une poulie d'un diamètre égal, située à
des distances qui, expérimentées à 50, 80, 100 mètres d'intervalle, n'ont pas tardé à atteindre 7 à 800 mètres, et même
à dépasser un kilomètre.

Si la première poulie est actionnée par une puissance motrice de 100 chevaux, le câble transmet presque intégralement
cette puissance à la seconde poulie sur l'arbre de laquelle une
usine peut la recueillir et l'utiliser.

Pour les grandes distances, il est nécessaire d'employer des
poulies de support sur lesquelles passe le câble, et à l'aide
desquelles on peut diviser l'intervalle à franchir en sections.
Après beaucoup d'essais, M. Hirn a reconnu qu'un intervalle

de 90 à 100 mètres était celui qui répondait le mieux au sectionnement des câbles.

La construction de ces poulies de support a présenté les plus grandes difficultés ; aucune des substances essayées d'abord ne résistait au frottement du câble. La gutta-percha, fortement comprimée dans la gorge en fonte des poulies, a heureusement donné une résistance extraordinaire, et des poulies, garnies de cette substance, fonctionnent depuis plusieurs années, sans donner trace d'usure.

Les premières applications des câbles télodynamiques, faites par M. Hirn, remontent à dix-sept ans, en 1850. Nous citerons :

En 1850, une force de 12 chevaux, transmise à 80 mètres de distance (cette transmission marche encore aujourd'hui) ; en 1852, une force de 40 chevaux, transmise à 240 mètres de distance, à l'aide de deux poulies de 3 mètres, faisant 92 tours par minute, et reliées par un câble de 12 millimètres de diamètre ;

En 1854, une force de 45 chevaux, transmise à 1,000 mètres.

| 1858, | — | 50 | — | — | 1,150 | — |
| 1859, | — | 100 | — | — | 984 | — |

Cette dernière transmission, exécutée à Oberœssel, près Francfort, est effectuée à l'aide d'un câble sectionné en huit portions. Le diamètre des poulies est de 3^{m}75 ; le diamètre du câble, 15 millimètres, et sa vitesse 22 mètres par seconde.

A partir de 1859, les applications ne se comptent plus. En 1862, M. Hirn en connaissait plus de 400 ; ce nombre est, aujourd'hui, au moins doublé.

M. Hirn n'a point pris de brevet, et il a guidé par ses conseils toutes les personnes qui ont voulu établir des câbles télodynamiques.

Nous n'avons pas besoin d'insister sur les avantages que cette admirable application des règles de la mécanique assure à l'industrie et à l'agriculture.

Dans l'industrie, on rencontre souvent des forces naturelles très-difficilement utilisables dans les lieux où elles existent. On pourra, à l'aide d'une roue hydraulique, recueillir sur un cours d'eau une puissance considérable, mais il sera impossible de l'utiliser, parce que les berges du cours d'eau se prêteront mal à l'établissement d'une usine juxtaposée à la roue hydraulique. Avec un câble télodynamique, une turbine installée dans une gorge étroite transmettra à un bâtiment situé sur un terrain convenable une force de 100 ou 150 chevaux avec une perte que l'expérience a montré ne pas dépasser 5 à 6 pour 100.

En agriculture, bien des personnes ne voient pas sans inquiétude une locomobile allumée près d'une grange. Avec un câble télodynamique, on peut laisser plusieurs centaines de mètres entre le foyer et le lieu de dépôt des matières combustibles ; une transmission de ce genre existe dans le département de l'Eure, et marche avec un intervalle de 1,500 mètres.

Nous citerons, en terminant, une application récente qui montrera tout le parti que l'on peut tirer des câbles télodynamiques.

En 1864, une explosion terrible fit disparaître presque toute la grande poudrerie d'Ockhta, à 10 kilomètres de Saint-Pétersbourg. Quatorze édifices, séparés par des cours de 8 mètres de largeur, furent anéantis jusque dans leurs fondements ; beaucoup d'autres furent renversés. L'établissement tout entier dut être reconstruit. Après l'étude d'une très-grande quantité de combinaisons, entraînant toutes des murs extrêmement épais et assez rapprochés, un officier d'artillerie proposa de profiter des ressources nouvelles que les câbles télodynamiques offraient aux ingénieurs, et de réaliser la seule combinaison qui soit efficace dans les poudreries, l'espacement des édifices. Cette proposition fut approuvée, et la poudrerie d'Ockhta, presque complétement reconstruite, offre aujourd'hui :

8 édifices dont les axes sont distants de 50 mètres ;

6 édifices distants de 100 à 120 mètres ;

5 édifices distants de 70 mètres.

26**

La force donnée par deux turbines, produisant ensemble 280 chevaux, est divisée entre tous ces édifices par deux groupes de câbles télodynamiques. La première transmission a 400 mètres de longueur, depuis le moteur jusqu'à la dernière poulie; la seconde transmission a une longueur de 1,400 mètres.

L'ensemble des moulins, machines à grainer, à polir la poudre s'élève à 70 ; la force nécessaire à chaque machine varie entre $\frac{3}{4}$ de cheval et 5 chevaux. Que l'on remplace ces appareils, qui ne sont, en somme, que des engins de destruction, par des métiers, par des machines utiles, on aura un village industriel dans lequel la force d'une chute d'eau est répartie à domicile proportionnellement aux besoins de chacun ; on aura résolu un des plus grands problèmes sociaux qui se présentent aujourd'hui aux préoccupations de l'économiste : la production de la force motrice mise à la disposition de l'ouvrier au foyer domestique ; où il sera retenu, et pourra exercer son industrie. C'est le même objet que se proposent les moteurs à gaz et qu'ils remplissent en effet, quoiqu'un peu chèrement, dans certaines conditions, comme nous l'avons dit plus haut.

Sur d'autres points, en Russie, on se dispose à actionner tous les appareils d'une poudrerie par une machine à vapeur, qui serait placée à plusieurs centaines de mètres des moulins, et dont l'application à ce genre de fabrication n'est rendue possible que par le câble télodynamique.

Deux personnes ont pris une part considérable à la vulgarisation des câbles télodynamiques, l'une, au point de vue théorique, l'autre, au point de vue pratique; nous voulons parler de M. le professeur Reuleaux, de Berlin, et de M. Martin Stein, de Mulhouse.

M. Reuleaux, professeur de mécanique à l'École polytechnique de Zurich et à l'institut royal de Berlin, a, dans de nombreuses publications scientifiques, montré les règles qui doivent guider les constructeurs dans l'établissement des câbles. Il a discuté les questions qui se rattachent à l'espacement des poulies de support, au diamètre des poulies et à celui des câbles, à la vitesse de marche ; l'ouvrage considérable publié par M. Reuleaux sur la mécanique pratique : *Der constructeur, Braunschweig*, 1865, contient un chapitre des plus intéressants sur le *Hirn'sche Drahtseil Trieb*, et nous ne pouvons que renvoyer à ce travail toutes les personnes qui désirent approfondir les questions relatives à ce mode de transmission de la force.

M. Martin Stein, de Mulhouse, doit être considéré comme le premier constructeur de câbles télodynamiques qui existe en Europe. Sa maison a livré à l'industrie, depuis dix ans, près de 400 câbles, présentant un développement de 72,000 mètres, et transmettant des forces dont le total s'élève à 4,100 chevaux-vapeur.

Les câbles des poudreries russes ont été fabriqués par M. Martin Stein.

Nous nous sommes assez longuement étendus sur ce système de transmission, à cause de la haute distinction dont il a été l'objet (1) et de l'extension dont il est susceptible. On peut, d'ailleurs, se faire, à l'Exposition même, une idée exacte de ce système, qui est appliqué dans le service hydraulique (Voir la deuxième partie de ce Rapport). Un câble de 8 millimètres de diamètre, enroulé sur des poulies de 2 mètres de diamètre, transmet aux pompes centrifuges de MM. Neut et Dumont la puissance d'une machine locomobile de M. Calla de 25 chevaux de force. La distance à franchir est de 150 mètres divisée en deux intervalles, dont l'un comprend la traversée de la pièce d'eau située au pied du phare.

Machines motrices. — Le Jury de la classe 52 n'a pas eu à constater, soit dans les machines motrices, soit dans les appareils générateurs, de progrès saillants. Il n'avait pas, du reste, à en attendre, les exposants qui s'étaient présentés dans la classe 52 étant presque tous des constructeurs éprouvés qui

____

(1) M. Hirn a obtenu un grand prix pour des câbles.

n'auraient pas voulu compromettre le service dont ils se chargeaient par des innovations et des tâtonnements.

Mais si ces machines motrices ne se distinguaient pas par des dispositions nouvelles, plusieurs se recommandaient par des qualités précieuses dont on ne saurait trop apprécier la valeur ; nous voulons parler :

De la simplicité dans la conception, de la perfection dans l'exécution, de la régularité dans la marche.

Il se fait à cet égard, chez la plupart des constructeurs français, une transformation qui mérite d'être signalée ; on semble reconnaître que le rendement des machines dépend beaucoup plus de la simplicité dans la conception et de la perfection dans l'exécution que de la réalisation d'un certain nombre de dispositions, ingénieuses sans doute, mais souvent compliquées, toujours dispendieuses, et absorbant dans leur mécanisme une part d'effet utile appréciable. On rencontre en même temps chez les constructeurs français moins de tendance qu'on n'en avait autrefois à imiter ce qui se faisait dans d'autres pays, et notamment en Angleterre, sans se rendre compte des motifs qui avaient pu guider les constructeurs anglais ; la mode exerce, en effet, son empire sur les machines à vapeur comme sur tant d'autres choses, et l'on changeait souvent sans motifs sérieux une disposition avantageuse et qui avait fait ses preuves.

Les constructeurs français abordent aujourd'hui l'étude de la machine à vapeur d'une manière plus rationnelle et pour ainsi dire plus philosophique ; sans rien négliger des enseignements de l'expérience, ils s'appliquent à faire passer dans le domaine des faits, avec tous les moyens d'exécution dont ils sont en possession aujourd'hui, les grands principes posés par **Watt** et en dehors desquels il n'a été fait, en définitive, aucun progrès sérieux. On se préoccupe, en même temps, dans une juste mesure, d'une harmonie dans les formes, à laquelle correspond toujours un progrès dans la qualité ; car on peut affirmer à l'avance qu'une machine de forme disgracieuse présente toujours quelque défaut : tantôt le poids est mal réparti sur les plaques de fondation, tantôt une pièce soumise à un effort déterminé transmet cet effort à une pièce de dimensions plus petites, et par conséquent insuffisantes, si la première a été bien calculée. En un mot, partout où l'œil est choqué, l'esprit le plus souvent a quelque chose à reprendre.

Les points sur lesquels les constructeurs français paraissent aujourd'hui complétement d'accord et que nous retrouvons dans presque toutes les machines exposées, sont les suivants :

Enveloppe de vapeur, détente variable, pistons à garnitures métalliques, rapide condensation.

Nous n'insisterons pas sur les avantages théoriques que présente chacune de ces dispositions : nous pouvons dire que ces questions sont complétement résolues en France et que, en ce qui concerne la détente, notamment, on voit fonctionner avec la plus parfaite régularité des machines puissantes, dans lesquelles la vapeur n'est introduite à pleine pression que pendant un vingtième de la course du piston. Aussi, nos constructeurs sont-ils arrivés à des chiffres de consommation de combustible beaucoup plus faibles que ceux observés en Angleterre, où l'économie de charbon est moins impérieusement commandée qu'en France.

Le Jury eût désiré pouvoir faire des expériences comparatives sur la consommation des chaudières et le rendement des machines de chaque lot, mais il a pensé que les conditions dans lesquelles se trouvaient ces machines étaient trop inégales pour comporter des expériences véritablement contradictoires ; d'une part, la distance des chaudières au générateur variait dans le rapport du simple au double ; d'autre part, le travail demandé aux machines par les exposants était extrêmement irrégulier ; pendant plusieurs heures la machine tournait pour ainsi dire à vide, et, quelques instants après, elle devait donner toute sa force ; ces variations ont permis d'apprécier, dans plusieurs cas, la valeur des régulateurs, mais elles se prêtaient mal à des constatations comparatives.

Ces principes admis, le Jury de la classe 52 a cru devoir placer au premier rang et, en quelque sorte, ex æquo, sept constructeurs, parmi lesquels deux se trouvaient dans une situation particulière et qu'il y a lieu de faire connaître.

Aux termes de l'article 16 du règlement sur les récompenses, les membres du Jury International ne peuvent obtenir aucune récompense, sauf le cas où une décision spéciale de la Commission Impériale modifierait cette situation. M. le baron de Bussierre, président du Conseil d'administration de l'usine de Graffenstaden (Bas-Rhin) et membre du Jury de la classe 54, ayant déclaré qu'il n'entendait pas réclamer le bénéfice de l'exception prévue par la dernière partie de l'article 16, le Jury a dû déclarer hors concours la machine horizontale à détente variable et à condensation, exposée par l'usine de Graffenstaden, mais, en faisant cette déclaration imposée par le règlement, le Jury a ajouté que, « par ses « bonnes dispositions et son excellente exécution, la machine « exposée aurait été très-avantageusement classée et placée « avec celles pour lesquelles des médailles d'or ont été proposées. »

Nous ajouterons que, construite sous l'habile direction de M. Messmer, cette machine de Graffenstaden présente, au point de vue de l'exécution, la perfection qui caractérise les machines-outils livrées chaque année par ce grand établissement.

La seconde maison placée dans une condition particulière était celle de M. Farcot et ses fils; les machines motrices exposées par ces habiles constructeurs, dans la classe 52, étaient en tout semblables, comme dispositions, à celles qu'ils avaient exposées dans la classe 53, mais beaucoup moins importantes que ces dernières; le Jury de la classe 52 n'a pas cru devoir proposer de récompense spéciale à la classe, mais il a déclaré « se joindre aux propositions faites par la « classe 53, en faveur d'une maison que recommandaient une « parfaite exécution, une recherche persévérante des moyens

« d'utiliser la force expansive de la vapeur et des progrès
« notables dans la construction des chaudières (1). »

Les cinq autres constructeurs signalés pour leur supériorité relative sont : MM. Lecouteux, à Paris, pour
deux machines à vapeur verticales à détente variable et à
condensation, du système de Woolf; MM. Houget et Teston,
à Verviers (Belgique), et Demeuse et Houget, à Aix-la-Chapelle (Prusse), pour deux machines horizontales à vapeur,
et présentant, comme simplicité et construction des organes,
d'assez grandes analogies avec les locomotives; M. P. Boyer,
à Lille, pour une machine horizontale, à condensation et à
détente variable indépendante; MM. Thomas et T. Powell,
à Rouen, pour leurs deux machines verticales accouplées,
à balancier et à condensation du système de Woolf; et
MM. Le Gavrian et fils, de Lille, pour une machine horizontale, à détente et condensation.

Quant à MM. Ransomes et Sims, exposants, dans la
Section anglaise, d'une machine motrice, le Jury de la
classe 52 a laissé aux Jurys des autres classes, où l'exposition
de cette importante maison est plus considérable, le soin de
la récompenser à sa juste valeur.

Les divers moteurs récompensés représentent les types de
machines horizontales et de machines verticales entre lesquels
se partagent les préférences des constructeurs et des acqué-
reurs; nous n'essayerons pas de discuter la question de priorité
entre ces deux types, qui auront tous deux trouvé, à l'Exposition de 1867, une magnifique expression.

Il faut signaler aussi la machine à gaz Lenoir, qui a reçu,
dans la classe 52, des applications auxquelles elle se prête
parfaitement.

Évaluation de la force des moteurs. — Avant de terminer
ce qui concerne les machines à vapeur, nous croyons devoir

---

1. M. Farcot et ses fils ont obtenu un grand prix dans la classe 52.

exprimer un regret et un vœu au sujet de la désignation de la force des machines.

La force s'évalue ordinairement en chevaux-vapeur. Mais cette unité ne présente rien d'absolu, et sa définition varie même dans des limites très-étendues. On entend, le plus souvent, par force d'un cheval, celle qui correspond à un poids de 75 kilogrammes, élevé à un mètre, en une seconde, c'est-à-dire à 75 kilogrammètres; en Angleterre, l'unité adoptée par Watt était le poids de 33,000 livres, élevé à un pied, en une minute, ce qui équivaut à 76 kilogrammètres. Plusieurs appareils anglais ont une puissance dont l'indication en chevaux, pour être exacte, exigerait une unité de 300 kilogrammètres. Dans le département du Nord, les constructeurs et les industriels admettent qu'un cheval-vapeur correspond à la pression exercée par la vapeur, à trois atmosphères, agissant sur un piston de 55 centimètres carrés de surface et marchant avec une vitesse de 1 mètre par seconde. Cette force représente 110 kilogrammètres. Enfin, dans la marine, le cheval-vapeur correspond à 200, 225 ou 250 kilogrammètres.

Mais ces variations si considérables de l'unité ne sont pas les seules causes d'incertitude qui affectent l'évaluation de la force d'une machine. Il s'agit encore de savoir à quel organe de l'appareil on mesurera cette force, si ce sera sur le piston ou sur l'arbre de couche (1), et enfin quelle allure de la machine on prendra pour cette appréciation. On comprend, en effet, que la puissance varie suivant l'organe considéré, et que, d'autre part, étant la résultante de la pression de la vapeur et de la vitesse du piston, elle doit être soumise à de très-larges oscillations, suivant la pression dans le générateur, la détente et le nombre de tours du volant.

Les éléments concourant à la détermination du travail mécanique sont, en somme, trop nombreux et trop complexes

_____

(1) On admet que, dans les machines marines, la puissance sur l'arbre se déduit de la puissance sur les pistons, au moyen d'un coefficient qui varie de 0,50 à 0,75.

pour qu'on puisse les représenter d'un mot par la formule du cheval-vapeur.

Aussi, rien de plus élastique aujourd'hui que la définition de ce travail. Tel constructeur livre pour 20 chevaux une machine qui peut fournir une force double. De là ces expressions de puissance nominale et puissance effective, qui n'offrent rien de net à l'esprit; de là enfin cette confusion qui, par exemple, dans la marine, conduit, pour la désignation de la force, aux neuf formules citées par M. Ledieu :

1° Formule de Watt; 2° formule du Gouvernement; 3° formule de l'Amirauté; 4° force nominale réalisée; 5° force, en chevaux de 75 kilogrammètres, sur les pistons; 6° force, en chevaux de 75 kilogrammètres, sur l'arbre de couche; 7° force, en chevaux de 200, 225 ou 250 kilogrammètres, sur les pistons; 8° force, en chevaux de 200, 225 ou 250 kilogrammètres, sur l'arbre de couche; 9° force en chevaux de basse pression.

Les formules, dites de Watt, du Gouvernement et de l'Amirauté contiennent des coefficients très-différents et qui varient encore avec chaque grande usine.

En résumé, rien de plus vague que la notion de la force exprimée en chevaux. On ne s'entend ni sur l'unité ni sur son mode d'application. Il serait difficile de trouver, si ce n'est peut-être dans la cubature des bois, un autre exemple de confusion aussi regrettable. Aussi, plusieurs constructeurs renoncent-ils à cette formule vague et incertaine, et définissent la puissance de leurs machines par le travail spécial qu'elles peuvent accomplir, c'est-à-dire par le nombre de broches, de meules, de cylindres à faire mouvoir dans un temps donné, avec une consommation de combustible déterminée.

Tout en reconnaissant ce que ces dernières indications peuvent avoir d'utile, nous regretterions qu'on renonçât à l'usage de la formule si commode du cheval-vapeur; mais il faut, pour cela, en fixer très-exactement le sens et l'emploi, pour qu'elle fournisse un renseignement précis et rende un service analogue à celui de toutes les données de poids et mesures, à l'aide desquels se définissent les objets.

En premier lieu, l'unité du cheval doit être ramenée en quelque sorte à une valeur légale et fixe de 75 kilogrammètres, toute autre valeur étant rigoureusement proscrite._C'est là une réforme qui semble facile, et l'on s'étonne même d'avoir à la demander.

D'autre part, il faudrait convenir que la force sera mesurée sur les pistons, à cause de la facilité que donnent, pour cette mesure, les diagrammes fournis par l'indicateur de Watt, et qu'on achèvera de la définir au moyen de la pression moyenne dans le cylindre, et du nombre de tours de la machine par minute. On arriverait, de la sorte, à donner au langage plus de précision, et à fournir à l'acheteur un guide qui lui manque aujourd'hui.

Chaudières. — Dans ces dernières années on a discuté la question de savoir si les grandes chaudières à bouilleurs, adoptées depuis si longtemps dans les usines, ne devaient pas être remplacées par des chaudières tubulaires analogues à celles qui fonctionnent avec tant de succès dans les machines locomotives. L'Exposition de 1867 donne, dans la classe 52, un exemple de ces préoccupations des constructeurs, et on peut y étudier la plupart des dispositions proposées depuis quelques années. Les chaudières à circulation n'ont pas cependant rencontré, parmi les exposants, des partisans nombreux, et, pour les grandes forces, la lutte s'établit entre les chaudières à bouilleurs et les chaudières à tubes intérieurs, mais les unes et les autres contenant une grande masse d'eau à vaporiser.

Le Jury de la classe 52 a particulièrement distingué les chaudières de la maison Farcot, déjà récompensées dans la classe 53, et, en outre, celles de MM. Galloway et fils, de Manchester ; Laurens et Thomas, de Paris ; Chevalier, de Lyon.

Les constructeurs anglais ont exposé de grandes chaudières à double foyer intérieur, si employées en Angleterre, mais dans lesquelles on a introduit un perfectionnement sérieux. On sait que ces chaudières, connues sous le nom de chaudières de Cornouailles, sont exposées à l'accident de l'*affaissement*. Le tube, servant de foyer, comprimé, par la vapeur, de l'extérieur à l'intérieur, est en équilibre instable, et une première déformation entraîne sa destruction par aplatissement. MM. Galloway ont combattu cette tendance, en disposant, dans le grand tube, une série de petits tubes de forme tronc-coniques, qui fonctionnent comme des entretoises creuses, établissent une communication entre le haut et le bas de la chaudière, et augmentent la surface de chauffe. On peut reprocher à ces tubes la difficulté que présente la fabrication; mais ce n'est là qu'une affaire d'outillage, et MM. Galloway déclarent avoir déjà livré au public plus de 30,000 de ces appareils.

Dans les chaudières françaises, le Jury a recherché l'application des principes qui lui paraissent former la base de tout appareil générateur, savoir : grande réserve d'eau et de vapeur pour suffire aux consommations accidentelles de la machine et éviter les entraînements d'eau liquide, que l'on porte, souvent à tort, au compte de la puissance vaporisatrice; grandes chambres de combustion pour le brassage des gaz et leur mélange intime avec l'air avant leur sortie du foyer; grand diamètre pour les tubes destinés au passage de la fumée; enfin, simplicité dans les dispositions adoptées pour la visite et le nettoyage du foyer, des faisceaux tubulaires ou des tubes isolés.

Aucun des appareils fumivores, exposés dans la classe 52, n'a paru mériter de mention spéciale; conduits avec soin par les chauffeurs, tous ces appareils ont donné de bons résultats, mais, abandonnés à eux-mêmes, après les visites du Jury, les foyers ont souvent produit, surtout au moment de l'allumage, une fumée abondante.

Appareils accessoires. — Nous désignons sous le nom d'appareils accessoires :

Les appareils d'alimentation; les conduites de distribution de vapeur; les cheminées; les organes de transmission dans les parties curvilignes de la galerie.

La distribution de vapeur faite dans la galerie anglaise par MM. Donkin-Brian et Cie a fixé l'attention du Jury; la vapeur, à sa sortie des générateurs, est distribuée à six machines, et cette distribution, bien que compliquée, ne donne lieu à aucune fuite.

Dans les appareils alimentaires, on doit signaler un appareil automatique employé par MM. Houget et Teston et Roufosse sur les chaudières de la section belge. Fondé sur une étude approfondie des lois de la vaporisation et de la condensation, cet appareil est extrêmement ingénieux. Nous pensons toutefois que, pour le juger définitivement, il convient d'attendre la sanction de l'expérience : ces appareils automatiques, tant que leur fonctionnement n'offre pas une sécurité absolue, ont le grave inconvénient d'inspirer trop de confiance aux chauffeurs; aussi, pour notre part, donnerons-nous toujours la préférence aux appareils simples, qui exigent la présence du chauffeur et sollicitent de sa part une attention réfléchie.

Pour les bâtiments et les cheminées, le Jury a surtout apprécié les formes les plus simples, et, sans critiquer l'emploi de la pierre de taille, il a cru devoir récompenser les constructeurs qui avaient trouvé dans le sobre emploi de la brique des motifs suffisants de décoration.

Enfin, les dispositions adoptées pour les transmissions ont montré que la forme curviligne du palais n'avait été pour personne un obstacle sérieux; presque tous les constructeurs ont adopté le joint de Cardan, et les transmissions ont pu être prolongées sur un point jusqu'à une longueur totale de 120 mètres, sans le moindre inconvénient. La maison P. Boyer, de Lille, a remplacé le joint de Cardan par des engrenages coniques, formant entre eux un angle de 5°. Cette transmission marche avec une extrême douceur et ne donnerait probablement lieu à aucun entretien.

Enfin nous signalerons les mesures prises pour combattre la tendance au renversement qui aurait pu se manifester dans la partie supérieure de la plate-forme; quelques constructeurs ont transformé en contre-fiche l'échelle qui leur était nécessaire pour effectuer le graissage des paliers; d'autres, et notamment MM. Powell, de Rouen, ont disposé l'attaque des courroies verticalement, de manière à éviter tout effort latéral. Sur d'autres points enfin, deux moteurs ont été disposés en regard l'un de l'autre, de façon à équilibrer leur action sur la plate-forme.

En résumé, le problème de la force motrice a été résolu par les constructeurs exposants d'une manière satisfaisante, et toutes les conditions du programme posé par la Commission Impériale ont été convenablement remplies. Le service n'a pas cessé de fonctionner dans des conditions d'exacte régularité, chaque constructeur tenant à honneur de s'en acquitter d'une façon irréprochable. Il n'a coûté à la Commission Impériale que des sacrifices modérés et certainement de beaucoup inférieurs à ceux qu'eût entraînés toute autre combinaison. Enfin, il a respecté la sécurité des ouvriers et du public, et l'on ne saurait trop s'applaudir, aujourd'hui que l'Exposition est close, que, pendant sa durée de 213 jours, les moteurs aient pu marcher sans explosion, rupture, ni accident qui mérite d'être signalé.

CHAPITRE II.

SERVICE HYDRAULIQUE.

§ 1. — **Données servant de base à l'organisation du service.**

Évaluation de la quantité d'eau nécessaire au service. —

Avant d'arrêter l'organisation du service hydraulique de l'Exposition, le comité de la classe 52 a dû, tout d'abord, se rendre compte, avec la précision que comportait le sujet, des divers besoins que serait destinée à satisfaire la distribution d'eau. Avec une agglomération d'intérêts considérables et complexes, ces besoins devaient être aussi variés qu'impérieux, et pouvaient se ranger dans les trois catégories ci-après : 1° service du parc, comprenant l'arrosage des pelouses, les cascades, les rivières, les fontaines monumentales; 2° service mécanique, c'est-à-dire alimentation des générateurs et des condenseurs des machines motrices; 3° service de la population proprement dite, avec ses exigences de propreté, de boisson, etc. — Un mot est nécessaire sur chacune de ces consommations.

Besoins du service du Parc. — D'après les bases admises dans le service des plantations de la ville de Paris, il faut compter pour un bon arrosage des pelouses et gazons sur un volume de 4 à 5 litres par jour et par mètre superficiel.

La proportion est sensiblement la même pour l'arrosage des chaussées et allées (1). En calculant la consommation d'eau afférente à ces dépenses pour la surface du parc, qui est d'environ 30 hectares, on arrive à un débit journalier d'environ...................................... 1,500^{mc}

Les cascades et rivières consomment le volume dont on peut disposer en leur faveur, mais qui ne saurait, pour un effet décoratif important, descendre par jour au-dessous de .... 2,000^{mc}

Il en est de même pour les fontaines monumentales, dont le débit est très-variable, ainsi qu'il résulte du tableau

A reporter... 3,500^{mc}

<hr>

(1) Voir *Annales des Ponts et Chaussées* (1er semestre 1859.—N° 239, p. 316.)

Report..... 3,500^mc

ci-dessous (1). En vue d'obtenir un grand effet hydraulique, les prévisions se sont élevées de ce chef à .... 2,000^mc

Ce qui fait ressortir le total des besoins du service du parc à .... 5,500^mc

Besoins du service mécanique. — Le service mécanique a, de son côté, des exigences très-importantes, surtout si on veut satisfaire largement la condensation. Les constructeurs, auxquels la Commission Impériale fournissait l'eau gratuitement, devaient même avoir une tendance à exagérer cette dépense hydraulique,

(1)

DÉSIGNATION des VILLES.	DÉSIGNATION des FONTAINES.	CONSOMMATION hydraulique DES FONTAINES		INDICATION des sources où l'on a puisé les renseignements du tableau.
		par seconde (en litres.)	par jour de 10 h. (en m. cub.)	
Paris......	Place de la Concorde... (chacune)	53 00	1,908	M. Dupuit. Distribution des eaux.
	Ancienne gerbe du rond-point des Champs Élysées.................	25 00	900	
	Gerbe du Palais-Royal..	23 00	828	
	Place Richelieu.........	9 00	324	
	— Saint-Georges...	1 00	36	
Lyon..	Place Belle-Cour.......	40 00	1,440	M. A. Dumont. Distribution d'eau de Lyon.
	— des Terreaux....	12 00	432	
	— Napoléon........	11 00	396	
	Jardin des Plantes.....	9 00	324	
	Port Saint-Clair........	5 00	180	
	Place Saint-Jean	3 00	108	
	Divers..	30 00	1,080	
Dijon......	Porte Saint-Pierre......	20 00	720	M. Darcy. Fontaines de Dijon.
	— Saint-Guillaume..	9 00	324	
Toulouse ..	Place du Boulingrin ...	16 00	576	M. H. Mangon. Dictionnaire des Arts et Manufactures. — (Eaux.)
	— de la Trinité.....	1 40	50	

Report..... 5,500^{mc}

pour diminuer la consommation de combustible et augmenter le rendement des
moteurs. Il fallait donc laisser une grande
marge aux prévisions.

On compte généralement pour la condensation sur un volume de 600 litres par
heure et par cheval. C'est le chiffre indiqué par M. Dupuit, dans son ouvrage
sur les distributions d'eau, et par le tarif
officiel de la ville de Paris. Avec une
marche de huit heures par jour pour
les machines, chaque cheval-vapeur
consomme donc environ 5 mètres cubes,
ce qui équivaut, pour les 500 chevaux
représentés par les machines à conden-
sation, à un total de................. 2,500^{mc}

L'alimentation des chaudières peut
dépenser 50 litres par heure, soit, pour
1,000 chevaux et une marche de huit
heures, un total de.... .... 400^{mc}

Les moteurs à gaz consomment, pour
le refroidissement du cylindre, un volume qui n'est pas moindre de 2^{mc}50
par heure. La force demandée à ces moteurs étant de 10 chevaux environ, ils devaient dépenser, par journée de travail de
huit heures, un cube quotidien de..... 200^{mc}

On peut encore comprendre, dans cette
même catégorie du service mécanique,
le volume d'eau dépensé pour le fonctionnement des monte-charge hydrauliques, et de quelques autres appareils à
eau forcée, soit environ............. 100^{mc}

Total de ce service....... 3,200^{mc}

A reporter... 8,700^{mc}

Report...   8,700^{mc}

Besoins de la population. — Quant aux besoins de la population, ils étaient multiples comme ceux d'une grande ville. Le Champ-de-Mars contenait les envois de 60,000 exposants et servait de rendez-vous à une foule de visiteurs qui s'est élevée jusqu'à 130,000 dans une journée (1), et s'est tenue en moyenne aux environs du chiffre de 50,000. Qu'on ajoute à ce nombre considérable celui des agents d'exposants, presque aussi nombreux que les exposants eux-mêmes, tous les concessionnaires et leur personnel, on trouvera, pour les bases de la consommation hydraulique, une population permanente de plus de 100,000 âmes.

Les besoins de cette population ont trait à la boisson et à la propreté, et ne peuvent pas se chiffrer par une dépense inférieure à 10 litres par personne et par jour, ce qui donne pour ce service un nouveau volume de.................. ....   1,000^{mc}

C'est donc ensemble un total de.............   9,700^{mc}

Soit, en nombre rond, un volume quotidien de..................................... ....   10,000^{mc}

Tel est le chiffre qui s'imposait au comité de la classe 52, et qu'il a accepté pour donnée de ses études.

Division du service en deux étages. — En examinant l'énumération qui précède, on voit de suite que toutes les consommations qui y figurent n'exigent pas la même pression : les unes, comme l'arrosage et l'alimentation des fontaines monumentales, demandent une charge d'au moins 15 à

____

(1) Celle du lundi de la Pentecôte. Le chiffre de 130.000 ne comprend que les visiteurs payants, et laisse en dehors les porteurs de cartes ou billets d'abonnement. Le mouvement des entrées a atteint le nombre de 200,000 le dimanche 27 octobre.

27**

20 mètres; d'autres, au contraire, comme le service des condensations et des rivières, peuvent s'effectuer avec une très-faible pression dans les conduites. De là l'idée de diviser le service hydraulique en deux groupes ou étages, ayant chacun son réseau distinct et affecté à des destinations différentes. Chacun de ces étages devait répondre à une distribution d'environ 5,000 mètres cubes, et pouvait d'ailleurs être mis en communication avec l'autre étage, en cas de besoin ; ces deux groupes ont reçu le nom de service bas et de service haut.

§ 2. — Service bas.

Définition et organisation de ce service. — L'organisation du service bas était relativement facile. Fidèle à son principe de transformer en objet de concours les mesures à prendre pour donner satisfaction à chacun des besoins généraux, et s'inspirant des mêmes idées qui avaient présidé à l'agencement du service mécanique, le comité a fait appel, pour ce service bas, à des constructeurs de pompes qui lui ont prêté leur coopération avec empressement, et ont fait marcher leurs appareils exposés, non pas en vue d'une simple démonstration, mais au profit de l'alimentation publique.

Comme pour le service mécanique, la Commission Impériale a pris à sa charge les dépenses ayant un caractère de permanence et de durée, telles que l'installation des appareils, la pose des conduites, la fourniture du combustible, etc. Les exposants n'ont eu à fournir que les appareils proprement dits.

Le service bas comprend deux opérations successives : la première consiste dans le remplissage du lac, au milieu duquel s'élève le grand phare métallique et dont le niveau est d'à peu près 5 mètres au-dessus de l'étiage de la Seine; la seconde est constituée par le refoulement de l'eau du lac dans un réservoir placé 10 mètres plus haut, soit à 15 mètres au-dessus de l'étiage, et en communication avec tout le réseau du service, dont il régularise la pression. Cette division du travail était nécessitée par des convenances de décoration, dont il est facile de se rendre compte : on ne pouvait songer à mettre en communication directe le lac avec la Seine, dont le niveau eût été trop bas par rapport au terre-plein général du Champ-de-Mars, et dont les variations auraient d'ailleurs, à tout instant, modifié l'aspect des berges du lac.

Remplissage du lac. — Le travail à faire pour le remplissage du lac varie avec le niveau de la Seine, et s'opère au moyen de la grande pompe de la machine marine d'Indret, qui est mise en mouvement dans le hangar de la berge. Cette pompe aspire l'eau dans un puisard, établi en avant du hangar et mis en communication directe avec le fleuve par un large aqueduc de 2 mètres sur 1^{m}25, dont le radier est placé à 1 mètre en contre-bas de l'étiage (1). Elle rejette l'eau ainsi aspirée dans le lac, sous forme de nappe déversante d'un très-bel effet. Le volume refoulé par ce puissant engin atteint au moins le chiffre de 2,000 mètres cubes par heure, et dépasse notablement les besoins de l'alimentation dans le même laps de temps, de sorte que l'excédant retourne à la Seine par le trop-plein du lac. Le comité avait espéré pouvoir lancer directement cette eau dans le réseau du service bas ; mais le volume s'en est trouvé tellement considérable, qu'il dépassait les moyens de débit de la conduite, du trop-plein du réservoir et même du lit de la rivière du parc, et qu'il a fallu se résigner, pour ne pas exécuter des travaux dispendieux, à borner cette élévation d'eau à l'alimentation du lac.

Quand la grande machine d'Indret est en chômage, le remplissage de la pièce d'eau s'effectue par une pompe rotative de MM. Neut et Dumont, qui est actionnée au moyen du câble

---

(1) Les cotes prises au-dessus du niveau de la mer, sont, pour le niveau moyen du lac 30^{m}00 et, pour l'étiage de la Seine au pont d'Iéna, 24^{m}74.

télodynamique de M. Hirn, par une machine locomobile de M. Calla, située à une distance de 150 mètres (voir chap. I, § 4, p. 403). Cette pompe aspire l'eau dans le même puisard que celle d'Indret, et la rejette ensuite dans un vaste puits, placé à l'extrémité du lac et mis en communication avec lui par une conduite à grand diamètre.

Refoulement dans le réservoir et la canalisation. — Le niveau du lac est sensiblement constant, ainsi que celui du réservoir. Les constructeurs chargés de la deuxième opération du service bas font donc travailler leurs appareils dans des conditions plus favorables à la régularité du fonctionnement.

Les installations de ces pompes sont au nombre de quatre et appartiennent à MM. Letestu et Calla, MM. Rouffet et Thirion, M. Coignard et M. Nillus le jeune. Leurs appareils aspirent l'eau dans le puisard où la rejette celui de MM. Neut et Dumont, et la refoulent ensuite dans le réservoir et le réseau du service bas. Pour obtenir le volume nécessaire aux besoins de cet étage, on fait marcher simultanément deux de ces pompes sur quatre.

Le réservoir de ce service est plutôt destiné à régulariser la pression dans les conduites qu'à emmagasiner une provision d'eau significative. Il est en tôle, offre une contenance de 55 mètres cubes, et s'élève en face et à proximité du deuxième secteur du palais, au centre d'une tour en ruine, qui le domine et qui a été décorée avec art par le paysagiste.

La conduite de refoulement fait le tour du palais, projette des embranchements sur les condenseurs et les chaudières du service mécanique, et se termine aux cascades du jardin réservé, dont les eaux sont recueillies par une rivière, puis reviennent, après un parcours souterrain, dans la seconde rivière du parc, et rentrent enfin dans le lac d'où elles avaient été aspirées.

Cette combinaison du service bas assure une très-grande sécurité à son fonctionnement ; elle associe des exposants à

la satisfaction des besoins généraux du public, et met en
œuvre les éléments même de l'Exposition. Enfin, elle a l'avantage d'être notablement plus économique que l'appel aux
ressources municipales. La ville, ainsi qu'on le verra tout à
l'heure, fournit le mètre cube au taux de 0 fr. 10 centimes,
tandis que cette eau ne revient pas à la Commission Impériale,
à l'aide de cette organisation, à .plus de 0 fr. 02 centimes
en moyenne.

§ 3. — Service haut.

Adoption d'un service distinct de celui de la Ville. — Pour
le service sous pression ou service haut, les difficultés d'organisation étaient plus grandes, à cause de la nécessité d'une
réserve assez considérable pour faire face à toutes les éven-
tualités, surtout à celle d'incendie. La question de sécurité
primait ici celle d'économie, et le comité de la classe 52 devait s'inspirer des règles de la prudence la plus sévère.

La première question que le comité a eu à se poser était
celle de savoir s'il convenait de s'adresser uniquement à la
ville de Paris pour alimenter cet étage, ou s'il fallait, au contraire, adopter un service distinct : c'est cette deuxième solution qui a prévalu, après mûre délibération. On venait, en effet, de traverser l'été de 1865, pendant lequel la ville n'avait
pu qu'à peine donner satisfaction à tous les besoins. Le rapport présenté par M. Cornudet au conseil municipal, rapport
inséré au *Moniteur* du 10 février 1866, ne laissait aucun doute
sur l'insuffisance actuelle des ressources hydrauliques de la
ville. Dans de semblables circonstances, le comité n'a pas
jugé prudent d'imposer à la distribution urbaine une surcharge
aussi lourde que celle du service du Champ-de-Mars, et il a
proposé à la Commission Impériale d'organiser un service
hydraulique spécial à l'Exposition, et de faire appel pour le
réaliser au concours des exposants.

Réservoir Malakoff. — Cette solution exigeait l'établissement, à une altitude d'environ 30 à 35 mètres au-dessus de l'étiage, d'un vaste réservoir suffisant pour l'approvisionnement d'une journée, c'est-à-dire d'une contenance d'environ 4,000 à 5,000 mètres cubes. Après d'assez longues recherches, le terrain nécessaire à cette construction a été trouvé au sommet du Trocadéro, en bordure de l'avenue Malakoff, n° 17. Le réservoir a été établi en déblai, avec une surface d'eau moyenne de 10 ares et une profondeur de 4^{m}50. Les talus inclinés à 45° et le fond sont simplement revêtus de béton aggloméré, système Coignet, sur une épaisseur de 0^{m}10. Ce système, très-économique, a bien résisté et a donné une étanchéité des plus satisfaisantes.

Le plan d'eau supérieur est maintenu, par un déversoir, à 0^{m}25 en contre-bas de l'arête des talus, soit à la cote 65 mètres au-dessus du niveau de la mer.

Le réservoir n'est revenu, sans compter le terrain, et en y comprenant les murs de clôture et la chambre des vannes, qu'à une somme de 22,000 francs, soit à 5 francs par mètre cube de capacité. Le loyer du terrain, depuis le 1er juillet 1866 jusqu'au 1er janvier 1868, a coûté en outre 14,000 francs ; ce qui fait, par mètre d'eau emmagasinée, un total de 7 fr. 50, et par mètre d'eau élevée, 0 fr. 04 en comptant sur une consommation d'environ 900,000 mètres cubes pour le service haut.

Usine hydraulique de la berge de la Seine. — L'usine hydraulique a été créée sur la berge de la Seine, à l'aval du pont d'Iéna, et a été confiée à M. Thomas Scott, de Rouen. Elle comprend deux machines de Woolf accouplées, commandant des pompes à piston plongeur, qui aspirent l'eau directement de la Seine, et la refoulent au réservoir Malakoff, distant de 560 mètres de l'usine. Le volume ainsi élevé journellement est de 5,000 mètres cubes, et peut atteindre le double, en faisant fonctionner jour et nuit les deux pompes.

La conduite de refoulement, qui a 0ᵐ35 de diamètre, sert aussi d'artère de distribution, et se ramifie à partir de l'usine, dans le Champ-de-Mars, dont elle suit les principales allées, et dont elle alimente les nombreuses bouches d'arrosage et les divers besoins. Elle traverse le Palais, et projette, dans chacune de ses voies rayonnantes, des branchements qui aboutissent à des bouches d'incendie, auprès desquelles est approvisionné tout un matériel de boyaux et de lances.

La différence entre le niveau du réservoir Malakoff et celui du sol du Palais est de 31ᵐ78, ce qui donne, même en déduisant la perte de charge due au frottement, une pression très-convenable pour un bon service des différents orifices de consommation.

Le même tuyau servant à la fois, à partir de l'usine, au refoulement et à la distribution, on voit que l'eau élevée par la machine se rend au réservoir ou au Champ-de-Mars, suivant que la dépense est, ou non, inférieure à l'élévation. C'est un moyen d'éviter une double canalisation pour le refoulement de l'eau du réservoir, et pour la distribution du réservoir aux orifices de consommation. L'expérience a prouvé au Champ-de-Mars, comme elle l'avait déjà fait dans des circonstances analogues, que l'on pouvait ainsi économiser la dépense d'une des deux conduites sans inconvénient dans la pratique.

Le service doit être dirigé de façon à laisser la nuit le réservoir au moins à moitié plein, pour parer à tous les besoins imprévus, et surtout pour conjurer le danger d'incendie qui, dans un palais rempli des richesses du monde entier, doit éveiller à un si haut degré toute la sollicitude de l'administration.

Le prix payé à l'entrepreneur à forfait pour le refoulement au réservoir est de 0 fr. 05 par mètre cube. En ajoutant à ce prix les frais du réservoir et de la canalisation du Trocadéro, on arrive à un total de 0 fr. 10, égal à celui que la ville de Paris avait demandé à la Commission Impériale, de sorte que celle-ci n'a pas eu à payer une augmentation de dépense pour le surcroît de sécurité que lui donne l'organisation d'un service distinct (1).

Emprunts faits à la distribution de la Ville. — La Commission Impériale n'a point voulu, d'ailleurs, se priver du concours que lui offrait la Ville avec beaucoup de bon vouloir. Elle l'a, au contraire, largement mis à profit pour assurer la distribution, avant que le service ne fonctionnât dans ses conditions actuelles, et pour ajouter, en cas de besoin, le contingent des ressources municipales au produit des appareils élévatoires de la Commission Impériale. A cet effet, les réseaux de l'Exposition ont été branchés en six points différents sur ceux de la ville, de manière à recevoir, à certains moments, les eaux d'Ourcq, ou celles de Seine, puisées soit à Chaillot, soit à Neuilly, ou enfin celles de la Dhuys. A cet effet, le réservoir Malakoff a été mis à la fois en jonction avec la canalisation de la machine de Neuilly par un tuyau de 0^m25, et avec celle de la pompe à feu de Chaillot par un tuyau de 0^m30; de sorte que son alimentation était largement assurée, alors même que la machine Scott était arrêtée. C'est ce qui a eu lieu, notamment pendant tout le mois d'avril. Durant cette première période de l'installation, où l'usine de la berge n'avait pu être terminée par suite de la hauteur persistante des crues de la Seine, la ville a fourni à la Commission environ 100,000 mètres cubes, et lui a ainsi permis d'attendre le fonctionnement normal de ses services, qui, depuis lors, ont tenu tout ce qu'on s'en était promis.

Les réseaux de l'Exposition, nous venons de le dire, sont reliés à la distribution d'eau d'Ourcq ; cette jonction est faite au moyen de trois prises situées auprès de l'École Militaire et de la porte Rapp. Ces eaux, dont la pression ne s'élève guère, au

---

(1) La ville de Paris demandait en outre à la Commission Impériale de supporter la dépense, évaluée à 30,000 ou 35,000 francs, pour l'établissement de la conduite de jonction entre le Champ-de-Mars et la canalisation des réservoirs de Passy. Cette somme a été entièrement économisée par la combinaison qui a prévalu.

Champ-de-Mars, à plus de 5 à 6 mètres au-dessus du sol, ne peuvent alimenter que le service bas, et devaient particulièrement desservir, à l'aide d'une conduite circulaire de 0^m10 de diamètre placée dans les sous-sols et au pourtour du palais, les restaurants et limonadiers. Mais, depuis lors, ces derniers ont renoncé à cette alimentation en eau d'Ourcq, et font leur service avec de l'eau du réservoir Malakoff, filtrée, soit chez eux, à l'aide de filtres particuliers, soit dans un bâtiment établi dans le parc en face de la porte Saint-Dominique, et qui contient six filtres du système de MM. Vedel, Bernard et Cie, capables de débiter chacun 8^{mc} environ à l'heure. Ces filtres, qui fonctionnent sous pression, sont composés de laine préparée au tannate de fer, de grès, de charbon, de gravier et d'éponge. Le nettoyage en est facile, et le service, en somme, satisfaisant. Les eaux, après avoir subi cette opération, remplissent la conduite circulaire de 0^m10, qui est ainsi soumise à la pression du service haut, et alimentée en eau de Seine, au lieu de l'être en eau d'Ourcq.

Enfin, une dernière prise a été opérée sur le réseau municipal, et fonctionne à la grande satisfaction du public. C'est la jonction avec les eaux de la Dhuys. Ces eaux ont des qualités de transparence, de fraîcheur et de pureté qui les rendaient particulièrement propres à la boisson et à l'alimentation de l'aquarium d'eau douce. Depuis qu'on les emploie à ce dernier usage, on a pu renoncer aux filtres avec lesquels on essayait de clarifier les eaux de Seine, et les bacs de l'aquarium laissent voir aujourd'hui jusqu'aux moindres détails de la curieuse population qu'ils renferment. En outre, un tuyau spécial amène l'eau de la Dhuys à l'une des douze fontaines populaires et gratuites, installées autour du palais et dans le parc, pour l'usage du public; et dans les jours de grande chaleur, cette fontaine, dont les eaux sont très-agréables et ne dépassent pas 15°, est toujours entourée par une foule très-nombreuse, avide de s'y rafraîchir. On peut dire que c'est là la véritable exposition d'une des branches de ce vaste service hydraulique installé, à son grand honneur, par la ville de Paris, et dont l'extension progressive atteindra bientôt tous les besoins qu'il doit satisfaire.

Abonnements particuliers. — La distribution d'eau qui vient d'être définie alimente les services généraux et les besoins des particuliers. Pour ces derniers, l'eau leur est concédée par abonnement, moyennant le prix de 0 fr. 10 le mètre cube, chiffre très-inférieur au prix de revient, si on ajoute à la dépense d'élévation par les machines celle de la canalisation (1). Le nombre de ces abonnés est de 150, dont 54 dans le palais et 96 dans le parc, et le volume qui leur est concédé par jour est d'environ 1,000 mètres cubes. On doit citer, parmi les diverses consommations comprises dans ce total, celles des restaurants, des urinoirs et water-closets, des fermes, de la blanchisserie, des appareils réfrigérants, du lavage des laines, de la stéarinerie. Une application intéressante de la pression hydraulique fournie par le réservoir Malakoff est celle de l'ascenseur mécanique de M. Édoux, qui consiste en une cage, supportée par un piston plongeur en fonte tournée, long de 29 mètres, et équilibré par des contre-poids. Ce piston se loge dans un cylindre en fonte enfoncé dans le sol, et son diamètre a été calculé de façon que la pression de l'eau, s'exerçant sous sa base inférieure, fasse équilibre au poids de 12 à 14 personnes installées sur la cage, et que cet équilibre persiste pendant l'ascension, la diminution graduelle de pression étant à chaque instant compensée exactement par la variation de longueur de la chaîne des contre-poids, qui se raccourcit du côté de la cage, et se déroule de l'autre côté de la poulie, au fur et à mesure que la cage s'élève (2).

(1) La Compagnie générale des eaux de la ville de Paris vend le mètre cube d'eau de Seine au prix de 0 fr. 67 à 0 fr. 22, suivant le volume de l'abonnement, et d'eau d'Ourcq au prix de 0 fr. 15 à 0 fr. 10.

(2) Cet ingénieux appareil, dont le succès a été complet, et qui paraît appelé à se généraliser, a fait beaucoup d'honneur à son auteur, déjà connu par d'intéressantes applications de la pression hydraulique. Il n'a pas élevé

Quelques appareils recevaient leur alimentation d'une pompe élevant indéfiniment le même volume d'eau, sauf renouvellement partiel. On peut citer, dans cette catégorie, les châteaux d'eau et autres effets hydrauliques établis dans la galerie des machines, la grande nappe qui se déversait dans le hangar des pompes près du pont d'Orsay, la fontaine monumentale, exposée à la grande porte d'Iéna, par M. Barbezat, et dont l'eau était aspirée dans le lac par une pompe et une locomobile de M. Calla, puis y retombait après avoir produit son effet; enfin, l'aquarium marin, dont une pompe en cuivre de **M. Thirion** élevait incessamment l'eau, pour l'aérer et la filtrer.

Canalisation. — Avant d'achever ce qui concerne la distribution d'eau, il est bon de dire quelques mots de la canalisation. Elle comprend 15 kilomètres environ dont 12,841 mètres de conduites en fonte ainsi répartis, savoir :

Diamètre de...	0,350	Longueur...	2,997^{m}45	
—	0,300	—	1,108	95
—	0,250	—	1,719	30
—	0,200	—	1.179	20
—	0,150	—	106	60
—	0,100	—	5,729	50
Total pareil........			12,841 ^{m}	

Les tuyaux sont en fonte et réunis entre eux par des joints à bague. Ce système, qui est appliqué sur une grande échelle par la ville de Paris pour les conduites en galerie, a donné de bons résultats au Champ-de-Mars, bien que la pose soit, pour la plus grande partie du développement, effectuée en tranchée. Il permet la dilatation des tuyaux, leur déboîtage et leur réparation; il facilite le contrôle du joint, et donne à la conduite une élasticité suffisante, pour que de légers tassements ou déplacements n'aient pas d'inconvénients sensibles.

Les robinets de la canalisation sont au nombre de 413,

pendant la durée de l'Exposition, moins de 400,000 à 500,000 personnes sur les toits du Palais, d'où l'on jouissait d'un magnifique panorama.

dont 314 en bronze à boisseau et 99 en fonte. Pour les petits diamètres, on a adopté le système à boisseau. Pour le diamètre de 0ᵐ100 et au-dessus, on a donné la préférence aux robinets-vannes (robinets à coins en fonte, avec vis de pression, système Hubert). A chaque point bas du réseau, on a ménagé des moyens de vidange, à l'aide de branchements qui communiquent avec les égouts ou des puisards spéciaux.

Le matériel de la canalisation a été fourni en location et revient à un prix qui représente 37 pour 100 du prix d'achat. La dépense totale de cette tuyauterie s'est élevée à 160,000 francs et ressort par mètre cube distribué à 0 fr. 08.

Écoulement des eaux. — Après avoir insisté sur les détails de la distribution des eaux, il reste à indiquer succinctement les dispositions prises pour assurer leur écoulement, quand elles ont été souillées par l'emploi qu'elles ont subi.

Le système général d'assainissement de l'Exposition a pour base le grand collecteur de l'École Militaire, qui traverse le Champ-de-Mars, à peu près en diagonale, et va déboucher dans la Seine, à l'aval de la gare du quai d'Orsay. Dans le palais, un égout circulaire, répondant à la galerie des Beaux-Arts, déverse dans le collecteur le produit des drains secondaires et tertiaires, qui communiquent avec les chéneaux des toits, les restaurants et les condenseurs. Dans le Parc, des tuyaux en ciment et en poterie s'embranchent également sur le collecteur, et y amènent les eaux de pluie et les eaux ménagères, qui sont recueillies par les bouches d'égout disposées aux points bas.

Le cercle est ainsi fermé, et le drainage du Champ-de-Mars n'est pas moins complet, grâce aux mille canaux qui le desservent, que la distribution d'eau avec ses deux réseaux.

Résumé. — En résumé, le service hydraulique a été organisé sur la base d'une consommation journalière de 10,000 mètres cubes, c'est-à-dire sur la donnée qui conviendrait à une ville de 100,000 habitants. Il a été divisé en deux étages, l'un dont la pression n'est que de 10 à 12 mètres au-dessus du sol, et qui alimente les générateurs et condenseurs du service mécanique, les cascades et rivières ; l'autre qui donne une charge de près de 30 mètres, et qui est affecté à l'arrosage, aux fontaines monumentales. Ce service est distinct de celui de la Ville, et a été constitué en vue de l'Exposition. Confié à des constructeurs exposants, il forme lui-même un objet de concours. D'ailleurs les ressources hydrauliques de la Ville pourraient être, à un moment donné, largement mises à contribution, à l'aide des six prises d'eau effectuées sur le réseau municipal.

La combinaison adoptée paraît donc remplir les conditions désirables d'économie, de puissance et de sécurité, qui étaient imposées à un service aussi considérable, et sauvegarde tous les intérêts engagés dans la question.

§ 4. — Coup d'œil général sur les appareils exposés.

Nous ne croyons pas devoir nous étendre sur le côté mécanique de ce service, à propos duquel nous ne pourrions que répéter les observations générales que nous a suggérées l'étude des machines à vapeur. Comme pour celles-ci, la tendance des constructeurs est d'adopter, pour les appareils élévatoires, des formes simples et en harmonie avec la fonction des organes. Cette branche de la construction s'inspire et profite de tous les progrès accomplis dans la mécanique générale, et s'étend, en raison de l'essor imprimé aux travaux publics, aux desséchements et aux distributions d'eau.

Le fait le plus intéressant à signaler dans cette industrie est l'importance croissante des pompes centrifuges. Ce système, qui a fait avec éclat son apparition à l'Exposition Universelle de 1851, n'a pas cessé, depuis lors, de se perfectionner et d'étendre ses conquêtes. Les constructeurs se préoccupent actuellement d'améliorer le rendement, en étudiant de plus près le tracé des aubes et la marche des filets fluides, et de remédier au désamorçage qui se produisait par le tuyau d'aspiration ou par le presse-étoupe. Telles qu'on les fabrique aujourd'hui, ces pompes se recommandent à toute la faveur publique et justifient leurs succès, tant par leur faible volume et l'absence d'organes sujets à dérangement que par leur grande simplicité d'installation et la sûreté de leur fonctionnement.

A côté de ce système, qui est représenté à l'Exposition par les appareils de **MM**. Neut et Dumont et L. Coignard, la classe 52 offre aussi des spécimens intéressants de pompes oscillantes à piston, exposés par **MM**. Letestu et Thirion. Ces pompes sont établies de façon à donner une grande régularité de service, un bon rendement, et à se prêter à l'aspiration d'eaux très-chargées.

Enfin cette classe comprend encore l'usine de **MM**. Thomas Scott, de Rouen, et Sagey, qui offre un bon type d'installation pour une distribution d'eau de ville. Contrairement à la disposition des autres appareils, le moteur et la pompe sont réunis dans cette usine, de façon à ne constituer qu'une seule machine. Le moteur est formé de deux machines de Woolf verticales, accouplées, dont le balancier commande directement la tige du piston des pompes.

Ces différentes installations sont soignées, et contiennent des détails ingénieux. Elles ont presque toutes donné un excellent service, et il est d'autant plus juste d'en savoir gré aux constructeurs, que l'on devait davantage redouter, pour ces usines hydrauliques, en quelque sorte improvisées, et au milieu de mille difficultés, les irrégularités et les tâtonnements qui précèdent d'ordinaire pour ces établissements, même installés à loisir, la période du fonctionnement normal.

XVII

VENTILATION DU PALAIS,

PAR M. LE VICOMTE D'USSEL,

Ingénieur des ponts et chaussées.

———

1. — Ventilation des palais des Expositions précédentes.

Le problème de la ventilation d'un édifice présente toujours deux parties : 1° l'extraction de l'air chaud et vicié ; 2° l'introduction de l'air nouveau.

Dans les palais des Expositions précédentes, il avait été pourvu largement à la sortie de l'air chaud par la partie supérieure. Quant à l'admission de l'air frais, au palais de 1855, elle n'était assurée que par des ouvertures de section insuffisantes. Il s'y produisait donc des vitesses gênantes aux entrées.

Au palais de Sydenham, le soubassement du palais, établi à la faveur d'une forte pente naturelle du terrain, sert de réservoir d'air. Il y arrive, du dehors, par de larges communications, et s'introduit dans la nef par les vides d'un plancher non jointif. Ce réservoir renferme, en outre, des tuyaux d'eau chaude destinés au chauffage des serres. L'air, en contact avec ces tuyaux, est ainsi naturellement appelé à l'intérieur. Le vide du plancher étant d'un quinzième, avec une vitesse d'admission de 20 centimètres, qui est à peine sensible, on voit que le débit est de 48 mètres cubes par mètre carré de plancher et par heure. Une disposition analogue, mais incomplète, faute d'espace et d'orifices d'admission suffisants, existait à l'Exposition Universelle de Londres (1).

§ 2. — Conditions générales de la ventilation du Palais de 1867.

La situation et la configuration du palais de 1867 le placent, au point de vue de la ventilation, dans des conditions exceptionnelles. Ce Palais occupe une étendue de 14 hectares : il présente donc, à l'action des rayons du soleil, une surface considérable et très-absorbante, puisqu'elle est métallique. Il en résulte une cause d'échauffement, mais en même temps une grande facilité apportée à l'évacuation de l'air par tirage vertical. Cette facilité est, il est vrai, compensée par la faible hauteur de l'édifice, qui n'est que de 12 mètres 50 centimètres au maximum, sous le faîte des toitures, sauf dans la galerie des machines, où cette hauteur est de 25 mètres.

D'un autre côté, le Palais est placé entre deux réservoirs d'air, le Parc à l'extérieur, le Jardin central à l'intérieur. Ce dernier, quoique clos, n'en est pas moins un centre d'aération très-actif. Il reçoit les courants d'air qui ont traversé le Palais, et s'échappent par certaines portes, et, sans doute aussi, les vents plongeants, qui y pénètrent après avoir passé par-dessus les toitures, à la faveur du peu de hauteur que présente l'édifice relativement à son étendue. Dans tous les cas, on y observe des vitesses considérables. Entre ces deux réservoirs, la profondeur du bâtiment est faible. Elle n'est que de 160 mètres pour 750 mètres de longueur moyenne développée. Enfin, le Palais est exposé à tous les vents ; il n'est abrité d'aucun côté ; il présente, tant au dehors qu'au dedans, trente-deux portes ouvertes dans tous les sens et peut recueillir tous les souffles d'air venus du dehors. Les conditions sont donc favorables à l'efficacité de la ventilation naturelle.

(1) Ces renseignements sont empruntés au *Traité de Ventilation*, par M. le général Morin, tome 1er.

Ventilation naturelle. — Elle se fait au moyen de diverses catégories d'ouvertures que nous allons décrire, et dont le rôle varie avec les circonstances.

Une partie quelconque du palais présente, avec le dehors, deux espèces de communications.

1° Les allées rayonnantes et leurs portes : ces allées, au nombre de seize, traversent le Palais entre le Parc et le Jardin central. Elles se terminent, à leurs deux extrémités, à des portes de 22 mètres carrés de section. Le débouché total, tant sur le Parc que sur le Jardin central, est donc de 700 mètres carrés environ. Un point quelconque de l'intérieur est en communication facile avec une au moins de ces seize voies d'air.

2° Les lanterneaux des toitures : la toiture de chacune des sept galeries concentriques porte un lanterneau muni de jalousies en Z. La section totale utile de ces lanterneaux est d'environ 3,000 à 4,000 mètres carrés pour tout le Palais. Il est vrai que leur accès est considérablement gêné par la présence des velums décoratifs des salles, qui viennent, par leur interposition, empêcher en partie l'échappement de l'air ascendant. Ces velums ont été supprimés dans la section anglaise, au grand bénéfice de la ventilation de cette partie du palais. Il est fâcheux que diverses circonstances n'aient pas permis de généraliser cette mesure, ou d'exiger, tout au moins, le percement d'ouvertures suffisantes dans les velums, dont la présence réduit l'effet utile des lanterneaux dans des proportions inconnues, mais assurément très-fortes.

Tels sont les moyens de ventilation naturelle dont sont pourvues toutes les galeries. Celle des beaux-arts et de l'histoire du travail n'en ont même point d'autres ; mais il en existe de particuliers :

1° Pour la galerie des machines, qui, vu sa forme et sa hauteur, a pu être munie de châssis à bascule disposés sur les côtés, et donnant par mètre courant un supplément d'ouverture de 70 décimètres carrés, supplément dont l'expérience a démontré l'utilité.

2° Pour les galeries du milieu qui, étant plus éloignées de l'extérieur, communiquent en outre avec le dehors au moyen du réseau souterrain. Chacun des seize secteurs du Palais est, en effet, superposé à un secteur souterrain, formé d'une galerie rayonnante et de trois galeries circulaires qui s'y embranchent. Ces galeries sont placées au-dessous des allées du Palais qui leur correspondent et communiquent avec elles au moyen de nombreuses ouvertures munies de grilles en bois. Les galeries circulaires étant terminées en impasse, les secteurs souterrains sont isolés les uns des autres ; mais, comme toutes les galeries rayonnantes débouchent dans une galerie générale placée au pourtour, à l'extérieur, sous la galerie des aliments, les réseaux communiquent en fait indirectement. La galerie souterraine de pourtour a 10 mètres de largeur (1) sur 2^{m}50 de hauteur, et communique avec le dehors par seize puits de prise d'air de 3 mètres carrés de section, et par cent vingt-huit soupiraux additionnels, ayant chacun 35 décimètres carrés de surface. Toutes les galeries souterraines ont 6 mètres carrés de section, et les grilles en bois constituant les débouchés d'un secteur souterrain, dans le Palais, sont aussi de 6 mètres carrés.

L'ensemble de toutes ces dispositions constitue les voies de la ventilation naturelle ; quant à cette ventilation elle-même, examinée au point de vue de sa direction et de son intensité, elle paraît être un phénomène extrêmement variable.

Par les temps calmes et chauds, ce qui domine, c'est l'arrivée de l'air par le réseau souterrain, et son échappement par les lanterneaux des toitures. La ventilation se fait alors par courants verticaux dirigés de bas en haut.

Dès que l'air extérieur est agité, il pénètre dans le Palais par les portes et le réseau souterrain, du côté où souffle le vent, suit ces grandes lignes d'allées circulaires ou rayon-

____

(1) Une partie de cette largeur, sur un ou deux tiers est affectée au service des caves et cuisines des restaurants, et elle est séparée, par une cloison, de la partie destinée à l'aérage.

nantes, et va sortir du côté opposé, soit par les lanterneaux, soit
par les portes, soit par le réseau souterrain, où l'on observe
des vitesses de sortie de 2 mètres et qui vont même jusqu'à
3 mètres. Le sens de la ventilation est surtout alors horizontal.

Ventilation artificielle. — Il a paru utile de donner aux
galeries souterraines une part plus efficace dans la ventilation
du Palais, en y activant l'intensité du courant d'air naturel
au moyen de procédés mécaniques. La préexistence et la
forme du réseau souterrain ont conduit à l'emploi du système
nouveau de MM. Piarron de Mondésir, Lehaitre et Julienne,
qui permet facilement de l'utiliser. Ce système consiste à entraîner mécaniquement, dans le Palais, l'air qui stationne dans
le réseau souterrain et s'y renouvelle par les prises d'air, en
lançant dans chaque galerie rayonnante un jet d'air comprimé,
au moyen d'une buse d'un beaucoup plus petit diamètre. Il se
produit autour du cône d'expansion du jet un entraînement
de l'air ambiant, de sorte que, à une certaine distance en avant,
le mélange de l'air détendu et de l'air entraîné se trouve pos-
séder une vitesse que l'on peut rendre assez faible pour être
acceptable dans une enceinte habitée.

Les appareils de compression sont au nombre de quatre,
établis autour du Palais. A chacun d'eux correspond un réseau
de conduites distinct, qui envoie des branchements d'injection dans chaque galerie rayonnante. La conduite est en tôle
et bitume, du système Chameroy. Afin d'éviter les pertes de
charge on lui a donné un fort diamètre qui varie de 0^{m}60 au
départ à 0^{m}30. La buse d'injection est munie d'un régulateur
qui permet de démasquer une section variant de 0 à 130 centimètres carrés. A côté du jet d'air, un jet d'eau pulvérisée vient
le rafraîchir et en précipiter les poussières.

Pour donner à ce système le meilleur rendement de ventilation, c'est-à-dire la meilleure utilisation de la force motrice,
il convient que l'air comprimé soit à basse pression, c'est-à-

dire à une pression qui ne dépasse pas 0^m80 d'eau, soit huit centièmes d'atmosphère. Dans le cas des galeries du Palais, dont la section est de 6 mètres carrés, on a donné aux débouchés des jets une section variant de 75 à 130 centimètres carrés pour des pressions variant elles-mêmes de 0^m70 à 0^m30. Dans ces conditions, la vitesse d'entraînement, indépendamment de la ventilation naturelle, est de 2 mètres à 2^m50.

Malheureusement le réseau souterrain n'est pas exclusivement réservé au service de la ventilation. Des tuyaux de vapeur, qui le traversent, échauffent l'air, malgré les enduits calorifuges dont ils sont recouverts. La section des galeries est en certains points diminuée par des obstructions. Les sections d'aspiration au dehors ne sont pas également réparties, et, en certains cas, insuffisantes. La présence des velums, dans le Palais, en empêchant la sortie de l'air, réagit sur son admission par le réseau souterrain. Le voisinage des cuisines, dont la galerie d'aérage n'est séparée que par une mince cloison mitoyenne, crée un danger permanent d'odeurs suspectes. Deux de ces cuisines ont été spécialement ventilées par l'air comprimé, au moyen de dérivations prises sur la conduite maîtresse et utilisées à produire des appels ou des refoulements. Le bénéfice de ces applications est très-apprécié par les intéressés. Toutefois, pour satisfaire à une demande énorme, l'exploitation de ces cuisines est si *intensive*, qu'il a fallu, malgré des moyens énergiques de ventilation, abandonner en certains points aux concessionnaires, en l'isolant par des cloisons, la jouissance d'une partie de la galerie d'aérage. Quatre jets, compris dans les parties sacrifiées, ont dû être abandonnés. Douze seulement fonctionnent.

Appareils de compression de l'air servant à la ventilation artificielle. — Ces appareils comprimant l'air à basse pression, sont de nature différente, tels que les offres des constructeurs les ont présentés. Il y a quatre centres de compression :

1ᵉʳ Centre (force de 15 chevaux) alimentant deux jets ouverts à 100 centimètres carrés chacun, avec de l'air à la pression de 0ᵐ35 à 0ᵐ40 d'eau. Le moteur est une locomobile Farcot ; les compresseurs sont deux ventilateurs doubles du système Perrigault, de Rennes. Le ventilateur double se compose de deux ventilateurs simples rotatifs, accouplés de telle sorte que l'air sortant du premier, après un commencement de compression, se rend dans le second, où il est porté à la pression définitive. On augmente ainsi la pression et le rendement. Ces appareils, d'un prix peu élevé, d'une adaptation facile à tous les besoins, ont un débit régulier, favorable à l'entraînement de l'air. Les pressions de 0ᵐ30 à 0ᵐ40, qu'ils fournissent facilement, conviennent bien aux applications du système que nous décrivons (1).

2ᵉ Centre (force de 20 à 25 chevaux) alimentant trois jets ouverts à 75 centimètres carrés chacun, avec de l'air à la pression moyenne de 0ᵐ65. La compression est faite par un exhausteur à gaz, de MM. Gargan et Cⁱᵉ, semblable à ceux qui sont livrés à la Compagnie parisienne d'éclairage et de chauffage par le gaz. Les trois cylindres à air ont 0ᵐ80 de diamètre et 0ᵐ70 de course. Le cylindre à vapeur a 0ᵐ28 de diamètre et 0ᵐ70 de course. La vapeur est fournie par une chaudière voisine. Cet appareil, parfaitement construit, qui rend de grands services dans l'exploitation des usines à gaz, fonctionne très-bien comme machine de ventilation, l'action des trois cylindres régularisant les à-coups de l'injection, et dispensant de l'emploi d'un grand réservoir.

3ᵉ Centre (force motrice de 25 chevaux) alimentant trois jets ouverts à 140 centimètres carrés, avec de l'air à la pression de 0ᵐ35. Les compresseurs sont des ventilateurs Perrigault, plus puissants que ceux du centre 1ᵉʳ. Ils prennent leur mouvement sur l'arbre moteur général de la galerie des machines ;

---

(1) Ces appareils peuvent dépasser ces pressions. Voir un procès-verbal d'expériences faites au Conservatoire des arts et métiers, en juillet 1865, avec des pressions de 0ᵐ55. — *Annales du Conservatoire des arts et métiers.*

4° Centre (40 chevaux) alimentant quatre jets ouverts en
somme à 500 centimètres carrés, avec de l'air à 0^m40 de pression. L'appareil compresseur se compose de deux pompes à
air, construites par MM. Gautier, Philippon et Cie, mues par
une machine des mêmes constructeurs. Les cylindres à air
ont 1^m20 de diamètre et 0^m80 de course. Comme cette pompe,
à cause de ses grandes dimensions, traîne un poids mort considérable, avec les faibles pressions qu'exige le système de
ventilation par l'air comprimé, son fonctionnement se fait dans
de mauvaises conditions de rendement, et l'appareil est peu
approprié à son service.

Résultats et prix de revient de la ventilation artificielle.—
La ventilation forcée introduit dans le palais de 550,000 à
600,000 mètres cubes d'air par heure, à une température
inférieure de 2 degrés environ à celle du Palais, et à une vitesse qui est de 2 mètres au minimum, au point précis où se
fait la sortie du filet fluide par les grilles, mais qui, par l'épa-
nouissement de ce filet, devient beaucoup moindre à très-peu
de distance au delà. Ces résultats ont été constatés par des
expériences directes, faites avec l'anémomètre, sur les vitesses
de l'air circulant dans les galeries. Ils mesurent l'effet propre
du système, indépendamment de l'influence de la ventilation
naturelle.

Les 600,000 mètres cubes forment un peu plus que le volume total de la portion du palais desservie par le réseau souterrain, dont l'air serait ainsi renouvelé toutes les heures s'il
n'y avait pas d'autre mode d'admission. On peut dire encore
que ce débit suffit à alimenter d'air, à raison de 30 mètres
cubes, par tête et par heure, une population de 20,000 personnes stationnant dans la partie médiane du palais.

Cette ventilation coûte à la Commission Impériale environ
70,000 francs. Cette somme se rapporte seulement aux frais de
la production et de la distribution de l'air comprimé, c'est-à-

dire de la fourniture, en location, des appareils de compression, de leur fonctionnement, et d'une tuyauterie de 1,600 mètres, pour 200 jours de service, la journée étant de sept heures et demie. Elle ne comprend pas les frais de la production de la force motrice des centres 3ᵉ et 4ᵉ, ni ceux d'établissement du réseau souterrain et de ses accessoires. Les 1,000 mètres cubes d'air lancés dans le palais coûtent 0 fr. 078. Il ne faudrait pas donner à ce prix une portée trop générale, l'isoler des circonstances que nous avons définies, et oublier qu'il se rapporte à une location, dans les conditions tout exceptionnelles d'une exposition. Ce qui reste établi comme résultat d'expériences, c'est le rapport du débit de 600,000 mètres cubes à une force motrice certainement inférieure à 100 chevaux.

Résultats du concours de la ventilation artificielle avec la ventilation naturelle. — La ventilation artificielle a donc pour effet d'introduire dans le palais 600,000 mètres cubes d'air. Mais, dans le résultat général obtenu, l'aération satisfaisante du palais, quelle est la part incontestable qui leur revient? Elle est difficile à apprécier. Entre deux secteurs, dont l'un est ventilé et dont l'autre ne l'est pas, il se fait un tel mélange de leurs atmosphères, que les différences de température paraissent insensibles. Ce qui est certain, c'est que l'action du vent amoindrit considérablement le rôle de la ventilation artificielle, en introduisant dans le palais des masses d'air de beaucoup supérieures à celles qu'une ventilation artificielle quelconque peut y déverser. Un des principaux caractères du palais, c'est de se ventiler très-bien lui-même par l'action du vent; dans ce cas, la ventilation artificielle fait l'effet d'un système régulier et d'intensité relativement faible, se superposant à un système très-irrégulier et très-énergique. Elle agit comme régulateur.

C'est seulement dans les jours chauds, où l'air est immobile, que la ventilation artificielle, conformément au but de son établissement, rend des services bien distincts. Les quelques chiffres suivants, extraits des observations faites par les soins de la Commission Impériale, donneront une idée des résultats dus à la ventilation artificielle, dans les journées des 13, 14 et 15 août, où la température était fort élevée, et l'air trop calme pour que la ventilation naturelle pût agir autrement que par appel.

Entre trois et quatre heures de l'après-midi, les températures moyennes relevées à l'ombre étaient :

Dans le parc .... 34°
Dans la galerie du travail, soumise uniquement au jeu de la ventilation naturelle.............. 31°,04
Dans les parties de la galerie IV, dite du vêtement, non ventilées........................ 30°,75
Dans les parties de cette même galerie, où agissait la ventilation artificielle.................. 27°,63

La différence à l'avantage des parties ventilées était donc d'environ trois degrés et demi, par rapport à la galerie du vêtement et à celle des machines, et de six degrés et demi par rapport au parc.

L'air extérieur s'engageait ainsi dans les carneaux à 34°, et, dans son parcours, perdait 10° de chaleur, tant à cause de la fraîcheur naturelle des galeries souterraines, dont il léchait les parois, que par suite de l'injection d'eau froide à l'orifice des buses à air comprimé.

L'air était refoulé à 24° dans le palais, dont la température eût été, sans la ventilation, de 31°. La moyenne de ces deux chiffres est de 27°,50, et reproduit presque exactement la température des parties ventilées.

En résumé, la combinaison des deux modes de ventilation naturelle et artificielle, qui agissent simultanément, mais dont l'action respective acquiert ou perd de l'importance, suivant les conditions atmosphériques, procure au Palais une aération

moyenne satisfaisante. Le succès de la ventilation du Palais
était un problème auquel l'expérience devait donner une solution définitive rendue plus intéressante encore par les conditions exceptionnelles de forme et de dimension de cet édifice
sans précédent.

TABLE DES MATIÈRES

II

TERRES CUITES ET POTERIES,

PAR M. E. BAUDE,

Ingénieur des ponts et chaussées.

III

MATÉRIEL DES TRAVAUX DU GÉNIE CIVIL ET DE L'ARCHITECTURE,

PAR M. VIOLLET-LE-DUC,

Architecte du Gouvernement.

CHAPITRE I.

MATÉRIEL DES CHANTIERS.

CHAPITRE II.

CHARPENTERIE, MENUISERIE.

CHAPITRE III.

SERRURERIE APPLIQUÉE AUX BATIMENTS.

CHAPITRE IV.

COUVERTURE ET PLOMBERIE.

CHAPITRE V.

VITRERIE DES BATIMENTS.

CHAPITRE VI.

SERRURERIE FINE. COFFRES-FORTS, SERRURES, QUINCAILLERIE.

CHAPITRE III.

PONTS ET VIADUCS MÉTALLIQUES.

CHAPITRE IV.

NAVIGATION INTÉRIEURE....................... 148

VI

PERCEMENT DE L'ISTHME DE SUEZ,

PAR M. E. BAUDE,

VII

ALIMENTATION EN EAU ET ASSAINISSEMENT DES VILLES,

PAR M. EDMOND HUET,

CHAPITRE I.

TRAVAUX RELATIFS A L'ALIMENTATION EN EAU DES VILLES.

29**

CHAPITRE II.

TRAVAUX, MATÉRIEL ET APPAREILS RELATIFS A LA DISTRIBUTION DES EAUX.   225

CHAPITRE III.

TRAVAUX D'ÉGOUTS ET DE DRAINAGE.

CHAPITRE IV.

CHAUSSÉES ET MATÉRIEL SERVANT A LEUR ENTRETIEN.

VIII

EMPLOI AGRICOLE DES EAUX D'ÉGOUT,

PAR M. MILLE,
Ingénieur en chef des ponts et chaussées.

IX

TRAVAUX MARITIMES,

PAR M. CHARLES MARIN,
Ingénieur des ponts et chaussées.

CHAPITRE I.
CONSIDÉRATIONS GÉNÉRALES.

CHAPITRE II.
DISPOSITIONS D'ENSEMBLE DES PORTS.

CHAPITRE III.
DIGUES ET MÔLES A LA MER.

CHAPITRE IV.
DIVERS PROCÉDÉS D'EXÉCUTION DE TRAVAUX SOUS-MARINS. — EMPLOI DES SCAPHANDRES.

CHAPITRE V.
GRANDES ÉCLUSES ET FORMES DE RADOUB.

CHAPITRE VI.
DÉSENGORGEMENT DES PORTS.

CHAPITRE VII.

ENGINS MÉCANIQUES APPLIQUÉS DANS LES PORTS.

CHAPITRE VIII.

CONSERVATION DES MATÉRIAUX DE CONSTRUCTION DANS L'EAU DE MER.

X

ARSENAUX ET ÉTABLISSEMENTS DE LA MARINE IMPÉRIALE,

PAR M. PASQUIER-VAUVILLIERS,

Ingénieur en chef des ponts et chaussées.

CHAPITRE I.

CONSIDÉRATIONS GÉNÉRALES

CHAPITRE II.

TRAVAUX HYDRAULIQUES DES ARSENAUX.

CHAPITRE III.

BÂTIMENTS CIVILS DES ARSENAUX.

CHAPITRE IV.

USINES DE LA MARINE.

29 *bis***

CHAPITRE V.

TRAVAUX HYDRAULIQUES ET BATIMENTS CIVILS DES COLONIES.

CHAPITRE VI.

RÉSUMÉ ET CONCLUSION.

XI

CALES ET BASSINS DE RADOUB, DOCKS FLOTTANTS, ETC.,

PAR M. PASQUIER-VAUVILLIERS,

Ingénieur en chef des ponts et chaussées.

CHAPITRE I.

CHAPITRE II.

PRINCIPAUX OUVRAGES EXPOSÉS.

CHAPITRE III.

COMPARAISON DES DIVERS SYSTÈMES DES OUVRAGES EXPOSÉS.

XII

PHARES,

PAR M. LÉONCE REYNAUD,

Inspecteur général des ponts et chaussées.

CHAPITRE I.

OBSERVATIONS GÉNÉRALES.

CHAPITRE II.

APPAREILS D'ÉCLAIRAGE.

CHAPITRE III.

MODE DE PRODUCTION DE LA LUMIÈRE.

CHAPITRE IV.

CONSTRUCTION DES ÉDIFICES.

XIII

BALISAGE,

PAR M. DUMOUSTIER,

Chef de Division au Ministère de l'Agriculture, du Commerce et des Travaux publics.

CHAPITRE I.

SERVICE MÉCANIQUE.

CHAPITRE II.

SERVICE HYDRAULIQUE.

XVII

VENTILATION DU PALAIS,

PAR M. LE VICOMTE D'USSEL,

Ingénieur des ponts et chaussés.

FIN DE LA TABLE DES MATIÈRES.

Paris. — Imprimerie Paul Dupont, rue de Grenelle-Saint-Honoré, 45. (865.4.8)